高等学校计算机规划教材

数据库基础教程

（SQL Server平台）

顾韵华　李含光 编著

電子工業出版社
Publishing House of Electronics Industry
北京・BEIJING

内容简介

本书是江苏省精品教材立项建设项目成果，以基于数据库的应用能力培养为主要目标，面向应用型教学需求，重点突出基础性和应用性。按照“理论、实践、再理论、再实践”的思想关联知识，以一个贯穿全书的商品订购管理数据库示例为主线，将数据库基本原理、技术和应用三者有机结合。全书分 10 章，内容包括数据库概览、关系数据模型、关系数据库语言 SQL、数据库设计、构建数据库的概念模型、关系规范化理论、应用系统中的 SQL 及相关技术、数据库应用开发、数据库保护和数据库的新进展。附录 A 给出了实验指导。本书免费提供配套电子课件、习题参考解答和实例源程序。

本书可作为计算机科学与技术、软件工程、网络工程、信息管理与信息系统以及相关专业教材，也可作为从事信息系统开发的专业人员的参考书和社会培训教材。

图书在版编目（CIP）数据

数据库基础教程：SQL Server 平台/顾韵华等编著．—北京：电子工业出版社，2009.12
高等学校计算机规划教材
ISBN 978-7-121-10140-3

Ⅰ. 数… Ⅱ. 顾… Ⅲ. 关系数据库－数据库管理系统，SQL Server—高等学校—教材 Ⅳ. TP311.138

中国版本图书馆 CIP 数据核字（2007）第 237662 号

策划编辑：童占梅
责任编辑：秦淑灵
印　　刷：北京市海淀区四季青印刷厂
装　　订：涿州市桃园装订有限公司
出版发行：电子工业出版社
　　　　　北京市海淀区万寿路 173 信箱　邮编　100036
开　　本：787×1 092　1/16　印张：21.5　字数：550 千字
印　　次：2009 年 12 月第 1 次印刷
印　　数：4 000 册　定价：30.00 元

凡所购买电子工业出版社图书有缺损问题，请向购买书店调换。若书店售缺，请与本社发行部联系，联系及邮购电话：（010）88254888。

质量投诉请发邮件至 zlts@phei.com.cn，盗版侵权举报请发邮件至 dbqq@phei.com.cn。

服务热线：（010）88258888。

前　言

随着信息技术的发展，数据库在各行各业得到广泛的应用。数据库是计算机科学的重要分支，是信息技术的核心和基础。数据库原理是计算机专业、信息管理与信息系统等专业的必修课。当前数据库课程教材大致分为两类：一类以讲述关系数据库系统的基本原理为主，另一类主要以常用关系数据库为背景进行介绍，侧重所依赖的具体关系数据库。

对于应用型人才培养来说，第一类教材理论性过强，学生学习后仍对具体的数据库感到无从下手，不能将数据库的理论知识与实际系统很好地结合起来；而第二类教材又局限于某个具体的系统，缺乏对数据库基本理论和方法的系统阐述。本书尝试既能较系统地阐述数据库的基本理论与方法，又能将这些理论方法与具体的数据库系统紧密结合，以满足应用型人才的培养需求。

本书是江苏省精品教材立项建设项目的成果。本书的主要特点是**面向应用型教学需求**，定位于专业基础、实用数据库教材，**重点突出基础性和应用性**。**以基于数据库的应用能力培养为主要目标**，兼顾 DBA 基本能力培养的要求和数据库前沿进展简介来组织教材内容。**按照“理论、实践、再理论、再实践”的思想关联知识**，**以一个贯穿全书的商品订购管理数据库示例为主线**，将数据库系统的理论体系与 SQL Server 数据库管理系统进行有机的结合，并利用丰富的案例进行生动具体的阐述，具有较强的系统性、逻辑性和实践性。

全书共 10 章，按照理论（数据库系统概览、关系数据模型）、实践（关系数据语言 SQL）、再理论（数据库设计、构建数据库的概念模型、关系规范化理论）、再实践（应用系统中的 SQL 及相关技术，数据库应用开发）的体系结构来串联数据库概论、关系模型、SQL 语言、数据库设计、数据库应用开发等内容，最后简要介绍数据库保护和新技术进展，各部分内容形成一个有机联系的整体。

各章主要内容如下：

第 1 章概括介绍数据管理技术的发展，数据库系统的构成、数据库系统的基本概念和术语。本章通过一个主线示例数据库中内容的访问过程，讲解数据库系统的构成和处理过程，使读者对数据库系统有一个直观的认识。

第 2 章系统地阐述了关系模型的三个方面，即关系数据结构、关系数据操作和关系完整性约束。主要讲解了关系模型有关的定义、概念和性质，关系代数和三类关系完整性约束。

第 3 章以丰富的示例生动、具体地讲解 SQL 语言的数据定义、数据查询和数据更新操作三部分，这些内容是数据库应用的重要基础。

第 4 章介绍了数据库设计过程的 6 个阶段，即需求分析、概念设计、逻辑设计、物理设计、数据库实施和数据库运行与维护，阐述了各阶段的目标、方法和注意事项。

第 5 章通过示例较详细地介绍了用于数据库概念设计的 E-R 方法和 E-R 模型，同时简要介绍了对象数据模型。

第 6 章简要介绍了关系数据理论，在函数依赖和多值依赖范畴内讨论了关系模式的规范化，并讨论了关系模式分解的无损连接性和依赖保持性这两个衡量指标。

第 7 章详细讨论了一些数据库应用开发的关键技术，包括嵌入式 SQL、SQL 程序设计、存储过程和触发器、开放数据库互连 ODBC 及数据库访问接口技术等，为进行数据库应用开发做好了技术准备。

第 8 章阐述了数据库应用系统的开发过程、应用系统的体系结构、常用的关系数据库管理系统以及常用的应用开发工具，详细讨论了 VB 和 Visual C#两种开发平台的数据库应用开发技术，并以商品订购管理系统为例，详细介绍了系统的需求分析、系统设计和实现技术。

第 9 章讨论了 DBMS 的数据库安全保护、数据完整性、并发控制和数据库恢复功能，并对 SQL Server 的数据库安全保护机制、数据完整性机制、并发控制机制及数据库恢复机制进行了讨论。

第 10 章总结了近年来数据库领域发展的特点，对数据库领域的发展方向进行了综述，并对数据仓库与数据挖掘、XML 数据管理这两个研究热点进行了简要介绍。

附录 A 提供了实验指导，结合 SQL Server 2005，以数据库基本操作、SQL 语言应用、数据库应用开发为主要实验内容安排实践教学。通过精心设计的 10 个实验，与理论教学紧密配合，训练学生的数据库应用和设计能力。

本书内容全面、案例丰富、通俗易懂。在写作中力求概念严谨、阐述准确；主次分明、重点突出；内容深入浅出，强调可读性。本书可作为计算机科学与技术、软件工程、网络工程、信息管理与信息系统以及相关专业教材，也可作为从事信息系统开发的专业人员的参考书和社会培训教材。

为方便教师进行教学，本书**提供配套电子课件、习题参考解答和实例源程序**，任课老师可通过华信教育资源网 http://www.hxedu.com.cn **免费注册下载**。本课程推荐参考学时为 48 学时，如下表所示，任课老师也可根据具体情况作出调整。

章　节	学　时
第 1 章　数据库概览——实例、概念与认识	4
第 2 章　关系数据模型——数据库理论基础	4
第 3 章　关系数据库语言 SQL——数据库应用基础	8
第 4 章　数据库设计——数据库应用系统开发总论	2
第 5 章　构建数据库的概念模型——应用系统开发基础	4
第 6 章　关系规范化理论——关系数据库设计理论基础	4
第 7 章　应用系统中的 SQL 及相关技术——应用开发关键技术	8
第 8 章　数据库应用开发——过程、平台与实例	8
第 9 章　数据库保护——数据库管理基础	4
第 10 章　数据库的新进展——领域知识拓展	2

本书由顾韵华、李含光编写，研究生刘丹参加了部分示例的程序编写工作。由于作者水平有限，书中难免存在疏漏之处，敬请读者批评指正。

编著者

目　录

第 1 章　数据库概览
——实例、概念与认识

数据库是以数据建模和数据管理为核心的学科领域，是计算机科学的重要分支。随着数据容量的急剧增长和内容的迅速变化，建立满足信息处理要求的行之有效的数据管理系统已成为各行各业生存和发展的重要条件。因此，数据库技术得到了越来越广泛的应用，从小型的单项事务处理到大型复杂的信息系统都采用数据库来存储和管理信息资源，以保证数据的有效性、完整性和共享性。本章介绍数据库系统的一些基本概念和常用术语，作为后面各章节的准备和基础。

1.1　数据管理技术的进展

数据处理是对数据进行收集、存储、加工、传播等一系列活动的总和，其目的是从大量复杂的甚至难以理解的数据中抽取并导出对于应用有价值的、有意义的数据，作为决策的依据。数据管理指对数据的收集、整理、组织、存储、维护、检索和传输等操作。数据管理是数据处理的中心活动，直接影响数据处理的效率，两者密不可分。

随着计算机科学与技术的发展，利用计算机进行数据管理经历了三个阶段，即人工管理阶段、文件系统阶段和数据库系统阶段。

1.1.1　人工管理阶段

20 世纪 50 年代以前，计算机主要用于科学计算。从硬件看，外存储器只有纸带、卡片和磁带，没有磁盘等直接存取的设备；从软件看，没有操作系统，没有管理数据的专门软件。数据处理方式是批处理，数据管理由程序员设计和安排。程序员将数据处理纳入程序设计的过程中，编制程序中需要考虑数据的逻辑结构和物理结构，包括存储结构和存取方法等。人工管理阶段应用程序与数据之间的对应关系如图 1.1 所示，其特点如下：

（1）数据不长期保存在计算机中。

（2）应用程序管理数据，数据与程序结合在一起；若数据的逻辑结构或物理结构发生变化，则必须对程序进行修改；这种特性称为数据与程序不具有独立性。

（3）数据是面向应用的，一组数据对应一个程序，数据不共享。当多个应用程序涉及相同数据时，必须各自定义。

1.1.2　文件系统阶段

20 世纪 50 年代后期至 60 年代中期，计算机开始用于数据处理。从硬件看，外存储器有了磁盘、磁鼓等直接存取设备；从软件看，有了操作系统，且操作系统中有了专门的数据管理软件，即文件系统。采用文件系统进行数据管理，其基本思想是由应用程序利用文件系统提供的功能将数据按一定的格式组织成独立的数据文件，然后以文件名访问相应的数据。文件系统阶段应用程序与数据之间的对应关系如图 1.2 所示，其优点如下：

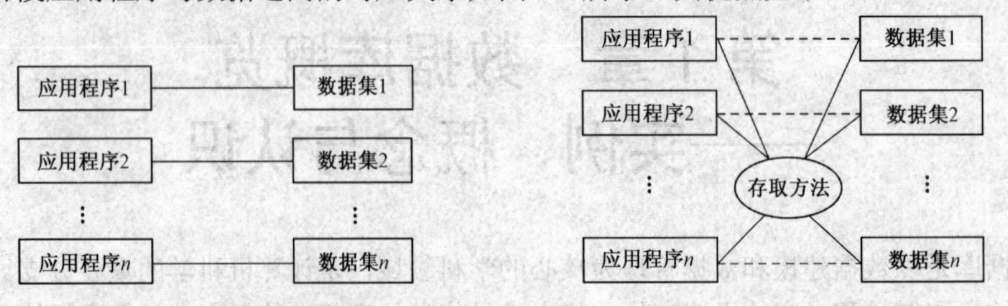

图 1.1　人工管理阶段应用程序与数据间对应关系　　图 1.2　文件系统阶段应用程序与数据间对应关系

（1）数据能够长期保存，可以反复对其进行查询、修改等操作。

（2）由专门软件对数据进行管理，应用程序与数据之间由文件系统所提供的存取方法进行转换，程序与数据之间有了一定的独立性。程序员可不必过多考虑文件的存储细节，并且数据在存储上的改变不一定影响程序，从而减少了程序维护的工作量。

但是，文件系统仍存在以下缺点：

（1）数据共享性差，冗余度大。数据文件是面向应用的，当不同应用程序具有部分相同数据时，也必须建立各自的文件，导致同一数据项可能重复出现在多个文件中，因此数据冗余度大，会导致数据冲突，数据一致性维护困难等问题。

（2）数据独立性差。由于数据的组织和管理直接依赖于应用程序，如果数据的逻辑结构发生改变就需要相应地修改应用程序。

由此可见，虽然文件系统记录内有结构，但文件之间是孤立的，整体仍然是一个无结构的数据集合，因此不能反映现实世界实体之间的联系。

1.1.3　数据库系统阶段

20 世纪 60 年代后期，数据处理成为计算机应用的主要领域，数据量急剧增长，数据关系更加复杂，对数据管理提出了更高的要求。为了满足多用户、多应用程序共享数据的需求，实现数据的统一管理，人们开始了对数据建模和组织、对数据进行统一管理和控制的研究，形成了数据库这一计算机科学与技术的重要分支。

数据库系统的主要特征是数据的统一管理和数据共享，即数据采用统一的数据模型进行组织和存储，由专门的管理软件——数据库管理系统（DataBase Management System，DBMS）进行统一管理和控制；应用程序在 DBMS 的控制下，采用统一的方式对数据库中的数据进行操作和访问。数据库系统阶段应用程序与数据之间的对应关系如图 1.3 所示，其特点如下。

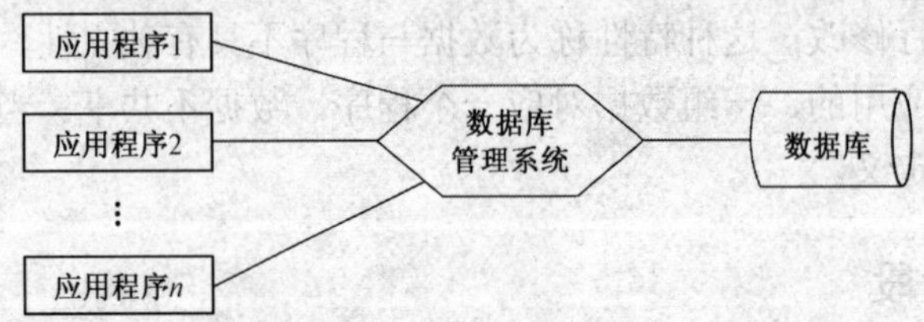

图 1.3　数据库系统阶段应用程序与数据之间的对应关系

1. 数据结构化

这是数据库系统与文件系统的根本区别，也是数据库系统的主要特征之一。在文件系统中，数据是面向特定应用的，文件的记录内部是有结构的，但各文件间没有联系，不能反映现实世界中各实体间的联系。在数据库系统中，采用统一的数据模型，将数据组织为一个整体；数据不再仅面向特定应用，而是面向全组织的；数据内部不仅是结构化的，而且整体也是结构化的，能较好地反映现实世界中各实体间的联系。这种整体结构化有利于实现数据共享，保证数据和应用程序之间的独立性。

2. 数据共享性高、冗余度低、易于扩充

由于数据库是面向整个系统，而不是面向某个特定应用的，因此数据能够被多个用户、多个应用程序共享。数据库中相同的数据不会多次重复出现，数据冗余度降低，并可避免由于数据冗余度大而带来的数据冲突问题。同时，当应用需求发生改变或增加时，只需重新选择不同的子集，或增加数据即可满足要求。

3. 数据独立性高

数据独立性是指数据的组织和存储与应用程序之间互不依赖、彼此独立的特性，它是数据库领域的一个重要概念。数据独立性包括物理独立性和逻辑独立性。物理独立性是指应用程序与存储于外存储器上的数据是相互独立的，即数据在外存上的存储结构是由 DBMS 管理的，应用程序无须了解；当数据的物理结构发生变化时，应用程序不需改变。逻辑独立性是指应用程序与数据库的逻辑结构是相互独立的，当数据的逻辑结构发生变化时，应用程序可以不改变。

数据独立性是由 DBMS 的二级映像功能来保证的。数据独立于应用程序，降低了应用程序的维护成本。

4. 数据统一管理与控制

数据库中的数据由数据库管理系统（DBMS）统一管理与控制，应用程序对数据的访问均需经由 DBMS。DBMS 必须提供以下 4 个方面的数据控制功能。

（1）并发（Concurrency）访问控制

数据库的共享是并发共享的，多个用户可同时存取数据库中的数据。当多个用户同时存取或修改数据库中的数据时，可能发生相互干扰，导致得到错误结果或破坏数据的完整性。因此 DBMS 必须对多用户的并发操作加以控制。

（2）数据完整性（Integrity）检查

数据完整性是指数据的正确性、有效性和相容性。数据完整性检查的目的是保证数据是有效的，或保证数据之间满足一定的约束关系。

（3）数据安全性（Security）保护

数据库的安全性是指保证数据不被非法访问，保证数据不会因非法使用而被泄密、更改和破坏。

（4）数据库恢复（Recovery）

当计算机系统出现硬件、软件故障，或操作员失误以及他人故意破坏时，均可能会影响到数据库的正确性，还有可能造成数据的丢失。当数据库出现故障后，DBMS 应能将其恢复到之前的某一正常状态，这就是数据库的恢复功能。

数据库系统克服了文件系统的缺陷，自 20 世纪 70 年代以来，它得到了迅速发展，涌现出了许多新产品，得到了广泛应用，成为现代数据管理的主要技术。可以毫不夸张地说，有计算机的地方就有数据库。

1.2 理解数据库系统

本节将从一个简化的“商品订购管理系统”入手，简要介绍对商品订购管理数据库中数据的访问过程，使读者对数据库系统有直观的认识，然后再介绍什么是数据库系统。

1.2.1 实例——商品订购管理系统

完整的商品订购系统是比较复杂的，本书设计了一个简化的“商品订购管理系统”作为全书的主线实例。

该简易商品订购管理系统的主界面如图 1.4 所示，主界面包含了系统功能的导航菜单。主要功能包括客户数据维护（包括增、删、改）、商品数据维护（包括增、删、改）、订单数据录入、订单数据修改与删除、订单数据查询。商品、客户和订单数据均被存储于数据库系统中。

单击“订单数据”→“订单数据查询”菜单命令，则应用程序向数据库管理系统发出数据查询请求，由数据库管理系统从商品订购数据库中检索出符合条件的数据，并返回给应用程序，应用程序再以特定的形式显示给用户，如图 1.5 所示。

图 1.4 商品订购管理系统的主界面

订单数据查询

客户编号 商品编号 查询 退出

客户编号	商品编号	订购时间	数量	需要日期	付款方式	送货方式
[illegible]	10010001	2009-2-18 12:20	2	2009-2-20	现金	客户自取
100001	10010001	2009-8-10	1	2009-8-20	现金	送货上门
100001	30010001	2009-2-10 12:30	10	2009-2-20	现金	客户自取
100001	30010002	2009-6-10 14:20	1	2009-6-12		
100001	50020001	2009-8-12	1	2009-8-30	现金	送货上门
100002	10010001	2009-2-18 13:00	1	2009-2-21	现金	客户自取
100002	50020001	2009-2-18 13:20	1	2009-2-21	现金	客户自取
100004	20180002	2009-2-19 10:00	1	2009-2-28	信用卡	送货上门
100004	30010002	2009-2-19 11:00	10	2009-2-28	信用卡	送货上门
100004	50020002	2009-2-19 10:40	2	2009-2-28	信用卡	送货上门
100005	40010001	2009-2-20 8:00	2	2009-2-27	现金	送货上门
100005	40010002	2009-2-20 8:20	3	2009-2-27	现金	送货上门
100006	10020001	2009-2-23 9:00	5	2009-2-26	信用卡	送货上门

图 1.5 商品订单数据查询

若用户要向系统中添加数据（如添加客户数据），则单击“客户数据维护”命令菜单，出现如图 1.6 所示的客户数据维护界面。

客户数据维护

增加 修改 删除

客户数据

客户编号 100007 客户姓名 周远 出生日期 1976-6-16

所在省市 安徽合肥 联系电话 13880880088 性别 男

备　注 银牌客户

客户编号	客户姓名	出生日期	性别	所在省市	联系电话	备注
100001	张小林 ...	1979-2-1	男	江苏南京	02561234678	银牌客户
100002	李红红 ...	1982-3-22	女	江苏苏州	139008899120	金牌客户
100003	王晓美 ...	1976-8-20	女	上海市	02166552101	新客户-->已...
100004	赵明 ...	1972-3-28	男	河南郑州	131809001108	新客户
100005	张帆一 ...	1980-9-10	男	山东烟台	138809332012	
100006	王芳芳 ...	1986-5-1	女	江苏南京	137090920101	
*						

图 1.6 客户数据维护界面

在各输入框中录入相应的数据项，单击“增加”按钮，则应用系统向数据库管理系统发出数据插入请求，由数据库管理系统向数据库中提交商品数据表格字段的数据值，DBMS 成功执行数据添加操作后，返回正常状态，应用程序再以对话框的形式提示用户操作成功。此时，在客户数据维护界面中便可查看到新增的客户信息，如图 1.7 所示。

图 1.7　新增加了客户信息

从这个实例可知，以数据库为核心的应用系统（也称数据密集型应用），用户对数据库中数据的访问路径为：用户操作命令→应用程序→DBMS→数据库，如图 1.8 所示。

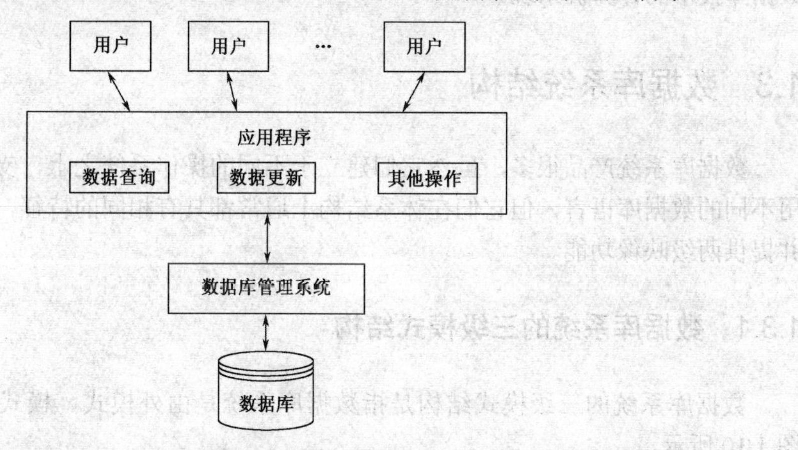

图 1.8　数据访问路径

要设计以数据库为核心的应用系统，必须进行数据库的设计和应用系统的设计。有关数据库设计相关的理论与方法，将在第 4 章讨论。

1.2.2　什么是数据库系统

在计算机系统上引入数据库技术就构成一个数据库系统（DataBase System，DBS）。数据库系统是指带有数据库并利用数据库技术进行数据管理的计算机系统。DBS 有两个基本要素：一是 DBS 首先是一个计算机系统；二是该系统的目标是存储数据并支持用户查询和更新所需要的数据。数据库系统一般由数据库、数据库管理系统（及其开发工具）、数据库管理员（DataBase Administrator，DBA）、数据库应用系统和用户组成，如图 1.9 所示。

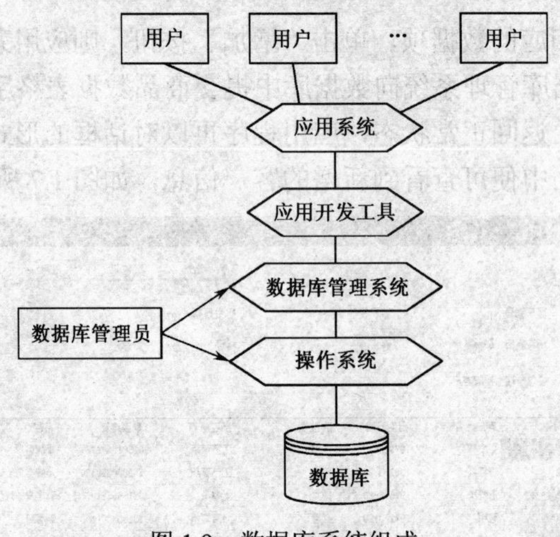

图 1.9　数据库系统组成

数据库（DataBase，DB）是长期存储在计算机内的、有组织的、可共享的数据集合。数据库可看成一个高度数据集成性质的、基于计算机系统的持久性数据的“容器”。

注意：数据库、数据库管理系统、数据库系统是三个不同的概念。数据库强调的是相互关联的数据；数据库管理系统强调的是管理数据库的系统软件；而数据库系统强调的是基于数据库技术的计算机系统。

1.3　数据库系统结构

数据库系统产品很多，虽然它们建立于不同的操作系统之上，支持不同的数据模型，采用不同的数据库语言，但它们在体系结构上通常都具有相同的特征，即采用三级模式结构，并提供两级映像功能。

1.3.1　数据库系统的三级模式结构

数据库系统的三级模式结构是指数据库系统是由外模式、模式和内模式三级构成，如图 1.10 所示。

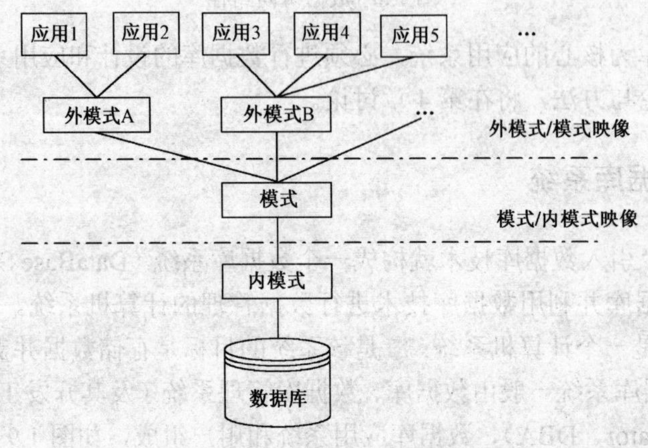

图 1.10　数据库系统的三级模式结构

1．模式（Schema）

模式也称逻辑模式或概念模式，它是数据库中全体数据的逻辑结构和特征的描述。模式是面向所有用户的公共数据视图，是数据库的全局视图。一个数据库只有一个模式，它既不涉及物理存储细节、也不涉及应用程序和程序设计语言。定义模式时，不仅要定义数据的逻辑结构，而且要定义数据之间的联系，以及与数据有关的安全性、完整性要求。

2．外模式（External Schema）

外模式也称子模式或用户模式，它是模式的子集。外模式是具体面向应用的，是数据库用户（包括应用程序员和最终用户）所能使用的局部数据的逻辑结构和特征的描述，是数据库用户的数据视图。由于不同的应用有不同的外模式，因此一个数据库可以有多个外模式。

3．内模式（Internal Schema）

内模式也称存储模式，它是数据库的物理结构，是数据库在存储介质上的存储结构。内模式主要描述数据的物理结构和存储方式，例如，记录是按 B 树结构还是按 Hash 方式存储，索引如何组织、数据是否加密等。一个数据库只有一个内模式。

数据库系统的三级模式是对数据的三个抽象层次。外模式是面向用户的，反映了不同用户对所涉及的局部数据的逻辑要求；模式处于中间层，它反映了数据库设计者通过综合所有用户的数据需求并考虑数据库管理系统支持的逻辑数据模型而设计出的数据的全局逻辑结构。内模式处于最低层，它反映了数据在计算机辅助存储器上的存储结构。

数据库系统的这种分层结构把数据的具体组织留给 DBMS 管理，使用户能够逻辑地、抽象地处理数据，而不必关心数据在计算机中的具体表示方式与存储结构。

1.3.2　数据库系统的二级映像

由图 1.8 所描述的数据访问路径和图 1.10 所描述的数据库系统的三级模式结构可知，当通过应用系统访问数据库中的数据时，应用系统调用外模式，去查找模式中的某一数据；而模式是逻辑上的，对它的访问最终要反映到对外存上数据的操作。要能够顺利地访问数据，必须在外模式与模式之间、模式与内模式之间建立映像关系，这就是数据库系统的二级映像（Mapping）：外模式/模式映像、模式/内模式映像。

（1）外模式/模式映像

对于每一个外模式，数据库系统都有一个外模式/模式映像，它定义了该外模式与模式的对应关系。外模式/模式映像的描述通常包含在外模式中。外模式/模式映像保证了数据的逻辑独立性。当模式发生改变时（如增加新的数据类型或数据项），只要对各外模式/模式映像作相应修改，就可以使外模式保持不变，从而不必修改应用程序。

（2）模式/内模式映像

数据库系统的模式/内模式映像是唯一的，它定义了数据库全局逻辑结构与存储结构之间的对应关系，其描述通常包含在模式定义中。模式/内模式映像保证了数据库的物理独立性。当数据库的存储结构发生改变时，对模式/内模式映像作相应的修改，就可以使模式保持不变，从而应用程序也不必修改。

在数据库系统的三级模式和二级映像结构中，模式是数据库的核心和关键，它独立于数据库的其他层次。因此设计数据库模式是数据库设计的核心任务。内模式不需要数据库设计人员设计，它是由 DBMS 定义好的。对设计好的数据库模式，DBMS 会自动按其定义的内模式进行存储。因此，数据库的内模式依赖于其模式，而独立于其外模式，也独立于具体的存储介质。数据库的外模式是面向具体的应用程序的，需要根据用户需求进行设计。它定义在模式之上，但独立于内模式和存储介质。当用户需求发生变化，相应外模式不能满足应用要求时，该外模式就必须作相应修改，所以设计外模式时应充分考虑到应用的扩展性。应用程序依赖于特定的外模式，不同的应用程序可以共用一个外模式。

数据库系统的三级模式与二级映像具有以下优点：

① 保证数据独立性。将外模式与模式分开，保证了数据的逻辑独立性；将内模式与模式分开，保证了数据的物理独立性。

② 有利于数据共享，减少数据冗余。

③ 有利于数据的安全性。不同的用户在各自的外模式下根据要求操作数据，只能对限定的数据进行操作。

④ 简化了用户接口。用户按照外模式编写应用程序或输入命令，而无须了解数据库全局逻辑结构和内部存储结构，方便用户使用。

1.3.3　数据库管理系统

数据库中的数据可以具有海量级别，并且结构复杂，需要进行科学的组织与管理。数据库管理系统（DBMS）就是对数据进行统一管理与控制的专门系统软件。它是位于用户与操作系统之间的一个十分重要的系统软件，其在计算机系统中的地位如图 1.11 所示。对数据库的所有管理，包括定义、查询、更新等各种操作都需要通过 DBMS 实现。DBMS 是数据库管理的中枢机构，是数据库系统具有数据共享、并发访问和数据独立性的根本保证。

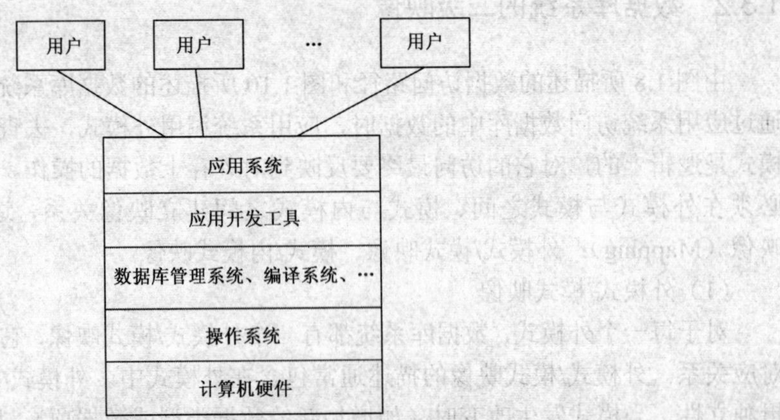

图 1.11　数据库管理系统在计算机系统中的地位

数据库管理系统的主要功能包括以下 6 个方面：

① 有效地组织、存取和维护数据。

② 数据定义功能。DBMS 通过数据定义语言（Data Definition Language，DDL）定义数据库的各类数据对象，包括数据的结构、数据约束条件等。

③ 数据操纵功能。DBMS 提供数据操纵语言（Data Manipulation Language，DML），用户使用 DML 实现对数据库中的数据进行查询、增加、删除和修改等操作。

④ 数据库的事务管理和运行管理。DBMS 提供数据控制语言（Data Control Language，DCL），数据库管理员使用 DCL 实现对数据库的安全性保护、完整性检查、并发控制、数据库恢复等数据库控制功能。

⑤ 数据库的建立和维护功能。

⑥ 其他功能。包括：数据库初始数据输入与转换、数据库转储、数据库重组、数据库性能监视与分析、数据通信等，这些功能通常由 DBMS 提供的实用程序或管理工具完成。

DDL、DML 和 DCL 统称为数据库子语言（Data Sublanguage）。它们都是非过程性语言，具有两种表现形式：

① 交互型命令语言。这种方式的语言结构简单，可以在终端上实时操作。又称为自含型或自主型语言。

② 宿主型语言。这种方式通常是将数据库子语言嵌入在某些宿主语言（Host Language）中，如嵌入 C、C++、Java 语言中。

1.3.4　数据库系统所需人员

开发、管理和使用数据库系统的人员主要包括：数据库管理员、系统分析员和数据库设计人员、应用程序员和最终用户。他们各自的职责如下。

1. 数据库管理员（DBA）

DBA 是指对数据库和 DBMS 进行管理的一个或一组人员，负责全面管理和控制数据库系统。其具体职责包括：

（1）参与数据库设计。DBA 参与数据库设计的全过程，与用户、系统分析员和应用程序员共同协商，决定数据库的信息内容、逻辑结构和存取策略等；并优化数据存储结构和存取策略，以获得较高的存取效率和空间利用率。

（2）数据完整性和安全性管理。包括数据不被破坏的安全策略的制定，数据完整性约束管理等。DBA 负责定义对数据库的存取权限、数据安全级别和完整性约束条件。

（3）数据库运行维护和性能评价。DBA 要维护数据库正常运行，及时处理运行过程中出现的问题。制定数据库维护计划，实施数据库备份和恢复策略，遇故障要及时恢复数据库，并尽可能不影响或减少影响计算机系统其他部分的正常运行。DBA 还要负责监控系统的运行情况，监视系统处理效率、空间利用率等性能指标。

（4）数据库改进和重构。DBA 应对运行情况进行统计分析，并对数据库性能进行评价，提出数据库改进方案。当用户需求增加或改变时，DBA 还要参与数据库的重构。

2. 系统分析员和数据库设计人员

系统分析员负责应用系统的需求分析和规格说明，要和用户及 DBA 协商，确定系统的软/硬件配置，并参与数据库系统的概要设计。

数据库设计人员是数据库设计的核心人员，负责数据库中数据内容及结构的确定、数据库各级模式的设计。数据库设计人员必须参加用户需求调研和系统分析，然后进行数据库设计。通常情况下，数据库设计人员是由 DBA 或系统分析员担任的。

3. 应用程序员

应用程序员负责设计和开发数据库应用程序，并负责进行调试和安装。

4. 最终用户（End User）

最终用户通过应用程序的用户接口使用数据库。常用的接口方式有菜单驱动、表格操作、图形显示等。

1.4 数据模型

1.4.1 数据模型的概念

模型是现实世界特征的抽象与模拟。模型可分为实物模型和抽象模型。建筑模型、汽车模型等都是实物模型，它们是客观事物的某些外观特征或内在功能的模拟与刻画。而数学模型是一种抽象模型，如公式 $s=\pi r^2$，抽象了圆面积与半径之间的数量关系，揭示了客观事物的固有规律。

数据模型（Data Model）是一种抽象模型，是对现实世界数据特征的抽象。引入数据模型是非常必要的。数据库系统是为部门和企业服务的一个计算机系统，而计算机在处理数据时，必须将部门或企业的有关情况的某些特征抽象为计算机能够处理的数据格式，这种数据格式就是数据模型。数据模型为数据库系统的信息表示和操作提供必须的抽象框架。计算机上实现的各种数据库管理系统都必须基于某种确定的数据模型。因此，数据模型是数据库系统的灵魂，理解和掌握数据模型是学习数据库技术与理论的基础。

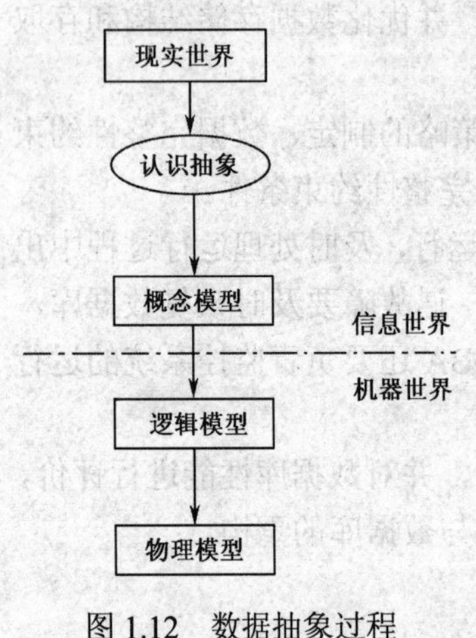

图 1.12　数据抽象过程

数据模型的选择应满足三方面要求：① 能较真实地模拟现实世界；② 易于理解；③ 便于在计算机上实现。然而用一种模型同时满足上述要求是较困难的，因此，在数据库系统中一般是针对不同对象和应用目的采用不同的数据模型。通常，根据实际问题的需要和应用目的的不同，有三种层面上的数据模型，如图 1.12 所示。

（1）概念数据模型（Conceptual Data Model），也称概念模型或信息模型。它是面向用户的模型，是现实世界到机器世界的一个中间层次。其基本特征是按用户观点对信息进行建模，与具体 DBMS 无关。概念模型的作用和意义在于描述现实世界的概念化结构，使数据库设计人员在设计的初始阶段能够摆脱计算机系统和 DBMS 具体技术的约束，集中精力分析数据及其联系。最常用的概念模型是实体-联系（E-R）模型。

（2）逻辑数据模型（Logical Data Model），也称结构数据模型，其特征是按计算机系统的观点对数据建模，服务于 DBMS 的应用实现。结构化数据模型包括：层次模型、网状模型、关系模型等。

（3）物理数据模型（Physical Data Model），用于描述数据在存储介质上的组织结构，它与具体 DBMS 有关，也与操作系统和硬件有关，是物理层次上的数据模型。

1.4.2　概念数据模型

概念数据模型是现实世界到信息世界的抽象，是数据库设计人员与用户进行交流的工具。因此概念数据模型的选择应具有较强的语义表达能力，同时还应简单、清晰、用户易于理解。目前使用较多的概念数据模型描述工具有 E-R 模型、UML 等。在此以 E-R 模型为工具介绍概念数据模型。

P. P. S. Chen 于 1976 年提出了实体-联系方法（Entity Relationship Approach），简称 E-R 方法。它简单实用，因而得到了广泛应用。E-R 方法使用的工具是 E-R 图，它所描述的现实世界的信息结构称为 E-R 模型。

1. E-R 模型的三要素

（1）实体（Entity）。实体是指客观存在并可相互区别的事物。实体可以是人、事或物，也可以是抽象的概念。如一件商品、一个客户、一份订单等都是实体。

（2）属性（Attribute）。实体通常有若干特征，每个特征称为实体的一个属性。属性刻画了实体在某方面的特性。例如，商品实体的属性可以有商品编号、商品类别、商品名称、生产商等。

（3）联系（Relationship）。现实世界中事物之间的联系反映在 E-R 模型中就是实体间的联系。例如，订单就是客户和商品之间的联系。

2. 实体型和实体值

在数据库系统中，引入的基本对象通常都有“型（Type）”和“值（Value）”之分。“型”是对象特性的抽象描述，“值”是对象的具体内容。

实体型（Entity Type）是指对某一类数据结构和特征的描述。通常实体型由实体名和属性名的集合来抽象和刻画同类实体。例如，商品(商品编号，商品类别，商品名称，生产商，单价，库存量，保质期)是一个实体型。

实体值（Entity Value）是实体型的内容，由描述实体的各个属性值组成。例如，(50020005，体育用品，足球，美好体育用品公司，120，20，2012-1-1)是实体值。

实体集（Entity Set）是指具有相同实体型的若干实体构成的集合。例如，全部商品构成一个实体集。实体集包含了实体的“值”，也隐含了实体的“型”。

通常为了叙述方便，在不引起混淆的情况下，也可不仔细区分实体“型”和“值”，而都称为“实体”。

3. 联系的分类

从联系的不同层面看，存在实体内部的联系和实体之间的联系。实体内部的联系是指实体集内部各个实体间的联系。例如，职工实体型内部有领导与被领导的关系。实体之间的联系是指一个实体集中的实体与另一实体集中实体之间的联系。

从联系的表现形式看，联系又分为存在性联系、功能或事件性联系。

存在性联系：如学校有教师，工厂有车间。

功能或事件性联系：如教师授课，学生选课，客户订购商品。

两个实体型之间的联系有三种：一对一联系、一对多联系、多对多联系。

（1）一对一联系（1∶1）。如果对于实体集 A 中的任一实体，在实体集 B 中至多有一个实体与之联系；反之亦然，则称实体集 A 与实体集 B 具有一对一联系，记为 1∶1。例如，在公司中，一个部门只有一个经理，而一个经理只在一个部门任职，则部门与经理之间具有一对一联系。

（2）一对多联系（$1:n$）。如果对于实体集 A 中的任一实体，在实体集 B 中有 n（$n \geqslant 1$）个实体与之联系；而对于实体集 B 中的每一个实体，实体集 A 中至多有一个实体与之联系，则称实体集 A 与实体集 B 具有一对多联系，记为 $1:n$。例如，在公司中，一个部门可有多名职工，而一名职工只在一个部门任职，则部门与职工之间具有一对多联系。

（3）多对多联系（$m:n$）。如果对于实体集 A 中的任一实体，在实体集 B 中有 n（$n \geqslant 1$）个实体与之联系；而对于实体集 B 中的每一个实体，实体集 A 中有 m（$m \geqslant 1$）个实体与之联系，则称实体集 A 与实体集 B 具有多对多联系，记为 $m:n$。例如，在商品订购中，一个客户可订购多种商品，而一种商品也可被多个客户订购，则客户与商品之间具有多对多联系。

由定义可知，一对一联系是一对多联系的特例，一对多联系是多对多联系的特例。

通常，两个以上的实体型之间也存在一对一、一对多、多对多联系。例如，对于课程、教师、参考书三个实体型，如果一门课程可以由多个教师讲授，而一个教师只能讲授一门课程，每本参考书仅为一门课程参考，则课程与教师、参考书之间的联系是一对多的。

4. E-R 模型表示——E-R 图

通常用 E-R 图描述实体型之间的联系。在 E-R 图中，用矩形框表示实体型，矩形框内标明实体名；用椭圆框表示实体型的属性；用无向线段连接实体与属性。

【例 1.1】　商品实体具有商品编号、商品类别、商品名称、生产商、单价、库存量、保质期等属性，用 E-R 图表示如图 1.13 所示。

E-R 图中用菱形框表示联系，在菱形内写出联系名，用无向边分别与有关实体连接，同时在无向边旁标注联系的类型（1∶1，$1:n$，$m:n$）。图 1.14 是两个实体型间三类联系的 E-R 图表示。

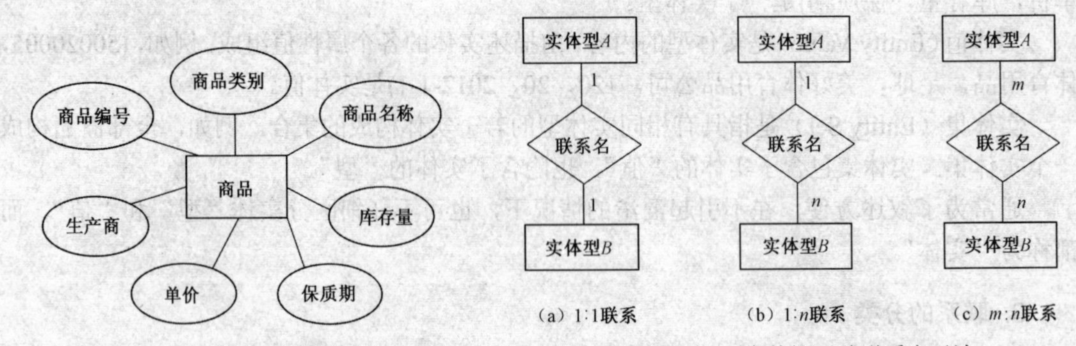

图 1.13　实体及属性表示法　　　　图 1.14　实体间三种联系表示法

若一个联系具有属性，则这些属性也要用无向边与联系连接起来。

【例 1.2】　客户订购某类商品均有数量，则实体型“客户”与实体型“商品”之间的联系就具有属性“数量”，其 E-R 图表示如图 1.15 所示。

这里只介绍 E-R 图的要点，有关如何认识和分析现实世界，从中抽取实体、实体间联系，建立概念模型等将在第 5 章讲述。

1.4.3 逻辑数据模型

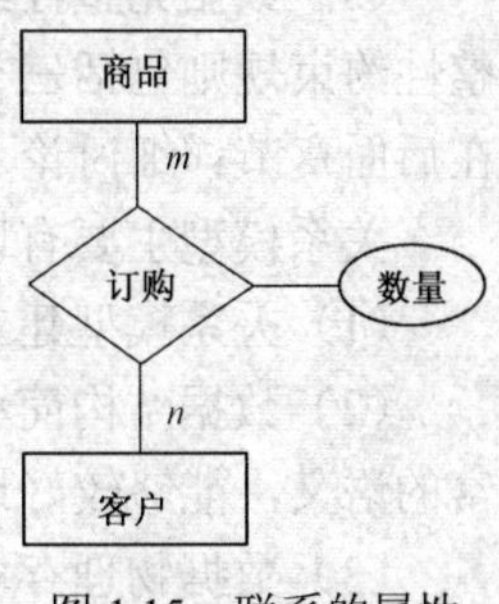

图 1.15 联系的属性

1.4.2 节所讨论的概念数据模型是独立于计算机系统的，表示一种特定组织或机构所关心的“概念数据结构”，完全不涉及信息在计算机中的表示。而逻辑数据模型是数据库管理系统呈现给用户的数据模型，即用户从数据库中看到的数据组织形式，它与 DBMS 直接相关。用概念数据模型描述的数据，必须用逻辑数据模型表示才能由 DBMS 管理。为叙述简便，在下面的讨论中，除非特殊说明，术语“逻辑数据模型”均以“数据模型”表示。

1. 数据模型三要素

逻辑数据模型是严格定义的一组概念的集合，主要由数据结构、数据操作和数据完整性约束三部分组成，通常称为逻辑数据模型的三要素。

（1）数据结构。数据结构是对系统静态特性的描述，主要描述数据库组成对象以及对象之间的联系。数据结构是刻画数据模型最重要的方面。因此在数据库系统中，通常按照其数据结构的类型来命名数据模型。主要的数据模型有层次模型、网状模型和关系模型。

（2）数据操作。数据操作指对数据库中各种对象（型）的实例（值）允许执行的操作及有关的操作规则，它是对数据库动态特性的描述。数据库中的数据操作主要分为查询、更新两大类，其中数据更新主要是指对数据记录的增、删、改。数据模型需要定义这些操作的语义、操作符号、操作规则及实现操作的相关语句。

（3）数据完整性约束。完整性约束是数据的一组完整性规则的集合。完整性规则是给定的数据模型中数据及其联系所具有的制约和存储规则，用以限定符合数据模型的数据库状态以及状态的变化，保证数据的正确、有效、相容。

2. 数据模型的类型

数据模型的发展带动了数据库系统的更新换代。自 20 世纪 60 年代末数据库技术产生以来，先后出现了层次模型（Hierarchical Model）、网状模型（Network Model）、关系模型（Relational Model）、面向对象模型（Object Oriented Model）、对象关系模型（Object Relational Model）等逻辑数据模型。其中层次模型和网状模型统称为格式化模型。

由于格式化模型现已不是主导，本书不再讨论。下面简要介绍关系数据模型，而本书后面章节讨论的重点将是关系数据库系统。

3. 关系数据模型

关系模型源于数学，由于关系模型具有完备的关系理论作为基础，因此自 20 世纪 80 年代以来，关系数据模型被普遍采用，关系模型的数据库系统得到了广泛应用。

（1）数据结构。关系模型是建立在严格的数学概念之上的，有关定义将在第 2 章给出，这里仅非形式化地讨论。关系模型中基本的数据结构是表格，关系模型使用二维表来表示实体及其联系。

（2）数据操作。关系模型的数据操作主要包括查询和更新。关系数据操作具有两个显著特点：一是关系操作是集合操作，即操作的对象和结果均为集合；二是关系模型将操作中的存取路径向用户屏蔽起来，用户只要说明做什么，而不必指出怎样做。

（3）数据完整性约束。对关系模型中的数据操作必须满足关系完整性约束规则。关系完整性约束规则包括三类：实体完整性、参照完整性和用户定义完整性。关系完整性的内容将在后面章节详细讨论。

关系模型主要有以下特点：

（1）关系模型建立在严格的数学理论基础之上。

（2）数据结构简单清晰，用户易懂易用。关系模型的数据结构虽然简单，但却能表达丰富的语义，能够较好地描述现实世界的实体以及实体间的各种联系。

（3）数据物理存取路径对用户是透明的，有更高的数据独立性、更好的数据安全性。

关系数据库在各个领域的广泛应用推动了数据库技术的发展。但关系模型描述能力也存在不足，如难以直接描述超文本、图像、声音等复杂对象；难以表达工程、地理、测绘等领域一些非格式化的数据语义；不能提供用户定义复杂类型及数据抽象的功能等。因此人们又提出了面向对象模型和对象关系模型等新的数据模型，并得到了一定的支持。

1.5　数据库系统的发展

1.5.1　数据库系统发展的阶段

数据库技术是计算机科学与技术中发展最快的分支之一。从 20 世纪 60 年代末数据库技术诞生至今，按照数据模型发展的阶段划分，数据库系统的发展大致可划分为三代。

1. 第一代数据库系统

采用格式化模型的数据库系统属于第一代数据库系统。格式化模型的数据库系统在 20 世纪 70 年代至 80 年代初非常流行，后逐渐被关系数据库系统所取代。层次模型数据库系统的典型代表是 IBM 公司的 IMS（Information Management System）；网状模型的典型代表是 DBTG 系统，它是 20 世纪 70 年代数据库系统语言研究会 CODASYL（Conference On Data Systems Language）下属的数据库任务组（Data Base Task Group）提出的一个系统方案。

第一代数据库系统的主要特点有：

（1）支持三级模式体系结构。

（2）用存取路径表示实体间的联系。层次模型用有向树结构表示实体以及实体间的联系；网状模型用有向图结构表示实体以及实体间的联系。

（3）导航式的数据操纵语言。导航是指应用程序需要一步一步地按照数据库中预先定义的存取路径来访问数据库，最终到达要访问的数据目标。访问数据库时，每次只能存取一条记录。

2. 第二代数据库系统

第二代数据库系统是指支持关系模型的关系数据库系统。1970 年，美国 IBM 公司 San Jose 研究室的研究员 E.F.Codd 提出数据库的关系模型，之后，又提出了关系代数和关系演算以及范式的概念，开始了数据库关系方法和关系理论的研究，这是对数据库技术的一个重大突破。E.F.Codd 的工作奠定了关系数据库的理论基础，为此他获得了 1981 年的 ACM 图灵奖。在 20 世纪 70 年代末，关系数据库的软件系统研制也取得了成果，最具代表性的实验系统有 IBM

公司研制的 System R 和美国加州大学伯克利分校研制的 INGRES，商用系统则有由 System R 发展而来的 SQL/DS 以及由 INGRES 实验系统发展而来的 INGRES 关系数据库软件产品。自 20 世纪 80 年代以来，数据库管理系统产品几乎都是支持关系模型的，数据库领域当前的很多研究工作也都是以关系方法为基础的。经过 30 多年的历程，关系数据库系统的研究和开发取得了辉煌的成就。关系数据库成为最重要、应用最广泛的数据库系统，如广泛使用的小型数据库系统 Foxpro、Access，大型数据库系统 Oracle、SQL Server、Sybase、DB2、Informix 等都是关系数据库系统。

第二代数据库系统的主要特点有：

（1）概念单一，实体以及实体之间的联系都用关系表示。

（2）以关系代数为基础，形式化基础好。

（3）数据独立性强，数据的物理存取路径对用户屏蔽。

（4）关系数据语言实现了标准化，即创建了 SQL（Structured Query Language）。关系数据语言是非过程化的，它将用户从数据库记录的导航式检索中解脱出来，大大降低了编程的难度。

通常，将第一代数据库系统和第二代数据库系统称为传统数据库系统。由于传统数据库系统特别是关系数据库系统具有许多优点，它们被广泛用于数据管理，并被应用到许多新领域。如计算机辅助设计/计算机辅助制造（CAD/CAM）、计算机辅助工程（CASE）、地理信息处理、智能信息处理等，这些新领域的应用不仅需要传统数据库所具有的快速检索和修改数据的特点，而且提出了一些新的数据管理需求，如要求数据库能够处理声音、图像、视频等多媒体数据。因此传统数据库在这些新领域中暴露了其局限性，已经不能完全满足应用的需要。在这种情况下，新一代数据库技术应运而生。

3. 第三代数据库系统

第三代数据库系统是指以更丰富的数据模型、更强大的数据管理能力为特征，满足更广泛更复杂的新应用需求的各类数据库系统的大家族。这些新的数据库系统包括：面向对象数据库、分布式数据库、并行数据库、工程数据库、统计数据库、空间数据库等。

1990 年，高级 DBMS 功能委员会发表了《第三代数据库系统宣言》，提出了第三代数据库管理系统的三个基本特征：

（1）第三代数据库系统应支持数据管理、对象管理和知识管理。

（2）第三代数据库系统必须保持或继承第二代数据库系统的技术。即必须保持第二代数据库系统的非过程化数据存取方式和数据独立性等特性。

（3）第三代数据库系统必须对其他系统开放。数据库系统的开放性表现在：支持数据库语言标准，支持网络标准，系统具有良好的可移植性、可连接性、可扩展性和互操作性等。

1.5.2　数据库系统主要研究领域

随着计算机软/硬件和计算机网络的发展，数据库技术仍需不断向前发展。数据库系统的研究范围很广泛，概括起来主要包括以下三个方面：

（1）DBMS 软件研制

DBMS 是数据库系统的基础与核心，开发可靠性好、效率高、功能齐全的 DBMS 始终是数据库领域研究的重要内容。并且为了充分发挥数据库的应用功能，还需开发一些必须能在

DBMS 上运行的软件系统，包括数据通信软件、报表书写系统、表格系统和图形系统等。因此研制以 DBMS 为核心的一组相互关联的软件系统或工具包也是当前数据库软件产品的发展方向。

（2）数据库应用系统设计与开发

在 DBMS 支持下，设计与开发满足用户要求的数据库应用系统，这是数据库领域研究的另一个重要内容。其目标是：按照用户需求，为某一部门或组织设计和开发功能强大、效率高、使用方便和结构优良的数据库及其配套的应用系统。数据库应用系统设计与开发的主要研究课题有：数据库设计方法、自动化设计工具和设计理论的研究、数据建模的研究、计算机辅助设计方法及其软件系统的研究、数据库设计规范和标准等。

（3）数据库基础理论

自关系数据模型提出以来，很长一段时间内，数据库理论研究主要集中在关系数据理论上，包括关系数据模型、规范化理论等。随着面向对象模型等新的数据模型的提出，近年来也开始了面向对象数据库、空间数据库、多媒体数据库等方面的理论研究。随着人工智能与数据库技术的结合，演绎数据库和知识库系统的研究成为数据库理论新的研究热点。从数据库向知识库发展将是一个新的发展趋势。

本章小结

本章简要地介绍了数据管理技术发展的三个阶段，使读者对数据库技术的产生背景以及所要解决的问题有了初步认识。以对一个商品订购数据库中内容的访问过程为例，讲解数据库系统的构成和处理过程，使读者对数据库系统有直观的认识。简要介绍了数据库系统的组成，使读者了解数据库系统不仅是一个计算机系统，而且是一个人-机系统。

阐述了数据库系统的一些基本的重要概念和术语，包括：数据库系统的三级模式结构、数据库系统、数据库、数据库管理系统、模式、内模式、外模式、二级映像、数据独立性、视图、用户、DBA 等。使读者初步认识数据库领域的常用概念和术语。

数据模型是数据库系统的核心和基础。本章介绍了数据模型的概念，突出数据模型在数据库技术中的重要作用；阐述概念数据模型、逻辑数据模型，重点讲解了 E-R 模型和关系模型的特点。使读者对数据结构化这一数据库系统的基本特征有所认识。

最后简单介绍了数据库系统的发展历程，给出数据库领域研究的主要方面，包括：数据库理论、数据库管理系统研制、数据库应用系统设计与开发等，使读者对数据库领域的研究内容有较为全面的了解。

习题 1

1. 简述数据库系统的特点。
2. 什么是数据库系统？
3. 简述数据库系统的组成。
4. 试述数据库系统的三级模式结构。这种结构的优点是什么？
5. 什么是数据的物理独立性与逻辑独立性？并说明其重要性。
6. 数据库管理系统的功能主要有哪几个方面？

7. 数据库系统的人员主要包括哪些？
8. 什么是数据模型？
9. 什么是概念数据模型？E-R 模型的三要素是什么？
10. 举例说明联系的三种类型。
11. 什么是逻辑数据模型？逻辑数据模型的三要素是什么？
12. 简述关系模型的特点。

第 2 章 关系数据模型——数据库理论基础

关系数据库是目前应用最广泛的数据库，它建立在严格的关系数学理论基础之上。关系数据模型的提出，使数据的组织、管理和使用等技术有了科学理论的支持，它是数据库发展史上最重要的事件。目前的数据库管理系统产品几乎都支持关系模型，数据库领域当前的很多研究工作也都是以关系方法为基础的。关系数据库系统在现在乃至今后一段时间内，还仍将是最重要的数据库。

根据数据模型的三要素（结构、操作和完整性约束），关系数据模型由关系数据结构、关系操作集合和关系完整性约束三部分组成。第 1 章已初步介绍了关系模型和关系数据库的一些基本特性，本章将深入讨论关系模型的三个方面的内容。本章内容是学习关系数据库的基础，其中关系代数是学习的重点和难点。

2.1 关系数据结构

关系数据模型采用单一的数据结构——“关系”来表示实体和实体之间的联系。从本质上讲，关系是集合论中的一个数学概念。基于此，可以对关系数据结构从集合论的角度给出形式化的定义。本节将从二维表入手，给出关系的非形式化描述，使读者对关系数据结构有直观的认识；然后再给出关系数据结构的形式化定义。

2.1.1 二维表与关系数据结构

在日常工作中，我们经常会碰到各种二维表格，如商品信息表、学生登记表等。这些二维表的共同特点是由多个行和列组成。每列有列名，表示内容某个方面的属性。每行由多个值组成。例如，某个公司的商品信息表，如表 2.1 所示，它就是一个二维表。

表名 → **表 2.1 商品信息表**

表头 →

数据

商品编号	商品类别	商品名称	单价	生产商	保质期	库存量
10010001	食品	咖啡	50.00	宇一饮料公司	2009-12-31	100
10010002	食品	苹果汁	5.20	宇一饮料公司	2009-06-08	20
20180001	服装	休闲服	120.00	天天服饰公司	2000-01-01	5
30010001	文具	签字笔	3.50	新新文化用品制造厂	2000-01-01	100

二维表具有如下特点：

（1）每个表具有表名，如“商品信息表”。

（2）表由表头和若干行数据两部分构成。

（3）表有若干列，每列都有列名。

（4）同一列的值必须取自同一个域。例如，商品类别只能取自该公司能够经营的类别。

（5）每一行的数据代表一个实体的信息。

对二维表可以进行如下操作：

（1）查询数据。例如，在“商品信息表”中按某些条件查找满足条件的商品。

（2）增加数据。例如，向“商品信息表”中增加一件商品的数据(50020003，体育用品，足球，65，美好体育用品公司，2012-01-01 ，20)。

（3）修改数据。例如，将编号为“20180001”的商品的库存量改为 4。

（4）删除数据。例如，从“商品信息表”中去掉一件商品的数据。

从用户角度看，一个关系就是一个规范化的二维表。这里“规范化”的含义是：表中每列都是原子项，即没有“表中表”。关系模型就是用关系这种二维表格结构来表示实体及实体之间联系的模型。

一个关系由关系名、关系模式和关系实例组成。通常，它们分别对应于二维表的表名、表头和数据。若将表 2.1 所示的“商品信息表”表示成关系，则如图 2.1 所示。

关系模式 SPB（商品编号，	商品类别，	商品名称，	单价，	生产商，	保质期，	库存量）
关系实例 10010001	食品	咖啡	50.00	宇一饮料公司	2009-12-31	100
10010002	食品	苹果汁	5.20	宇一饮料公司	2009-06-08	20
20180001	服装	休闲服	120.00	天天服饰公司	2000-01-01	5
30010001	文具	签字笔	3.50	新新文化用品制造厂	2000-01-01	100

图 2.1　二维表的关系表示

在人们的日常理解中，商品是一个抽象的概念，而“咖啡”是一种具体的产品。第 1 章已介绍过实体型和实体值的概念。在这里“商品”为实体“型”，“咖啡”则为一个实体“值”。关系模型中，关系模式描述了一个实体型，而关系实例则是关系模型的“值”，关系实例通常由一组实体组成。

下面以非形式化的描述，介绍关系模型中常用的一些术语。

（1）关系。一个关系（Relation）指一张二维表。例如，“商品信息表”就是一个关系。

（2）元组。一个元组（Tuple）指二维表中的一行。例如，(10010001，食品，咖啡，50.00，宇一饮料公司，2009-12-31，100)就是一个元组。

（3）属性。一个属性（Attribute）指二维表中的一列，表中每列均有名称，即属性名。例如，“商品信息表”有 7 列，对应 7 个属性：商品编号，商品类别，商品名称，单价，生产商，保质期，库存量。

（4）码。码（key）也称键、关键字、关键码，指表中可唯一确定元组的属性或属性组合。例如，“商品信息表”中的“商品编号”属性即为码。

（5）域。域（Domain）指属性的取值范围。例如，按照公司对商品编号的编排方法，商品编号具有一定的范围限制。

（6）分量。分量指元组中的一个属性值。例如，元组(10010001，食品，咖啡，50.00，宇一饮料公司，2009-12-31，100)中的“10010001”即为其分量。

（7）关系模式。关系模式是对关系“型”的描述，通常表示为：关系名(属性 1，属性 2，…，属性 n)。例如，SPB(商品编号，商品类别，商品名称，单价，生产商，保质期，库存量)，关系名为 SPB，该关系包括 7 个属性，分别是：商品编号，商品类别，商品名称，单价，生产商，保质期，库存量。

表 2.2 是关系与现实世界中的二维表各自使用的术语对照。

表 2.2　术语对照表

关 系 术 语	现实世界术语
关系名	表名
关系模式	表头
关系	二维表
元组	记录
属性	列
属性名	列名
属性值	列值

关系模型中，要求关系必须是规范化的，即关系要满足规范条件。规范条件最基本的一条就是要求关系的每个分量必须是原子项，是不可再分的数据项，即不允许出现表中表的情形。例如，表 2.3 所示的商品情况表中，保质期是可再分的数据项，因此不符合关系数据库的要求。

表 2.3　商品情况表

商品编号	商品类别	商品名称	单价	生产商	保质期			库存量
					年	月	日	
10010001	食品	咖啡	50.00	宇一饮料公司	2009	12	31	100
10010002	食品	苹果汁	5.20	宇一饮料公司	2009	06	08	20
20180001	服装	休闲服	120.00	天天服饰公司	2000	01	01	5
30010001	文具	签字笔	3.50	新新文化用品制造厂	2000	01	01	100

2.1.2　关系数据结构的形式化定义

在关系模型中，数据是以二维表的形式存在的，这个二维表就叫做关系，这是一种非形式化的定义。而关系模型是建立在集合代数基础之上的，这里从集合论的角度给出关系数据结构的形式化描述。为此，先引入域和笛卡儿积的概念。

1. 域（Domain）

定义 2.1　域是一组具有相同数据类型的值的集合，又称值域（用 D 表示）。

例如，整数、实数和字符串的集合都是域。

域中所包含的值的个数称为域的基数（用 m 表示）。域表示了关系中属性的取值范围。例如，

D_1 = {10010001，10010002，20180001，30010001}

D_2 = {食品，服装，文具}

D_3 = {咖啡，苹果汁，休闲服，签字笔}

其中，D_1，D_2，D_3 为域名，分别表示商品关系中的商品编号、商品类别和商品名称的集合。这三个域的基数分别是 4，3，4。

2. 笛卡儿积（Cartesian Product）

定义 2.2　给定一组域 D_1，D_2，…，D_n（它们可以包含相同的元素）。D_1，D_2，…，D_n 的笛卡儿积为

$$D_1 \times D_2 \times \cdots \times D_n = \{(d_1, d_2, \cdots, d_n) \mid d_i \in D_i,\ i=1, 2, \cdots, n\}$$

其中：

（1）每一个元素（d_1，d_2，…，d_n）称为一个 n 元组（n-tuple），简称元组（Tuple）。注意：元组中的每个分量 d_i 是按序排列的，如(10010001，食品，咖啡)≠(食品，10010001，咖啡)≠(咖啡，食品，10010001)。

（2）元组中的每一个值 d_i 叫做一个分量（Component），分量来自相应的域（$d_i \in D_i$）。

（3）笛卡儿积也是一个集合。若 D_i（i=1，2，…，n）为有限集，其基数为 m_i（i=1，2，…，n），则笛卡儿积 $D_1 \times D_2 \times \cdots \times D_n$ 的基数 M（即元素（d_1，d_2，…，d_n）的个数）为所有域的基数的累积，即

$$M = \prod_{i=1}^{n} m_i$$

例如，上述商品关系中商品编号、商品类别两个域的笛卡儿积为

$D_1 \times D_2$={(10010001，食品)，(10010001，服装)，(10010001，文具)，(10010002，食品)，(10010002，服装)，(10010002，文具)，(20180001，食品)，(20180001，服装)，(20180001，文具)，(30010001，食品)，(30010001，服装)，(30010001，文具)}

其中，(10010001，食品)，(10010001，服装)等是元组；10010001、10010002、20180001、30010001、食品、服装、文具等都是分量。该笛卡儿积的基数 $M=m_1m_2=4\times3=12$，即 $D_1\times D_2$ 的元组个数为 12。

笛卡儿积也可用二维表的形式表示。例如，上述 $D_1\times D_2$ 可表示为表 2.4。

表 2.4　D_1，D_2 的笛卡儿积

D_1	D_2	D_1	D_2
10010001	食品	20180001	食品
10010001	服装	20180001	服装
10010001	文具	20180001	文具
10010002	食品	30010001	食品
10010002	服装	30010001	服装
10010002	文具	30010001	文具

可见，笛卡儿积实际是一个二维表，表的任意一行就是一个元组，表中的每一列来自同一个域，如表 2.4 中第一个分量来自 D_1，第二个分量来自 D_2。

3. 关系（Relation）

定义 2.3　笛卡儿积 $D_1\times D_2\times\cdots\times D_n$ 的任一子集称为域 D_1，D_2，…，D_n 上的关系。

关系可用 $R(D_1，D_2，\cdots，D_n)$的形式表示，其中 R 为关系名，n 是关系的度（Degree），也称目。

通常，笛卡儿积 $D_1\times D_2\times\cdots\times D_n$ 的许多子集是没有实际意义的，只有其中的某些子集才有实际意义，代表了现实世界中真实的事物。例如，表 2.4 所示的 $D_1\times D_2$ 笛卡儿积中的许多元组都是没有实际意义的，因为一个商品只属于一种商品类别。因此表 2.4 中的一个子集才是有意义的，如表 2.5 所示，表示了商品所属的类别，将其取名为 R_1。

表 2.5　R_1 关系

D_1	D_2
10010001	食品
10010002	食品
20180001	服装
30010001	文具

下面是对定义 2.3 的三点说明。

（1）关系中元组个数是关系的基数。如关系 R_1 的基数为 4。

（2）关系是一个二维表，表的任意一行对应一个元组，表的每一列来自同一域。由于域可以相同，为了加以区别，必须为每列起一个名字，称为属性（Attribute）。n 元关系有 n 个属性，属性的名字唯一。

（3）在数学上，关系是笛卡儿积的任意子集；但在数据库系统中，关系是笛卡儿积中所取的有意义的有限子集。

2.1.3 关系的性质

关系是规范化的二维表中行的集合。为了使相应的数据操作得到简化，在关系模型中，对关系作了种种限制，因此关系具有以下性质：

（1）列是同质的（Homogeneous），即每列中的分量必须是同一类型的数据。

（2）不同的列可以出自同一个域，但不同的属性必须赋予不同的属性名。

（3）列的顺序可以任意交换。交换时，应连同属性名一起交换。

（4）任意两个元组不能完全相同。

（5）关系中元组的顺序可任意，即可任意交换两行的次序。

（6）分量必须取原子值，即要求每个分量都是不可再分的数据项。

2.1.4 关系模式

2.1.1 节已提到，关系模式是对关系“型”的描述，这里给出关系模式的形式化描述。

定义 2.4 关系的描述称为关系模式（Relation Schema）。关系模式可形式化地表示为

$$R(U, D, \mathrm{dom}, F)$$

其中，R 为关系名，U 为组成关系的属性名集合，D 为属性组 U 中属性所来自的域，dom 为属性与域之间的映像集合，F 为属性间依赖关系的集合。

由定义 2.4 可看出，关系模式是关系的框架，是对关系结构的描述。它指出了关系由哪些属性构成，属性所来自的域以及属性之间的依赖关系等。关于属性间的依赖关系将在第 6 章讨论，本章中关系模式仅涉及关系名 R、属性集合 U、域 D、属性到域的映像 dom 这 4 个部分，即 $R(U, D, \mathrm{dom})$。

关系模式通常可简记为 $R(U)$或 $R(A_1, A_2, \cdots, A_n)$。其中 R 为关系名，$A_1, A_2, \cdots, A_n$ 为属性名（i=1，2，…，n）。而域名、属性到域的映像则常以属性的类型、数据长度来说明。

例如，在“商品订购数据库”中，有商品（SPB）、客户（KHB）、商品订购（SPDGB）三个关系，其关系模式分别为：

SPB(商品编号，商品类别，商品名称，单价，生产商，保质期，库存量，备注)

KHB(客户编号，客户姓名，出生日期，性别，所在省市，联系电话，备注)

SPDGB(客户编号，商品编号，订购时间，数量，需要日期，付款方式，送货方式)

关系模式是静态的、稳定的，而关系是动态的、随时间不断变化的。因为关系是关系模式在某一时刻的状态或内容，而关系的各种操作将不断地更新数据库中的数据。

2.1.5 关系数据库

关系模型中，实体、实体间的联系都是以关系来表示的。例如，商品订购数据库中，商品（SPB）和客户（KHB）关系是用于表示实体的，而商品订购（SPDGB）关系则用于表示“商品”实体与“客户”实体间的联系。

定义 2.5 在给定应用领域，所有实体及实体之间联系的关系集合构成一个关系数据库。

例如，在研究商品订购管理的问题域中，商品（SPB）、客户（KHB）、商品订购（SPDGB）这三个关系的集合就构成商品订购数据库。

关系数据库也区分“型”和“值”。关系数据库的型即关系数据库模式，它是对关系数据库结构的描述。关系数据库模式包括若干域的定义以及在这些域上定义的若干关系模式。通常以关系数据库中包含的所有关系模式的集合来表示关系数据库模式。例如，商品订购数据库模式即为商品（SPB）、客户（KHB）、商品订购（SPDGB）这三个关系模式构成的集合。

关系数据库的值是关系数据库模式中各关系模式在某一时刻对应的关系的集合。

例如，若商品订购数据库模式中各关系模式在某一时刻对应的关系分别如表 2.6、表 2.7 和表 2.8 所示，那么它们就是商品订购数据库的值。

表 2.6　SPB 关系

商品编号	商品类别	商品名称	单价	生产商	保质期	库存量	备注
10010001	食品	咖啡	50	宇一饮料公司	2009-12-31	100	NULL
10010002	食品	苹果汁	5.2	宇一饮料公司	2009-06-08	20	NULL
10020001	食品	大米	35	健康粮食生产基地	2009-12-20	100	NULL
10020002	食品	面粉	18	健康粮食生产基地	2009-09-30	20	NULL
20180001	服装	休闲服	120	天天服饰公司	2000-01-01	5	有断码
20180002	服装	T 恤	50	天天服饰公司	2000-01-01	10	NULL
30010001	文具	签字笔	3.5	新新文化用品制造厂	2000-01-01	100	NULL
30010002	文具	文件夹	5.6	新新文化用品制造厂	2000-01-01	50	NULL
40010001	图书	营养菜谱	12	食品出版公司	2000-01-01	12	NULL
40010002	图书	豆浆的做法	6	食品出版公司	2000-01-01	20	NULL
50020001	体育用品	羽毛球拍	30	美好体育用品公司	2000-01-01	30	NULL
50020002	体育用品	篮球	80	美好体育用品公司	2000-01-01	20	NULL
50020003	体育用品	足球	65	美好体育用品公司	2000-01-01	20	NULL

表 2.7　KHB 关系

客户编号	客户姓名	出生日期	性别	所在省市	联系电话	备注
100001	张小林	1979-02-01	男	江苏南京	02581234678	银牌客户
100002	李红红	1982-03-22	女	江苏苏州	139008899120	金牌客户
100003	王晓美	1976-08-20	女	上海市	02166552101	新客户
100004	赵明	1972-03-28	男	河南郑州	131809001108	新客户
100005	张帆一	1980-09-10	男	山东烟台	138809332012	NULL
100006	王芳芳	1986-05-01	女	江苏南京	13709092010I	NULL

表 2.8　SPDGB 关系

客户编号	商品编号	订购时间	数量	需要日期	付款方式	送货方式
100001	10010001	2009-02-18 12:20:00	2	2009-02-20	现金	客户自取
100001	30010001	2009-02-10 12:30:00	10	2009-02-20	现金	客户自取
100002	10010001	2009-02-18 13:00:00	1	2009-02-21	现金	客户自取
100002	50020001	2009-02-18 13:20:00	1	2009-02-21	现金	客户自取
100004	20180002	2009-02-19 10:00:00	1	2009-02-28	信用卡	送货上门
100004	50020002	2009-02-19 10:40:00	2	2009-02-28	信用卡	送货上门
100004	30010002	2009-02-19 11:00:00	10	2009-02-28	信用卡	送货上门
100005	40010001	2009-02-20 08:00:00	2	2009-02-27	现金	送货上门
100005	40010002	2009-02-20 08:20:00	3	2009-02-27	现金	送货上门
100006	10020001	2009-02-23 09:00:00	5	2009-02-26	信用卡	送货上门

需要注意的是，关系中元组分量取空值的问题。在关系元组中允许出现空值，空值表示信息的空缺。空值表示未知的值或不存在值。例如，SPB 关系中，某个商品没有备注信息，则该商品元组的“备注”分量值即为空值。空值一般用关键词 NULL 表示。

2.1.6 码

在 2.1.1 节中，我们已给出了码（Key）的非形式化定义，这里将更深入地讨论码的概念。

1. 候选码

由 2.1.1 节给出的定义可知，能唯一标识关系中元组的一个属性或属性集，称为候选码（Candidate Key），也称候选关键字或候选键。例如，SPB 关系中的“商品编号”能唯一标识每一件商品，则属性“商品编号”是 SPB 关系的候选码。

下面给出候选码的形式化定义。

定义 2.6　设关系 $R(A_1, A_2, \cdots, A_n)$，其属性为 A_1，A_2，…，A_n，属性集 K 为 R 的子集，$K=(A_i, A_j, \cdots, A_k)$，$1 \leqslant i, j, \cdots, k \leqslant n$。当且仅当满足下列两个条件时，$K$ 被称为候选码：

（1）唯一性。对关系 R 的任两个元组，其在属性集 K 上的值是不同的。

（2）最小性。属性集 $K=(A_i, A_j, \cdots, A_k)$是最小集，即若删除 K 中的任一属性，K 都不满足最小性。

例如，SPDGB 关系包含属性：客户编号、商品编号、订购时间、数量、需要日期、付款方式、送货方式等，其中属性集(客户编号，商品编号，订购时间)为候选码，删除“客户编号”、“商品编号”或“订购时间”任一属性，都无法唯一标识商品订购记录。

2. 主码

若一个关系有多个候选码，则从中选择一个作为主码（Primary Key）。

例如，假设在 KHB 关系中各个客户的姓名都不重名，那么“客户编号”和“客户姓名”都可作为 KHB 关系的候选码，可指定“客户编号”或“客户姓名”作为主码。

通常，为表示方便，在主码所包含的属性下方用下划线标出。例如，

SPB(<u>商品编号</u>，商品类别，商品名称，单价，生产商，保质期，库存量，备注)

包含在主码中的各属性称为主属性（Prime Attribute）。而非码属性（Non-Prime Attribute）是指不包含在任何候选码中的属性。

在最简单时，一个候选码只包含一个属性，如 KHB 关系中的“客户编号”，SPB 关系中的“商品编号”。

若所有属性的组合是关系的候选码，这种情况称为**全码**（All-key）。

例如，设有“教师授课”关系，包含三个属性：教师号、课程号和学号。一个教师可讲授多门课程，一门课程可有多个教师讲授，一个学生可以选修多门课程，一门课程可被多个学生选修。在这种情况下，教师号、课程号、学号三者之间是多对多关系，(教师号，课程号，学号)三个属性的组合是“教师授课”关系的候选码，称为全码，教师号、课程号、学号都是主属性。

3. 外码

定义 2.7　如果关系 R_1 的属性或属性组 K 不是 R_1 的主码，而是另一关系 R_2 的主码，则称 K 为关系 R_1 的外码（Foreign Key），并称关系 R_1 为参照关系（Referencing Relation），关系 R_2 为被参照关系（Referenced Relation）。

例如，SPDGB(客户编号，商品编号，订购时间，数量，需要日期，付款方式，送货方式)关系中，“客户编号”属性与 KHB 关系的主码“客户编号”相对应，“商品编号”属性与 SPB 关系的主码“商品编号”相对应。因此，“客户编号”和“商品编号”属性是 SPDGB 关系的外码。KHB 关系和 SPB 关系为被参照关系，SPDGB 关系为参照关系。

2.2　关系操作

关系模型给出关系操作应达到的能力说明，但不对关系数据库管理系统如何实现操作能力作具体的语法要求。因此，不同的关系数据库管理系统可以定义和开发不同的语言来实现关系操作。关系操作的特点是集合操作，即操作的对象和结果都是关系。

2.2.1　基本关系操作

和一般数据模型一样，关系模型的基本操作也包括查询和更新两大类。

（1）数据查询操作用于对关系数据进行各种检索。它是一个数据库最基本的功能，通过查询，用户可以访问关系数据库中的数据。查询可以在一个关系内或多个关系间进行。关系查询的基本单位是元组分量，查询即定位符合条件的元组。

（2）数据更新操作包括插入、删除和修改三种。数据删除的基本单位为元组，其功能是将指定关系内的指定元组删除。数据插入的功能是在指定关系中插入一个或多个元组。数据修改是在一个关系中修改指定的元组属性值。

2.2.2　关系数据语言分类

早期的关系操作通常用代数方式或逻辑方式来表示，分别称为关系代数和关系演算。两者的区别在于表达查询的方式不同。关系代数通过对关系的运算来表达查询要求，而关系演算则使用谓词来表达查询要求。关系演算又可按谓词变元的不同分为元组关系演算和域关系演算两类。关系代数语言的代表是 ISBL（Information System Base Language），它是由 IBM 公司在一个实验系统上实现的一种语言。元组关系演算语言的代表是 APLHA 和 QUEL。域关系演算语言的代表是 QBE 语言。

关系代数、元组关系演算和域关系演算三种语言都是抽象的查询语言，它们在表达能力上是等价的。这三种语言常用作评估实际数据库管理系统中的查询语言表达能力的标准和依据。实际的关系数据库管理系统的查询语言除了提供关系代数或关系演算的功能外，往往还提供更多附加功能，包括集函数、算术运算等，因此，实际的关系数据库管理系统的查询语言功能更强大。

关系数据库的标准语言是 SQL（Structured Query Language，结构化查询语言）。SQL 语言是用于关系数据库操作的结构化语言，是一种介于关系代数和关系演算之间的语言，具有丰富的查询功能，同时具有数据定义和数据控制功能，是集数据定义、数据查询和数据控制于一体的关系数据语言。

关系数据语言是高度非过程化的语言，存取路径的选择由关系数据库管理系统的优化机制来完成。

2.2.3　关系代数

关系代数是一种抽象的查询语言，是关系数据操纵语言的一种传统表达方式。它是用对关系的运算来表达查询的，其运算对象是关系，运算结果也是关系。

关系代数用到的运算符主要包括 4 类：集合运算符、专门的关系运算符、比较运算符和逻辑运算符，其中比较运算符和逻辑运算符是用来辅助专门的关系运算符进行操作的。这 4 类运算的含义列于表 2.9 中。

表 2.9　关系代数的 4 类运算符及含义

运算符类别	记　号	含　义
集合运算符	∪	并
	—	差
	∩	交
	×	笛卡儿积
专门的关系运算符	σ	选择
	Π	投影
	∞	连接
	÷	除法
比较运算符	<	小于
	≤	小于等于
	>	大于
	≥	大于等于
	=	等于
	<>	不等于
逻辑运算符	¬	非
	∧	与
	∨	或

关系代数的运算可分为两类：

① 传统的集合运算。其运算是以元组作为集合中元素来进行的，从关系的“水平”方向，即行的角度进行。包括并、差、交和笛卡儿积。

② 专门的关系运算。其运算不仅涉及行，也涉及列。这类运算是为数据库的应用而引进的特殊运算，包括选择、投影、连接和除法等。

1. 传统的集合运算

传统的集合运算是二目运算，包括并、差、交和笛卡儿积 4 种运算。除笛卡儿积外，都要求参与运算的两个关系满足“相容性”条件。

定义 2.8　设两个关系 R、S，若 R、S 满足以下两个条件：① 具有相同的度 n；② R 中第 i 个属性和 S 中第 i 个属性来自同一个域，则称关系 R、S 满足“相容性”条件。

设 R、S 为两个满足“相容性”条件的 n 目关系，t 为元组变量，$t \in R$ 表示 t 是关系 R 的一个元组，则可如下定义关系的并、差、交运算。

（1）并（Union）

关系 R 和关系 S 的并由属于 R 或属于 S 的元组组成，即 R 和 S 的所有元组合并，删去重复元组，组成一个新关系，其结果仍为一个 n 目关系。记为

$$R \cup S=\{t \mid t \in R \vee t \in S\}$$

对于关系数据库，记录的插入可通过并运算实现。

（2）差（Difference）

关系 R 与关系 S 的差由属于 R 而不属于 S 的所有元组组成，即 R 中删去与 S 中相同的元组，组成一个新关系，其结果仍为一个 n 目关系。记为

$$R-S=\{t \mid t \in R \wedge \neg\ t \in S\}$$

通过差运算，可实现关系数据库记录的删除。

（3）交（Intersection）

关系 R 与关系 S 的交由既属于 R 又属于 S 的元组（即 R 与 S 中相同的元组）组成一个新关系，其结果仍为一个 n 目关系。记为

$$R \cap S=\{t \mid t \in R \wedge t \in S\}$$

两个关系的并和差运算是基本运算（即不能用其他运算表示的运算），而交运算是非基本运算，它可以用差运算来表示如下：

$$R \cap S=R-(R-S)$$

笛卡儿积对参与运算的两个关系 R、S 没有“相容性”条件要求。因为参与运算的是关系的元组，因此这里的笛卡儿积实际上指的是广义笛卡儿积。

（4）广义笛卡儿积（Extended Cartesian Product）

设有 n 目关系 R 和 m 目关系 S，R 与 S 的广义笛卡儿积是一个 $n+m$ 列的元组的集合，元组的前 n 列是关系 R 的一个元组，后 m 列是关系 S 的一个元组。若 R 有 k_1 个元组，S 有 k_2 个元组，则关系 R 与关系 S 的广义笛卡儿积有 k_1k_2 个元组，记为

$$R \times S=\{\overline{t_R t_s} \mid t_R \in R \wedge t_s \in S\}$$

关系的广义笛卡儿积可用于两个关系的连接操作。

【例 2.1】 如表 2.10、表 2.11 所示的两个关系 R 与 S 为相容关系，表 2.12 为 R 与 S 的并，表 2.13 为 R 与 S 的差，表 2.14 为 R 与 S 的交，表 2.15 为 R 与 S 的广义笛卡儿积。

表 2.10 关系 R

A	B	C
a_1	b_1	c_1
a_2	b_2	c_2
a_3	b_3	c_3

表 2.11 关系 S

A	B	C
a_1	b_2	c_2
a_2	b_2	c_2

表 2.12 关系 $R \cup S$

A	B	C
a_1	b_1	c_1
a_2	b_2	c_2
a_3	b_3	c_3
a_1	b_2	c_2

表 2.13　关系 R-S

A	B	C
a_1	b_1	c_1
a_3	b_3	c_3

表 2.14　关系 R∩S

A	B	C
a_2	b_2	c_2

表 2.15　关系 R×S

R.A	R.B	R.C	S.A	S.B	S.C
a_1	b_1	c_1	a_1	b_2	c_2
a_1	b_1	c_1	a_2	b_2	c_2
a_2	b_2	c_2	a_1	b_2	c_2
a_2	b_2	c_2	a_2	b_2	c_2
a_3	b_3	c_3	a_1	b_2	c_2
a_3	b_3	c_3	a_2	b_2	c_2

2. 专门的关系运算

传统的集合运算只是从行的角度对关系进行运算，而要灵活地实现关系数据库的多样化的查询操作，还必须引入专门的关系运算。

为方便叙述，在介绍专门的关系运算之前，先引入几个概念或记号。

（1）设关系模式为 $R(A_1, A_2, \cdots, A_n)$，它的一个关系为 R，$t \in R$ 表示 t 是 R 的一个元组，$t[A_i]$则表示元组 t 中相对于属性 A_i 的一个分量。

（2）若 $A=\{A_{i1}, A_{i2}, \cdots, A_{ik}\}$，其中 $A_{i1}, A_{i2}, \cdots, A_{ik}$ 是 $A_1, A_2, \cdots, A_n$ 中的一部分，则 A 称为属性列或域列，$t[A]=\{t[A_{i1}], t[A_{i2}], \cdots, t[A_{ik}]\}$表示元组 t 在属性列 A 上各分量的集合。$\overline{A}$ 则表示$\{A_1, A_2, \cdots, A_n\}$中去掉$\{A_{i1}, A_{i2}, \cdots, A_{ik}\}$后剩余的属性组。

（3）设 R 为 n 目关系，S 为 m 目关系，$t_R \in R$，$t_s \in S$，$\overline{t_R t_s}$ 称为元组的连接（Concatenation），它是一个 $n+m$ 列的元组，前 n 个分量为 R 的一个 n 元组，后 m 个分量为 S 中的一个 m 元组。

（4）给定一个关系 $R(X, Z)$，设 X 和 Z 为属性组，定义当 $t[X]=x$ 时，x 在 R 中的像集（Image Set）为 $Z_X=\{t[Z] | t \in R, t[X]=x\}$，它表示 R 中的属性组 X 上值为 x 的各元组在 Z 上分量的集合。

以下定义选择、投影、连接和除法这 4 个专门的关系代数运算。

（1）选择（Selection）

选择运算是单目运算，是根据一定的条件在给定的关系 R 中选取若干元组，组成一个新关系，记为

$$\sigma_F = \{t \mid t \in R \wedge F(t) = '真'\}$$

其中，σ 为选择运算符，F 为选择的条件，它是由运算对象（属性名、常数、简单函数）、算术比较运算符（>，≥，<，≤，=，≠）和逻辑运算符（∨，∧，┐）连接起来的逻辑表达式，结果为逻辑值“真”或“假”。

选择运算实际上是从关系 R 中选取使逻辑表达式为真的元组，是从行的角度对关系进行的操作。

以下例题均是以表 2.6、表 2.7 和表 2.8 所示的三个关系为例进行的运算。

【例 2.2】　查询江苏南京的所有客户。

$$\sigma_{所在省市='江苏南京'}(KHB)$$

或者

$\sigma_{5='江苏南京'}(KHB)$（其中 5 为“所在省市”属性的列号）

运算结果如表 2.16 所示。

表 2.16　江苏南京的所有客户

客户编号	客户姓名	出生日期	性　别	所在省市	联系电话	备　注
100001	张小林	1979-02-01	男	江苏南京	02581234678	银牌客户
100006	王芳芳	1986-05-01	女	江苏南京	137090920101	NULL

【例 2.3】　查询库存量小于 50 并且单价高于 10 的商品。

$$\sigma_{(库存量<50)\wedge(单价>10)}(SPB)$$

运算结果如表 2.17 所示。

表 2.17　库存量小于 50 并且价格高于 10 的商品

商品编号	商品类别	商品名称	单　价	生产商	保质期	库存量	备　注
10020002	食品	面粉	18	健康粮食生产基地	2009-09-30	20	NULL
20180001	服装	休闲服	120	天天服饰公司	2000-01-01	5	有断码
20180002	服装	T 恤	50	天天服饰公司	2000-01-01	10	NULL
40010001	图书	营养菜谱	12	食品出版公司	2000-01-01	12	NULL
50020001	体育用品	羽毛球拍	30	美好体育用品公司	2000-01-01	30	NULL
50020002	体育用品	篮球	80	美好体育用品公司	2000-01-01	20	NULL
50020003	体育用品	足球	65	美好体育用品公司	2000-01-01	20	NULL

（2）投影（Projection）

投影运算也是单目运算，关系 R 上的投影是从 R 中选择若干属性列组成新的关系，它是对关系在垂直方向进行的运算，从左到右按照指定的若干属性及顺序取出相应列，删去重复元组。记为

$$\prod_A(R)=\{t[A]\mid t\in R\}$$

其中，A 为 R 中的属性列，$\prod$ 为投影运算符。

从其定义可看出，投影运算是从列的角度进行的运算。

【例 2.4】　查询客户的编号、姓名及所在省市。

$$\prod_{客户编号，客户姓名，所在省市}(KHB)$$

运算结果如表 2.18 所示。

表 2.18　客户编号、姓名及所在省市

客户编号	客户姓名	所在省市
100001	张小林	江苏南京
100002	李红红	江苏苏州
100003	王晓美	上海市
100004	赵明	河南郑州
100005	张帆一	山东烟台
100006	王芳芳	江苏南京

（3）连接（Join）

连接运算是二目运算，是从两个关系的笛卡儿积中选取满足连接条件的元组，组成新的关系。

设有两个关系 $R(A_1，A_2，\cdots，A_n)$及 $S(B_1，B_2，\cdots，B_m)$，连接属性集 X 包含于$\{A_1，A_2，\cdots，A_n\}$，Y 包含于$\{B_1，B_2，\cdots，B_m\}$，X 与 Y 中属性列数目相等，且对应属性有共同的域。关系 R 和 S 在连接属性 X 和 Y 上的连接，就是在 $R\times S$ 笛卡儿积中，选取 X 属性列上的分量与 Y 属性列上的分量满足“θ 条件”的那些元组组成的新关系。记为

$$R\infty S=\{\overline{t_R t_s}\mid t_R\in R\wedge t_s\in S\wedge t_R[X]\theta t_s[Y]\text{为真}\}$$

其中，∞是连接运算符，θ 是算术比较运算符，也称θ 连接；$X\theta Y$ 为连接条件，其中：

θ 为“=”时，称为等值连接；

θ 为“<”时，称为小于连接；

θ 为“>”时，称为大于连接。

【例 2.5】 设有如表 2.19 和表 2.20 所示的两个关系 R 与 S，则表 2.21 为 R、S 进行等值连接（$R.B=S.B$）的结果。

表 2.19　关系 R

A	B	C
a_1	b_1	c_1
a_2	b_2	c_2
a_3	b_3	c_3
a_3	b_4	c_4

表 2.20　关系 S

B	D
b_1	d_1
b_2	d_2
b_2	d_3
b_3	d_3
b_5	d_5

表 2.21　R 与 S 的等值连接

A	$R.B$	C	$S.B$	D
a_1	b_1	c_1	b_1	d_1
a_2	b_2	c_2	b_2	d_2
a_2	b_2	c_2	b_2	d_3
a_3	b_3	c_3	b_3	d_3

连接运算为非基本运算，可以用选择运算和广义笛卡儿积运算来表示：

$$R \infty S = \sigma_{X=Y}(R \times S)$$

在连接运算中，一种最常用的连接是自然连接。自然连接就是在等值连接的情况下，当连接属性 X 与 Y 具有相同属性组时，把在连接结果中重复的属性列去掉。即如果 R 与 S 具有相同的属性组 Y，则自然连接可记为

$$R \infty S = \{t_R t_s \mid t_R \in R \wedge t_s \wedge t_R[Y] = t_s[Y]\}$$

可见，自然连接是在广义笛卡儿积 $R\times S$ 中选出同名属性上符合相等条件的元组，再进行投影，去掉重复的同名属性，组成新的关系。

表 2.22　R 与 S 的自然连接

A	B	C	D
a_1	b_1	c_1	d_1
a_2	b_2	c_2	d_2
a_2	b_2	c_2	d_3
a_3	b_3	c_3	d_3

【例 2.6】 设有如表 2.19 和表 2.20 所示的两个关系 R 与 S，则表 2.22 为 R、S 进行自然连接运算的结果。

结合例 2.5 和例 2.6 可看出，等值连接与自然连接的区别在于：

① 等值连接中不要求相等属性值的属性名相同，而自然连接要求相等属性值的属性名必须相同，即两关系只有同名属性才能进行自然连接。

② 等值连接不将重复属性去掉，而自然连接去掉重复属性。也可以说，自然连接是去掉重复列的等值连接。

如果进行自然连接中把舍弃的元组也保存在结果中，而在其他属性上填空值，则这种连接称为外连接（Outer Join）。如果只把左边关系 R 中舍弃的元组保存在结果中，则这种连接称为左外连接（Left Outer Join 或 Left Join）。相应地，如果只把右边关系 S 中舍弃的元组保存在结果中，则这种连接称为右外连接（Right Outer Join 或 Right Join）。

【例 2.7】 设有如表 2.19 和表 2.20 所示的两个关系 R 与 S，则表 2.23、表 2.24、表 2.25 分别为 R、S 进行外连接、左外连接、右外连接运算的结果。

表 2.23　R 与 S 的外连接

A	B	C	D
a_1	b_1	c_1	d_1
a_2	b_2	c_2	d_2
a_2	b_2	c_2	d_3
a_3	b_3	c_3	d_3
a_4	b_4	c_4	NULL
NULL	b_5	NULL	d_5

表 2.24　R 与 S 的左外连接

A	B	C	D
a_1	b_1	c_1	d_1
a_2	b_2	c_2	d_2
a_2	b_2	c_2	d_3
a_3	b_3	c_3	d_3
a_4	b_4	c_4	NULL

表 2.25　R 与 S 的右外连接

A	B	C	D
a_1	b_1	c_1	d_1
a_2	b_2	c_2	d_2
a_2	b_2	c_2	d_3
a_3	b_3	c_3	d_3
NULL	b_5	NULL	d_5

（4）除法（Division）

除法运算是二目运算，设有关系 $R(X，Y)$与关系 $S(Y，Z)$，其中 $X，Y，Z$ 为属性集合，R 中的 Y 与 S 中的 Y 可以有不同的属性名，但对应属性必须出自相同的域。关系 R 除以关系 S 所得的商是一个新关系 $P(X)$，P 是 R 中满足下列条件的元组在 X 上的投影：元组在 X 上分量值 x 的象集 Y_x 包含 S 在 Y 上投影的集合。记为

$$R \div S = \{t_R[X] \mid t_R \in R \wedge \prod_Y(S) \subseteq Y_x\}$$

其中，Y_x 为 x 在 R 中的象集，$x = t_R[X]$。

除法运算为非基本运算，可以表示为

$$R \div S = \prod_X(R) - \prod_X(\prod_X(R) \times S - R)$$

【例 2.8】　已知关系 R 和 S 分别如表 2.26、表 2.27 所示，则 $R \div S$ 如表 2.28 所示。

除法运算同时从行和列的角度进行运算，适合于包含“全部”之类的短语的查询。

表 2.26　关系 R

A	B	C
a_1	b_1	c_1
a_2	b_2	c_2
a_3	b_3	c_3
a_1	b_2	c_1

表 2.27　关系 S

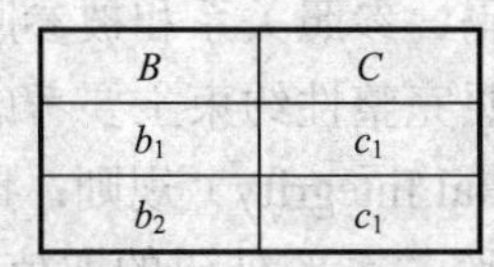

B	C
b_1	c_1
b_2	c_1

表 2.28　关系 $R \div S$

A
a_1

【例 2.9】　查询订购全部商品的客户编号。

$$\prod_{客户编号}(\prod_{客户编号，商品编号}(SPDGB) \div \prod_{商品编号}(SPB))$$

本节介绍了 8 种关系代数运算，其中并、差、笛卡儿积、选择和投影是基本运算，交、连接和除法都可以用 5 种基本运算来表达。关系代数中，运算经过有限次复合之后形成的式子称为关系代数表达式。

【例 2.10】　查询订购了“咖啡”的客户编号、客户姓名和数量。

$$\prod_{客户编号，客户姓名，数量}(KHB \infty (\sigma_{商品名称='咖啡'}(SPB) \infty SPDGB))$$

运算结果见表 2.29。

表 2.29　例 2.10 的运算结果

客 户 编 号	客 户 姓 名	数　量
100001	张小林	2
100002	李红红	1

2.3　关系完整性

数据完整性是指数据库中的数据在逻辑上的正确性、有效性和相容性。例如，商品编号必须唯一，性别只能是男或女等。数据完整性是通过定义一系列的完整性约束条件，由 DBMS 负责检查约束条件来实现的。在关系表中，完整性约束可通过两种方式表现出来：一是对属性取值范围的限定，如人的年龄不能为负数，一般也不能大于 200；二是对属性值之间相互关系的说明，如属性值相等与否。

关系模型的完整性规则是对关系进行某种规范化了的约束条件。关系模型有三类完整性

约束规则：实体完整性、参照完整性和用户定义的完整性。其中实体完整性、参照完整性是关系模型必须满足的完整性约束规则，应该由关系系统自动支持。用户定义的完整性是应用领域需要遵循的约束条件。

2.3.1 实体完整性

实体完整性（Entity Integrity）规则：指关系 *R* 的主属性不能取空值，否则就无法区分和识别元组。实体完整性主要考虑一个关系内部的约束。根据实体完整性约束，一个关系中不允许存在两类元组：① 无主码值的元组；② 主码值相同的元组。例如，SPB 中不允许出现商品编号为空值的元组，也不允许出现商品编号相同的元组。

2.3.2 参照完整性

由定义 2.7 给出的外码、参照关系和被参照关系的描述可知，不同关系之间相关属性的取值存在着相互制约。参照完整性约束主要考虑不同关系之间的约束。

参照完整性（Referential Integrity）规则：指被参照关系的主码和参照关系的外码必须定义在同一个域上，并且参照关系的外码的取值只能是以下两种情形之一：① 或者取空值；② 或者取被参照关系的主码所取的值。

【例 2.11】 在商品订购数据库中有三个关系，各关系的主码用下划线表示，例如

SPB(<u>商品编号</u>，商品类别，商品名称，单价，生产商，保质期，库存量，备注)

KHB(<u>客户编号</u>，客户姓名，出生日期，性别，所在省市，联系电话，备注)

SPDGB(<u>客户编号，商品编号，订购时间</u>，数量，需要日期，付款方式，送货方式)

这里 KHB、SPB 是被参照关系，SPDGB 是参照关系。由参照完整性约束规则可知：SPDGB 关系中“客户编号”与 KHB 关系的主码“客户编号”必须定义在同一个域上，“商品编号”属性与 SPB 关系的主码“商品编号”必须定义在同一个域上。而在 SPDGB 关系中，客户编号、商品编号都是主属性，因此客户编号只能取在 KHB 关系中出现的客户编号值，商品编号只能取在 SPB 关系中出现的商品编号值。

【例 2.12】 设商品与类别用以下两个关系表示，各关系的主码用下划线表示：

SP(<u>商品编号</u>，商品类别号，商品名称)

SPLB(<u>商品类别号</u>，类别名)

这两个关系也存在着属性引用关系。商品类别号在 SP 和 SPLB 关系中均出现，且为 SPLB 关系的主码，但不是 SP 关系的主码。所以，商品类别号是 SP 关系的外码。该属性的取值可以为：① 空值，表示商品尚未分类；② 非空值，只能取在 SPLB 关系中出现的商品类别号的属性值，表示该商品不可能属于一个不存在的商品类别。

2.3.3 用户定义完整性

根据应用的环境，不同的数据库系统往往还有一些特殊的约束条件。用户定义完整性（User-defined Integrity）规则就是针对数据的具体内容定义的数据约束条件，并提供检验机制。这些约束条件反映了具体应用所涉及的数据必须满足的应用语义要求。例如，定义 KHB 中联系电话必须由数字字符构成，并且限制特定的长度。

本章小结

关系数据库是目前数据库领域占主导地位的数据库系统，是本书讨论的重点。在关系模型中，实体与联系都用关系来描述。关系模型具有严格的数学基础，它有数据结构简单清晰、存取路径对用户透明等优点。关系模式是对关系模型的描述。

本章是关系数据模型的理论基础，系统地介绍了关系模型的三个方面，即关系数据结构、关系数据操作和关系数据完整性约束。主要讲解了关系模型有关的定义、概念和性质，关系代数和三类关系完整性约束。

关系代数和关系演算是关系模型的两类查询语言，是 SQL 语言形成的基础。关系代数以集合论中的代数运算为基础；关系演算以数理逻辑中的谓词演算为基础。关系代数和关系演算都是简洁的形式化语言，主要适合于理论研究，也是评价实际数据查询语言的依据。

习题 2

1. 解释以下术语：关系、元组、属性、码、域、分量、关系模式。
2. 解释关系数据库的“型”和“值”。
3. 解释空值的含义。
4. 候选码应满足哪两个性质？
5. 关系操作的特点是什么？
6. 基本的关系操作包括哪些？
7. 关系代数的运算主要包含哪些？
8. 什么是数据完整性？如何实现数据完整性？试述关系数据完整性规则。
9. 有如下学生成绩数据库：

Student(学号，姓名，专业名，性别，出生时间，总学分，备注)

Course(课程号，课程名，开课学期，学时，学分)

关系模式为 StuCourse(学号，课程号，成绩)

试用关系代数表示如下查询：

（1）求专业名为“计算机科学与技术”的学生学号与姓名；

（2）求开课学期为“2”的课程号与课程名；

（3）求修读“计算机基础”的学生姓名。

第3章 关系数据库语言 SQL
——数据库应用基础

用户使用数据库时需要对数据库进行数据查询、添加、删除、修改等操作，还需要定义和修改数据模式等。因此 DBMS 必须为用户提供相应的命令或语言，这就构成了用户与数据库的接口。数据库所提供的语言通常局限于对数据库的操作，它不是完备的程序设计语言，在应用程序开发时往往需要将数据库语言嵌入到程序设计语言中。

SQL 是用户操作关系数据库的通用语言，它是结构化查询语言（Structured Query Language）的缩写。SQL 是一种介于关系代数和关系演算之间的语言，是关系数据库的标准语言。虽然 SQL 字面含义是查询语言，但其功能包括数据定义、数据操纵和数据控制三个部分，是功能极强的关系数据库语言。SQL 语言简洁、方便实用、功能齐全，语言本身接近英语自然语言，易学易用，已成为目前应用最广的关系数据库语言，目前所有的关系数据库系统都支持 SQL，许多软件厂商对 SQL 基本命令集还进行了不同程度的扩充。

作为数据库设计和开发人员，应掌握和熟练使用 SQL 语言对关系数据库进行数据定义、操作和控制。本章将详细介绍标准 SQL 语言，所举示例的测试运行环境是 MS SQL Server 2005。本章内容是关系数据库应用的基础，是本课程学习的重点之一。

3.1 SQL 概述

早在 20 世纪 70 年代，IBM Jose 研究中心就研制了一个关系 RDBMS 原型系统 System R。System R 在发展数据库技术发面做出了一系列重要贡献，其中之一就是发展了一种非过程化的关系数据语言，当时被称为 SEQUEL（Structured English QUEry Language）。1981 年，IBM 公司在 System R 的基础上推出了商品化的关系数据库管理系统 SQL/DS，并用 SQL 取代了 SEQUEL。正是由于这个历史的原因，现在仍有许多人将 SQL 发音读作“sequel”。而根据 ANSI SQL 委员会的规定，SQL 的正式发音应为“ess-cue-ell”。

1986 年 10 月，美国国家标准化组织 ANSI（American National Standard Institute）将 SQL 作为关系数据库语言的美国标准。1987 年 6 月，国际标准化组织 ISO 也将其采纳为国际标准。此后 SQL 标准化工作不断推进，相继推出了 SQL-89（1989 年）、SQL-92（也称 SQL2，1992 年）、SQL-99（也称 SQL3，1999 年）和 SQL-2003（2003 年）。SQL 语言的功能也在不断扩展与丰富。

目前，各 RDBMS 都采用 SQL 语言，但都在标准 SQL 上有所扩展。IBM 公司以其 DB2 的 SQL 作为自己的标准；而其他厂商所实现的 SQL 语言都向国际标准靠拢，与 DB2 SQL 保持兼容。要注意，各个 RDBMS 产品在实现标准 SQL 时各有差别，与 SQL 标准的符合程度也不相同，通常在 85%以上。因此，具体使用某个 RDBMS 产品时，应参阅系统提供的用户手册。本书选择 Microsoft 的 SQL Server 2005 使用的 SQL 语言为主来介绍 SQL 语言的基本功能。SQL Server 2005 数据库管理系统是以 SQL3 为基础实现了 SQL 语言，称为 Transact-SQL，简记为 T-SQL。

3.1.1　SQL 的特点

SQL 语言具有以下特点。

1. 综合统一

SQL 语言集数据定义语言 DDL、数据操纵语言 DML、数据控制语言 DCL 的功能于一体，可以独立完成数据库生命周期中的全部活动。包括定义关系模式、建立数据库、对数据库中数据进行查询、更新、维护和重构数据库、数据库安全性控制等一系列操作，这就为数据库应用系统开发提供了良好的环境。用户在数据库系统投入运行后可根据需要随时逐步地修改模式，并不影响数据库的运行，从而使系统具有良好的可扩充性。在关系模型中实体和实体间的联系均用关系表示，这种数据结构的单一性带来了数据操作符的统一，即对实体及实体间的联系的每一种操作（如查找、插入、删除、修改）都只需要一种操作符。

2. 高度非过程化

非关系数据模型的数据操纵语言是面向过程的语言，用其完成某项请求，必须指定存取路径。而用 SQL 语言进行数据操作，用户只需提出“做什么”，而不必指明“怎么做”，整个操作过程由系统自动完成。这大大减轻了用户负担，有利于提高数据独立性。

3. 面向集合的操作方式

非关系数据模型采用的是面向记录的操作方式，任何一个操作其对象都是一条记录。用户必须说明完成该请求的具体处理过程。SQL 语言采用集合操作方式，不仅查找结果可以是元组的集合，而且一次插入、删除、更新操作的对象也可以是元组的集合。

4. 以同一种语法结构提供两种使用方式

SQL 语言既是自含式语言，又是嵌入式语言。

作为自含式语言，它能够独立地用于联机交互方式，用户在终端键盘上可以直接输入 SQL 语句对数据库进行操作。作为嵌入式语言，SQL 语句能够嵌入到高级语言（如 C、FORTRAN、Pascal、Java）程序中，供程序员设计程序时使用。而在两种不同的使用方式下，SQL 语言的语法结构基本上是一致的，这就为用户提供了极大的灵活性与方便性。

5. 语言简洁，易学易用

SQL 语言简洁，为完成其核心功能只用了 9 个动词：SELECT、INSERT、UPDATE、DELETE、CREATE、DROP、ALERT、GRANT、REVOKE。

3.1.2　SQL 基本概念

SQL 语言支持数据库的三级模式结构，如图 3.1 所示。

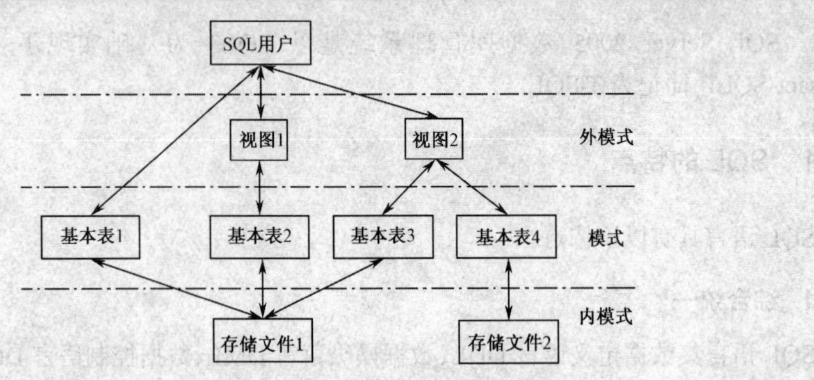

图 3.1　SQL 语言支持数据库的三级模式结构

1. 基本表（Base Table）

基本表是独立存在于数据库中的表，是“实表”。一个关系对应一个基本表，一个或多个基本表对应一个存储文件。

2. 视图（View）

视图是从一个或几个基本表（或视图）导出的表，是“虚表”。它本身不独立存在于数据库中，数据库中只存放视图的定义而不存放视图对应的数据，这些数据仍存放在导出视图的基本表中。当基本表中的数据发生变化时，从视图中查询出来的数据也随之改变。

例如，设“商品订购数据库”中有一个商品情况表：SPB(商品编号，商品类别，商品名称，单价，生产商，保质期，库存量，备注)，此表为基本表，对应一个存储文件。可以在其基础上定义一个食品情况表：SPB_FOOD(商品编号，商品类别，商品名称，单价，生产商，保质期，库存量，备注)，它是从 SPB 表中选择商品类别='食品' 的各个行后得到的一个视图。在数据库中只存有的 SPB_FOOD 定义，而 SPB_FOOD 的记录不重复存储。

3. 存储文件

数据库的所有信息都保存在存储文件中。数据库是逻辑的，存储文件是物理的。用户操作的数据库，实际上最终都是操作存储文件。一个基本表可以用一个或多个存储文件存储，存储文件的物理结构对用户是透明的。

4. 索引

表中的记录通常按其输入的时间顺序存放，这种顺序称为记录的物理顺序。为了实现对表记录的快速查询，可以对表文件中的记录按某个和某些属性进行排序，这种顺序称为逻辑顺序。索引即是根据索引表达式的值进行逻辑排序的一组指针，它可以实现对数据的快速访问。索引是关系数据库的内部实现技术，属于内模式，被存放在存储文件中。

5. 模式

关系模型中关系的描述称为关系模式。在图 3.1 的三级模式中，外模式对应于视图，模式对应于基本表，内模式对应于存储文件。

3.1.3 SQL 语言的组成

SQL 语言的基本部分主要包括三个方面：

（1）数据定义语言 DDL（Data Definition Language）。定义数据库结构，包括定义表、视图和索引等。

（2）数据操纵语言 DML（Data Manipulation Language）。主要包括查询、插入、删除和修改数据库中数据的操作。

（3）数据控制语言 DCL（Data Control Language）。包括对数据库的安全性控制、完整性控制以及对事务的定义、并发控制和恢复等。

此外，SQL 语言还规定了嵌入式与会话规则。主要有：

① 嵌入式与主语言接口。定义嵌入式和动态 SQL 规则，以解决 SQL 与主语言之间因数据不匹配所引起的接口问题。嵌入式和动态 SQL 规则规定了 SQL 语言在主语言中使用的规范和标准。

② 调用与会话规则。SQL 还提供远程调用功能，在远程方式下客户机中的应用可通过网络调用数据库服务器中的存储过程。存储过程是一个由 SQL 语句组成的过程，该过程在被应用程序调用后就执行所定义的 SQL 语句，并将结果返回给应用程序。

3.1.4 SQL 语句分类

SQL 语句按其功能可分为 4 类，分别是：

（1）数据定义。其功能是创建、更新和撤销模式及其对象。包含的语句动词主要有：CREATE、DROP、ALERT。

（2）数据查询。其功能是进行数据库的数据查询。包含的语句动词主要有：SELECT。

（3）数据操纵。其功能是完成数据库的数据更新。包含的语句动词主要有：INSERT、UPDATE、DELETE。

（4）数据控制。其功能是进行数据库的授权、事务管理和控制。包含的语句动词主要有：GRANT、REVOKE、COMMIT、ROLLBACK 等。

3.2 SQL 语言的数据类型

SQL 语言在定义表中各属性时，要求指明其数据类型和长度。SQL 语言提供了一些基本数据类型，而不同 RDBMS 所支持的数据类型不完全相同，在使用时要注意具体的 RDBMS 规定。表 3.1 列出了 T-SQL 提供的常用数据类型。

表 3.1 T-SQL 提供的常用数据类型

数据类型	含义
int	整数，范围为 -2^{31} (–2147483648) ～ $2^{31}-1$ (2147483647)；4 字节
smallint	短整数，范围为 -2^{15} (–32768)～ $2^{15}-1$ (32767)；2 字节
tinyint	微短整数，范围为 0～255；1 字节
bigint	大整数，范围为 -2^{63} (–9223372036854775808)～ $2^{63}-1$ (9223372036854775807)；8 字节

续表

数据类型	含　义
decimal(*p*,*q*) numeric(*p*,*q*)	定点数，由 *p* 位数字（不包括符号、小数点）组成，小数后面有 *q* 位数字。q 的默认值为 0
float	浮点数，范围为–1.79E+308 到 1.79E+308；8 字节
real	浮点数，范围为–3.40E + 38 到 3.40E + 38；4 字节
bit	位型，取值为 0，1；1 字节
char(*n*)	定长字符串，*n* 为字符串的长度；*n* 在 1～8000，默认为 1
varchar(*n*)	变长字符串，*n* 为字符串的最大长度；*n* 在 1～8000，默认为 1
nchar(*n*)	*n* 个字符的固定长度 Unicode 字符型数据，*n* 值在 1～4000，默认为 1 存储长度为 2*n*
nvarchar(*n*)	为最多包含 *n* 个字符的可变长度 Unicode 字符型数据，*n* 值在 1～4000，默认为 1。存储长度是所输入字符个数的 2 倍
text	文本型，可以表示最大长度为 2^{31}–1(2147483647) 个字符，其数据的存储长度为实际字符数个字节
ntext	表示最大长度为 2^{30}–1(1073741823) 个 Unicode 字符，其数据的存储长度是实际字符个数的两倍（以字节为单位）
datetime	日期时间类型，占 8 字节
smalldatetime	短日期时间类型，占 4 字节
binary(*n*)	定长二进制数据，*n* 为数据长度，*n* 取值范围为 1～8000
var binary(*n*)	可变长度的二进制数据，*n* 为数据最大长度，*n* 取值范围为 1～8000
image	图像数据类型，用于存储多种格式文件，包括 Word、Excel、bmp、gif、jpg 等，实际存储的是可变长度二进制数据，长度介于 0 与 2^{31}–1 (2147483647) 字节之间，约 2 GB
money	货币类型，范围为–2^{63} (–922337203685477.5808)～2^{63}–1 (922337203685477.5807)，最多包含 19 位数字；8 字节
smallmoney	短货币类型，范围为–2^{31} (–214748.3648) ～2^{31}–1(214748.3647)，最多包含 10 位数字；4 字节

由表 3.1 可见，T-SQL 常用数据类型包括：数值型、字符型、Unicode 字符型、文本型、日期时间类型、二进制型和货币类型。对其说明如下。

（1）数值型

数值型包括整型（bigint、int、smallint、tinyint、bit）、定点实数（numericdecimal）、浮点数（float、real），各数值类型的取值范围、存储字节数都有差异，表中已详细列出，可在使用时参考。要注意，bit 类型数据相当于其他语言中的逻辑型数据，它只存储 0 和 1。当为 bit 类型数据赋值 0 时，其值为 0；而赋非 0（如 100）值时，其值为 1。

（2）字符型

字符型数据用于存储字符串。字符串中可包括字母、数字和其他特殊符号（如#、@、&等），也可包含汉字。字符串型包括两类：定长字符串 char 和变长字符串 varchar。

① char[(*n*)]。当表中的列定义为 char(*n*)类型时，若实际要存储的串长度不足 *n* 时，则在串的尾部添加空格以达到长度 *n*，所以 char(*n*)的长度为 *n*。例如，某列的数据类型为 char(20)，而输入的字符串为“ahjm1922”，则存储的是字符 ahjm1922 和 12 个空格。若输入的字符个数超出了 *n*，则超出的部分被截断。

② varchar[(*n*)]。这里 *n* 表示字符串可达到的最大长度。varchar(*n*)的长度为输入的字符串的实际字符个数，而不一定是 *n*。例如，表中某列的数据类型为 varchar(100)，而输入的字符串为“ahjm1922”，则存储的就是字符 ahjm1922，其长度为 8 字节。

当列中的字符数据值长度接近一致时，如姓名，此时可使用 char；而当列中的数据长度显著不同时，使用 varchar 较为恰当，可以节省存储空间。

（3）Unicode 字符型

Unicode 是"统一字符编码标准"，用于支持国际上非英语语种的字符数据的存储和处理。SQL Server 的 Unicode 字符型可以存储 Unicode 标准字符集定义的各种字符。

Unicode 字符型包括 nchar[(*n*)]和 nvarchar[(*n*)]两类。nchar 是固定长度 Unicode 数据的数据类型，nvarchar 是可变长度 Unicode 数据的数据类型，二者均使用 UNICODE UCS-2 字符集。nchar、nvarchar 与 char、varchar 使用非常相似，只是字符集不同（前者使用 Unicode 字符集，后者使用 ASCII 字符集）。

（4）文本型

当需要存储大量的字符数据，如较长的备注、日志信息时，字符型数据最长 8000 个字符的限制可能使它们不能满足这种应用需求，此时可使用文本型数据。文本型包括 text 和 ntext 两类，分别对应 ASCII 字符和 Unicode 字符。

（5）日期时间类型

日期时间类型数据用于存储日期和时间信息，包括 datetime 和 smalldatetime 两类。

datetime 类型可表示从 1753 年 1 月 1 日到 9999 年 12 月 31 日的日期和时间数据。smalldatetime 类型可表示从 1900 年 1 月 1 日到 2079 年 6 月 6 日的日期和时间数据。

用户以字符串形式输入日期时间类型数据，系统也以字符串形式输出日期时间类型数据。用户给出日期时间类型数据值时，日期部分和时间部分分别给出。

日期部分常用的几种格式如下：

```
Oct 10 2009                 /*英文数字格式*/
2009-10-10                  /*数字加分隔符*/
20091010                    /*纯数字格式*/
```

输入时间部分可采用 24 小时格式或 12 小时格式。使用 12 小时制要加上 AM 或 PM。在时与分之间用"："分隔。例如：

```
2009-10-10 8:18:18 PM       /*12 小时格式*/
2009-10-10 20:18:18         /*24 小时格式*/
```

（6）二进制型

二进制数据类型表示位数据流，包括 binary（固定长度）、varbinary（可变长度）和 image 三种。

① binary [(*n*)]。固定长度的 *n* 字节二进制数据。*n* 取值范围为 1～8000，默认为 1。binary(*n*) 数据的存储长度为 *n*+4 字节。若输入的数据长度小于 *n*，则不足部分用 0 填充；若输入的数据长度大于 *n*，则多余部分被截断。

输入二进制值时，在数据前面要加上 0x，可以用的数字符号为 0～9、A～F（字母大小写均可）。因此，二进制数据有时也被称为十六进制数据。例如，0xFF、0x12A0 分别表示值 FF 和 12A0。因为每字节的数最大为 FF，故在"0x"格式的数据每两位占 1 字节。

② varbinary [(*n*)]。*n* 字节变长二进制数据。*n* 取值范围为 1～8000，默认为 1。varbinary(*n*) 数据的存储长度为实际输入数据长度+4 字节。

③ image。用于存储大容量的、可变长度的二进制数据，介于 $0 \sim 2^{31}-1$ (2147483647)字节之间。

（7）货币类型

money 和 smallmoney 是两个专用于货币的数据类型，它们用十进制数表示货币值，取值范围见表 3.1。可以看到，money 的数据范围与 bigint 相同，不同的只是 money 型有 4 位小数。实际上，money 型数据就是按照整数进行运算的，只是将小数点固定在末 4 位。smallmoney 与 int 的关系就如同 money 与 bigint 的关系一样。

当向表中插入 money 或 smallmoney 类型值时，必须在数据前面加上货币符号（$），并且数据中间不能有逗号（,）；若货币值为负数，需要在符号$的后面加上负号（-）。例如，$15000.32，$680，$-20000.9088 都是正确的货币数据表示形式。

3.3 数据定义

SQL 语言的数据定义包括数据库模式定义、基本表定义、视图定义和索引定义四部分。注意，这里所说的“定义”实际上包括创建（CREATE）、删除（DROP）和更改（ALERT）三部分内容。由于索引依附于基本表，因此 SQL 语言不提供索引的修改操作。如果要更改索引定义，需先将其删除，然后重新定义。

3.3.1 模式定义

模式定义即定义一个存储空间。一个 SQL 模式由模式名、用户名或账号来确定。在这个空间中可以进一步定义该模式包含的数据库对象，如基本表、视图、索引等。

SQL3 标准的模式定义语句是 CREATE SCHEMA。但由于“模式”这个名称较抽象，多数 RDBMS 不采用该名词，而采用“数据库”这一名称。这个数据库概念将数据库视为许多对象的容器。在 SQL 标准中没有 CREATE DATABASE 语句，但多数 SQL 产品都支持 CREATE DATABASE 创建数据库的语句。在很多数据库项目中，数据管理的第一步就是创建一个数据库。这个任务的复杂度依赖于所选用的数据库管理系统。因此不同 RDBMS 中 CREATE DATABASE 语句的语法差异很大。现以 T-SQL 为例，说明相关语句（关于如何在 SQL Server 2005 中执行 T-SQL 命令，可参见附录 A 的实验 1）。

1. 定义数据库

T-SQL 定义数据库的语句是 CREATE DATABASE，该语句的基本格式为：

```
CREATE DATABASE <数据库名>
```

【例 3.1】 定义“商品订购数据库”，数据库名为 SPDG。

```
CREATE DATABASE SPDG
```

说明： ① T-SQL 语句通常还包含各种子句，如 CREATE DATABASE 语句包含 ON 子句、LOG ON 子句等。为把主要精力集中在 SQL 语言的基本结构上，避免陷入具体 SQL 语言实现的细节中，本书仅介绍 T-SQL 各语句的基本格式。在实际使用中，如需了解更详细的 T-SQL 子句，可查阅 T-SQL 参考资料或 SQL Server 联机丛书。

② SQL Server 的大多数数据库操作都有两种方式：一是命令方式，二是界面方式。例如，定义数据库，既可采用这里介绍的 CREATE DATABASE 语句，也可通过 SQL Server Management Studio 界面操作实现。本章所介绍的是通过 T-SQL 命令方式实现数据库的操作。

2. 使用数据库

语句格式为：

```
USE <数据库名>
```

使用 USE 语句将<数据库名>选择为当前操作的数据库。一旦选定，若不对操作的数据库对象加以限定，则其后命令均是针对当前数据库中的表或视图进行的。

3. 修改数据库

基本语句格式为：

```
ALTER DATABASE <数据库名>
```

该语句可以对指定的数据库的数据文件和日志文件等进行修改。

4. 删除数据库

基本语句格式为：

```
DROP DATABASE <数据库名>
```

3.3.2　基本表定义

定义基本表的实质就是定义表结构及约束等。在 T-SQL 语句定义表之前，先要设计表结构，即确定表的名字、所包含的列名、列的数据类型、长度、是否可为空值、默认值情况、是否要使用以及何时使用约束、默认设置或规则以及所需索引的类型、哪里需要索引、哪些列是主码、哪些列是外码等。

本章以“商品订购数据库”为例讲解 SQL 语言。该数据库名为 SPDG，包括三个基本表：客户信息表（表名：KHB）、商品信息表（表名：SPB）和商品订购表（表名：SPDGB），这三个基本表结构分别如表 3.2、表 3.3 和表 3.4 所示。

表 3.2　客户信息表（表名：KHB）

列　名	数据类型	是否可取空值	含　义	说　明
客户编号	char(6)	否	客户编号	主码
客户姓名	char(20)	否	客户姓名	
出生日期	Datetime	可	出生日期	
性别	char(2)	可	客户性别	
所在省市	varchar(50)	可	所在地省市	
联系电话	varchar(12)	可	联系电话	
备注	Text	可	有关客户的说明	

表 3.3　商品信息表（表名：SPB）

列　名	数据类型	是否可取空值	含　义	说　明
商品编号	char(8)	否	商品编号	主码
商品类别	char(20)	否	商品类别	
商品名称	varchar(50)	否	商品名称	
单价	float	可	该商品的单价	
生产商	varchar(50)	可	商品生产商的名称	
保质期	datetime	可	商品的保质期	默认值为'2000-01-01'，表示该商品无保质期
库存量	int	可	该商品的库存量	
备注	text	可	关于商品的说明	

表 3.4　商品订购表（表名：SPDGB）*

列　　名	数 据 类 型	是否可取空值	含　　义	说　明
客户编号	char(6)	否	客户编号	外码
商品编号	char(8)	否	商品编号	外码
订购时间	datetime	否	客户订购商品的时间	
数量	int	可	客户订购该商品的数量	
需要日期	datetime	可	客户指出的需要获得该商品的日期	
付款方式	varchar(40)	可	客户的支付方式	
送货方式	varchar(50)	可	客户获取商品的方式	

*注：本关系的主码是(客户编号，商品编号，订购时间)

1. 定义基本表

定义基本表的语句是 CREATE TABLE，该语句的基本格式为：

```
CREATE TABLE <基本表名>
    (
      <列名> <数据类型> [<列级完整性约束>]
      {，<列名> <数据类型> [<列级完整性约束>] }
      [ ，<表级完整性约束> ]
    )
```

注意：本书语法说明所用记号的含义是：中括号 [ ]，表示可出现一次或不出现；花括号{ }，表示可不出现或出现多次；竖号（|），表示在多个选项中选择一个，如 NOT NULL | NULL，表示在 NOT NULL 和 NULL 中任选一项；SQL 语言不区分大小写。

由 CREATE TABLE 的语法格式可知，在定义基本表的同时还可定义该表有关的完整性约束。其中列级完整性约束的作用范围仅限于该列，而表级完整性约束的作用范围是整个表。列级完整性约束可定义如下约束：

① NOT NULL　限制列取值不能为空。

② DEFAULT　指定列的默认值。

③ UNIQUE　限制列的取值不能重复。

④ CHECK　限制列的取值范围。

⑤ PRIMARY KEY　指定本列为主码。

⑥ FOREIGN KEY　指定本列为引用其他表的外码。格式为：

```
[ FOREIGN KEY (<外码列名>)] REFERENCE <外表名>(<外表列名>)
```

在上述列级完整性约束中，除 NOT NULL、DEFAULT 外，其余均可在表级完整性约束处定义。但要注意，如果表的主码是由多个列组成的，则只能在表级完整性约束处定义。

本章所涉及的完整性约束只包括非空约束、主码约束、外码约束和默认值约束。9.3 节将更详细地介绍数据完整性的概念和实现方法。

【例 3.2】　定义表 3.2、表 3.3 和表 3.4 所示的三个基本表。定义三个表的 SQL 语句如下：

```
CREATE TABLE KHB (
       客户编号    char(5)     PRIMARY KEY,
       客户名称    char(20)    NOT NULL,
       出生日期    datetime,
       性别        char(2),
       所在省市    varchar(50),
```

```
        联系电话    varchar(12),
        备注        text
        )

    CREATE TABLE SPB (
        商品编号    char(8)         PRIMARY KEY,
        商品类别    char(20)        NOT NULL,
        商品名称    varchar(50)     NOT NULL,
        单价        float,
        生产商      varchar(50),
        保质期      datetime            DEFAULT '2000-1-1',
        库存量      int,
        备注        text
        )

    CREATE TABLE SPDGB (
        客户编号    char(5)     NOT NULL,
        商品编号    char(8)     NOT NULL,
        订购时间    datetime    NOT NULL,
        数量        int,
        需要日期    datetime,
        付款方式    varchar(40),
        送货方式    varchar(50),
        PRIMARY KEY (客户编号，商品编号，订购时间),
        FOREIGN KEY (客户编号) REFERENCES KHB(客户编号),
        FOREIGN KEY (商品编号) REFERENCES SPB(商品编号)
        )
```

2. 修改基本表

ALERT TABLE 语句用于更改基本表结构，包括增加列、删除列、修改已有列的定义等。该语句的基本格式为：

```
    ALTER TABLE <基本表名>
    ALTER COLUMN <列名> <新数据类型>[NULL | NOT NULL]          -- 修改已有列定义
      | ADD <列名> <数据类型> [约束]                           -- 增加新列
      | DROP COLUMN <列名>                                     -- 删除列
      | ADD [CONSTRAINT <约束名>] <约束定义>                    -- 添加约束
      | DROP CONSTRAINT <约束名>                               -- 删除约束
```

注意：“--”为 SQL 语句的单行注释符。

【例 3.3】　在表 SPB 中增加 1 个新列——商品图片。

```
    ALTER TABLE SPB
    ADD  商品图片  image
```

【例 3.4】　将表 SPB 中“保质期”列的数据类型改为 smalldatetime。

```
    ALTER TABLE SPB
       ALTER COLUMN 保质期  smalldatetime
```

【例 3.5】　删除表 SPB 中“商品图片”列。

```
    ALTER TABLE SPB
       DROP COLUMN 商品图片
```

3. 删除基本表

当确信不再需要某个基本表时，可删除它。DROP TABLE 语句用于删除基本表，其语法格式为：

```
DROP TABLE <基本表名>
```

例如，删除表 SPB 的 SQL 语句为：

```
DROP TABLE SPB
```

删除一个表时，表的定义、表中的所有数据以及表的索引、触发器、约束等均被删除。

注意：不能删除系统表和有外码约束所参照的表。

3.3.3　索引定义

在数据库中建立索引是为了提高数据查询速度。查询是数据库使用最频繁的操作，如何能更快地找到所需数据，是数据库的一项重要任务。本节将介绍索引的概念，以及如何定义和删除索引。

1. 索引的概念

索引类似于图书的目录。在一本书中，利用目录可以快速地查找所需的信息，而无须从头开始翻阅整本书。在数据库中，索引使对数据的查找不需对整个表进行扫描，就可找到所需数据。图书目录是一本书的附加部分，它注明了各部分内容所对应的页码。与之类似，数据库索引也是一个数据表的辅助结构，它注明了表中各行数据所在的存储位置。可以为表中的单个列建立索引，或为多个列建立索引；建立索引所基于的列名称为索引关键字。

通常，索引由索引项组成；而索引项由来自表中每一行的索引关键字组成。例如，在 SPB 表的“商品编号”列上建立索引，则在索引部分就有指向每个商品编号所对应的商品的存储位置的信息，如图 3.2 所示。

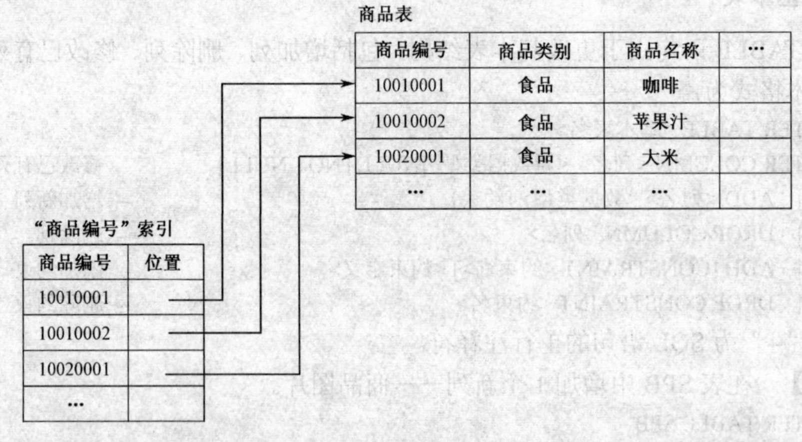

图 3.2　索引概念示意图

当 DBMS 执行一个在 SPB 上根据“商品编号”查询该商品信息的操作时，首先在索引部分找到该商品编号，再根据索引中的存储位置，到 SPB 中直接检索到所需的信息。若没有索引，DBMS 就要从 SPB 的第一行开始，逐行检索指定的商品编号值。由此可见，索引能够提高查找的效率。

然而索引在提高检索效率的同时，也需付出相应的代价：① 索引需要占用一定的存储空间；② 在对数据表进行插入、删除或修改操作时，为了使索引与数据保持一致，必须对索引进行维护。因此，是否使用索引取决于表中数据量的大小以及用户对查找效率的需求。

2. 索引分类

索引通常分为两类：聚簇索引（Clustered Index）和非聚簇索引。聚簇索引对表的物理数据页中的数据按索引关键字进行排序，然后重新存储到磁盘上，即聚簇索引与数据是一体的。非聚簇索引（Nonclustered Index）具有完全独立于数据的索引结构，表 3.2 所示即为非聚簇索引。它不将物理数据页中的数据按索引关键字排序。

聚簇索引对经常搜索连续范围值的列特别有效，但由于要对数据进行物理排序，因此不适宜建立在频繁更改的列上。要注意：一个数据表只能建立一个聚簇索引。非聚簇索引不改变数据的物理存储位置，一张表上可建立多个非聚簇索引。

当索引关键字能保证其所包含的各列值不重复时，该索引是唯一索引。例如，在 SPB 的“商品编号”列上所建的索引即为唯一索引。聚簇索引和非聚集索引都可以是唯一的。

3. 建立索引

建立索引使用语句 CREATE INDEX，其基本格式为：

```
CREATE   [ UNIQUE ] [ CLUSTERED | NONCLUSTERED ]
INDEX <索引名>
ON <基本表名>(<列名> [ ASC | DESC ] [ { , <列名> [ ASC | DESC ] }… ] )
```

其中，<基本表名>是要建立索引的基本表的名称。当索引建立在多个列上时，该索引称为复合索引。复合索引各列之间要用逗号（,）分隔，每个列后面还可以用 ASC 或 DESC 表示按索引值按升序或降序排列。默认排序方式为 ASC（升序）。UNIQUE 表示创建的是唯一索引。CLUSTERED 用于指定创建聚簇索引，NONCLUSTERED 用于指定创建非聚簇索引。默认创建的是非聚簇索引。

【例 3.6】　在 KHB 表的“客户编号”列上建立一个非聚簇索引 KHBH_ind。

```
CREATE INDEX KHBH_ind
    ON KHB(客户编号)
```

【例 3.7】　在 SPB 表的“商品编号”列上建立一个唯一的聚簇索引 SPBH_ind。

```
CREATE UNIQUE CLUSTERED INDEX SPBH_ind
    ON SPB(商品编号)
```

【例 3.8】　在 SPDGB 表上按“客户编号”升序、“商品编号”升序、“订购时间”降序建立一个唯一的非聚簇索引 SPDG_ind。

```
CREATE UNIQUE INDEX SPBH_ind
      ON SPDGB(客户编号 ASC，商品编号 ASC，订购时间 DESC)
```

4. 删除索引

索引一经建立，就由 DBMS 自动使用和维护，无须用户干预。当不需要某个索引时，可使用 DROP INDEX 语句将其删除。DROP INDEX 语句的格式为：

```
DROP INDEX <基本表名>.<索引名>
```

【例 3.9】　删除 KHB 表“客户编号”列的索引 KHBH_ind。

```
DROP INDEX KHB.KHBH_ind
```

3.3.4 视图定义

1. 视图的概念

视图是从一个或多个基本表（或视图）导出的表。视图是数据库系统提供给用户以多种角度观察数据库中数据的重要机制。例如，对于一所学校，其学生情况存于数据库的一个或多个表中，而作为学校的不同职能部门，所关心的学生数据的内容是不同的。即使是同样的数据，也可能有不同的操作要求，于是可以根据不同需求，在数据库上定义他们所要求的数据结构，这种根据用户观点所定义的数据结构就是视图。

视图是一个虚表，数据库中只存储视图的定义，而不存放视图对应的数据，这些数据仍然存放在原来的基本表中。对视图的数据进行操作时，系统根据视图的定义去操作与视图相关联的基本表。因此，如果基本表中的数据发生变化，那么从视图查询出的数据也就随之发生变化。从这个意义上说，视图就像一个窗口，透过它可以看到数据库中自己感兴趣的数据及其变化。

视图一经定义，就可以像表一样用于查询、修改、删除和更新操作。使用视图有下列优点：

① 为用户集中数据，简化用户的数据查询和处理。有时用户所需要的数据分散在多个表中，定义视图可将它们集中在一起，从而方便用户的数据查询和处理。

② 屏蔽数据库的复杂性。用户不必了解复杂的数据库表结构，并且数据库表的更改也不影响用户对数据库的使用。

③ 简化用户权限管理。只需授予用户使用视图的权限，而不必指定用户只能使用表的特定列，增加了安全性。

④ 便于数据共享。各用户不必都定义和存储自己所需的数据，可共享数据库的数据，同样的数据只需存储一次。

⑤ 可以重新组织数据以便输出到其他应用程序中。

使用视图时，要注意下列事项：

① 只有在当前数据库中才能创建视图。

② 视图的命名必须遵循标识符命名规则，不能与表同名，且对每个用户视图名必须是唯一的，即对不同用户，即使是定义相同的视图，也必须使用不同的名字。

③ 不能在视图上建立任何索引。

2. 定义视图

CREATE VIEW 语句用于创建视图，其基本格式为：

```
CREATE VIEW <视图名>
    [(<列名>[, <列名> ])]      AS
        <SELECT 查询语句>
```

其中，SELECT 是 SQL 查询语句，表示从表中选择指定列构成视图的各个列。当列名省略时，表示 SELECT 取所有列。SELECT 语句是 SQL 语言最重要的语句，将在 3.4 节详细介绍。

【例 3.10】　创建视图 KH_NJview，其内容为“江苏南京”的客户信息。

```
CREATE VIEW KH_NJview
AS
SELECT *
```

```
FROM KHB
WHERE 所在省市='江苏南京'
```

【例 3.11】 创建视图 DG_NJview，其内容为“江苏南京”的“客户编号”及其订购的“商品编号”。

```
CREATE VIEW DG_NJview
AS
SELECT a.*，商品编号
FROM KHB a，SPDGB b
WHERE a.所在省市='江苏南京' AND a.客户编号=b.客户编号
```

视图不仅可以建立在一个或多个基本表上，也可以建立在一个或多个已有视图上。

【例 3.12】 创建“江苏南京”订购了编号为“10010001”商品的所有客户的客户编号、客户姓名视图 DG_NJview_2。

```
CREATE VIEW DG_NJview_2(客户编号，客户姓名)
AS
SELECT 客户编号，客户姓名
FROM DG_NJview
WHERE 商品编号='10010001'
```

3. 修改视图

使用 ALTER VIEW 语句可修改视图的定义，该语句基本格式为：

```
ALTER VIEW <视图名>
    [(<列名>[，<列名> ])]      AS
        <SELECT 查询语句>
```

【例 3.13】 修改视图 DG_NJview_2，使其内容是选购了编号为“30010001”的所有“江苏南京”客户的客户编号、客户姓名。

```
ALTER VIEW DG_NJview_2
AS
SELECT 客户编号，客户姓名
FROM DG_NJview
WHERE 商品编号='30010001'
```

4. 删除视图

删除视图的语句是 DROP VIEW，其基本格式为：

```
DROP VIEW <视图名>
```

删除视图不会影响基本表的数据。但如果被删视图还导出了其他视图，则对由其导出的视图执行操作将会发生错误。

【例 3.14】 删除视图 DG_NJview。

```
DROP VIEW DG_NJview
```

当视图 DG_NJview 被删除后，对由其导出的视图 DG_NJview_2 进行操作将会发生错误。

3.4 数据查询

数据库查询是数据库的核心操作，SQL 语言用 SELECT 语句进行数据库查询，该语句具有强大的功能和十分灵活的使用方式。

3.4.1　SELECT 语句结构

SELECT 语句的基本格式如下：

```
SELECT [ ALL | DISTINCT] <目标列表达式> [，<目标列表达式>]…
FROM <表名或视图名> [，<表名或视图名>]…
[ WHERE <条件表达式> ]                    --WHERE 子句，指定查询条件
[ GROUP BY <列名 1> ]                     --GROUP BY 子句，指定分组表达式
[ HAVING <条件表达式> ]                   --HAVING 子句，指定分组过滤条件
[ ORDER BY <列名 2> [ ASC | DESC ]]       --ORDER 子句，指定排序表达式和顺序
```

整个 SELECT 语句的含义是：根据 WHERE 子句的条件表达式，从 FROM 子句指定的基本表或视图中找出满足条件的元组，再按 SELECT 子句中的目标列表达式，选出元组中的分量形成结果表。

其中，SELECT 子句指出输出的分量；FROM 子句指出数据来源于哪些表或视图；WHERE 子句指出对元组的过滤条件；它们是 SELECT 语句使用最多的子句。在 SELECT 子句中，DISTINCT 表示去除重复的行。<目标列表达式>的定义如下：

```
  *                                         --选择当前表或视图的所有列
| <表名>.* | <视图名>.* | <表的别名>.*      --选择指定的表或视图的所有列
| 列名 [AS <列别名> ]                       --选择指定的列
| <表达式>                                  --选择表达式
```

其中，<表的别名>和<列别名>是表或列的临时替代名称。例如，以下是对 KHB 表的查询语句：

```
SELECT 客户编号，客户姓名，联系电话
    FROM KHB
    WHERE 所在省市='江苏南京'
```

GROUP BY 子句将查询结果集按指定列分组；HAVING 子句指定分组的过滤条件；ORDER BY 子句将查询结果集按指定列排序。

下面仍以 SPDG 数据库为例说明 SELECT 语句的各种用法，示例数据可见表 2.6、表 2.7 和表 2.8。

3.4.2　单表查询

单表查询指仅涉及一个表的查询。下面从选择列、选择行、对查询结果排序、使用聚合函数、对查询结果分组、使用 HAVING 子句进行筛选等方面说明单表的查询操作。

1. 选择列

选择表中的部分或全部列形成结果表。这就是关系代数的投影运算。

（1）选择表中指定的列

【例 3.15】　查询 SPB 中的商品编号、商品名称和库存量。

```
SELECT 商品编号，商品名称，库存量
    FROM SPB
```

（2）选择表中全部列

选择表中全部列，可在 SELECT 语句中指出各列的名称，更简便的方法是在指定列的位置上使用“*”。

【例 3.16】　查询 SPB 中的所有列。

```
SELECT 商品编号，商品类别，商品名称，生产商，单价，保质期，库存量，备注
    FROM SPB
```

或者

```
SELECT *
    FROM SPB
```

（3）查询经过计算的值

使用 SELECT 对列进行查询时，不仅可以直接以列的原始值作为结果，而且还可以将对列值进行计算后所得的值作为查询结果，即 SELECT 子句可使用表达式作为结果。

【例 3.17】　将 SPB 中各商品的编号及其打 8 折后的单价输出。

```
SELECT 商品编号，单价*0.8
    FROM SPB
```

（4）更改结果列标题

当希望查询结果中的某些列或所有列显示时使用自己选择的列标题时，可以在列名之后使用 AS 子句来更改查询结果的列标题名。

【例 3.18】　查询 KHB 表中的客户编号、客户姓名和联系电话，结果中各列的标题分别指定为 CNO、CNAME 和 TEL。

```
SELECT 客户编号 AS CNO，客户姓名 AS CNAME，联系电话 AS TEL
    FROM KHB
```

其中，关键字“AS”可以省略，也可用等号（=），但此时列名必须在等号的右边（可参见例 3.19）。执行结果如图 3.3 所示。

注意：当自定义的列标题中含有空格时，必须使用引号将标题括起来。

【例 3.19】　查询 KHB 表中的客户编号、客户姓名和联系电话，结果中各列的标题分别指定为 Customer number、Customer name 和 TEL。

```
SELECT 'Customer number' = 客户编号，'Customer name'=客户姓名，TEL=联系电话
    FROM KHB
```

该语句的执行结果如图 3.4 所示。

CNO	CNAME	TEL
100001	张小林	02581234678
100002	李红红	139008899120
100003	王晓美	02166552101
100004	赵明	131809001108
100005	张帆一	138809332012
100006	王芳芳	137090920101

图 3.3　例 3.18 执行结果

Customer number	Customer name	TEL
100001	张小林	02581234678
100002	李红红	139008899120
100003	王晓美	02166552101
100004	赵明	131809001108
100005	张帆一	138809332012
100006	王芳芳	137090920101

图 3.4　例 3.19 执行结果

（5）替换查询结果中的数据

在对表进行查询时，有时对所查询的某些列希望得到一种概念而不是具体数据。例如查询 SPB 表的单价时，希望知道的是价格的高低情况，这时就可以用等级来替换单价的具体数字。

要替换查询结果中的数据，则要使用查询中的 CASE 表达式，格式如下：

```
CASE
    WHEN 条件1 THEN 表达式1
    WHEN 条件2 THEN 表达式2
    ……
```

```
        ELSE 表达式
    END
```

【例 3.20】 查询 SPB 表中各商品的商品编号、商品名称和单价，对其单价按以下规则进行替换：若单价为空值，替换为“尚未定价”；若单价小于 20，替换为“低”；若单价在 20～50，替换为“中”；若单价在 51～100，替换为“较高”；若单价大于 100，替换为“高”。列标题更改为“价格等级”。所用的 SELECT 语句为：

```
SELECT 商品编号，商品名称，
价格等级=
    CASE
        WHEN 单价 IS NULL THEN '尚未定价'
        WHEN 单价< 20 THEN '低'
        WHEN 单价>=20 AND 单价<=50 THEN '中'
        WHEN 单价>50 AND 单价<=100 THEN '较高'
        ELSE '高'
    END
    FROM SPB
```

该语句的执行结果如图 3.5 所示。

（6）去除重复行

一个表中本来并不完全相同的元组，当投影到指定的某些列上时，就可能变成相同的行了。可以用 DISTINCT 语句取消它们。

【例 3.21】 在 SPDGB 表中查询订购了商品的客户编号。

```
SELECT 客户编号
    FROM SPDGB
```

执行该语句所得的结果如图 3.6 左图所示，可见结果中包含了多个重复的行。若要去掉重复的行，就要指定 DISTINCT 关键字：

```
SELECT DISTINCT 客户编号
    FROM SPDGB
```

执行该语句所得的结果如图 3.6 右图所示，结果中已消除了重复行。

商品编号	商品名称	价格等级
10010001	咖啡	中
10010002	苹果汁	低
10020001	大米	中
10020002	面粉	低
20180001	休闲服	高
20180002	T恤	中
30010001	签字笔	低
30010002	文件夹	低
40010001	营养菜谱	低
40010002	豆浆的做法	低
50020001	羽毛球拍	中
50020002	篮球	较高
50020003	足球	较高
50020005	足球	高

图 3.5　例 3.20 执行结果

客户编号
100001
100001
100002
100002
100004
100004
100004
100005
100005
100006

客户编号
100001
100002
100004
100005
100006

图 3.6　例 3.21 执行结果

注意：关键字 DISTINCT 的含义是对结果集中的重复行只选择一个，保证行的唯一性。与 DISTINCT 相反，当使用关键字 ALL 时，将保留结果集的所有行。当 SELECT 语句中省略 ALL 与 DISTINCT 时，默认值为 ALL。

2. 选择行

选择表中的部分或全部元组作为查询的结果。

（1）查询满足条件的元组

查询满足条件的行通过 WHERE 子句实现。当选择部分元组作为结果时，就需要用 WHERE 子句对元组进行过滤。WHERE 子句必须紧跟 FROM 子句之后。

构成 WHERE 子句的条件表达式的运算符（也称谓词，在 SQL 语言中，返回逻辑值的运算符或关键字都称为谓词）列于表 3.5 中，包括：比较运算、指定范围、确定集合、字符匹配、空值比较和逻辑运算等几类。可以将多个判定运算的结果通过逻辑运算符再组成更为复杂的查询条件。

表 3.5　常用查询条件

查询条件	谓　词
比较运算	<=，<，=，>=，>，<>，!=（不等于）、!<（不小于）、!>（不大于）
指定范围	BETWEEN AND，NOT BETWEEN AND
确定集合	IN，NOT IN
字符匹配	LIKE，NOT LIKE
空值比较	IS NULL，IS NOT NULL
逻辑运算	AND，OR，NOT

① 比较运算。比较运算符用于比较两个表达式值。比较运算的格式如下：

```
<表达式 1> { = | < | <= | > | >= | <> | != | !< | !> } <表达式 2>
```

当两个表达式值均不为空值（NULL）时，比较运算返回逻辑值 TRUE（真）或 FALSE（假）；当两个表达式中有一个为空值或都为空值时，比较运算将返回 UNKNOWN。

【例 3.22】　查询 SPB 表中单价在 50 以上的商品情况。

```
SELECT *
   FROM SPB
   WHERE 单价 !< 50
```

该语句执行结果如图 3.7 所示。

商品编号	商品类别	商品名称	生产商	单价	保质期	库存量	备注
10010001	食品	咖啡	宇一饮料公司	50	2009-12-31 00:00:00.000	100	NULL
20180001	服装	休闲服	天天服饰公司	120	2000-01-01 00:00:00.000	5	有断码
20180002	服装	T恤	天天服饰公司	50	2000-01-01 00:00:00.000	10	NULL
50020002	体育用品	篮球	美好体育用品公司	80	2000-01-01 00:00:00.000	20	NULL
50020003	体育用品	足球	美好体育用品公司	65	2000-01-01 00:00:00.000	20	NULL
50020005	体育用品	足球	美好体育用品公司	120	2012-01-01 00:00:00.000	20	

图 3.7　例 3.22 执行结果

RDBMS 执行该查询的一种可能过程是：对 SPB 表从头开始进行全表扫描，取出当前元组，检查该元组在“单价”列上的值是否不小于 50。如是，则取出该元组加入结果表；否则跳过该元组，去下一元组继续处理。

如果 SPB 表中有大量元组（假设有数万个），而单价在 50 以上的只占很少（比如 10%），那么可以在“单价”列上建立索引。DBMS 会利用该索引找出单价 !< 50 的元组，形成结果表，这就避免了对 SPB 表的全表扫描，提高了查询效率。但如果 SPB 表中只有少量元组，那么索引查询不一定会提高效率（因其涉及索引的查找和表的查找），RDBMS 将仍采用全表

扫描。查询执行方案是由 RDBMS 的查询优化器按某些规则或估算执行代价来决定的。

② 指定范围。用于范围比较的关键字有两个：BETWEEN AND 和 NOT BETWEEN AND，用于查找字段值是否在指定的范围内。BETWEEN（NOT BETWEEN）关键字格式如下：

```
<表达式> [ NOT ] BETWEEN <表达式 1> AND <表达式 2>
```

其中，BETWEEN 关键字之后是范围的下限（低值），AND 关键字之后是范围的上限（高值）。当不使用 NOT 时，若表达式的值在<表达式 1>与<表达式 2>之间（包括这两个值），则返回 TRUE，否则返回 FALSE；使用 NOT 时，返回值刚好相反。

【例 3.23】 查询 SPB 表中单价在 20～50 的商品情况。

```
SELECT *
    FROM SPB
    WHERE 单价 BETWEEN 20 AND 50
```

【例 3.24】 查询 KHB 表中不在 1980 年出生的客户情况。

```
SELECT *
    FROM KHB
    WHERE 出生日期 NOT BETWEEN '1980-1-1' and '1980-12-31'
```

③ 确定集合。使用 IN 关键字可以指定一个值表集合，值表中列出了所有可能的值。当表达式与值表中的任一个匹配时，即返回 TRUE，否则返回 FALSE。使用 IN 关键字指定值表集合的格式如下：

```
<表达式> IN (<表达式 1> [，…<表达式 n>])
```

【例 3.25】 查询 SPB 表中类别为“食品”、“服装”或“体育用品”的商品情况。

```
SELECT *
    FROM SPB
    WHERE 商品类别 IN ('食品'，'服装'，'体育用品')
```

与 IN 相对的是 NOT IN，用于查找列值不属于指定集合的行。

④ 字符匹配。LIKE 谓词用于进行字符串的匹配，其运算对象可以是 char、varchar 等类型的数据，返回逻辑值 TRUE 或 FALSE。LIKE 谓词表达式的格式如下：

```
<表达式> [ NOT ] LIKE <匹配串>
```

其含义是查找指定列值与匹配串相匹配的行。匹配串可以是一个完整的字符串，也可以含有通配符（%）和下划线（_）。其中：

%——代表任意长度（包括 0）的字符串。例如，a%c 表示以 a 开头、以 c 结尾的任意长度的字符串；abc、abcc、axyc 等都满足此匹配串。

_——代表任意一个字符。例如，a_c 表示以 a 开头、以 c 结尾、长度为 3 的字符串；abc、acc、axc 等都满足此匹配串。

LIKE 语句使用通配符的查询也称模糊查询。如果没有%或_，则 LIKE 运算符等同于“＝”运算符。

【例 3.26】 查询 KHB 表中所在省市为江苏的客户情况。

```
SELECT *
    FROM KHB
    WHERE 所在省市 LIKE '江苏%'
```

【例 3.27】 查询 KHB 表中姓“赵”且单名的客户情况。

```
SELECT *
    FROM KHB
    WHERE 客户姓名 LIKE '赵_'
```

⑤ 空值比较。当需要判定一个表达式的值是否为空值时，使用 IS NULL 关键字，格式如下：

```
<表达式> IS [ NOT ] NULL
```

当不使用 NOT 时，若表达式的值为空值，返回 TRUE，否则返回 FALSE；当使用 NOT 时，结果刚好相反。

【例 3.28】 查询 SPB 表中单价尚未确定的商品情况。

```
SELECT *
    FROM SPB
    WHERE 单价 IS NULL
```

⑥ 逻辑运算。逻辑运算符 AND 和 OR 可用来连接多个查询条件。AND 的优先级高于 OR，但使用括号可以改变优先级。

【例 3.29】 查询所在省市为“江苏”、性别为“男”的客户编号和姓名。

```
SELECT 客户编号，客户姓名
    FROM KHB
    WHERE 所在省市 LIKE '江苏%' AND 性别 ='男'
```

3. 对查询结果排序

在应用中经常要对查询结果排序输出，如按单价的高低对商品排序，按所在省市对客户排序等。SELECT 语句的 ORDER BY 子句可用于对查询结果按照一个或多个列、表达式或序号进行升序（ASC）或降序（DESC）排列，默认值为升序（ASC）。ORDER BY 子句的格式如下：

```
ORDER BY <列名 1> [ASC | DESC] [，<列名 2> [ASC | DESC] …]
```

当按多个列排序时，前面列的优先级高于后面的列。

【例 3.30】 将 KHB 表中的所有客户按所在省市的汉语拼音顺序排序。

```
SELECT *
    FROM KHB
    ORDER BY 所在省市
```

该语句的执行结果如图 3.8 所示。

客户编号	客户姓名	出生日期	性别	所在省市	联系电话	备注
100004	赵明	1972-03-28 00:00:00.000	男	河南郑州	131809001108	新客户
100001	张小林	1979-02-01 00:00:00.000	男	江苏南京	02581234678	银牌客户
100006	王芳芳	1986-05-01 00:00:00.000	女	江苏南京	137090920101	NULL
100002	李红红	1982-03-22 00:00:00.000	女	江苏苏州	139008899120	金牌客户
100005	张帆一	1980-09-10 00:00:00.000	男	山东烟台	138809332012	NULL
100003	王晓美	1976-08-20 00:00:00.000	女	上海市	02166552101	新客户

图 3.8 例 3.30 执行结果

【例 3.31】 将 KHB 表中的所有客户按姓名的汉语拼音升序、再按年龄由小到大排序。

```
SELECT *
    FROM KHB
    ORDER BY 客户姓名 ASC，出生日期 DESC
```

该语句的执行结果如图 3.9 所示。

客户编号	客户姓名	出生日期	性别	所在省市	联系电话	备注
100002	李红红	1982-03-22 00:00:00.000	女	江苏苏州	139008899120	金牌客户
100006	王芳芳	1986-05-01 00:00:00.000	女	江苏南京	137090920101	NULL
100003	王晓美	1976-08-20 00:00:00.000	女	上海市	02166552101	新客户
100005	张帆一	1980-09-10 00:00:00.000	男	山东烟台	138809332012	NULL
100001	张小林	1979-02-01 00:00:00.000	男	江苏南京	02581234678	银牌客户
100004	赵明	1972-03-28 00:00:00.000	男	河南郑州	131809001108	新客户

图 3.9　例 3.31 执行结果

4. 聚合函数

对数据进行查询时，常要对结果进行计算或统计。如统计商品库存总量，求最高或最低单价等。SELECT 子句表达式可以包含聚合函数（Aggregate Function，也称统计、组、集合或列函数），用来增强查询功能。如果没有 GROUP BY 子句，则 SELECT 子句中的聚合函数将对所有的行进行操作。

聚合函数是指对集合操作但只返回单个值的函数。使用聚合函数须遵循以下规则：

① 带有一个聚合函数的 SELECT 语句仅产生一行作为结果。

② 不允许嵌套使用聚合函数。几种表达式形式可用作聚合函数的参数，但不能作为聚合函数本身。

③ 如果 SELECT 子句包含一个或多个聚合函数，则 SELECT 子句中的列规范仅发生在聚合函数内。

注意：这些规则仅在 SELECT 语句块中无 GROUP BY 子句时有效。

常用的聚合函数列于表 3.6 中。

表 3.6　常用的聚合函数

函　数　名	说　　明
AVG	求组中值的平均值
COUNT	求组中项数，返回 int 类型整数
MAX	求最大值
MIN	求最小值
SUM	返回表达式中所有值的和

（1）SUM 和 AVG

SUM 和 AVG 分别用于求表达式中所有值项的总和与平均值，语法格式如下：

```
SUM | AVG ([ ALL | DISTINCT ] <表达式>)
```

其中，<表达式>可以是常量、列、函数或表达式，其数据类型只能是数值类型：int、smallint、decimal、numeric、float、real。ALL 表示对所有值进行运算，DISTINCT 表示去除重复值，默认为 ALL。

【例 3.32】　查询 SPB 表中所有商品的平均单价。

```
SELECT AVG(单价)AS '平均单价'
        FROM SPB
```

使用聚合函数作为 SELECT 的选择列时，若不为其指定列标题，则系统将对该列输出标题“(无列名)”。

（2）MAX 和 MIN

MAX 和 MIN 分别用于求表达式中所有项的最大值与最小值，语法格式如下：

```
MAX | MIN ([ ALL | DISTINCT ] <表达式>)
```

其中，<表达式>可以是常量、列、函数或表达式，其数据类型可以是数字、字符和时间日期类型。ALL、DISTINCT 的含义及默认值与 SUM/AVG 函数相同。

【例 3.33】　查询 SPB 表中最高和最低单价。

```
SELECT MAX(单价)  AS  '最高单价', MIN(单价)  AS  '最低单价'
    FROM SPB
```

SUM、AVG、MAX 和 MIN 都适用以下规则：

① 如果某个给定行中的一列仅包含 NULL 值，则函数的值等于 NULL 值。

② 如果一列中的某些值为 NULL 值，则函数的值等于所有非 NULL 值的平均值除以非 NULL 值的数量（不是除以所有值）。

③ 对于必须计算的 SUM 和 AVG 函数，如果中间结果为空，在函数的值等于 NULL 值。

（3）COUNT

COUNT 用于统计组中满足条件的行数或总行数，格式如下：

```
COUNT ( { [ ALL | DISTINCT ] <表达式> } | * )
```

ALL、DISTINCT 的含义及默认值与 SUM/AVG 函数相同。选择*时将统计总行数。COUNT 用于计算列中非 NULL 值的数量。

【例 3.34】 查询客户总数。

```
SELECT COUNT(*)  AS  '客户总数'
     FROM KHB
```

【例 3.35】 查询订购了编号为“10010001”的商品的客户数。

```
SELECT COUNT(*)  AS  '客户数'
    FROM SPDGB
    WHERE 商品编号 ='10010001'
```

5. 对查询结果分组

SELECT 语句的 GROUP BY 子句用于将查询结果表按某一列或多列值进行分组，值相等的为一组。对查询结果分组的主要目的是为了细化聚合函数的作用对象。GROUP BY 子句的基本格式如下：

```
GROUP BY < 表达式 >
```

特别注意：使用 GROUP BY 子句后，SELECT 子句列表中只能包含 GROUP BY 中指出的列或在聚合函数中指定的列。

【例 3.36】 查询各种商品的订购客户数。

```
SELECT 商品编号, COUNT(*)  AS  '订购客户数'
    FROM SPDGB
    GROUP BY 商品编号
```

该语句执行结果如图 3.10 所示。

商品编号	订购客户数
10010001	2
10020001	1
20180002	1
30010001	1
30010002	1
40010001	1
40010002	1
50020001	1
50020002	1

图 3.10　例 3.36 执行结果

6. 使用 HAVING 子句进行筛选

如果查询结果集在使用 GROUP BY 子句分组后，还需要按条件进一步对这些组进行筛选，最终只输出满足指定条件的组，那么可以使用 HAVING 子句来指定筛选条件。HAVING 子句的目的类似于 WHERE 子句，差别在于 WHERE 子句在 FROM 子句被处理后选择行，而 HAVING 子句在执行 GROUP BY 子句后选择行。因此 HAVING 子句只能与 GROUP BY 子句结合使用。例如，若要查找订购客户数超过 1 的商品（这是针对本书的样本数据所做的假设），就是在 SPDGB 表上按商品编号分组后筛选出符合条件的商品编号。

HAVING 子句的格式如下：

```
[ HAVING <查询条件 > ]
```

其中，查询条件与 WHERE 子句的查询条件类似，并且可以使用聚合函数。

【例 3.37】　查找订购客户数超过 1 的商品。

```
SELECT 商品编号，COUNT(*)   AS   '订购客户数'
    FROM SPDGB
    GROUP BY 商品编号
    HAVING 订购客户数>1
```

该语句执行结果如图 3.11 所示。

在 SELECT 语句中，当 WHERE、GROUP BY 与 HAVING 子句都使用时，要注意它们的作用和执行顺序：WHERE 子句用于筛选由 FROM 指定的数据对象；GROUP BY 子句用于对 WHERE 的结果进行分组；HAVING 子句则是对 GROUP BY 以后的分组数据进行过滤。

【例 3.38】　查找同一省市且在 1975 年以后出生、客户数不少于 2 的省市。

```
SELECT 所在省市
    FROM KHB
    WHERE 出生日期>'1975-1-1'
    GROUP BY 所在省市
        HAVING COUNT(*) >= 2
```

该语句执行结果如图 3.12 所示。

商品编号	订购客户数
10010001	2

图 3.11　例 3.37 执行结果

所在省市
江苏南京

图 3.12　例 3.38 执行结果

分析：本查询将 KHB 表中“出生日期”列值大于'1975-1-1'的记录按“所在省市”列进行分组；对每组记录计数，选出记录数大于 2 的各组的“所在省市”列值形成结果表。

3.4.3　连接查询

单表查询是针对一个表进行的。若一个查询同时涉及两个或两个以上的表，则称为连接查询。连接是二元运算，类似于关系代数中的连接操作。可以对两个或多个表进行查询，结果通常是含有参加连接运算的两个表（或多个表）的指定列的表。

连接查询是关系数据库中最主要的查询方式之一。连接查询有两种形式，一种是采用连接谓词，另一种是采用关键词 JOIN。

1. 连接谓词

当 SELECT 语句的 WHERE 子句中查询条件使用比较谓词或指定范围谓词，所涉及的列来源于两个或两个以上的表时，则该 SELECT 查询将涉及多个表，即为连接查询。将连接查询的这种表示形式称为连接谓词形式。连接谓词又称连接条件，其一般格式如下：

```
[<表名 1.>] <列名 1> <比较运算符> [<表名 2.>] <列名 2>
[<表名 1.>] <列名 1> BETWEEN [<表名 2.>] <列名 2>AND[<表名 2.>] <列名 3>
```

其中，谓词主要有<、<=、=、>、>=、!=、<>、!< 和 !>。当谓词为“=”时，就是等值连接。若在目标列中去除相同的字段名，则为自然连接。

可用逻辑运算符 AND 和 OR 来连接多个连接谓词，实现复杂条件的连接查询。

连接谓词中出现的列名称为连接字段。连接条件中的各连接字段类型必须是可比的。当连接查询涉及两个表且未建立任何索引时，连接查询的一种可能执行过程是：① 首先在表 1 中找到第 1 行，然后从头开始扫描表 2，逐一查找满足连接条件的行，找到后就将表 1 中的第 1 行与该行拼接起来，形成结果表中的一行。② 表 2 的全部行都扫描完以后，再找表 1 的第 2 行，然后再从头开始扫描表 2，逐一查找满足连接条件的行，找到后就将表 1 的第 2 行与该行拼接起来，形成结果表中的一行。③ 重复上述操作，直到表 1 的全部行都处理完为止。

若被查询的源表在连接字段上建立了索引，通常不必扫描全表，查询速度会提高。

当连接查询涉及两个以上的表时，其执行过程与之类似。

【例 3.39】　查找 SPDG 数据库每个订购了商品的客户及其订单情况。

```
SELECT KHB.* ，SPDGB.*
    FROM KHB，SPDGB
    WHERE KHB.客户编号 = SPDGB.客户编号
```

该语句执行结果如图 3.13 所示。

客户编号	客户姓名	出生日期	性别	所在省市	联系电话	备注	客户编...	商品编号	订购时间	数量	需要日期	付款方...	送货方式
100001	张小林	1979-02-01...	男	江苏南京	02581234678	银牌客户	100001	10010001	2009-02-18 12:20:00.000	2	2009-02-20...	现金	客户自取
100001	张小林	1979-02-01...	男	江苏南京	02581234678	银牌客户	100001	30010001	2009-02-10 12:30:00.000	10	2009-02-20...	现金	客户自取
100001	张小林	1979-02-01...	男	江苏南京	02581234678	银牌客户	100001	30010002	2009-06-10 14:20:30.000	NULL	NULL	NULL	NULL
100002	李红红	1982-03-22...	女	江苏苏州	139008899120	金牌客户	100002	10010001	2009-02-18 13:00:00.000	1	2009-02-21...	现金	客户自取
100002	李红红	1982-03-22...	女	江苏苏州	139008899120	金牌客户	100002	50020001	2009-02-18 13:20:00.000	1	2009-02-21...	现金	客户自取
100004	赵明	1972-03-28...	男	河南郑州	131809001108	新客户	100004	20180002	2009-02-19 10:00:00.000	1	2009-02-28...	信用卡	送货上门
100004	赵明	1972-03-28...	男	河南郑州	131809001108	新客户	100004	30010002	2009-02-19 11:00:00.000	10	2009-02-28...	信用卡	送货上门
100004	赵明	1972-03-28...	男	河南郑州	131809001108	新客户	100004	50020002	2009-02-19 10:40:00.000	2	2009-02-28...	信用卡	送货上门
100005	张帆一	1980-09-10...	男	山东烟台	138809332012	NULL	100005	40010001	2009-02-20 08:00:00.000	2	2009-02-27...	现金	送货上门
100005	张帆一	1980-09-10...	男	山东烟台	138809332012	NULL	100005	40010002	2009-02-20 08:20:00.000	3	2009-02-27...	现金	送货上门
100006	王芳芳	1986-05-01...	女	江苏南京	137090920101	NULL	100006	10020001	2009-02-23 09:00:00.000	5	2009-02-26...	信用卡	送货上门

图 3.13　例 3.39 执行结果

本查询为等值连接查询，涉及 KHB 和 SPDGB 两个表，它们之间的联系是通过公共属性“客户编号”实现的，查询结果表包含了 KHB 表和 SPDGB 表的所有列。

本例中，SELECT 子句与 WHERE 子句中的列名前都加上了表名前缀，这是为了避免列名混淆。表名前缀的格式是：表名.列名，或者：表名.*。如本例中 KHB.*、SPDGB.*、KHB.客户编号、SPDGB.客户编号都是限定形式的列名。KHB.*表示选择 KHB 表的所有列，SPDGB.*表示选择 SPDGB 表的所有列，KHB.客户编号表示指定 KHB 表的“客户编号”列，SPDGB.客户编号示指定 SPDGB 表的“客户编号”列。

当连接查询涉及多个表中的同名列时，均要加上表名前缀。否则，如果在查询语句中不指定是哪个表中的该列，那么语句执行就会出错。下面就是一个出错的 SELECT 语句：

```
SELECT *
    FROM KHB，SPDGB
    WHERE 客户编号 = 客户编号
```

表 KHB 和 SPDGB 都包含“客户编号”列，上述语句中连接条件“客户编号=客户编号”表示出错，系统将无法判断“客户编号”列来自哪个源表。

表名前缀除了直接使用表名外，也可使用表的别名。如本例的查询也可如下表达：

```
SELECT a.* ，b.*
    FROM KHB a，SPDGB b
    WHERE a.客户编号 = b.客户编号
```

在 FROM 子句中为 KHB 表和 SPDGB 表分别取了别名 a 和 b，因此在 SELECT 子句与 WHERE 子句中就可以使用 a、b 来代表 KHB 表和 SPDGB 表。当表名较长且多处需要使用表名前缀，或者查询嵌套较深时，使用表别名前缀将使表达更加简洁。

【例 3.40】　查找 SPDG 数据库每个订购了商品的客户及其订单情况，去除重复的列。

```
SELECT a.*，b.商品编号，b.订购时间，b.数量，b.需要日期，b.付款方式，b.送货方式
    FROM KHB a，SPDGB b
    WHERE a.客户编号 = b.客户编号
```

本例所得的结果表包含以下字段：客户编号、客户姓名、出生日期、性别、所在省市、联系电话、商品编号、订购时间、数量、需要日期、付款方式、送货方式。这种在等值连接中把重复的列去除的情况称为自然连接查询。

若选择的列名在各个表中是唯一的，则可以省略表名前缀。如本例的 SELECT 子句也可写为：

```
SELECT a.*，商品编号，订购时间，数量，需要日期，付款方式，送货方式
    FROM KHB a，SPDGB b
    WHERE a.客户编号 = b.客户编号
```

【例 3.41】　查找 SPDG 数据库订购了编号为“10010001”商品的客户编号、姓名、所在省市及其联系电话。

```
SELECT DISTINCT a.客户编号，客户姓名，所在省市，联系电话
    FROM KHB a，SPDGB b
    WHERE a.客户编号 = b.客户编号 AND 商品编号 = '10010001'
```

该语句执行结果如图 3.14 所示。

客户编号	客户姓名	所在省市	联系电话
100001	张小林	江苏南京	02581234678
100002	李红红	江苏苏州	139008899120

图 3.14　例 3.41 执行结果

由于每个客户可订购多次同一商品编号的商品，所以在 SPDGB 表中可能存在客户编号与商品编号值相同的多个记录，因此在 SELECT 中要使用 DISTINCT 消除重复行。

当用户所需要的列来自两个以上的表时，就要对多个表进行连接，这称为多表连接查询。

【例 3.42】　查找订购了“体育用品”类别商品的客户的客户编号、客户姓名、联系电话和所订购商品的需要日期，并按需要日期排序。

```
SELECT DISTINCT a.客户编号，客户姓名，联系电话，需要日期
    FROM KHB a，SPB b，SPDGB c
    WHERE a.客户编号=c.客户编号 AND b.商品编号=c.商品编号
          AND 商品类别='体育用品'
    ORDER BY 需要日期
```

该语句执行结果如图 3.15 所示。

客户编号	客户姓名	联系电话	需要日期
100002	李红红	139008899120	2009-02-21 00:00:00.000
100004	赵明	131809001108	2009-02-28 00:00:00.000

图 3.15　例 3.42 执行结果

不仅可将不同表进行连接，而且可将一个表与它自身进行连接，这称为自连接。使用自连接时需为该表指定两个别名，且对所有列的引用均用别名限定。

【例 3.43】　在 KHB 表中查询具有相同姓名的客户信息。

```
SELECT KH1.*
    FROM KHB KH1，KHB KH2
    WHERE KH1.客户姓名=KH2.客户姓名 AND KH1.客户编号<>KH2.客户编号
```

假设已向 KHB 表中加入了一条记录：('100007'，'赵明'，'1970-10-19'，'男'，'江苏南京'，'130199001101'，'新客户')，则该语句执行结果如图 3.16 所示。

客户编号	客户姓名	出生日期	性别	所在省市	联系电话	备注
100004	赵明	1972-03-28 00:00:00.000	男	河南郑州	131809001108	新客户
100007	赵明	1970-10-19 00:00:00.000	男	江苏南京	130199001101	新客户

图 3.16　例 3.43 执行结果

通常，若要在一个表中查找具有相同列值的行，可以使用自连接。自连接就是将一个表处理成逻辑上的两个表。

2. 以 JOIN 关键字指定的连接

在 FROM 子句的扩展定义中 INNER JOIN 表示内连接；OUTER JOIN 表示外连接。

（1）内连接

内连接按照 ON 所指定的连接条件合并两个表，返回满足条件的行。其语法格式如下：

```
FROM <表名 1> JOIN <表名 2> ON <表名 1.列名>=<表名 2.列名>
```

【例 3.44】　查找 SPDG 数据库每个订购了商品的客户及其订单情况。

```
SELECT *
    FROM KHB INNER JOIN SPDGB ON KHB.客户编号=SPDGB.客户编号
```

本例的执行结果与例 3.39 相同。结果表将包含 KHB 表和 SPDGB 表的所有字段，而不会去除重复列“客户编号”。若要去除重复的“客户编号”列，就要像例 3.40 中一样，将语句改为：

```
SELECT a.*，商品编号，订购时间，数量，需要日期，付款方式，送货方式
    FROM KHB a INNER JOIN SPDGB b ON a.客户编号 = b.客户编号
```

内连接是系统默认的，可以省略 INNER 关键字。使用内连接后仍可使用 WHERE 子句指定条件。

【例 3.45】　用 FROM 的 JOIN 关键字表达下列查询：查询订购了商品编号为“10010001”的客户姓名及联系电话。

```
SELECT DISTINCT 客户姓名，联系电话
    FROM KHB INNER JOIN SPDGB ON KHB.客户编号=SPDGB.客户编号
    WHERE 商品编号 ='10010001'
```

内连接也可以用于表示多表连接。

【例 3.46】　用 FROM 的 JOIN 关键字表达下列查询：在 SPDG 数据库中查询订购了类别为“体育用品”的客户的客户编号、客户姓名、联系电话以及商品的需要日期。

```
SELECT DISTINCT KHB.客户编号，客户姓名，联系电话，需要日期
    FROM KHB JOIN SPB JOIN SPDGB ON SPB.商品编号 = SPDGB.商品编号
                ON KHB.客户编号 = SPDGB.客户编号
    WHERE 商品类别='体育用品'
```

本例的执行结果与例 3.42 相同。当用内连接表示多表连接时，要注意“ON 主码=外码”形式表示的连接条件中的顺序，通常条件中各表出现的顺序应与 JOIN 部分中各表出现的顺序相反。如本例中的两个连接条件：对 SPB、SPDGB 表中主码与外码的判断应先于对 KHB、SPDGB 表中主码与外码的判断。

（2）外连接

第 2 章已经介绍了外连接的概念。在用连接谓词和内连接表示的连接查询中，只有满足

连接条件的行才能作为结果输出。例如，在例 3.39 中，编号为“100003”的客户没有订购商品，所以结果表中就没有这个客户的信息。

但有些情况下，需要列出相应表的所有情况。例如，在“商品订购数据库”中查询客户信息，若该客户订购了商品，则列出该客户信息及其订购商品的信息；若某个客户没有订购商品，就只输出其基本信息，而其订购商品信息为空值即可。这时就需要使用外连接（OUTER JOIN）。外连接的结果表不但包含满足连接条件的行，还包括相应表中的所有行。外连接包括三种：① 左外连接（LEFT OUTER JOIN），结果表中除了包括满足连接条件的行外，还包括左表的所有行；② 右外连接（RIGHT OUTER JOIN），结果表中除了包括满足连接条件的行外，还包括右表的所有行；③ 完全外连接（FULL OUTER JOIN），结果表中除了包括满足连接条件的行外，还包括两个表的所有行。其中 OUTER 关键字均可省略。注意：外连接只能对两个表进行，同时要求两个表具有相同列（取自相同域，而非必须同名）。

【例 3.47】 查找所有客户情况，及他们订购商品的编号。若客户没有任何订购商品记录，也要包括其基本信息。

```
SELECT KHB.*，商品编号
    FROM KHB LEFT JOIN SPDGB ON KHB.客户编号=SPDGB.客户编号
```

该语句执行结果如图 3.17 所示。

客户编号	客户姓名	出生日期	性别	所在省市	联系电话	备注	商品编号
100001	张小林	1979-02-01 00:00:00.000	男	江苏南京	02581234678	银牌客户	10010001
100001	张小林	1979-02-01 00:00:00.000	男	江苏南京	02581234678	银牌客户	30010001
100001	张小林	1979-02-01 00:00:00.000	男	江苏南京	02581234678	银牌客户	30010002
100002	李红红	1982-03-22 00:00:00.000	女	江苏苏州	139008899120	金牌客户	10010001
100002	李红红	1982-03-22 00:00:00.000	女	江苏苏州	139008899120	金牌客户	50020001
100003	王晓美	1976-08-20 00:00:00.000	女	上海市	02166552101	新客户	NULL
100004	赵明	1972-03-28 00:00:00.000	男	河南郑州	131809001108	新客户	20180002
100004	赵明	1972-03-28 00:00:00.000	男	河南郑州	131809001108	新客户	30010002
100004	赵明	1972-03-28 00:00:00.000	男	河南郑州	131809001108	新客户	50020002
100005	张帆一	1980-09-10 00:00:00.000	男	山东烟台	138809332012	NULL	40010001
100005	张帆一	1980-09-10 00:00:00.000	男	山东烟台	138809332012	NULL	40010002
100006	王芳芳	1986-05-01 00:00:00.000	女	江苏南京	137090920101	NULL	10020001

图 3.17　例 3.47 执行结果

与例 3.39 的执行结果相比，本例结果表中包含了编号为“100003”的客户，而其商品编号列为 NULL，表示该客户没有订购商品。

右外连接可以表示与左外连接同样的查询，只要将两个表的顺序颠倒即可。

【例 3.48】 用右外连接实现例 3.47 的查询。

```
SELECT KHB.*,商品编号
    FROM SPDGB RIGHT JOIN KHB ON KHB.客户编号=SPDGB.客户编号
```

3.4.4　嵌套查询

在 SQL 语言中，一个 SELECT-FROM-WHERE 语句称为一个查询块。在 WHERE 子句或 HAVING 子句所表示的条件中，可以使用另一个查询的结果（即一个查询块）作为条件的一部分，如判定列值是否与某个查询结果集中的值相等，这种将一个查询块嵌套在另一个查询块的 WHERE 子句或 HAVING 子句的条件查询称为嵌套查询。例如，

```
SELECT 客户姓名                                  --外层查询或父查询
    FROM KHB
```

```
WHERE 客户编号 IN
    (SELECT 客户编号                          --内层查询或子查询
        FROM SPDGB
        WHERE 商品编号='10010001')
```

本例中，下层查询块“SELECT 客户编号 FROM SPDGB WHERE 商品编号='10010001'”是嵌套在上层查询块“SELECT 客户姓名 FROM KHB WHERE 客户编号 IN”的条件中的。上层查询块称为外层查询或父查询，下层查询块称为内层查询或子查询。

嵌套查询一般的执行过程是由内向外处理，即每个子查询在上一层查询处理之前执行，子查询的结果用于建立其父查询的查找条件。

SQL 语言允许 SELECT 多层嵌套使用，即一个子查询中还可以嵌套其他子查询，用来表示复杂的查询，从而增强 SQL 语言的查询表达能力。以这种层层嵌套的方式来构造查询语句正是 SQL（Structured Query Language）中“结构化”的含义所在。

注意：子查询的 SELECT 语句中不能包含 ORDER BY 子句，ORDER BY 子句只能对最终查询结果进行排序。

子查询除了可用在 SELECT 语句中，还可用在 INSERT、UPDATE 及 DELETE 语句中。

子查询通常与 IN、EXIST 谓词及比较运算符结合使用。

1. 带 IN 谓词的子查询

在嵌套查询中，子查询的结果往往是一个集合，所以 IN 是嵌套查询中最常使用的谓词。IN 子查询用于进行一个给定值是否在子查询结果集中的判断，格式如下：

```
<表达式> [ NOT ] IN (子查询)
```

当<表达式>与<子查询>的结果表中的某个值相等时，IN 谓词返回 TRUE，否则返回 FALSE；若使用了 NOT，则返回的值刚好相反。

注意：IN 和 NOT IN 子查询只能返回一列数据。

【例 3.49】　查找与“张小林”在同一个省市的客户情况。

先分步来完成此查询，然后再构造嵌套查询。

第一步，先确定“张小林”所在省市：

```
SELECT 所在省市
    FROM KHB
    WHERE 客户姓名='张小林'
```

该查询的结果如图 3.18 所示。

所在省市
江苏南京

图 3.18　例 3.49 第一步查询结果

第二步，查找所在省市为“江苏南京”的客户情况：

```
SELECT *
    FROM KHB
    WHERE 所在省市='江苏南京'
```

结果如图 3.19 所示。

客户编号	客户姓名	出生日期	性别	所在省市	联系电话	备注
100001	张小林	1979-02-01 00:00:00.000	男	江苏南京	02581234678	银牌客户
100006	王芳芳	1986-05-01 00:00:00.000	女	江苏南京	137090920101	NULL

图 3.19　例 3.49 第二步查询结果

现在构造嵌套查询，把第一步查询嵌入到第二步查询的条件中，则嵌套查询语句如下：

```
SELECT *
    FROM KHB
     WHERE 所在省市 IN
        (SELECT 所在省市
                FROM   KHB
                WHERE 客户姓名='张小林')
```

在执行包含子查询的 SELECT 语句时，系统实际上也是分步进行的：先执行子查询，产生一个结果表，再执行父查询。

本例的查询也可以用自连接来完成：

```
SELECT KHB1.*
    FROM KHB KHB1，KHB KHB2
    WHERE KHB1.所在省市=KHB2.所在省市  AND KHB2.客户姓名='张小林'
```

可见，实现同一个查询可以有多种方法，有的查询既可以使用子查询来表达，也可以使用连接表达。通常使用子查询表示时，可以将一个复杂的查询分解为一系列的逻辑步骤，条理清晰，易于构造。

有些嵌套查询可以用连接查询替代，但有些则不能。

【例 3.50】　查找未订购“食品”类商品的客户情况。

```
SELECT *
      FROM KHB
      WHERE 客户编号  NOT IN
         ( SELECT 客户编号
                FROM SPDGB
                WHERE 商品编号  IN
                    ( SELECT  商品编号
                          FROM SPB
                          WHERE 商品类别  ='食品'
                    )
         )
```

本例的执行过程如下：

首先，在 SPB 表中找到商品类别为“食品”的商品编号，即(10010001，10010002，10020001，10020002)，如图 3.20（a）所示。

然后，在 SPDGB 表中找到订购了商品编号在(10010001，10010002，10020001，10020002)集合中的客户的编号，即(100001，100002，100006)，如图 3.20（b）所示。

最后，在 KHB 表中取出客户编号不在集合(100001，100002，100006)中的客户情况，作为结果表，如图 3.20（c）所示。

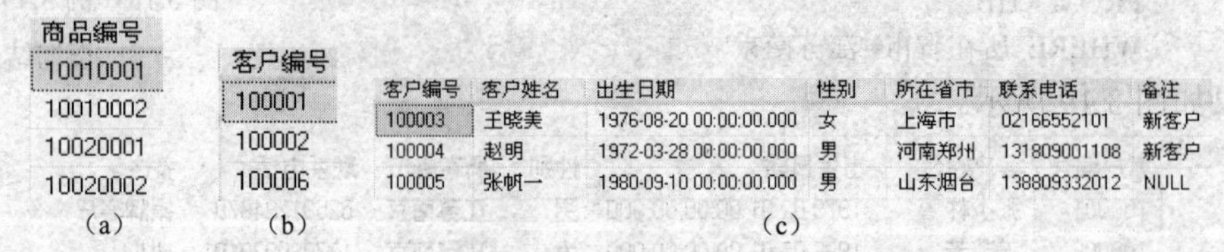

商品编号
10010001
10010002
10020001
10020002

（a）

客户编号
100001
100002
100006

（b）

客户编号	客户姓名	出生日期	性别	所在省市	联系电话	备注
100003	王晓美	1976-08-20 00:00:00.000	女	上海市	02166552101	新客户
100004	赵明	1972-03-28 00:00:00.000	男	河南郑州	131809001108	新客户
100005	张帆一	1980-09-10 00:00:00.000	男	山东烟台	138809332012	NULL

（c）

图 3.20　例 3.50 执行结果

当子查询的结果返回的是一个集合时，这样的子查询往往难以用连接查询替代。

例 3.49 和例 3.50 中的各个子查询都只执行一次，其结果用于父查询。即子查询的查询条件不依赖于父查询，这类子查询称为不相关子查询。不相关子查询是较简单的一类子查询。

若子查询的条件依赖于父查询，则这类子查询称为相关子查询（Correlated Subquery）。下面的例 3.52 就是相关子查询。

2. 带比较运算符的子查询

比较子查询是指父查询与子查询之间用比较运算符进行关联。如果能够确切地知道子查询返回的是单个值，就可以使用比较子查询。这种子查询可认为是 IN 子查询的扩展，它使表达式的值与子查询的结果进行比较运算，基本格式如下：

```
<表达式> { < | <= | = | > | >= | != | <> | !< | !> } (子查询)
```

如在例 3.49 中，由于一个客户只能属于一个省市，即子查询的结果是一个值，因此可以用“=”代替 IN，其 SQL 语句如下：

```
SELECT *
    FROM KHB
    WHERE 所在省市 =                                --用“=”代替“IN”
        (SELECT 所在省市
                FROM   KHB
                WHERE  客户姓名='张小林')
```

【例 3.51】　在 SPDGB 表中查找订购了商品编号为“10010001”的商品、且订购数量超过全表中该商品平均订购数的记录。

```
SELECT *
FROM SPDGB
WHERE 商品编号='10010001' AND 数量 >
      ( SELECT AVG(数量)
            FROM SPDGB
            WHERE 商品编号='10010001' )
```

该语句的执行结果如图 3.21 所示。

客户编号	商品编号	订购时间	数量	需要日期	付款方式	送货方式
100001	10010001	2009-02-18 12:20:00.000	2	2009-02-20 00:00:00.000	现金	客户自取

图 3.21　例 3.51 执行结果

【例 3.52】　找出每个客户超过他订购商品平均数量的商品编号。

```
SELECT 客户编号，商品编号
    FROM SPDGB a
    WHERE 数量 >
        (SELECT AVG(数量)
            FROM SPDGB b
            WHERE b.客户编号  = a.客户编号)
```

这是一个相关子查询，内层查询的条件：a.客户编号=b.客户编号，与外层查询有关。内层查询是求一个客户订购商品数量的平均值，至于要求的是哪个客户的平均值，是由外层查询当前正处理的元组来决定的。该语句一种可能的执行过程如下：

① 从外层查询中取 SPDGB 表的第一个元组，将该元组的客户编号值“100001”传递给内层查询，形成如下子查询：

```
SELECT AVG(数量)
    FROM SPDGB b
    WHERE b.客户编号  = '100001'
```

② 执行该子查询，得到值 6（“100001”号客户订购商品的平均数量），用该值代替内层

查询，得到外层查询如下：

```
SELECT 客户编号，商品编号
    FROM SPDGB a
    WHERE 数量 >6
```

客户编号	商品编号
100001	30010001
100004	30010002
100005	40010002

图 3.22　例 3.52 执行结果

③ 执行该查询，得到结果：(100001，30010001)。

然后外层查询取下一个元组，重复上述三个步骤；直到外层 SPDGB 表的所有元组都处理完为止。整个语句的执行结果如图 3.22 所示。

处理不相关子查询时，可以先将子查询一次处理完成，然后再处理父查询；而处理相关子查询时，由于子查询的条件与父查询有关，因此必须反复求值。

3. 带 ALL（SOME）或 ANY 谓词的子查询

当子查询返回多个值时，若父查询需与子查询的返回结果进行比较，则不能直接使用比较运算符，而必须在比较运算符之后加上 ALL（SOME）或 ANY 进行限制。格式如下：

```
<表达式>{ < | <= | = | > | >= | != | <> | !< | !> } { ALL | SOME | ANY }(子查询)
```

ALL 指定表达式要与子查询结果集中的每个值都进行比较，当表达式与每个值都满足比较关系时，才返回 TRUE，否则返回 FALSE。

ANY 与 SOME 的限制含义相同，通常采用 ANY，表示表达式只要与子查询结果集中的某个值满足比较关系时，就返回 TRUE，否则返回 FALSE。

【例 3.53】　查找比所有食品类的商品单价都低的商品信息。

```
SELECT *
    FROM SPB
    WHERE 商品类别<>'食品' AND 单价 <ALL
            ( SELECT 单价
                FROM SPB
                WHERE 商品类别 ='食品')
```

该语句的执行结果如图 3.23 所示。

商品编号	商品类别	商品名称	单价	生产商	保质期	库存量	备注
30010001	文具	签字笔	3.5	新新文化用品制造厂	2000-01-01...	100	NULL

图 3.23　例 3.53 执行结果

【例 3.54】　查找比某个食品类的商品单价低的商品信息。

```
SELECT *
    FROM SPB
    WHERE 商品类别<>'食品' AND 单价 <ANY
            ( SELECT 单价
                FROM SPB
                WHERE 商品类别 ='食品')
```

该语句的执行结果如图 3.24 所示。

商品编号	商品类别	商品名称	单价	生产商	保质期	库存量	备注
30010001	文具	签字笔	3.5	新新文化用品制造厂	2000-01-01 ...	100	NULL
30010002	文具	文件夹	5.6	新新文化用品制造厂	2000-01-01 ...	50	NULL
40010001	图书	营养菜谱	12	食品出版公司	2000-01-01 ...	12	NULL
40010002	图书	豆浆的做法	6	食品出版公司	2000-01-01 ...	20	NULL
50020001	体育用品	羽毛球拍	30	美好体育用品公司	2000-01-01 ...	30	NULL

图 3.24　例 3.54 执行结果

执行该查询时，首先处理子查询，找出“食品”类别所有商品的单价，构成一个集合（50，5.2，35，18）；然后处理父查询，找出所有不是“食品”类别且单价比上述集合中某一个值低的商品。

本查询也可以用聚合函数实现。首先用子查询找出“食品”类别中“单价”列的最小值；然后在父查询中找所有非“食品”类别且“单价”值大于上述最小值的商品。SQL 语句如下：

```
SELECT *
    FROM SPB
    WHERE 商品类别<>'食品' AND 单价 <
            ( SELECT MAX(单价)
                FROM SPB
                WHERE 商品类别 = '食品' )
```

通常，使用聚合函数实现子查询比直接用 ANY 或 ALL 查询效率高。

4. 带 EXISTS 谓词的子查询

EXISTS 谓词用于测试子查询的结果是否为空表。若子查询的结果集不空，则 EXISTS 返回 TRUE，否则返回 FALSE。EXISTS 还可与 NOT 结合使用，即 NOT EXISTS，其返回值与 EXIST 刚好相反。其格式如下：

```
[ NOT ] EXISTS (子查询)
```

【例 3.55】　查找订购了编号为“10010001”商品的客户姓名。

分析：本查询涉及 KHB 和 SPDGB 表，可在 KHB 表中依次取每一行的“客户编号”值，用此值去检查 SPDGB 表。若 SPDGB 表中存在“客户编号”值等于 KHB.客户编号值的元组，并且该元组的“商品编号”等于“10010001”，那么就将 KHB 当前行的“客户姓名”列值送入结果表。将此思路表述为 SQL 语句：

```
SELECT 客户姓名
    FROM KHB a
    WHERE EXISTS
        ( SELECT *
            FROM SPDGB b
            WHERE b.客户编号 = a.客户编号 AND b.商品编号 = '10010001' )
```

本例的子查询也是相关子查询。其处理过程是：首先查找外层查询中 KHB 表的第一行，根据该行的客户编号列值处理内层查询，若结果不空，则 WHERE 条件为真，把该行的客户姓名值取出作为结果集的一行；然后再找 KHB 表的第 2，3，…，行，重复上述处理过程直到 KHB 表的所有行都查找完为止。

本例中的查询也可以用连接查询来实现：

```
SELECT 客户姓名
    FROM KHB a，SPDGB b
    WHERE b.客户编号 = a.客户编号 AND b.商品编号 = '10010001'
```

总结例 3.52 和例 3.55，可得到相关子查询的一般处理过程：首先取外层查询中表的第 1 个记录，根据它与内层查询相关的字段值处理内层查询，若 WHERE 子句返回值为 TRUE，则取此记录放入结果表；然后再取外层查询表的第 2 个记录；重复这一过程，直到外层表记录全部处理完为止。

【例 3.56】　查询至少订购了编号为“100006”的客户所订购的全部商品的客户编号。

分析：本查询的含义是，查询客户编号为 x 的客户，对所有的商品 y，只要“100006”

号客户订购 y，那么 x 也订购了 y。即不存在这样的商品 y，客户“100006”订购了 y，而 x 没有订购 y。SQL 语句如下：

```
SELECT DISTINCT 客户编号
    FROM SPDGB a
    WHERE NOT EXISTS
        ( SELECT *
                FROM SPDGB b
                WHERE b.客户编号='100006' AND NOT EXISTS
                    ( SELECT *
                        FROM SPDGB c
                        WHERE c.客户编号=a.客户编号 AND
                                c.商品编号=b.商品编号
                    )
        )
```

若先向 SPDGB 中添加两条记录：(100001，10020001，2009-2-10，2，2009-2-20，现金，客户自取)、(100002，10020001，2009-5-10，3，2009-6-1，信用卡，送货上门)。则该语句的执行结果如图 3.25 所示。

客户编号
100001
100002
100006

图 3.25　例 3.56 执行结果

3.4.5　集合查询

SELECT 语句执行的结果是元组的集合，因此多个 SELECT 语句的结果集可以进行集合操作。集合操作主要包括：并（UNION）、交（INTERSECT）、差（EXCEPT）。与集合代数中的操作一样，这里的集合操作也要求各 SELECT 的查询结果集列数必须相同，并且对应列的数据类型必须相同。

【例 3.57】　查询订购了编号为“10010001”或“10020001”商品的客户的编号。

```
SELECT 客户编号
    FROM SPDGB
    WHERE 商品编号='10010001'
UNION
SELECT 客户编号
    FROM SPDGB
    WHERE 商品编号='10020001'
```

【例 3.58】　查询单价小于 50 的商品与库存量大于 20 的商品的交集。

```
SELECT 商品编号，商品类别，商品名称，单价，生产商，保质期，库存量
    FROM SPB
    WHERE 单价<50
INTERSECT
SELECT 商品编号，商品类别，商品名称，单价，生产商，保质期，库存量
    FROM SPB
    WHERE 库存量>20
```

实际上是查询单价小于 50 且库存量大于 20 的商品，它与以下 SELECT 查询语句等价：

```
SELECT 商品编号，商品类别，商品名称，单价，生产商，保质期，库存量
    FROM SPB
    WHERE 库存量>20 AND 库存量>20
```

【例 3.59】　查询单价小于 50 的商品与库存量大于 20 的商品的差集。

```
SELECT 商品编号，商品类别，商品名称，单价，生产商，保质期，库存量
    FROM SPB
    WHERE 单价<50
EXCEPT
SELECT 商品编号，商品类别，商品名称，单价，生产商，保质期，库存量
    FROM SPB
    WHERE 库存量>20
```

实际上是查询单价小于 50 且库存量不大于 20 的商品，它与以下 SELECT 查询语句等价：

```
SELECT 商品编号，商品类别，商品名称，单价，生产商，保质期，库存量
    FROM SPB
    WHERE 单价<50 AND 库存量<=20
```

3.4.6 视图查询

定义视图后，就可以如同查询基本表那样对视图进行查询了。

对视图查询时，首先进行有效性检查，检查查询的表、视图是否存在。如果存在，那么从系统表中取出视图的定义，把定义中的子查询和用户的查询结合起来，转换成等价的对基本表的查询，然后再执行转换以后的查询。

下面先创建三个视图 KH_JS、LEFT_NUM 和 TOTAL_COST，然后再对所创建的视图进行查询。

① 视图 KH_JS：所在省为“江苏”的客户信息。以下语句创建该视图：

```
CREATE VIEW KH_JS
AS
SELECT *
    FROM KHB
    WHERE 所在省市 LIKE '江苏%'
```

② 视图 LEFT_NUM：客户订购之后商品的剩余量。以下语句创建该视图：

```
CREATE VIEW LEFT_NUM(商品编号，剩余量)
AS
SELECT a.商品编号，a.库存量-x.订购总量
    FROM SPB a，(SELECT 商品编号，SUM(数量) AS 订购总量
                    FROM SPDGB
                    GROUP BY 商品编号) x
    WHERE a.商品编号 = x.商品编号
```

注意：本视图的定义中，FROM 子句的第二个表是由 SELECT 语句查询产生的。

③ 视图 TOTAL_COST：客户所订购商品的总价值。以下语句创建该视图：

```
CREATE VIEW TOTAL_COST(客户编号，COST)
AS
SELECT 客户编号，SUM(单价*数量)
     FROM SPDGB a，SPB b
     WHERE a.商品编号 = b.商品编号
     GROUP BY 客户编号
```

【例 3.60】　查找视图 KH_JS 的全部信息。

```
SELECT *
    FROM KH_JS
```

该语句执行结果如图 3.26 所示。

客户编号	客户姓名	出生日期	性别	所在省市	联系电话	备注
100001	张小林	1979-02-01 00:00:00.000	男	江苏南京	02581234678	银牌客户
100002	李红红	1982-03-22 00:00:00.000	女	[illegible]	[illegible]8899120	金牌客户
100006	王芳芳	1986-05-01 00:00:00.000	女	江苏南京	137090920101	NULL

单击可选择整个列

图 3.26　例 3.60 执行结果

【例 3.61】　查找订购后剩余量在 50 件以上的商品编号及其剩余量。

本例对 TOTAL_COST 视图进行如下查询：

```
SELECT *
    FROM LEFT_NUM
    WHERE  剩余量>=50
```

该语句执行结果如图 3.27 所示。

【例 3.62】　查找所订购商品总价值在 100 及以上的客户编号及所订购商品总值。

本例对 LEFT_NUM 视图进行如下查询：

```
SELECT *
    FROM TOTAL_COST
    WHERE COST >=100
```

该语句执行结果如图 3.28 所示。

商品编号	剩余量
10010001	97
10020001	95
30010001	90

图 3.27　例 3.61 执行结果

客户编号	COST
100001	135
100004	266
100006	175

图 3.28　例 3.62 执行结果

从以上例子可以看出，创建视图可以向最终用户隐藏复杂的表连接，简化了用户的 SQL 查询语句。

在创建视图时，可以指定限制条件和指定列来限制用户对基本表的访问。例如，若限定某用户只能查询视图 KH_JS，实际上就是限制了他只能访问 KHB 表的“所在省市”列值包含“江苏”的行；在创建视图时可以指定列，实际上也就是限制用户只能访问这些列，从而视图也可看作数据库的安全设施。

使用视图查询时，若其关联的基本表中添加了新字段，则必须重新创建视图才能查询到新字段。例如，若 KHB 表新增了“优惠等级”列，那么在其上创建的视图 KH_JS 若不重建视图，那么以下查询：

```
SELECT *
    FROM KH_JS
```

其结果将不包含“优惠等级”列。

如果与视图相关联的表或视图被删除，则该视图将不能再使用。

3.5　数据更新

SQL 语言数据更新操作包括增（INSERT）、删（DELETE）、改（UPDATE）三类。

3.5.1　数据插入

INSERT 语句的功能是向指定的表中插入由 VALUES 指定的行或子查询的结果。

（1）插入元组

插入元组的 INSERT 语句基本格式如下：

```
INSERT INTO <表名> [(<列 1> [，<列 2>…])]
VALUES (<常量 1>　[，<常量 2>…])
```

该语句的功能是将 VALUES 子句中各常量组成的元组添加到<表名>所指定的表中。其中新元组的列 1 值为常量 1，列 2 值为常量 2，依次类推。如果某些列在 INTO 子句中没有出现，则新元组在这些列上的值将取空值 NULL。但如果在表定义时说明了属性列不能取空值（NOT NULL），则必须指定一个值。如果 INTO 子句后没有指明任何列，则新插入的元组必须为表的每个列赋值，列赋值的顺序与创建表时列的默认顺序相同。

【例 3.63】 向 SPDG 数据库的 KHB 表中插入如下的新元组：(客户编号：100007；客户姓名：周远；出生日期：1979-8-20；客户性别：男；所在省市：安徽合肥；联系电话：13388080088；备注：NULL)。

```
INSERT INTO KHB
    VALUES('100007','周远','1979-8-20','男','安徽合肥','13388080088',NULL)
```

在 INTO 子句中没有指出属性列，因此在 VALUES 子句中要按照 KHB 表各列的顺序为每个列赋值。

【例 3.64】　向 SPDG 数据库的 SPDG 表中插入一个新元组：客户编号为 100001，商品编号为 30010002，订购时间为 2009-6-10 14:20:30，其他列取空值。

```
INSERT INTO SPDGB(客户编号,商品编号,订购时间)
    VALUES('100001','30010002','2009-6-10 14:20:30')
```

在 INTO 子句中指出了需赋值的列，因此在 VALUES 子句中常量的个数应与 INTO 子句中指出的列的个数相同，并且一一对应赋值。而新元组在其他属性列上的值默认为空值。注意，若表的列不允许取空值，则若未在 INTO 子句中指出其值，将会出错。例如，以下语句将出错：

```
INSERT INTO SPDGB(客户编号,商品编号)
    VALUES('100001','30010002')
```

因 SPDGB 表的“订购时间”列不允许取空值。

注意：在执行 INSERT 语句时，如果插入的数据与约束或规则的要求产生冲突，或值的数据类型与列的数据类型不匹配，那么 INSERT 语句执行失败。

（2）插入子查询结果

子查询可用在 INSERT 语句中，将生成的结果集插入到指定的表中。插入子查询结果的 INSERT 语句格式如下：

```
INSERT INTO <表名> [(<列 1> [，<列 2>…])]
    <子查询>
```

INTO 子句中的列数要和 SELECT 子句中的表达式个数一致，数据类型也要一致。

【例 3.65】　设在 SPDG 数据库中用如下语句建立一个新表 KH_DG：

```
CREATE TABLE KH_DG
(     客户编号        char(6) NOT NULL,
```

```
    订购商品件数  tinyint
)
```

那么，使用如下 INSERT 语句向 KH_DG 表中插入数据：

```
INSERT INTO KH_DG
    SELECT 客户编号，COUNT(*)
        FROM SPDGB
        GROUP BY 客户编号
```

该 INSERT 语句的功能是：将 SPDGB 表中各个客户的编号、其订购的商品件数插入到 KH_DG 表中。

3.5.2 数据修改

SQL 语言中用于修改表数据行的语句是 UPDATE。其基本格式如下：

```
UPDATE <表名> [ [ AS ] < 别名> ]
    SET <列名> =<表达式> [，<列名>=<表达式> ]...
    [WHERE <条件表达式>]
```

该语句的功能是修改指定表中满足 WHERE 子句指定条件的元组。其中 SET 子句给出需修改的列及其新值。若不使用 WHERE 子句，则更新所有记录的指定列值。

【例 3.66】 将 SPDG 数据库的 KHB 表中编号为“100001”的客户的联系电话改为 15980080001。

```
UPDATE KHB
    SET 联系电话 ='15980080001'
    WHERE 客户编号 ='10010001'
```

该语句修改表中某一个元组的一个列值。

【例 3.67】 将编号为“10010001”的客户的所在省市改为江苏常州，联系电话改为 15980080001，备注改为金牌客户。

```
UPDATE KHB
    SET 所在省市 ='江苏常州'，联系电话 ='15980080001'，备注 ='金牌客户'
    WHERE 客户编号 ='10010001'
```

该语句修改表中某一个元组的多个列值。

【例 3.68】 将 SPB 表中各商品的单价降低 10%。

```
UPDATE SPB
  SET 单价 = 单价*0.9
```

该语句修改表中多个元组的列值。

3.5.3 数据删除

SQL 语言中删除数据可以使用 DELETE 语句来实现。其基本格式如下：

```
DELETE  [FROM] <表名>
    [WHERE <条件表达式>]
```

该语句的功能是从指定的表中删除满足条件的元组。若省略 WHERE 子句，表示删除表中的所有行。注意：DELETE 删除的是表中的数据，而不是表的结构，DROP 删除的不仅是表的内容而且还有表的定义。

【例 3.69】　删除 SPDG 数据库的 KHB 表中编号为“100007”的客户信息。

```
DELETE FROM KHB
    WHERE  客户编号= '100007'
```

【例 3.70】　删除所有客户记录。

```
DELETE FROM KHB
```

该语句删除 KHB 表所有行，使 KHB 成为空表。

【例 3.71】　删除 SPDGB 表中所有订购了编号为“10010001”商品的订购记录。

```
DELETE FROM SPDGB
    WHERE '10010001' =
        (SELECT 商品编号
            FROM SPDGB
        )
```

本例采用 SELECT 子查询构造删除操作的条件。

3.5.4　视图更新

更新视图是指通过视图插入、删除和修改数据。由于视图是不实际存储数据的虚表，因此对视图的更新最终要转换为对基本表的操作。

为了防止用户通过视图对数据进行增加、删除或修改时，对不属于视图范围内的基本表数据进行操作，可在定义视图时加上 WITH CHECK OPTION 子句。这样在视图上进行增、删、改操作时，系统就会检查视图定义中的条件，若不满足条件，则拒绝执行。

下面的例子中用到了 3.4.6 节定义的如下两个视图：

① 视图 KH_JS：所在省为“江苏”的客户信息。

② 视图 LEFT_NUM：客户订购之后商品的剩余量。

1. 插入数据

使用 INSERT 语句通过视图向基本表插入数据。

【例 3.72】　向 SPDG 数据库的视图 KH_JS 中插入一个新客户记录，客户编号为 100008，姓名为赵平，性别为女，出生日期为 1973-5-19，所在省市为江苏南京，其他列为空值。

```
INSERT INTO KH_JS (客户编号,客户姓名,性别,出生日期,所在省市)
    VALUES('100008','赵平', '女','1973-5-19','江苏南京')
```

使用 SELECT 语句查询视图 KH_ JS 依据的基本表 KHB：

```
SELECT * FROM KHB
```

将看到该表已增加了(100008,赵平,1973-5-19,女,江苏南京,NULL,NULL)行。

2. 修改数据

使用 UPDATE 语句通过视图修改基本表的数据。

【例 3.73】　将视图 KH_JS 中客户编号为“100008”的客户姓名改为“赵小平”。

```
UPDATE KH_JS
    SET  客户姓名='赵小平'
    WHERE  客户编号='100008'
```

3. 删除数据

使用 DELETE 语句通过视图删除基本表的数据。

【例 3.74】 删除视图 KH_JS 中客户编号为“100008”的记录。

```
DELETE FROM KH_JS
    WHERE 客户编号='100008'
```

对视图进行更新操作时，要注意基本表对数据的各种约束和规则要求。

在关系数据库中，并非所有的视图都是可以更新的。

例如，对于视图 LEFT_NUM，若想通过以下 SQL 语句把编号为“10010001”的商品的剩余量改为 10：

```
UPDATE LEFT_NUM
    SET 剩余量 = 10
    WHERE 商品编号='10010001'
```

这是无法完成的，系统无法将对视图 LEFT_NUM 的更新转换为对基本表 SPB 的更新，因为系统无法修改与剩余量字段关联的统计值。所以视图 LEFT_NUM 是不可更新的。

目前，各种关系数据库一般都只允许对行/列子集视图进行更新。行/列子集视图是指从单个基本表导出，只是去掉了某些行与列，并且保留了主码的视图。例如，KH_JS 就是一个行/列子集视图。而 3.3.4 节所定义的 DG_NJview 视图、3.4.6 节所定义的 LEFT_NUM 视图和 TOTAL_COST 视图都不是行/列子集视图。对于非行/列子集视图是否允许更新，各个具体的 RDBMS 的规定都不尽相同，需要参考相应的技术规定。

3.5.5 更新操作与数据完整性

增、删、改操作只能对一个表进行，这会带来一些问题。例如，某个客户记录被删除后，其相应的商品订购信息也应同时删除。这需要使用两条 SQL 语句：

```
DELETE FROM KHB
    WHERE 客户编号 ='100008'
```

和

```
DELETE FROM SPDGB
    WHERE 客户编号 ='100008'
```

在成功执行了第一条语句后，数据库中数据的一致性已经被破坏；只有在成功执行了第二条语句之后，数据库才又重新处于一致状态。但如果由于各种原因（计算机突发故障或使用者操作失误等）只执行了第一条语句，而第二条语句无法执行，那么数据库的一致性状态就不可能恢复，这样数据完整性就被破坏了。因此必须保证这两条语句要么都做，要么都不做。这就是事务（Transaction）的概念，将在第 9 章详细介绍它。

对某个基本表进行增、删、改操作有可能会破坏参照完整性。当向参照表中插入元组，如对 SPDG 数据库的 SPDGB 表中插入元组('100001','50010002','2009-7-20',6,NULL,NULLNULL)时，若被参照表 KHB 不存在编号为'100001'的客户，或被参照表 SPB 不存在编号为'50010002'的商品，则对 SPDGB 表的插入操作都不应执行。若执行了该插入操作，则破坏了参照完整性。参照完整性是关系模型必须满足的完整性约束，应由 RDBMS 自动支持。

本章小结

SQL 语言是关系数据库的标准语言，是一种介于关系代数和关系演算之间的语言。SQL 语言的功能包括数据定义、数据操纵和数据控制三个部分，它是功能极强的关系数据库语言。SQL 语言简洁、方便实用、功能齐全，是目前应用最广的关系数据库语言。

本章主要讲解 SQL 语言的数据定义、数据查询和数据更新操作三部分，SQL 的数据控制部分将在第 9 章介绍，嵌入式 SQL、存储过程和触发器将在第 7 章讲解。本章内容是数据库应用的重要基础。

SQL 数据定义提供了三个命令：CREATE、DROP 和 ALTER，用于定义数据模式，包括数据库、表、视图和索引。SQL 数据查询命令是 SELECT，它是 SQL 功能最丰富也是最复杂的，读者应加强练习，掌握用 SELECT 表达查询的方法。SQL 数据更新提供了三个命令：INSERT、DELETE、UPDATE，分别用于数据的增、删、改。

目前各 RDBMS 都采用 SQL 语言，但都在标准 SQL 上有所扩展。本书以 SQL Server 2005 的 T-SQL 语言为主来介绍 SQL 语言的基本功能，附录 B 提供了 T-SQL 的常用语句。

习题 3

1. 试述 SQL 的特点与功能。
2. 什么是基本表？什么是视图？二者有何关系与区别？
3. 简述 SQL 语言的使用方式。
4. SQL 语句按其功能可分为哪几类？
5. SQL 的数据定义主要包括哪几类对象的定义？
6. 什么是索引？定义索引的目的是什么？
7. 什么是聚簇索引？什么是非聚簇索引？
8. 视图有哪些优点？
9. 设有学生成绩数据库 XSCJ，其中包含关系如下。

（1）学生关系：名为 Student，描述学生信息。关系模式为：Student(学号，姓名，专业名，性别，出生时间，总学分，备注)。

（2）课程关系：名为 Course，描述课程信息。关系模式为：Course(课程号，课程名，开课学期，学时，学分)。

（3）学生选课关系：名为 StuCourse，描述学生选课及获得成绩信息。关系模式为：StuCourse(学号，课程号，成绩)。

试写出以下操作的 SQL 语句：

（1）查询专业名为“计算机科学与技术”的学生学号与姓名；

（2）查询开课学期为“2”的课程号与课程名；

（3）查询修读“计算机基础”的学生姓名；

（4）查询每个学生已选修课程门数和总平均成绩；

（5）查询所有课程的成绩都在 80 分以上的学生姓名、学号；

（6）删除在 Student，StuCourse 中所有学号以“2004”开头的元组；

（7）在学生数据库中建立“计算机科学与技术”专业的学生视图 ComputerStu；

（8）在视图 ComputerStu 中查询姓“王”的学生情况。

第 4 章　数据库设计
——数据库应用系统开发总论

信息系统是提供信息和辅助人们对环境进行决策与控制的系统。常见的信息系统有管理信息系统、决策支持系统、办公自动化系统、地理信息系统、电子商务系统等。人们在总结信息资源开发、管理和服务的各种手段时，认为最有效的是数据库技术。数据库技术的应用越来越广泛，从小型的单项事务处理到大型复杂的信息系统都采用数据库技术来存储和管理数据，以保证系统数据的共享性和完整性。

通常把使用数据库的各类信息系统统称为数据库应用系统。建立数据库应用系统，就是在已有的数据库支撑环境（包括 DBMS、操作系统和硬件）上创建数据库及其应用系统。数据库设计是信息系统建设中的基本技术。本章将介绍数据库设计的基本概念和方法。

4.1　数据库设计概述

与其他软件系统一样，数据库应用系统也有一个从分析定义、设计与建立、运行与维护到终止的生命周期。数据库设计是数据库生存周期中的一个重要阶段，也是工作量比较大的一项活动，其质量对数据库应用系统影响很大。

4.1.1　数据库设计的含义

广义地讲，数据库设计是指数据库及其应用系统的设计，即设计整个的数据库应用系统。狭义地讲，数据库设计是指数据库本身的设计，即设计数据库的各级模式并建立数据库，这是数据库应用系统设计的一部分。本书所讲的数据库设计是指狭义的含义。整个数据库应用系统的设计包括数据库设计和应用系统的设计，本章主要讨论数据库的设计，第 8 章将重点讨论应用系统的设计。当然，由于数据与处理是密切相关的，数据库设计与应用系统设计也是不能截然分开的，只是两部分设计考虑的侧重点不一样。在一个数据库应用系统的实际构建中，两者需要综合考虑。

数据库设计是指根据用户需求研制数据库结构的过程，具体地说，就是根据用户的信息需求、处理需求和数据库的处理环境，构造最优的数据库模式，建立数据库及其应用系统，使之能有效地存储数据，满足用户的信息需求和处理需求。其结构如图 4.1 所示。

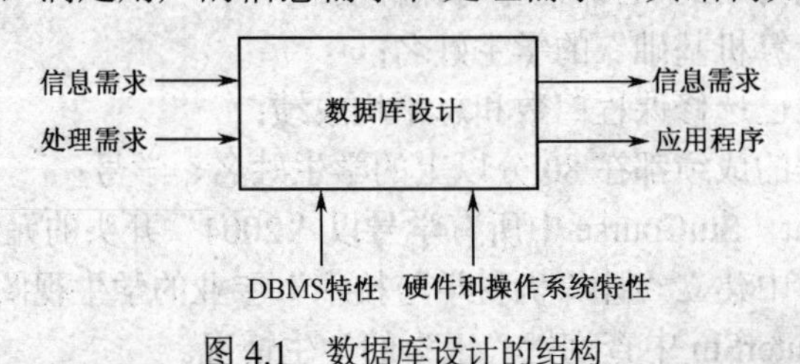

图 4.1　数据库设计的结构

数据库设计的目标是为用户和各种应用系统提供一个信息基础设施和高效率的运行环境，它包括：数据的存取效率、存储空间利用率和系统运行管理效率。

4.1.2　数据库设计的特点

早在 20 世纪 70 年代末 80 年代初，人们为了研究数据库设计方法学的便利，曾主张将结构设计和行为设计两者分离，随着数据库设计方法学的成熟和结构化分析、设计方法的普遍使用，人们主张将两者作一体化的考虑，这样可以缩短数据库的设计周期，提高数据库的设计效率。数据库的设计特点是强调结构设计与行为设计相结合，是一种“反复探寻，逐步求精”的过程。首先从数据模型开始设计，以数据模型为核心进行展开，数据库设计和应用系统设计相结合，建立一个完整、独立、共享、冗余小、安全有效的数据库系统。

数据库设计也和其他工程设计一样，具有一般工程设计的反复性（Interative）、试探性（Tenative）和多阶段（Multistage）等特点。反复性是指数据库设计不可能“一气呵成”，需要反复推敲和修改才能完成。前阶段的设计是后阶段的基础，后阶段也可向前阶段反馈要求。试探性是指数据库设计的过程通常是一个试探的过程，在设计过程中有各式各样的要求和制约因素，它们之间往往是矛盾的。数据库设计者要权衡这些因素来决策，而决策不一定是完全客观的，它往往与用户的观点和偏好有关。多阶段是指数据库设计一般要分多个阶段进行。数据库设计常由不同的人员分阶段进行，目的是可以分段把关，用户和各类技术人员可以分工合作，保证设计的质量和进度。此外，数据库设计是一项涉及多学科的综合性技术，又是一项庞大的工程项目，具有其自身的特点。

1. 数据库建设需将技术、管理和基础数据相结合

数据库的建设不仅涉及技术，还涉及管理。要建设好一个数据库因工系统，技术固然重要，但管理更重要。这里的“管理”包括数据库应用系统建设项目本身的管理和应用单位的业务管理。应用单位的业务管理对数据库设计有着直接影响，这是因为数据库模式是对应用单位的数据以及联系的抽象与描述，应用单位的管理模式与数据密切相关。

而基础数据的收集、整理和组织是数据库系统投入运行的前提。基础数据的入库是数据库建立初期最重要、工作量最大、最烦琐的工作，应当对于基础数据的收集整理入库工作予以高度的重视。基于数据库建设的上述特点，“三分技术，七分管理，十二分基础数据”是数据库建设的基本规律，这一说法是有一定道理的。

2. 需将结构设计与行为设计相结合

数据库设计应该与应用系统设计相结合，即要把数据库结构设计与对数据处理的设计密切结合起来。实际上，设计数据库应用系统需要考虑应用单位的信息需求和处理需求。信息需求表示一个组织或单位所需要的数据和结构；处理需求表示一个组织或单位需要进行的数据处理，例如工资计算、资金统计等。前者表达了对数据库内容及结构的要求，也就是静态要求；后者表达了对基于数据库的数据处理的要求，也就是动态要求。信息需求与处理需求的区分不是绝对的，只是侧重点不同而已。在数据库设计时两者均要考虑。

3. 数据库设计涉及多学科领域

数据库设计要求设计人员具备多方面的技术和知识，主要包括：计算机基础知识、软件

工程的原理和方法、程序设计方法与技术、数据库的基本知识、数据库设计技术和应用领域的知识。特别是要具有一定的领域知识，这就要求设计人员必须了解业务流程和处理特点。早期数据库设计主要采用手工方法，但这样设计质量往往与设计者的经验和水平相关，缺乏科学理论和工程方法的支持。为此，数据库工作者致力于数据库设计方法和辅助设计工具的研究。提出了一些有效的数据库设计方法，如用于设计概念模式的 E-R 方法、用于设计逻辑模式的 3NF（第三范式）设计方法以及面向对象数据库设计方法 ODL（Object Definition Language）。同时开发了用于辅助数据库设计的工具，如 PowerDesigner 等。

4.1.3　数据库设计的六阶段

数据库系统的设计既要满足用户的需求，又与给定的应用环境密切相关，因此必须采用系统化、规范化的设计方法，按照需求分析、概念结构设计、逻辑结构设计、物理结构设计、数据库实施、数据库运行和维护六个阶段逐步深入展开，如图 4.2 所示。

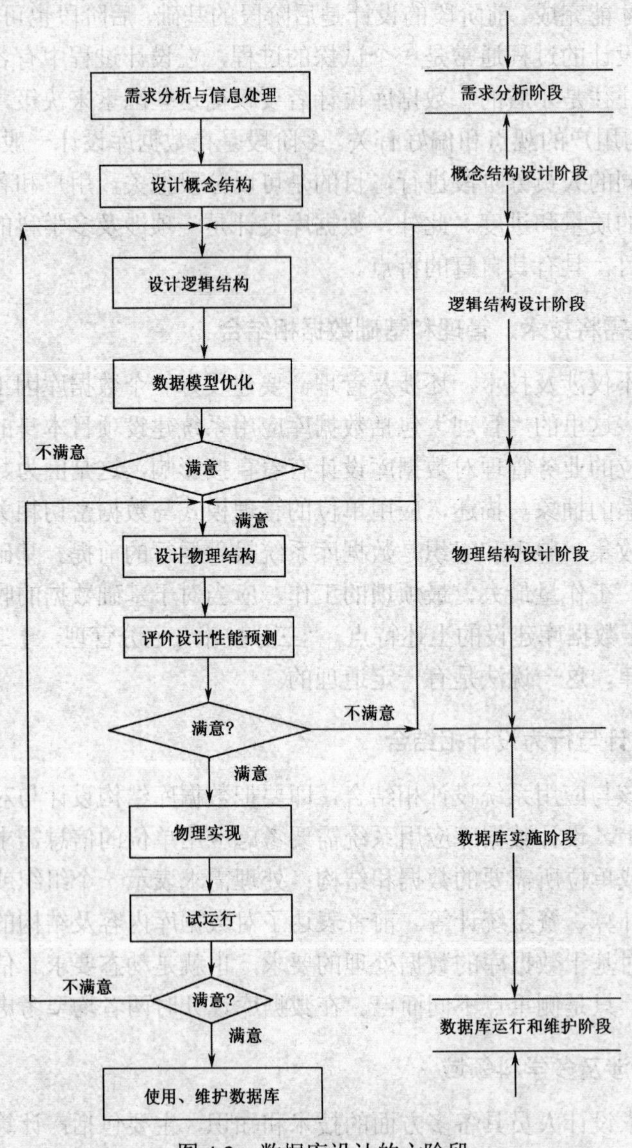

图 4.2　数据库设计的六阶段

（1）需求分析。收集并分析用户的需求，包括数据、功能和性能需求。进行数据库设计首先必须准确了解与分析用户需求（包括数据及其处理）。需求分析是整个设计过程的基础，是最困难、最耗费时间的一步。作为地基的需求分析做得是否充分与准确，决定了在其上构建数据库大厦的速度与质量。需求分析做得不好，甚至会导致整个数据库设计返工重做。

（2）概念设计。在需求分析的基础上，用概念数据模型，例如 E-R 模型，表示数据及其相互间的联系。概念结构设计是整个数据库设计的关键，它通过对用户需求进行综合归纳与抽象，形成一个独立于具体 DBMS 的概念模型。

（3）逻辑设计。将概念设计阶段所得到的以概念模型表示的数据模式转换为由特定的 DBMS 支持的逻辑数据模式。逻辑设计的结果是以数据定义语言（DDL）表示的逻辑模式。

（4）物理设计。物理设计的任务是根据逻辑模式、DBMS 和计算机系统的特点，设计数据库的内模式，即文件结构、各种存取路径、存储空间的分配等。

（5）数据库实施。运用 DBMS 提供的数据库语言（如 SQL）或工具，根据逻辑设计和物理设计的结果建立数据库，并组织数据入库进行试运行。

（6）数据库运行与维护。在建立并通过了试运行，同时建立了应用系统并通过了测试和试运行后，数据库即可投入正式运行。在运行过程中必须不断地对其进行评价、调整与修改，当数据需求变化较大时，还需进行数据库的重构。

4.2　数据库设计步骤

数据库设计是一项综合运用计算机软件和硬件技术，同时也是结合相关应用领域知识及管理技术的系统工程。它不是某个设计人员凭个人经验或技巧就可以完成的，而是要遵循一定的规律、按步骤实施才可以设计出符合实际要求、实现预期功能的系统。数据库设计人员经过长期探索和实践，已经总结出一些理论体系来对数据库设计进行过程控制和质量、性能评价，其中比较著名的是 1978 年在美国新奥尔良（New Orleans）会议上提出的关于数据库设计的步骤划分，被公认为是比较完整的设计框架。本章结合软件工程的思想，按照图 4.2 来探讨数据库设计的步骤。

4.2.1　需求分析

需求分析的任务是，通过详细调查现实世界要处理的对象（组织、部门、企业等），充分了解原系统（手工系统或计算机系统）工作概况，明确用户的各种需求，然后在此基础上确定新系统的功能。新系统必须充分考虑今后可能的扩充和改变，不能仅仅按当前应用需求来设计数据库。需求分析是数据库设计的第一步，是设计的基石。需求分析是否全面、准确地表达用户要求，将直接影响到后续各阶段的设计，影响到整个数据库设计的可用性和合理性。

需求分析的目的是获取用户的信息需求、处理需求、安全性需求和完整性需求。

信息需求是用户希望数据库提供有用的信息以供决策参考。信息要求可以抽象成数据要求，即用户所需的数据及结构。

1. 需求分析的步骤

处理要求是用户要进行的数据处理，包括其频率如何、响应时间有何要求等，例如收费、统计成绩等。信息要求和处理要求的区分要根据具体情况而定，并不绝对。需求分析阶段的任务一般可按如下步骤实施。

（1）现行系统调查

开发设计人员通过与被调查部门领导和业务人员交谈、询问，请专人介绍，跟班作业等方法，详细了解用户各种相关情况。了解、收集用户单位各部门的组织机构、部门职责、部门间的业务流程、各部门和各业务活动输入和使用什么数据，如何加工处理这些数据，输出数据到什么部门，数据格式和形式是什么。由于调查工作量大而且烦琐，开发设计人员往往对用户业务不熟悉，而用户对计算机世界陌生，这就需要双方多交谈，不断深入地进行交流，以逐步确定用户的实际需求。

（2）业务及需求分析

在熟悉用户业务流程后，确定哪些功能由计算机完成，哪些由手工完成，是联机还是批处理，存取频率和存取量是多少，有无保密要求。协助用户明确信息要求、处理要求、完整性和安全性要求。通过调查详细了解用户需求后，可采用结构分析方法和自顶向下法描述和分析用户要求。用数据流程图 DFD（Data Flow Diagram）和数据字典 DD（Data Dictionary）描述系统。

（3）综合、调整

尽量收集反映单位内信息流的各种档案、报表、计划、单据、账本、资料等原始数据，并明确数据元素的性质、取值范围、使用者、提供者、控制权限及数据之间的联系，了解单位的规模和结构、现有资源、人员水平、技术更新要求等。需求分析不仅应考虑现阶段用户的要求，同时还要考虑将来用户可能提出的扩展和改变。在设计数据库系统时应全面考虑，以便系统以后扩展。

（4）编写需求分析报告

在需求分析报告中，除了对现行系统的业务、数据、安全性及完整性等要求进行详细描述外，还要利用图表（如 DFD、DD 等）工具和相应的分析方法进行初步的系统设计，以确定系统的目标、设计原则及系统应完成的功能。最后，要根据本阶段的成果，从组织落实、技术和效益等几个方面进行系统的可行性分析。

2．需求分析常用的调查方法

用户需求分析常用的方法有跟班作业、开调查会、请专人介绍、询问、问卷调查、查阅记录等。这些方法是多方面的，需要与用户单位各层次的领导和业务管理人员交谈，了解、收集用户单位各部门的组织机构、各部门的职责，以及业务联系、业务流程、数据需求等。

最终用户是调研的重点对象，他们对系统的要求具有权威性。一般需要向最终用户提出以下问题：

- 最终用户的工作职责是什么？
- 是否还负责其他工作？
- 如何完成这些工作？
- 现有的什么手段可以完成这些工作？
- 当前是否正在使用数据库？
- 最终用户现在从事的工作在哪些方面还需要改进？
- 现有的工具和数据库在哪些方面还需要改进？

- 如何与其他人员进行交互？
- 业务目标是什么？
- 所设计的数据库系统目标是什么？

在调查的过程中，还需要向最终用户咨询数据的问题如下：

- 为什么要访问数据库？
- 数据如何被访问？
- 数据被访问的周期是多少？
- 在什么情况下需要进行数据修改？
- 确切的数据增长率是什么？

3. 需求分析的描述

（1）数据流程图（DFD）描述

数据流程图是结构分析方法（Structure Analysis，SA）的工具之一，它描述数据处理过程，以图形化方式刻画数据流从输入到输出的变换过程。可以自顶而下逐层地画出数据流程图。数据流程图包括 4 种基本元素：数据流、加工、数据输入的源点或数据输出的汇点、数据存储文件，如图 4.3 所示。

数据流用箭头表示，箭头表示数据流动的方向，从源流向目标。源和目标可以是其他三种基本元素。箭头上方标明数据名称。

加工用矩形框表示，是对数据内容或数据结构的处理。对加工可以编号。

数据存储文件用缺口矩形框表示，用来表达数据暂时或永久的保存。数据存储文件可以编号。

数据输入的源点（Source）或数据输出的汇点（Sink）用加边矩形框表示。矩形框内标注数据源点或汇点的名称。

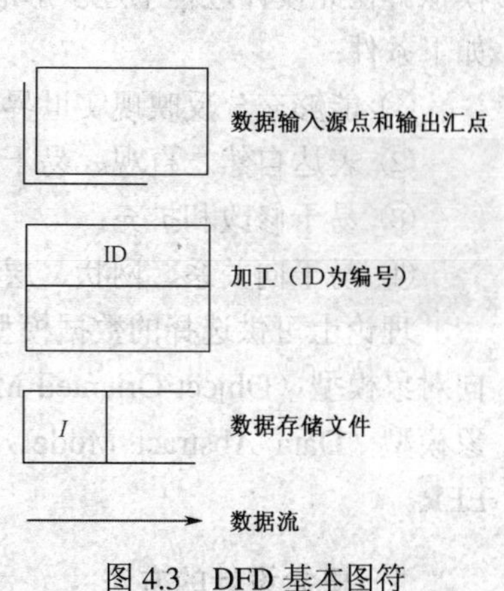

图 4.3　DFD 基本图符

（2）数据字典

数据字典是数据的集合，数据流程图中出现的所有被命名的图形元素在数据字典中作为一个词条加以定义。数据字典是关于数据库中数据的数据，是元数据。在数据字典中详细分析、表示数据元素、数据流、数据存储结构、加工及数据结构。通常，各词条的内容如下。

① 数据流。它是数据结构在系统内传播的途径。通常，对数据流的描述包括以下内容：

数据流={数据流名*说明，数据流来源，数据流去向，组成数据流的数据结构，每个数据量的流通量}

② 数据元素。它是数据处理中最小的、不可再分的单位，反映事物的某一特征。对数据元素的描述通常包括以下内容：

数据元素={数据元素名，说明，数据类型，长度，取值范围，与其他数据元素及数据流结构的逻辑关系}

数据元素的取值范围、与其他数据元素和数据流结构的逻辑关系定义了数据的完整性约束条件。

③ 数据存储。它是数据结构暂时或长期保存的地方，对数据存储的描述通常包括以下

内容：

数据存储={数据存储名，说明，输入数据，输出数据，组成数据存储的数据结构，存取方式，存取频率}

④ 数据结构。它反映了数据间的组合关系，对数据结构的描述通常包括以下内容：

数据结构={数据结构名，说明，组成数据结构的数据元素}

⑤ 加工逻辑。数据加工逻辑的表达方式有判定表、判定树和结构化英语等。数据字典中只描述加工过程的说明性信息，通常包括以下内容：

加工逻辑={加工名，编号，说明，输入数据流，输出数据流，加工逻辑简要说明}

加工逻辑简要说明主要说明加工顺序、加工功能和处理要求。处理要求包括处理频度、响应时间等。

4.2.2 概念设计

概念设计的重点在于信息结构的设计，它是整个数据库系统设计的关键，是对数据的抽象和分析，是在信息要求和处理要求初步分析的基础上进行的。以数据流程图和数据字典提供的信息作为输入，运用信息模型工具，发挥开发设计人员的综合抽象能力来建立概念模型。概念模型独立于数据逻辑结构，也独立于 DBMS 和计算机系统，是对现实世界有效而自然的模拟。在此设计过程中逐步形成数据库的各级模式。要进行概念设计，要求数据模型应具备如下条件：

① 能够充分反映现实世界的事物；

② 表达自然、直观、易于理解，便于和不熟悉计算机的用户交换意见，用户易于参与；

③ 易于修改和扩充；

④ 易于向关系、网状、层次等数据模型转换。

理论上可供选择的数据模型很多，如实体联系 E-R 模型（Entity Relationship Model）、面向对象模型（Object Oriented Model）、多级语义模型（Multi-level Semantic Model）、数据抽象模型（Data Abstract Model）等。目前在实际中广泛采用的是 E-R 设计方法及其扩展设计 EER。

1. 概念设计的方法

概念设计方法很多，目前主要有自顶而下、自底而上、E-R 设计方法和 EER 设计方法。

（1）自顶而下的方法。该方法将用户需求说明综合成一个一致、统一的需求说明，在此基础上设计出全局的概念结构，再运用逐步细化求精的方法，为各部门或用户组定义子模式。这种方法一般用于规模较小的、不太复杂的单位。综合出统一的需求说明对组织机构较多的单位来讲难以实现。

（2）自底而上的方法。该方法先定义各部门的局部模式，这些局部模式相当于各部分的视图，然后将它们集成为一个全局模式。自底而上的方法适合于大型数据库设计，应用较广泛。

（3）E-R 设计方法。该方法将现实世界抽象成具有某种属性的实体，而实体之间相互联系。画出一张 E-R 图，得到一个对系统信息的初步描述，进而形成数据库的概念模型。该方法对概念模型的描述结构严谨、形式直观。E-R 方法一般有以下两种：

① 集中模式设计方法。首先将需求说明综合成一个一致的统一的需求说明，然后在此

基础上设计一个全局的概念模型，再据此为各用户或应用定义子模式。该方法强调统一，适合小的、不太复杂的应用。

② 视图集成法。以各部分需求说明为基础，分别设计各部门的局部模式；然后再以这些视图为基础，集成为一个全局模式，这个全局模式就是所谓的概念模式，也称为企业模式。该方法适合于大型数据库的设计。

（4）EER 设计方法。该方法是对 E-R 设计方法的扩展，它包含了 E-R 模型的所有概念，E-R 模型由于无法描述复杂实体之间的概括和聚集等抽象关系，不能描述实体的行为，故难以满足复杂的工程数据库的要求。Teorey 等人对 E-R 模型进行了改进，建立了扩展实体联系模型（EER），这种模型在实体联系数据模型的基础上增加了新的语义描述机制，如概括、特化和聚集等，从而为这种人们最为熟悉的数据模型注入了新的生机，为概念模型添加了一种理想的选择。在 EER 模型中，常用到实体、属性、联系 3 个基本概念。

以下以 E-R 方法为例，介绍概念结构的设计，该方法的设计流程如图 4.4 所示。

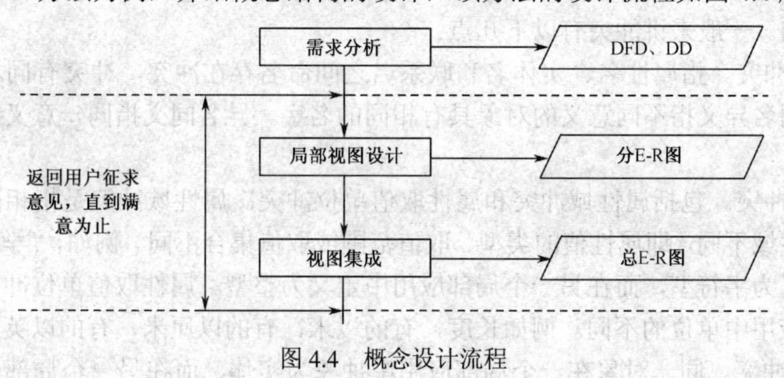

图 4.4　概念设计流程

2. 视图设计

视图设计的第一步是确定局部 E-R 图的对应范围。若局部视图划分过细，则数据冗余大，易造成效据不一致，且集成困难。可在多级数据流程图中选择适当层次的数据流程图，让这个图中的每一部分对应一个局部应用，以此为基础设计局部视图。实体构造方法如下：

（1）根据 DFD 和 DD 提供的情况，将一些对应于客观事物的数据项汇集，形成一个实体，数据项则是该实体的属性。

（2）将剩下的数据项用一对多的分析方法，再确定出一批实体。某项数据若与其他多个数据项之间存在 1:n 的对应关系，那么这个数据项就可以作为一个实体，而其他数据项作为它的属性。

（3）采用数据元素图法，分析最后一些数据项之间的紧密程度，又可以确定一批实体。如果某些数据项完全依赖于另外一些数据项，那么所有这些数据项可以作为一个实体，而“另外一些数据项”可以作为此实体的键（码）。

3. 视图集成

从局部需求出发设计局部视图，即分 E-R 图，还需要通过视图集成设计全局模式。视图集成可以一次性将所有分 E-R 图集成，也可以每次合并两个视图，逐步形成总图。对于比较简单的系统，可以一次集成。一般来说，集成的步骤为：① “合并”；② 消除冗余。合并形成初步 E-R 图，消除冗余后的图称为基本 E-R 图。集成策略和步骤如图 4.5 所示。

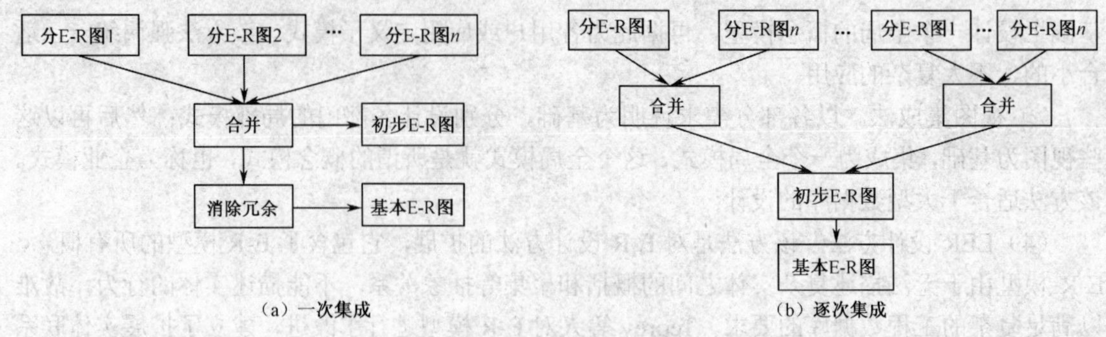

图 4.5 集成策略和步骤

（1）合并

合并 E-R 图就是尽量合并对应的部分，保留特殊的部分，着重解决冲突的部分。各分 E-R 图面向不同的局部应用，通常由不同开发设计人员进行局部 E-R 图设计，各个分 E-R 图间的冲突是难免的。一般来讲冲突有以下几点：

① 命名冲突。指属性名、实体名和联系名之间命名存在冲突，冲突有同名异义和异名同义两种。同名异义指不同意义的对象具有相同的名字。异名同义指同一意义的对象具有不同的名字。

② 属性冲突。包括属性域冲突和属性取值单位冲突。属性域冲突是指相同的属性在不同视图中属性域不同，即属性值的类型、取值范围或取值集合不同。例如，“学号”在一个局部视图中定义为字符型，而在另一个局部应用中定义为整型。属性取值单位冲突指同一属性在不同局部应用中单位的不同。例如长度，有的以米，有的以厘米，有的以英尺为单位。

③ 概念冲突。同一对象在一个局部应用中抽象为实体，而在另一个局部应用中抽象为属性。在集成时，遵循实体和属性区分的原则，统一成实体或者属性。同一实体在不同局部应用中属性的个数、次序不完全相同。集成后的实体属性取两个局部视图属性的并集，并适当设定属性的次序。另外，实体之间的联系在不同局部视图中类型不同，这也属于概念冲突。

（2）消除冗余

冗余包括冗余数据和实体间冗余的联系。冗余数据指由其他数据导出的数据。冗余联系指由其他联系导出的联系。例如，商品出库单中的出库金额可由物品单价乘以数量，因此出库金额是冗余数据。冗余数据和冗余联系会破坏数据库的完整性，增加数据库管理的困难，应该消除。消除冗余后得到基本 E-R 图。但并非所有的冗余都应去掉，访问频率高的冗余数据应适当保留，同时加强数据完整性约束，如设计触发器等。

概念设计完成后，形成基本 E-R 图，开发设计人员应整理相关文档资料，并与用户交流直至用户确认这一模型已准确反映他们的需求，才进入下一阶段逻辑结构的设计工作。

4.2.3 逻辑设计

逻辑设计是在数据概念设计的基础上，将概念结构设计阶段得到的独立于 DBMS，独立于计算机系统的概念模型转换成特定 DBMS 所支持的数据模型的过程。数据库逻辑设计的过程如图 4.6 所示。

设计逻辑结构应该选择最适于描述与表达相应概念结构的数据模型，设计逻辑结构一般要分 3 步进行：

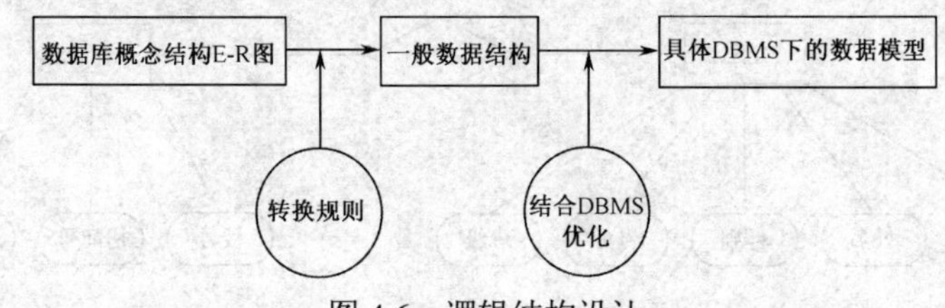

图4.6　逻辑结构设计

① 将概念结构转换为一般的关系、网状、层次模型，并将转换来的关系、网状、层次模型向特定DBMS支持下的数据模型转换；

② 对数据模型进行优化；

③ 设计用户外模式。

1. E-R模型转换为关系模型

关系模型的逻辑结构是一组关系模式的集合。而E-R图则是由实体、实体的属性和实体之间的联系3个要素组成的。所以，将E-R图转换为关系模型，实际上就是将实体、实体的属性和实体之间的联系转换为关系模式，一个实体模型转换为一个关系模式。实体的属性就是关系的属性。实体的码就是关系的码。

例如图4.7所示的E-R模型，转换成的关系模型为：客户(客户编号，客户姓名，出生日期，性别，所在省市，联系电话，备注)，客户编号是主键。

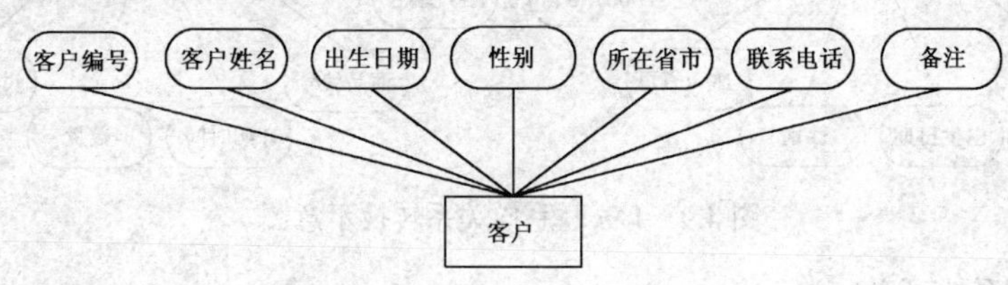

图4.7　实体向关系转换

转换时要注意以下问题：

(1) 属性域的问题。如果所选的DBMS不支持E-R图中某些属性域，则应做相应的修改，否则由应用程序处理转换。

(2) 非原子属性问题。E-R模型中允许非原子属性，这不符合关系模型的第一范式条件，必须进行相应修改。

(3) 弱实体的转换问题。弱实体在转换成关系时，弱实体所对应的关系中必须包含识别实体的主键。

2. 联系的转换

在二元联系中，数据模型实体间的联系有：一对一（1:1）、一对多（1:n）、多对多（m:n）三种。下面分别介绍三种联系向关系模型转换的方法。

(1) 1:1联系的转换

两实体间的联系为1:1，可将联系与任意一端对应的关系模式合并。具体做法是：将两个实体各用一个关系表示，然后将其中一个关系的关键字和联系的属性加入另一个关系的属性。一个关系的关键字存储在另一个关系中时，称为另一个关系的外键。例如，图4.8（a）中的联系可表示为图4.8（b）或（c）中的关系。

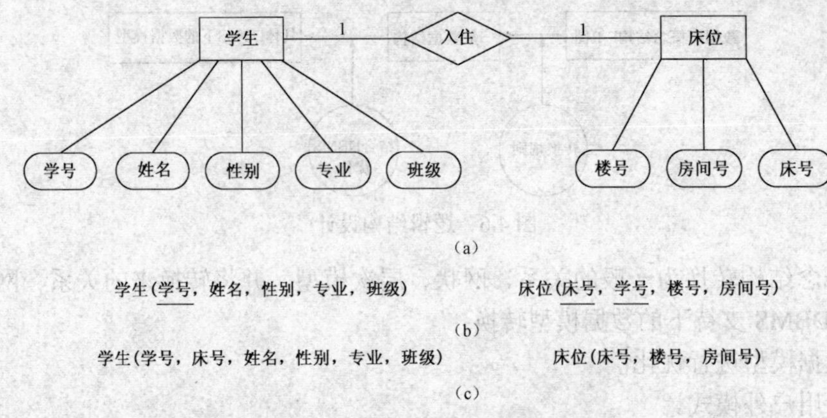

图 4.8　1∶1 联系向关系转换示意图

（2）1∶*n* 联系的转换

一个 1∶*n* 联系可以转换为一个独立的关系模式，也可以与 *n* 端对应的关系模式合并。如果转换为一个独立的关系模式，则与该联系相连的各实体的码以及联系本身的属性均转换为关系的属性，而关系的码为 *n* 端实体的码，如图 4.9 所示。

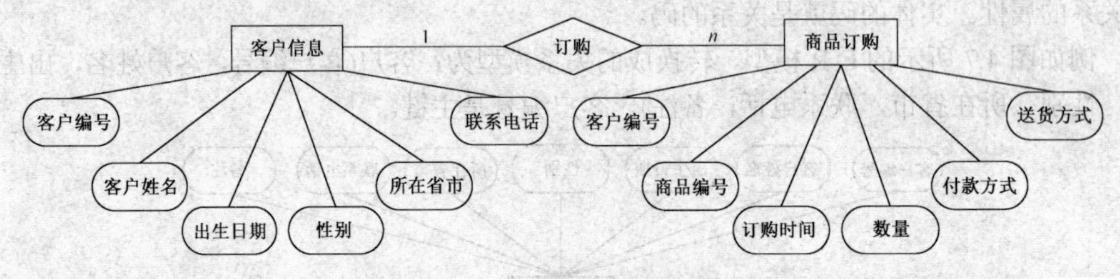

图 4.9　1∶*n* 联系向关系转换示意图

转换后的关系模式为：

客户信息(<u>客户编号</u>，客户姓名，出生日期，性别，所在省市，联系电话)

商品订购(<u>客户编号</u>，<u>商品编号</u>，订购时间，数量，付款方式，送货方式)

（3）*m*∶*n* 联系的转换

一个 *m*∶*n* 联系转换为一个关系模式。多对多联系不能与任一端实体对应的关系模式合并，否则会引起插入异常和修改异常。联系本身的属性以及与该联系相连的实体的键都将转换为该关系的属性，如图 4.10 所示。

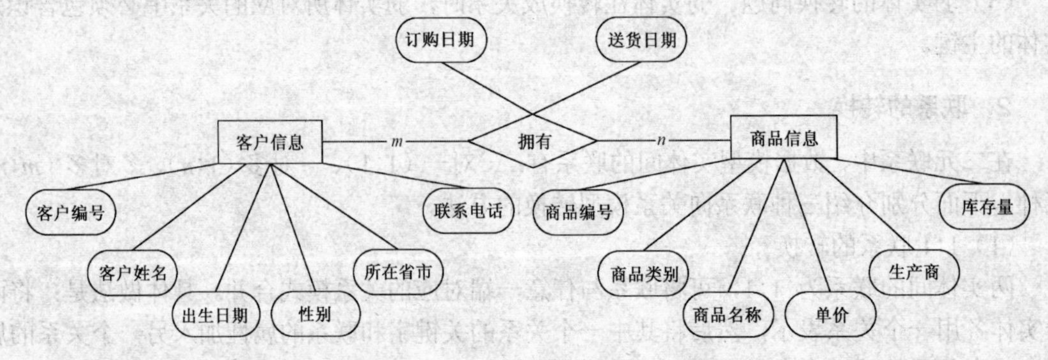

图 4.10　*m*∶*n* 联系向关系转换示意图

转换后的关系模式为：

客户信息(<u>客户编号</u>，客户姓名，出生日期，性别，所在省市，联系电话)

商品信息(商品编号，商品类别，商品名称，单价，生产商，库存量)

拥有(客户编号，商品编号，订购时间，送货日期)

上面由 E-R 图转换成的关系模式中，关系名、关系的属性名都是直接采用实体名、实体属性名，主要是为了方便读者对比分析。在实际处理过程中，可根据实际情况酌情为关系、关系属性取新的名称，使形成的关系模式见名知意，符合用户习惯。

3. 数据模式的优化

模式设计合理与否，对数据库的性能有很大的影响。数据库的设计完全是人的问题，因此数据库逻辑设计的结果不是唯一的，应对数据模型进行优化。数据模型的优化是指以规范化理论为指导，以 DBMS 提供的条件为限制，适当地调整、修改数据模型的结构。主要采取如下方法。

（1）规范化处理

规范化处理是数据库逻辑设计的重要理论基础和工具。具体应用于以下几个方面：

① 在需求分析阶段，用数据依赖的概念分析表示各数据之间的联系。

② 在概念结构设计阶段，用规范化理论为工具，消除初步 E-R 图中冗余的联系。

③ 在由基本 E-R 图向数据模型转换的过程中，用模式分解的概念和算法指导设计。

在运用前述方法将模型向关系模型转换时，没有考虑关系模式是否存在更新异常。运用规范化理论优化逻辑设计中关系的设计方法是：

① 确定数据依赖，按需求分析阶段得到的语义写出每个关系模式内部各属性之间的数据依赖，以及不同关系模式之间的数据依赖。

② 对各个关系模式之间的数据依赖进行极小化处理，消除冗余的联系。

③ 按照数据依赖的理论对关系模式逐一分析，考查是否存在传递依赖、部分函数依赖、多值依赖，确定它们分属于第几范式。

④ 关系模式的分解。根据需求分析阶段得到的各种应用的数据要求，分析对应于这些应用环境的关系模式是否合适。

对于需要分解的关系模式，按本书第 6 章介绍的方法进行分解。对产生的各种模式进行评价，选出适合的模式。规范化程度并非越高越好，应根据具体情况而定。系统进行连接运算的代价是很高的。一般来说，第三范式的关系在实际中是实用的。

（2）改善数据库的性能

① 减小连接运算。当数据库查询涉及两个或多个关系模式时，系统必须进行连接运算。通常，参与连接的关系越多，参与连接的关系越大，则开销越大。设计时，根据环境、用户情况适当调整关系的设计，减少关系或减少关系的大小。

② 尽可能使用快照。如果应用只需数据在某一时间的值，而不一定是当前值，则可对这些数据定义一个快照并定期刷新。由于查询结果在快照刷新时已自动生成，并存储于数据库中，因此可显著提高查询速度。

③ 节省属性占用的存储空间。一方面采用编码等方式缩短属性，另一方面熟悉并正确选用特定 DBMS 提供的数据类型。

4. 设计用户外模式

外模式是用户能够看到的数据模式，可根据用户需求设计局部应用视图，这种局部应用视图只是概念模型，用 E-R 图表示。将概念模型转换为逻辑模型后，即生成了整个应用系统的模式后，还应该根据局部应用需求，结合具体 DBMS 的特点，设计用户的外模式。目前流行关系数据库管理系统一般都提供视图机制。可以利用这一功能，设计更符合局部用户需要的用户外模式。

① 重定义属性名。设计视图时，可以重新定义某些属性的名称，使其与用户习惯保持一致。属性名称的改变并不影响数据库的逻辑结构。

② 方便查询。由于视图已基于局部用户对数据进行了筛选，因此屏蔽了一些多表查询的连接操作，使用户的查询更直观、简捷。

③ 提高数据安全性和共享性。一方面，利用视图可以隐藏一些不想让别人操纵的信息，提高数据的安全性。另一方面，由于视图允许用户以不同的方式看待相同的数据，从而提高了数据的共享性。

④ 提供一定的逻辑数据独立性。视图一般随数据库逻辑模式的调整、扩充而变化，因此，它提供了一定的逻辑数据独立性。基于视图操作的应用程序，在一定程度上也不受逻辑数据模式变化的影响。

4.2.4 物理设计

物理设计是以逻辑设计结果作为输入，结合 DBMS 特征与存储设备特性设计出适合应用环境的物理结构。数据库物理结构是数据库在物理设备上的存储结构和存取方法。数据库物理设计的目的是提高系统处理效率，充分利用计算机的存储空间。数据库物理设计与 DBMS 功能、应用环境和数据存储设备的特性都密切相关。开发设计人员必须全面了解这几方面的内容，熟悉物理环境，特别是存储结构和存储方法。数据库物理设计比逻辑设计更依赖于特定的 DBMS。一般地，数据库物理设计分为两步：数据库物理设计和性能评价，如图 4.11 所示。

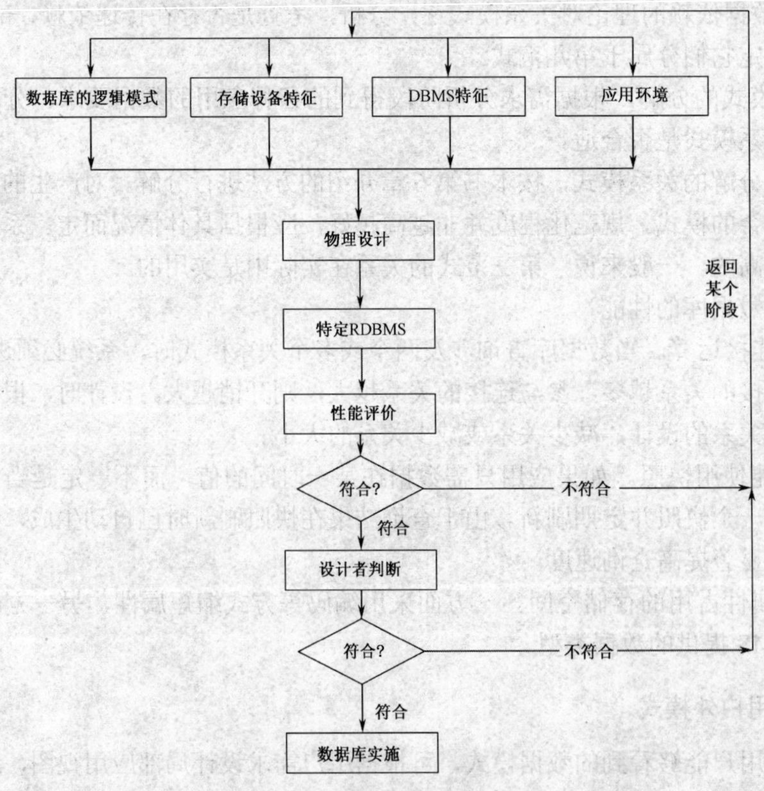

图 4.11　数据库物理设计步骤

1．确定数据库的物理结构

数据库物理设计主要是确定数据的存储结构、数据的存取路径、存放位置、缓冲区大小以及管理方式等。目前流行的DBMS大多数是关系型的，关系型DBMS具有更强的物理独立性，能够很好地实现数据库文件的操作。

（1）确定数据的存储结构

确定数据库存储结构时要综合考虑存取时间、存储空间利用率和维护代价三方面的因素。这三个方面常常是相互矛盾的，例如，消除一切冗余数据虽然能够节约存储空间，但往往会导致检索代价的增加，因此必须进行权衡，选择一个折中方案。

（2）设计数据的存取路径

在关系数据库中，选择存取路径主要指确定如何建立索引。索引是为了加速对表中数据进行检索而创建的一种分散存储结构。索引是表的关键字，它提供了指向表中行的指针。合理建立索引可以提高数据检索速度，加速关系连接，强制实施行的唯一性，一些数据库的查询优化器依赖于索引而起作用。创建、维护索引花费时间，占用存储空间，故索引并非越多越好。一般地，建立索引考虑以下原则：

① 考虑建立索引的属性。

- 主关键字：存取关系最常用的方法是通过关键字进行。
- 连接中频繁使用的属性：例如外码，因为用于连接的属性按顺序存放，故系统可以很快执行连接。

② 不考虑建立索引的属性。

- 很少或从来不在查询中出现的属性。系统很少或从来不根据该属性值去查找记录。
- 属性值很少的属性。例如，“支付方式”属性只有“现金”和“银行卡”两个值，在上面建立索引不利于检索。
- 小表（记录很少的表），一般没有必要创建索引。
- 经常更新的属性或表。更新需要维护索引。
- 属性值分布不均，在几个值上很集中。
- 过长的属性。因为属性过长，故在属性上建立索引所占存储空间较大。

（3）确定数据的存放位置

为了提高系统性能，数据应该根据应用情况将易变部分与稳定部分、经常存取部分和存取频率较低部分分开存放。

（4）确定系统配置

DBMS产品一般都提供一些存储分配参数，供设计人员和DBA对数据库进行物理优化。在初始情况下，系统都为这些变量赋予了合理的默认值，但是这些值不一定适合每一种应用环境，在进行物理设计时，需要重新对这些变量赋值以改善系统的性能。

2．性能评价

数据库物理设计可能有多个方案，衡量一个物理设计的优劣，可以从存储空间、响应时间、维护代价等方面综合评定。存储空间利用率、存取时间和维护代价等常常是相互矛盾的。例如，某一冗余数据可提高检索效率，但增加了存储空间。开发设计人员必须进行权衡，进行性能的预测和评价，选择一个较优的设计。

4.2.5 数据库实施

数据库物理设计完成以后，就可以组织各类设计人员具体实施数据库。这些人员包括数据库设计人员、应用程序开发人员和用户等。实施过程包括在计算机上建立实际数据库结构、数据载入、应用程序的调试、数据库应用系统的运行，只有实际运行才能达到应用数据库系统开发设计的预期目的。建立实际数据库结构就是用所选用的 DBMS 提供的数据定义语言 DDL 来建立实际数据库结构。数据库实施的步骤如图 4.12 所示。

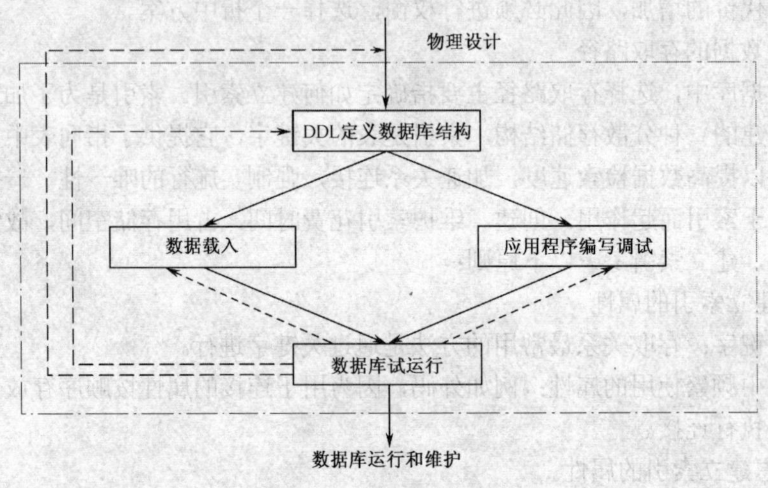

图 4.12　数据库实施步骤

1. DDL 定义数据库结构

数据库模式定义语言 DDL（Data Description Language），是描述数据库中要存储的现实世界实体的语言。一个数据库模式包含该数据库中所有实体的描述定义。可以创建（Create）数据库、表、视图和索引，修改（Alter）数据库、表、视图和索引，删除（Drop）数据库、表、视图和索引。进行数据库的权限管理，对表（Table）、索引（Index）、聚簇（Cluster）进行分析（Analyze），建立审计（Auditing），加注释（Comments）到数据字典。下面用 SQL Server 2005 的 DDL 语言定义“商品订购”数据库。

```
CREATE DATABASE [SPDG] ON  PRIMARY
( NAME = 'SPDG', FILENAME = 'C:\Program Files\Microsoft SQL Server\MSSQL.1\MSSQL\Data\SPDG.mdf' , SIZE = 3072KB , MAXSIZE = UNLIMITED, FILEGROWTH = 1024KB )
 LOG ON
( NAME = 'SPDG_log', FILENAME = 'C:\Program Files\Microsoft SQL Server\MSSQL.1\MSSQL\Data\SPDG_log.ldf' , SIZE = 1024KB , MAXSIZE = 2048GB , FILEGROWTH = 10%)
CREATE TABLE [dbo].[KHB](
    [客户编号] [char](6) COLLATE Chinese_PRC_CI_AS NOT NULL,
    [客户姓名] [varchar](20) COLLATE Chinese_PRC_CI_AS NOT NULL,
    [出生日期] [datetime] NULL,
    [性别] [bit] NULL,
    [所在省市] [varchar](50) COLLATE Chinese_PRC_CI_AS NULL,
    [联系电话] [varchar](12) COLLATE Chinese_PRC_CI_AS NULL,
    [备注] [text] COLLATE Chinese_PRC_CI_AS NULL,
 CONSTRAINT [PK_KHB] PRIMARY KEY CLUSTERED
```

```
(
    [客户编号] ASC
)WITH (IGNORE_DUP_KEY = OFF) ON [PRIMARY]
) ON [PRIMARY] TEXTIMAGE_ON [PRIMARY]

CREATE TABLE [dbo].[SPB](
    [商品编号] [char](8) COLLATE Chinese_PRC_CI_AS NOT NULL,
    [商品类别] [varchar](20) COLLATE Chinese_PRC_CI_AS NULL,
    [商品名称] [varchar](50) COLLATE Chinese_PRC_CI_AS NULL,
    [单价] [float] NULL,
    [生产商] [varchar](50) COLLATE Chinese_PRC_CI_AS NULL,
    [保质期] [datetime] NULL CONSTRAINT [DF_SPB_保质期]  DEFAULT ('2000-01-01'),
    [库存量] [int] NULL,
    [商品图片] [image] NULL,
    [备注] [text] COLLATE Chinese_PRC_CI_AS NULL,
 CONSTRAINT [PK_SPB] PRIMARY KEY CLUSTERED
(
    [商品编号] ASC
)WITH (IGNORE_DUP_KEY = OFF) ON [PRIMARY]
) ON [PRIMARY] TEXTIMAGE_ON [PRIMARY]

CREATE TABLE [dbo].[SPDGB](
    [客户编号] [char](6) COLLATE Chinese_PRC_CI_AS NOT NULL,
    [商品编号] [char](8) COLLATE Chinese_PRC_CI_AS NOT NULL,
    [订购时间] [datetime] NOT NULL,
    [数量] [int] NULL,
    [需要日期] [datetime] NULL,
    [付款方式] [varchar](40) COLLATE Chinese_PRC_CI_AS NULL,
    [送货方式] [varchar](50) COLLATE Chinese_PRC_CI_AS NULL,
 CONSTRAINT [PK_SPDGB] PRIMARY KEY CLUSTERED
(
    [客户编号] ASC,
    [商品编号] ASC,
    [订购时间] ASC
)WITH (IGNORE_DUP_KEY = OFF) ON [PRIMARY]
) ON [PRIMARY]
```

2．数据载入

数据库实际结构建立好以后，需要载入数据。数据库的一个重要特征就是数据量一般非常大，有时还分散于一个单位的各个部门，原始数据通常有以下来源：原始的账本、表格、凭证、档案资料；分散的计算机文件；原有的数据库应用系统。这些数据的结构和格式一般不符合现有数据库要求，必须将这些数据加以收集、分类、整理，转换成现有数据库所需的数据。

对于数据量不大的小系统，可以用人工方法完成数据的载入工作，但是，数据的载入往往非常烦琐而且易于出错，效率低下，所以在开发设计数据库的同时要设计一个专用的输入子系统，其主要功能是从大量原始文件中抽取、分类、检验、综合和转换数据库所需的数据。

在原有系统不中止的情况下，采用手工或编写专用软件工具的办法，将原系统中的数据转移到新系统的数据库中。这时，如果贸然停止原有系统，而新系统却无法正常工作，将导致巨大的损失，往往无法挽回。另外，对载入的数据进行全面的检验、核对，以保证数据正确是极为重要的，因为错误的数据对数据库来讲是毫无意义的。在输入子系统中应考虑多种检验策略，在数据转换过程中进行多次检验，并且每次使用不同方法检验，确认正确后再载入，数据的载入应分期分批进行，先输入小批量数据供调试使用，运行合格后，再输入大批量数据，同时，应做好数据备份工作，防止数据意外损害，以便调试工作反复进行。

3．应用程序编写与调试

数据库应用系统中应用程序的设计，一般应与数据库设计同步进行，它是数据库应用设计的行为特性的设计。由于面向对象技术和可视化编程技术的普遍应用，出现了许多专门开发数据库应用系统的软件开发环境，如前几年的 Delphi、C++Builder、MS Visual C++和近年的 Java、.net 等，MS Visual Studio 2005 中集成了许多 MS SQL Server 2005 数据库控件，为应用系统的开发提供了十分方便的开发环境，使得高效率地开发数据库应用系统成为可能。

在设计数据库应用程序时要注意如下事项：

（1）应用程序的目标。在任何时候，在保证数据库安全的情况下，数据库应用程序要从用户的角度来建立、修改、删除、统计以及显示数据对象，程序对授权的用户的合理要求，要能够提供一个易于使用的界面；而对不合理的要求，程序显示准确并具有帮助性的提示信息，且不能提供任何实质性的服务。

（2）数据库的安全性和完整性。任何时候都要保证数据库的安全性和完整性，一般的 RDBMS 约束机制可以在很大程度上保护数据库的完整性，但还不够，对于一些没有受到关系约束检查的数据，必须在应用程序的完整性控制之下，保证相关数据的同步更新。另外，在设计应用程序时，不要过多考虑触发器的存在，要把逻辑控制加到程序当中去，实现所有的约束，至少要实现所有未能受到 RDBMS 保护的约束，使应用程序成为保护数据完整性的一道屏障。

（3）程序测试。应用程序初步完成以后，应先用少量数据对应用程序进行初步测试。这实际上是软件工程中的软件测试，目的是检验程序是否正常运行，即对数据的正确输入，程序能否产生正确的输出；对于非法的数据输入，程序能否正确地鉴别出来，并拒绝处理。

4．数据库试运行

应用程序初步设计、调试完成、数据载入后，即可进入数据库试运行阶段，或称为联合调试阶段；通过实际运行应用程序，执行数据库的各种操作，测试应用程序功能和系统性能，分析是否达到顶期要求。数据库系统试运行期间，可利用性能监视器、查询分析器等软件工具对系统性能进行监视和分析。数据库应用系统在小数据量的情况下，如果功能完全正常，那么在大数据量时，主要看它的效率，特别是并发访问情况下的效率。如果运行效率达不到用户要求，就要分析是应用程序本身的问题还是数据库设计的缺陷。如果是应用程序的问题，就要用软件工程的方法进行排除；如果是数据库的问题，可能还需要返工，检查数据库的逻辑设计是否有问题，然后分析逻辑结构在映射成物理结构时，是否充分考虑 DBMS 的特性。如果是这样的问题，应重新生成物理模式。经过反复测试，直到数据库应用程序功能正常，数据库运行效率也能满足需要，就可以删除模拟数据，将真正的数据全部导入数据库，进行最后的试运行了。此时，原有的系统也应处于正常运行状态，形成同一应用的两个系统同时运行的局面，以保证用户的业务能正常开展。

4.2.6　数据库运行与维护

试运行结果符合设计目标后，数据库就可以真正投入运行了。数据库投入运行标志着开发任务的基本完成和维护工作的开始，但并不意味着设计过程的终结，由于应用环境在不断变化，数据库运行过程中物理存储也会不断变化，对数据库设计进行评价、调整、修改等维护工作是一个长期的任务，也是设计工作的继续和提高。这主要有两方面的原因：一方面，数据库系统运行中可能产生各种软硬件故障；另一方面，由于应用环境中各种因素的变化，只要数据库系统在运行使用，就得不断对它进行监督、调整、修改，保持应用数据库系统较强的生命力和正常运行。这一阶段的工作主要由数据库系统管理员（DBA）完成，系统变动大时，需要开发设计人员参与。维护阶段的主要工作如下：

1. 数据库的转储和恢复

在数据库系统运行过程中，可能存在无法预料的自然界或人为的意外情况，如电源、磁盘、计算机系统软件等，均会引起数据库运行中断，甚至破坏数据库的部分内容，目前许多大型的 DBMS 都提供了故障恢复功能，但这种恢复一般要 DBA 配合才能完成，因此需要 DBA 定期对数据库和数据库日志进行备份，以便发生故障时尽快将数据库恢复到某种一致状态。

2. 数据库安全性、完整性控制

根据用户的实际需要授予不同的操作权限，根据应用外境的改变修改数据对象的安全级别。为保证数据库的安全，应经常修改口令或改变保密手段，这也是 DBA 维护数据库安全性的工作内容。随应用环境改变，数据库完整性约束条件也会发生变化，DBA 应根据实际情况做出修正。

3. 数据库性能监督、分析和改进

对数据库性能进行监督、分析和改进是 DBA 的一项重要工作。利用 DBMS 提供的系统性能参数监测、分析工具，分析数据库存储空间、响应时间等性能指标并作记录，为数据库的改进、重组、重构等提供资料。

4. 数据库的重定义、重构和重组织

数据库运行一段时间后，数据库中的数据经过不断的增加、删除、修改，有效记录之间会出现空间残片，物理结构也不太合理了，插入记录不一定都按逻辑相连，而用指针链接，使得 I/O 占用时间增加，导致运行效率下降。

重定义数据库就是修改存储起来的数据库定义，然后转换存储数据。数据库重定义后，以前建立的数据库可能包含无效数据，要根据新定义进行裁决。

数据库重构是根据数据库新定义对存储的数据进行转换，使其与新定义保持一致。数据库重定义可能涉及数据库内容、结构和物理表示的改变。在数据库系统中，由于不同数据库逻辑定义和物理存储结构之间的依赖程度不同，有些重定义不需要重构，如增加新的字段或属性。

数据库重组是指数据库物理存储结构的变化，数据库逻辑结构和内容不变。重组的目的

是改进数据库的存取效率和存取空间利用率。

一般来说，DBMS 都提供了数据库性能监测和重组工具，但数据库重组要慎重，因为数据库重组会暂停数据库运行，花费一定的时间，占用一些系统资源，代价较高。需要权衡数据库重组后性能的改善和付出的代价来做决定，如数据库数据增长速度、数据库使用的频繁程度、经常使用的数据及使用方式、数据库的生存周期、数据库的组织形式和存取方式。

本章小结

数据库设计过程分为 6 个阶段：需求分析、概念结构设计、逻辑结构设计、物理结构设计、数据库实施、数据库运行与维护。本章介绍了数据库设计各阶段的目标、方法和注意事项。

概念结构设计和逻辑结构设计是数据库设计的核心环节。概念结构设计是在需求分析的基础上对现实世界的抽象和模拟，目前最广泛应用的概念结构设计工具是 E-R 模型。逻辑设计是在概念设计的基础上，将概念模型转换为具体的 DBMS 支持的数据模型。

本章内容是进行数据库设计与应用的基础。

习题 4

1. 数据库设计的任务是什么？
2. 数据库应用系统设计分哪几个阶段？
3. 简述数据库逻辑设计的任务和步骤。
4. 如何把 E-R 图转换成关系模式？
5. 为一个图书馆设计一个数据库，用户要求：在数据库中，对每个借阅者保存读者的读者号、姓名、性别、年龄、单位、电话号码、E-mail，对每本书保存书号、书名、作者、出版社，对每本借出的书保存读者号、借出日期、还书日期。要求：设计出 E-R 模型，再将其转换为关系模型。

第 5 章　构建数据库的概念模型——应用系统开发基础

数据库的概念模型也称实体联系模型（E-R），在数据库应用设计中使用非常广泛。主要用于对现实系统的数据抽象、数据库的子模式及概念模式设计。利用概念模型设计得到的数据模型，进一步转换成 DBMS 支持的逻辑数据模型，如关系模型等。本章主要从数据模型的数据结构与数据约束两方面出发，对 E-R 模型做较详细的介绍；同时，对在实际使用中出现的E-R模型无法描述的问题，需要对E-R模型进行扩展，从而产生了扩展的E-R模型（Extended ER，EER）；然后介绍一款优秀的 E-R 模型设计工具——ERwin，最后介绍用 UML 描述的对象模型。

5.1　E-R 模型

模型是对客观现实世界的抽象描述，是客观现实世界的逻辑映像，数据库本身是客观世界在计算机系统中的抽象表示。实体联系模型（E-R 模型）正是对客观现实世界的逻辑关系的描述，能够比较清晰地反映出用户给出的关于客观现实世界的语义，容易被非计算机专业人员所理解，便于数据库设计人员和用户进行思想交流。所以，E-R 模型广泛应用于数据库概念设计中。下面详细介绍 E-R 模型使用的几个主要概念。

5.1.1　E-R 模型中的基本概念

1．实体（Entity）

实体是构成 E-R 模型的基本对象，是客观世界中存在、并可相互区别的事物。实体可以是具体的人、事、物，也可以是抽象的概念或联系。例如，一件商品、一名学生、一所学校、一个企业等都是实体。而一件商品是一个具体的实体，一份合同则为抽象的实体。

2．实体型（Entity Set）

实体型是同类实体的集合。在不混淆的情况下，也简称为实体。例如“学生”、“教师”、“高校”、“产品”。

3．属性（Attribute）

属性是实体型的特征或性质，即实体用属性描述。例如，“商品”实体集的属性有“商品编号”、“商品类别”、“商品名称”、“单价”、“生产商”、“保质期”等。属性按结构来分类有简单属性、复合属性和子属性。简单属性表示属性不能再分，复合属性表示该属性还可以再分为子属性。例如，“商品名称”由“中文名称”、“英文名称”等子属性组成，简单属性如商品类别、单价。

属性的取值范围称为域。按取值来分，属性有单值属性、多值属性、导出属性和空值属性等。只有一个取值的属性称为单值属性；多于一个取值的属性称为多值属性；其值可由另外一个属性取值推导出来的属性称为导出属性；值还不确定或还没有值的属性称为空属性。例如，多值属性如“联系电话”（某人可能有多个联系电话，“家庭电话”、“办公室电话”、“手机”），导出属性如“保质天数”（其值可由生产日期导出），空值属性如“销售商”（当没有商家来订购时，“销售商”就不确定），单值属性如“商品编号”（一件商品只能有一个编号）。

4. 码（Key）

码是具有唯一标识特性的一个或一组属性，用于唯一标识实体型中的实体。如商品信息中的“商品编号”，客户信息中的“客户编号”或“客户编号+客户姓名+性别”，都可以作为客户信息的码，这样就可能存在冗余。这是因为，键的概念中并没有要求一定要最小属性集。按照属性个数可分为简单码和复合码，由一个属性构成的码称为简单码；由多个属性构成的码称为复合码。

候选码：最小属性集合的码。

主码：当存在多个候选码时，能够描述实体的唯一标识的候选码。例如，客户信息中的“客户编号”。

5. 联系（Relationship）

在一个数据库系统中，通常包含许多不同的实体型，不同实体型之间的实体间存在某种关系，因此，联系是两个或两个以上实体间的关联，如“客户信息”和“商品信息”之间的联系。联系的分类主要有以下几种。

（1）1:1（一对一联系）：A 中任意实体至多对应 B 中的一个实体，反之，B 中的任意实体至多对应 A 中的一个实体。如“观众”与“座位”、“病人”与“病床”、“学校”与“校长”、“学生”与“床号”。

（2）1:n（一对多联系）：A 中至少有一个实体对应 B 中的多个实体，反之，B 中的任意实体至多对应 A 中的一个实体。如“学院”与“专业”、“学校”与“学院”、“客户”与“订单”等。

（3）m:n 联系（多对多联系）：A 中任意实体至少有一个实体对应 B 中的多个实体，反之，B 中的任意实体至少对应 A 中的多个实体。如“客户”与“商品”、“学生”与“课程”。

实体型之间的一对一、一对多、多对多联系不仅存在于两个实体型之间，也存在于两个以上的实体型之间。同一个实体集内的各实体之间也可以存在一对一、一对多、多对多的联系。联系本身也是一种实体型，也可以有属性。如果一个联系具有属性，则这些属性也要用无向边与该联系连接起来。

5.1.2 基本 E-R 模型

为了比较直观地表示 E-R 模型，可以使用图形来描述 E-R 模型，称为实体联系图，简称 E-R 图。图 5.1 给出的是 E-R 图的基本图形符号，其他相关概念的符号在后面相关部分逐一介绍。

1. E-R 图的设计

（1）框内写上实体、属性、联系的名字。

（2）实体与属性间用直线相连。

（3）联系与相关实体间用直线相连，并注明联系方式。

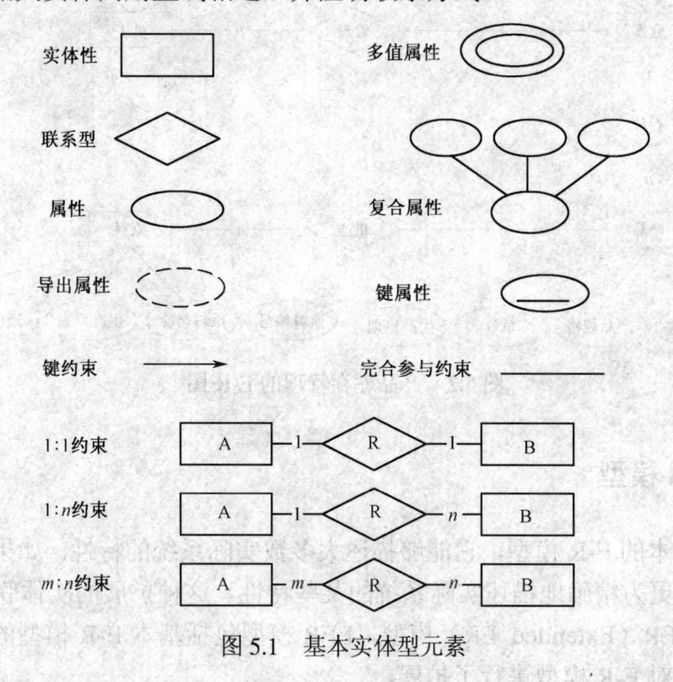

图 5.1　基本实体型元素

2．设计 E-R 图的步骤

（1）针对特定用户的应用，确定实体、属性和实体间的联系，画出用户视图的局部 E-R 图。注意：实体和属性是相对的；

（2）综合各个用户的局部 E-R 图，产生反映数据库整体概念的总体 E-R 图；注意：对不同 E-R 图中的实体，要消除那些同名异义或同义异名的现象，保证数据的一致性。在综合局部 E-R 图时，要注意消除那些冗余的属性、联系。

【例 5.1】　设计产品库存管理的 E-R 图。

首先，进行系统调研。通过调研了解到如下数据信息：

① 该生产企业有多个产品仓库，每个仓库分布在不同的地方，具有不同的编号，企业对这些仓库进行统一管理。

② 每个仓库可以存放多种不同的原材料，为了便于管理，各种产品分类存放，同一种类型的产品集中存放在同一个仓库里。

③ 每个仓库可安排一名或多名员工管理，每个员工只有一名直接领导。

④ 同一种产品可有多个原料厂家提供原材料，同时一个原料厂家可向多个产品生产厂家提供原料。

其次，确定实体联系。对调研结果分析后，可以归纳出相应的实体、联系及其属性。

- 仓库：仓库编号、地址、面积、仓库类型；
- 员工：员工编号、姓名、性别、出生日期、职务、职称；
- 产品：产品编号、产品名称、产品规格、单价、生产日期；
- 原料：原料编号、原料名称、生产厂家、通信地址、联系电话。

最后，进行分析，可得出图 5.2 所示的 E-R 模型图。

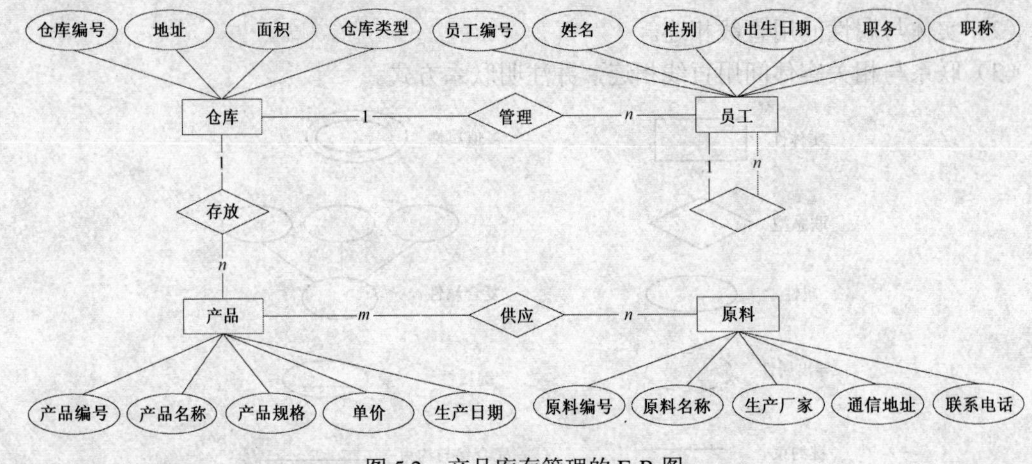

图 5.2　产品库存管理的 E-R 图

5.1.3　扩展 E-R 模型

上面讲述了基本的 E-R 模型，它能够描述大多数实际系统的特性。如果使用扩展的实体联系模型，则可以更为精确地描述实际系统的某些特性。这种扩展的实体联系模型是 E-R 模型的扩展，简称 EER（Extended ER）模型。EER 模型包括基本 E-R 模型的所有概念，并从类层次和聚集方面对 E-R 模型进行了扩展。

1. 类层次

有时为了需求，将实体型中的实体分成子类。分类后体现为一种类层次，最上层为超类，下层为子类。如将“商品”按“商品类别”分为“食品”和“文具”，这样，“食品”和“文具”就是“商品”的子类。子类除可继承超类的属性外，还可以有自己独特的属性，这和面向对象技术中超类和子类的概念相似。其实，类层次也是一种联系，而且是一种特殊的联系，即“层次”联系。为了体现这种特殊性，用一个统一的名称 ISA 来表示类层次联系，而不必像 E-R 模型中的其他联系那样要分别命名。例如，“食品”是一种（ISA）“商品”，“文具”是一种（ISA）“商品”，因此，“食品”和“文具”与“商品”之间的联系是 ISA，表示一种类层次，如图 5.3 所示。

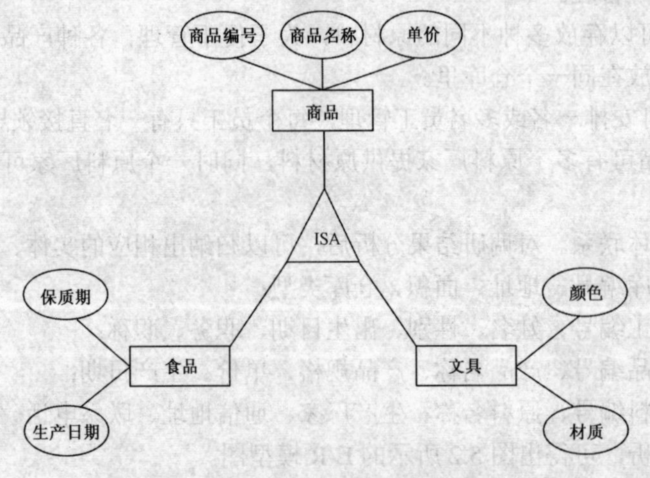

图 5.3　类层次图示例

子类中含有独特的属性描述，它们只在子类的实体中才有意义。例如，“食品”的“保质期”对“文具”无任何意义。

2. 演绎与归纳

（1）演绎

演绎是以一个实体型为基础，定义该实体型子类的过程。这个实体型为所定义子类的超类，该超类称为演绎超类，是一般到特殊思维方法的运用。演绎过程实质上是按照特定的规则对演绎超类的实体进行分类的过程，也就是在超类实体的属性的基础上加入新的属性，形成子类实体的过程。例如，由实体型商品形成“食品”、“服装”、“文具”子类的过程，是根据商品实体型的类别来进行分类的。“服装”子类所形成的实体具有新的属性“洗涤方法”，“食品”子类所形成的实体具有新的属性“保质期”，“文具”子类所形成的实体具有新的属性“颜色”，如图 5.4 所示。另外，对于同一个实体型可以使用不同的分类规则进行多种演绎，例如，“商品”实体按生产方式可分为“手工生产”和“机器生产”两个子类。

（2）归纳

归纳是演绎的逆过程。归纳过程是从多个实体型出发，分析这些实体型的共同特征，抽象出它们之间的公共属性，产生出这些实体型的超类，是特殊到一般思维方法的运用。例如，在一个学生数据库系统中，可以从实体型“专科生”、“本科生”、“硕士生”、“博士生”归纳出“学生”这一超类，如图 5.5 所示。

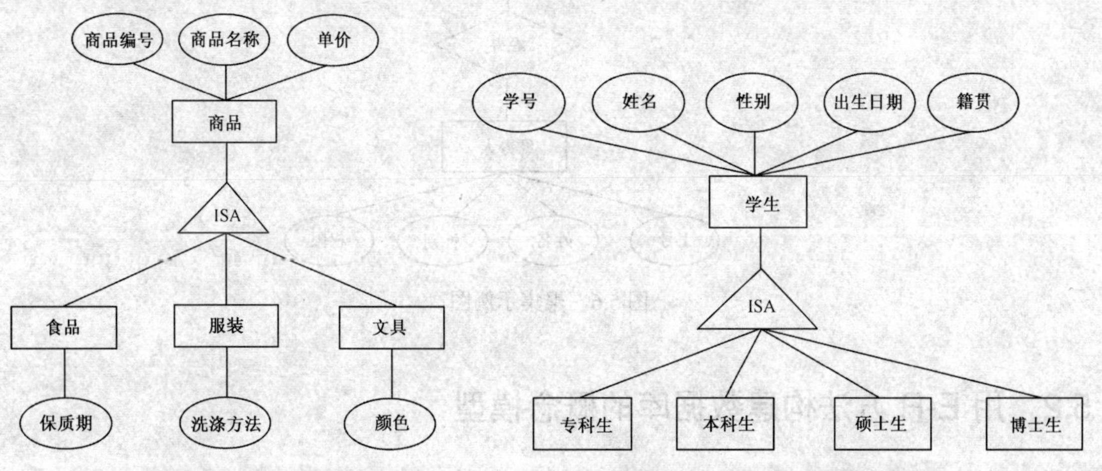

图 5.4　实体型商品构造子类的演绎　　图 5.5　由实体型产生超类的归纳示例

（3）演绎的原则

为了避免演绎的随意性和盲目性，在使用演绎方法的时候，一般应遵循两个原则或约束：重叠性原则和包容性原则。

① 重叠性原则。要求演绎出的两个子类实体不能重叠或交叉（又名正交约束）。如果使用属性作为演绎谓词，当该属性是单值属性时，那么该演绎过程满足正交约束。例如，“学生”超类演绎生成的子类“专科生”、“本科生”、“硕士生”、“博士生”不重叠。

② 包容性原则。要求超类中的每个实体必须属于某个子类（又称完整性约束），也就是说，子类的所有实体构成超类中的所有实体。例如，商品必须是食品、文具、服装等之一。

3. 聚集

在实际应用中，有时需要在实体型和联系型之间定义新的联系型，这时，可用聚集来描述这种情况。所谓聚集，就是把联系型以及该联系所关联的实体型一并作为高层实体型来对待的抽象处理方法。这样，高层实体型可以作为一般的实体型处理，可以同其他实体型一起建立新的联系型。例如，在银行储蓄管理系统中，储户到银行存钱，可以建立“储户”和“存折（银行卡）”这两个实体型，“储户”实体型具有属性(身份证号、姓名、性别、家庭住址、电话)，“存折”实体型具有属性(账号、余额、类别、密码)。它们之间存在“存取”联系，因此可建立“存取”联系型，“存取”联系型具有属性“存取日期”。如果每一笔存取款业务都由银行某业务人员办理，要反映业务人员和“存取”联系型之间存在经办联系，可将“储户”实体型、“存折”实体型和“存取”联系型作为一个“存取”实体型来处理，使用大的矩形框表示，另外建立“经办人”实体型，该实体型具有属性(工号、姓名、性别、权限)，然后在“存取”实体型和“经办人”实体型之间建立“经办”联系型，如图 5.6 所示。

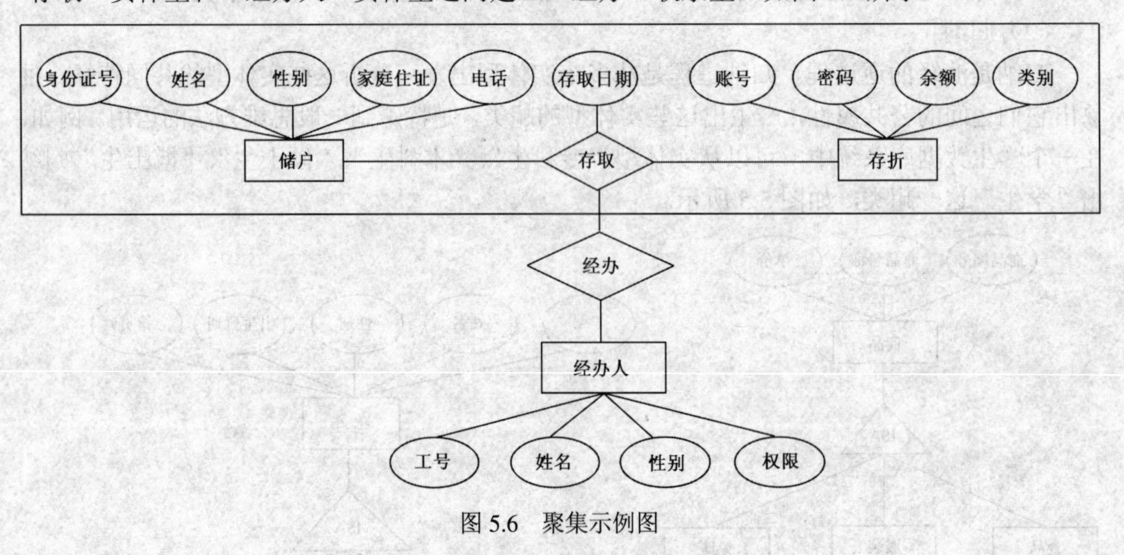

图 5.6　聚集示例图

5.2　用 E-R 方法构建数据库的概念模型

前面对 E-R 模型的数据结构及其约束做了介绍，并对其中涉及的各元素，如实体、联系、属性等进行了详细的讲解。应掌握各元素的用途及画法，以便在数据库设计中熟练运用。利用 E-R 模型进行数据库概念设计，关键是：

（1）确定实体型、实体型的属性、键以及主键；

（2）确定实体型之间的联系及其相关的约束条件；

（3）使用演绎或归纳方法确定实体型之间超类和子类的联系及其相关约束；

（4）确定是否要用聚集；

（5）概念数据库的 E-R 图或 EER 图。

5.2.1　实体与属性的划分

一般情况下，一个概念用实体描述还是用属性描述是比较明确的，只在极少数情况下，比较难划分。例如，“联系电话”这个概念，有时可以作为属性，有时又可以作为实体，如何取舍？

1．用属性表示

如每个“客户”只需记录一个“联系电话”，则将其作为“客户”实体的属性是合适的。

2．用实体而非属性表示

如有下列情况之一，则可以考虑使用实体。

（1）需要记录多个值。例如，“客户”具有多个不同的“联系电话”：办公电话、家庭电话、手机等。

（2）需要表达其结构。例如，“联系电话”按“区号”、“分局”等查询。

5.2.2　联系与聚集的使用

聚集是为了表示实体型与联系型之间的联系而引入的，能用聚集来描述的是否可以用三元联系来描述？什么时候使用三元联系比较好？什么时候使用聚集比较好？这主要由具体的实体型和实体型之间的联系类型、实体型和联系型之间的关系以及所要表达的完整性约束规则来决定。在图 5.6 所示的例子中，如果不考虑实体型和实体型之间的联系类型和完整性约束规则，则可以用一个三元联系型“办理”来描述，如图 5.7 所示。

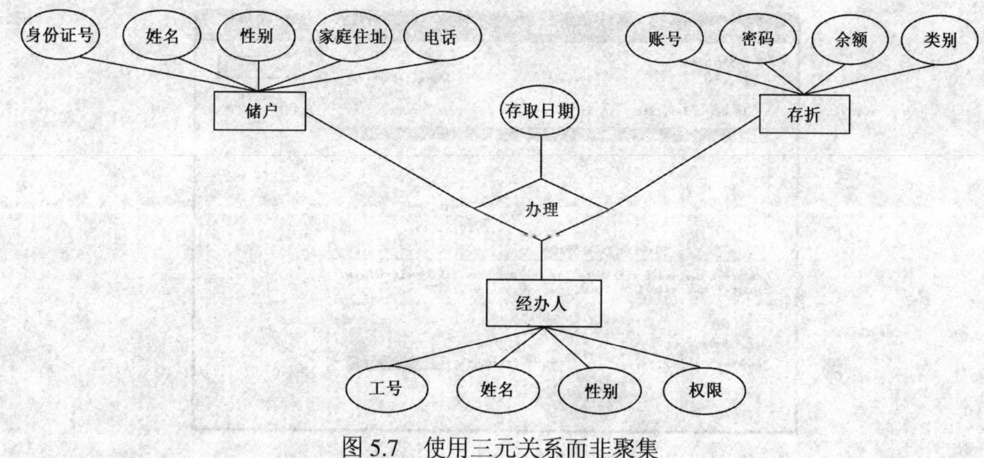

图 5.7　使用三元关系而非聚集

5.2.3　自顶向下和自底向上的设计方法

开发大数据库应用系统，一般都会采用某高级语义数据模型作为概念数据库的设计工具。E-R 模型易于图形表达，意义直观，易于为业务用户所理解，因此被广泛采用。采用 E-R 模型进行大型系统数据库设计，一般有如下两种方法。

1．自顶向下

自顶向下的设计方法是先全局后局部，也就是说，对要完成的任务进行分解，先对最高层次中的问题进行定义、设计，而将其中未解决的问题作为一个子任务放到下一层次中去解决。这样逐层、逐个地进行定义、设计，直到所有层次上的问题均解决，生成一个包含整个企业中所有数据和应用的逻辑模式。按自顶向下的方法设计时，首先对企业有一个全面的理解，然后从顶层开始，连续地逐层向下分解，直到系统的所有模块均小到便于掌握为止。由于企业越来越大，其全局需求也难以把握，所以这种方法采用较少。

2．自底向上

自底向上的设计方法是先局部后全局，先为各部门每个用户（组）生成一个各自的概念模式，然后集成。综合时，应解决各种冲突。在大多数情况下，都采用自底向上的设计方法。

5.2.4　ERwin——E-R 模型设计工具

ERwin 的全称是 AllFusion ERwin Data Modeler，它是 CA 公司 AllFusion 品牌下的建模工具之一，也是一个数据库关系实体模型（ER Model）设计工具。ERwin 提供了数据库正向工程、逆向工程和文档正向工程功能，可以把设计直接实施到数据库，或者把数据库中的对象信息读到 ERwin 设计中，也可以生成设计文档，格式还可以自动定义。

1．模型选择

启动 ERwin 应用程序，出现图 5.8 所示的对话框，其中有“Logical（逻辑模型）”、“Physical（物理模型）”、“Logical/ Physical（逻辑模型/物理模型）”，可以选择其中之一。在“Target Database”中选择数据库及其版本。

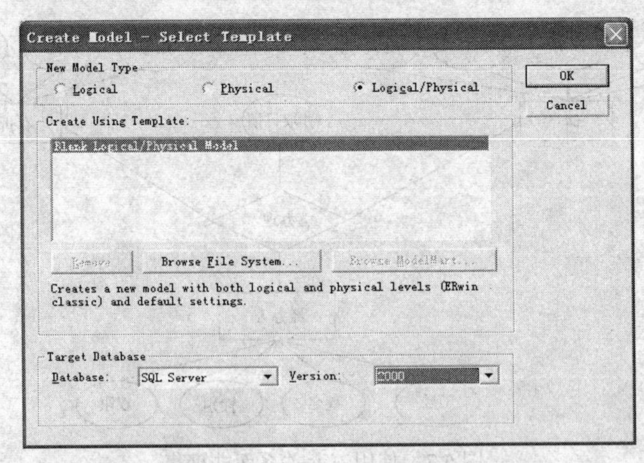

图 5.8　ERwin 模型选择

2．ERwin 的工作区间

ERwin 的工作区间包括菜单栏、工具栏、模型导航器和绘图区，如图 5.9 所示。

3．创建实体

单击模型导航器中的 Entities，选择“New”菜单，新建实体的默认名为“E/1”，“1”为添加实体的顺序号，双击可修改实体的名称，如“客户信息”，如图 5.10 所示。

4．添加实体属性

在“客户信息”实体中单击“Attributes”，选择“Properties”，出现新建客户信息实体的属性对话框，如图 5.11 所示。选择“New...”，出现新建属性对话框，输入新的属性名称，单击“OK”按钮。可以指定“客户编号”为实体的“主键”，如图 5.12 所示。

图 5.9　ERwin 工作区

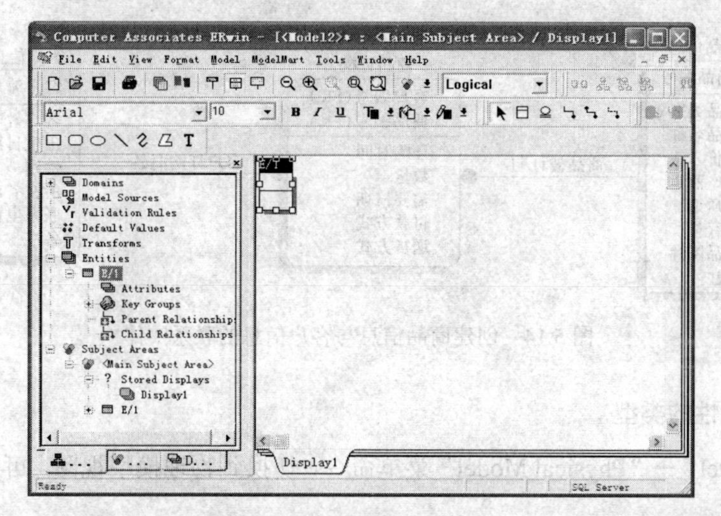

图 5.10　新建实体

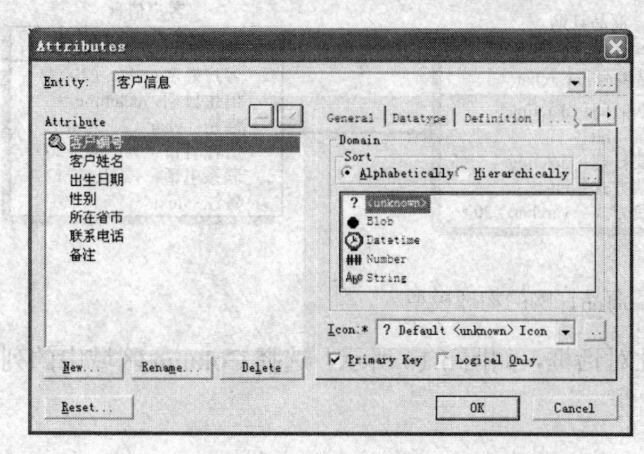

图 5.11　新建实体属性

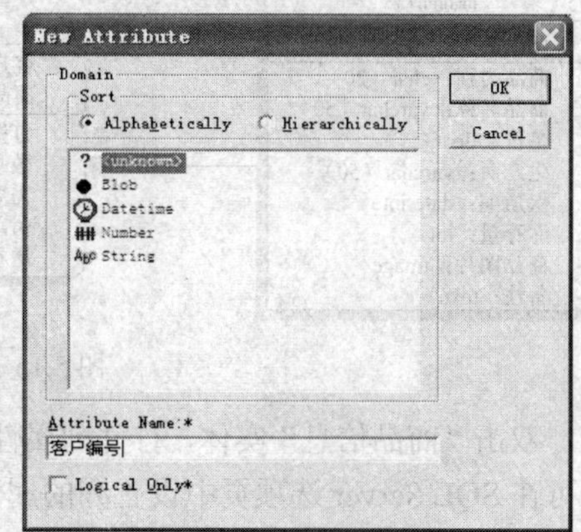

图 5.12　输入属性名称

5. 创建实体间的联系

在联系上右击，打开联系的属性对话框，默认的联系名为“R/1”。修改“Verb phrase”中的“R/1”为“商品订购”，创建商品与客户间的多对多联系，如图 5.13 所示。

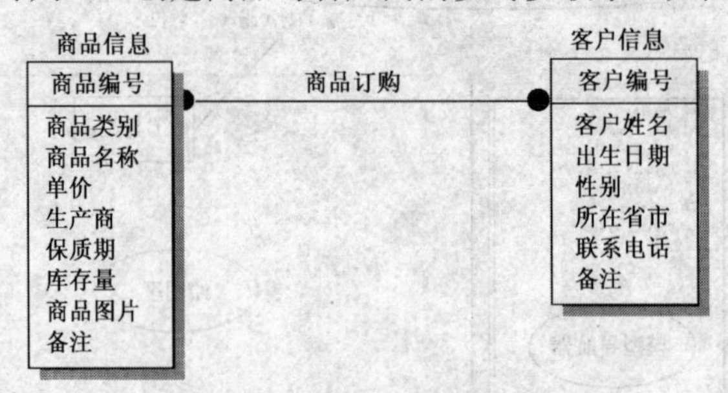

图 5.13　商品与客户间的多对多联系

对于多对多联系，一般采用新建一个联系实体来存储实体间的联系。右击“商品订购”联系，在快捷菜单中执行“Create Association Entity”命令。通过向导创建联系实体，如图 5.14 所示，然后添加“订购时间”、“数量”、“需要日期”、“付款方式”、“送货方式”属性。

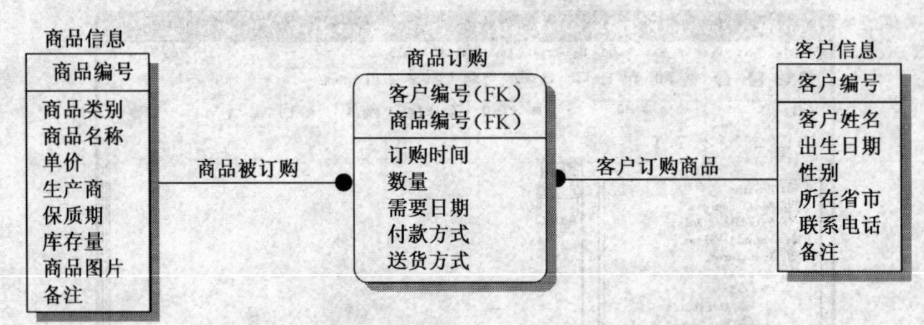

图 5.14　创建商品信息与客户信息的联系实体

6. 设置属性的类型

执行“Model”→“Physical Model”菜单命令，切换到物理模型视图，可以看到如图 5.15 所示的模型。

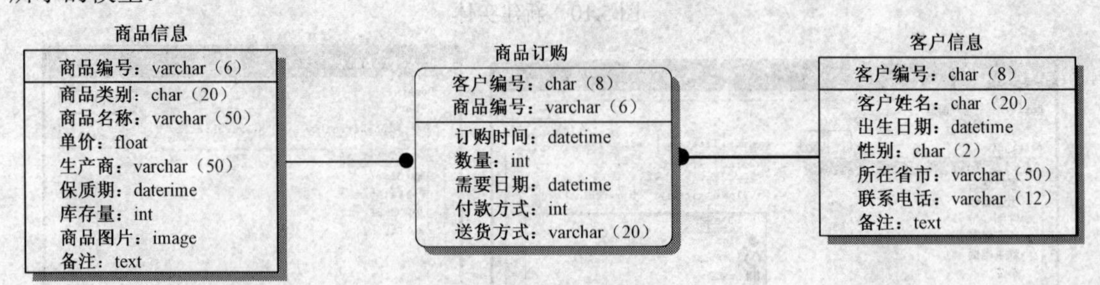

图 5.15　商品订购的物理模型

双击“商品信息”实体，打开列属性对话框，如图 5.16 所示，选择 Column 区域中的列，即可在 SQL Server 选项页中设置列的属性。

7. 生成数据库

至此，已经完成“商品订购”的逻辑模型和物理模型设计，现在可以在目的数据库中生成“商品信息”表、“客户信息”表、“商品订购”表了。选择“Tools”→“Forward Engineer/Schema”菜单项，弹出如图 5.17 所示的“Generate”对话框。在对话框的左边选择表、索引、列等选项，右边则生成这些对象的属性选项，设置好后单击“Generate...”按钮，打开数据库连接对话框，如图 5.18 所示。

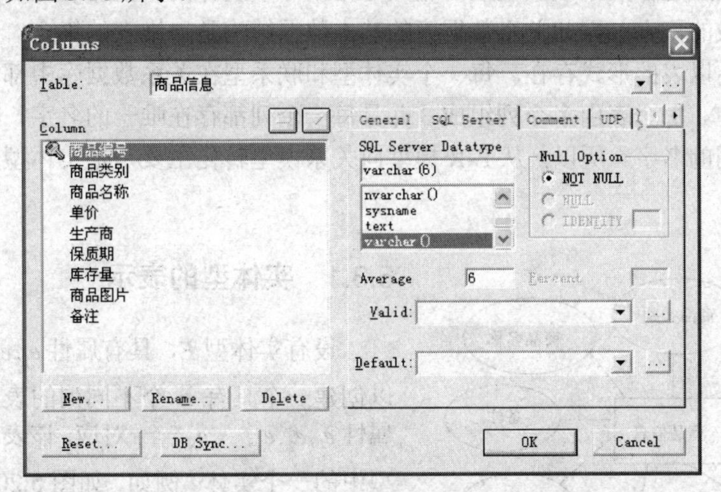

图 5.16　列属性对话框

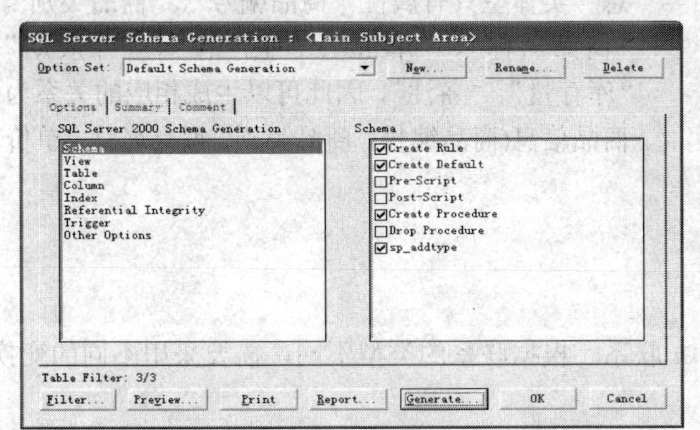

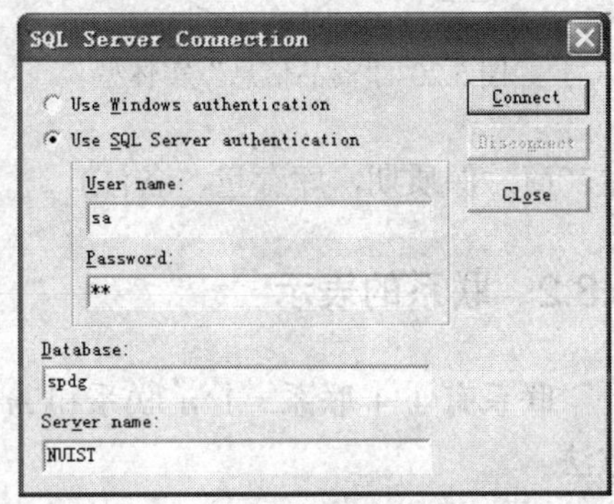

图 5.17　数据库模式生成对话框　　　　图 5.18　数据库连接对话框

输入认证方式的用户名、口令、数据库名和服务器名后，单击“Connect”按钮，即可生成目的数据库“商品订购”，其脚本显示窗口如图 5.19 所示。

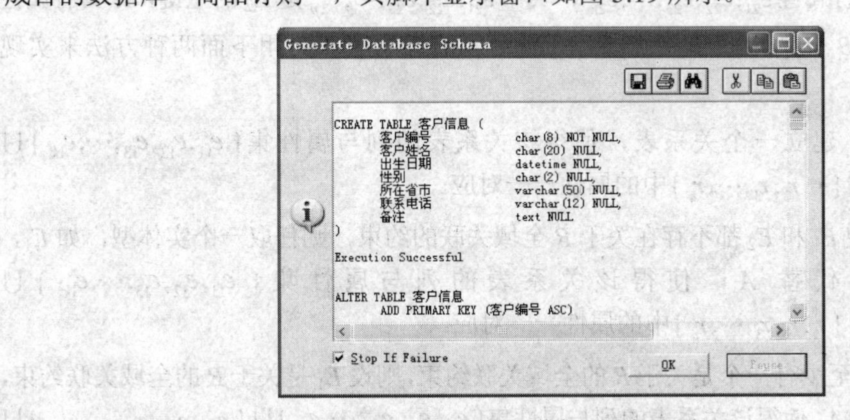

图 5.19　脚本显示窗口

5.3 E-R 模型向关系模型的转换

实体联系（E-R）模型和关系数据模型都是客观世界的抽象，逻辑上都反映客观世界的特征。关系数据库是在关系数据模型的相关理论指导下设计的，直观地说，关系数据模型是多个二维表构成的集合。因此关系数据库的基本数据结构是二维表的集合，实体型和联系型在关系数据库中以表的形式存在。每一个实体型和联系型在关系数据库中都有一个与它相对应的同名表存在，每个表由多个列组成，并且每一个列都存在唯一的名字，在同一个表中，不同的列有不同的名字。所以，从 E-R 模型向关系模型转化主要是把实体型和联系型转变成相应的二维表。

5.3.1 实体型的表示

设有实体型 E，具有属性 $e_1,e_2,e_3,\cdots,e_n$，则可以创建一个具有 n 个不同列的表 E，表中的列与属性 $e_1,e_2,e_3,\cdots,e_n$ 一一对应，该表的每行代表实体型中的一个实体。例如，如图 5.20 所示，“商品信息”实体型具有属性“商品编号”、“商品类别”、“商品名称”、“单价”、“生产商”、“保质期”、“库存量”、“备注”，因此可以生成相应的关系为：商品信息(商品编号，商品类别，商品名称，单价，生产商，保质期，库存量，备注)。

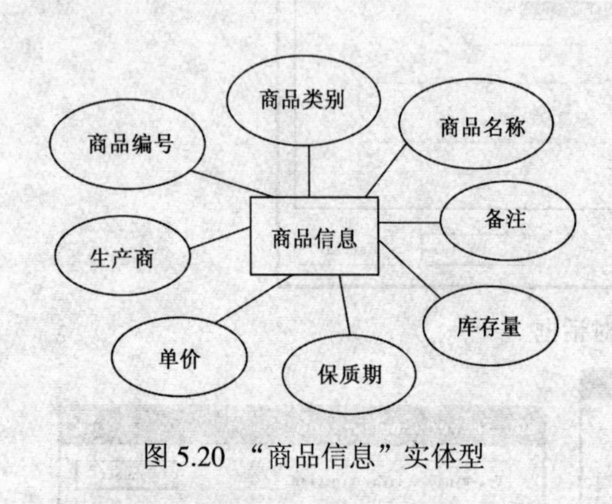

图 5.20 “商品信息”实体型

5.3.2 联系的表示

联系有 1:1 联系、1:n 联系和 m:n 联系，根据联系的类型不同，需要采用不同的变换方法。

1．1:1 联系转换

设 R 是实体型 E_1 和 E_2 之间的 1:1 联系，E_1 具有属性 $e_{11},e_{12},e_{13},\cdots,e_{1n}$，其中 $e_{11},e_{12},e_{13},\cdots,e_{1k}$ 是 E_1 的主键；E_2 具有属性 $e_{21},e_{22},e_{23},\cdots,e_{2m}$，其中 $e_{21},e_{22},e_{23},\cdots,e_{2p}$ 是 E_2 的主键，R 具有属性 $r_1,r_2,r_3,\cdots,r_q$；A 和 B 分别为实体型 E_1 和 E_2 所对应的关系表。可用下面两种方法来实现联系 R：

（1）为联系 R 建立一个关系表，使得该关系表的列与属性集 $\{e_{11},e_{12},e_{13},\cdots,e_{1k}\}\cup\{e_{21},e_{22},e_{23},\cdots,e_{2p}\}\cup\{r_1,r_2,r_3,\cdots,r_q\}$ 中的属性一一对应。

（2）如果实体型 E_1 和 E_2 都不存在关于 R 全域关联的约束，则任取一个实体型，如 E_1，建立新的关系表代替 A，使得该关系表的列与属性集 $\{e_{11},e_{12},e_{13},\cdots,e_{1k}\}\cup\{e_{21},e_{22},e_{23},\cdots,e_{2p}\}\cup\{r_1,r_2,r_3,\cdots,r_q\}$ 中的属性一一对应。

如果 E_1 和 E_2 中至少有一个是关于 R 的全域关联约束，则设 E_1 是关于 R 的全域关联约束，建立新的关系表代替 A，使得该关系表的列与属性集 $\{e_{11},e_{12},e_{13},\cdots,e_{1k}\}\cup\{e_{21},e_{22},e_{23},\cdots,e_{2p}\}\cup$

$\{r_1,r_2,r_3,\cdots,r_q\}$中的属性一一对应。

如果E_1和E_2中都是关于R的全域关联约束，则建立新的关系表代替A和B，使得该关系表的列与属性集$\{e_{11},e_{12},e_{13},\cdots,e_{1k}\}\cup\{e_{21},e_{22},e_{23},\cdots,e_{2p}\}\cup\{r_1,r_2,r_3,\cdots,r_q\}$中的属性一一对应。

2．1:*n*联系转换

设R是实体型E_1和E_2之间的1:*n*联系，E_1具有属性$e_{11},e_{12},e_{13},\cdots,e_{1n}$，其中$e_{11},e_{12},e_{13},\cdots,e_{1k}$是$E_1$的主键；$E_2$具有属性$e_{21},e_{22},e_{23},\cdots,e_{2m}$，其中$e_{21},e_{22},e_{23},\cdots,e_{2p}$是$E_2$的主键，$R$具有属性$r_1,r_2,r_3,\cdots,r_q$；$A$和$B$分别为实体型$E_1$和$E_2$所对应的关系表。使用下面两种方法来实现联系$R$:

（1）为联系R建立一个关系表，使得该关系表的列与属性集$\{e_{11},e_{12},e_{13},\cdots,e_{1k}\}\cup\{e_{21},e_{22},e_{23},\cdots,e_{2p}\}\cup\{r_1,r_2,r_3,\cdots,r_q\}$中的属性一一对应。

（2）建立一个新的关系表代替A，使得该关系表的列与属性集$\{e_{11},e_{12},e_{13},\cdots,e_{1k}\}\cup\{e_{21},e_{22},e_{23},\cdots,e_{2p}\}\cup\{r_1,r_2,r_3,\cdots,r_q\}$中的属性一一对应。

3．*m*:*n*联系转换

设R是实体型E_1和E_2之间的*m*:*n*联系，E_1具有属性$e_{11},e_{12},e_{13},\cdots,e_{1n}$，其中$e_{11},e_{12},e_{13},\cdots,e_{1k}$是$E_1$的主键；$E_2$具有属性$e_{21},e_{22},e_{23},\cdots,e_{2m}$，其中$e_{21},e_{22},e_{23},\cdots,e_{2p}$是$E_2$的主键，$R$具有属性$r_1,r_2,r_3,\cdots,r_q$。为联系$R$建立一个表，使得关系表的列与属性集$\{e_{11},e_{12},e_{13},\cdots,e_{1k}\}\cup\{e_{21},e_{22},e_{23},\cdots,e_{2p}\}\cup\{r_1,r_2,r_3,\cdots,r_q\}$中的属性一一对应。

5.3.3　其他转换规则

1．超类和演绎子类的转换

设实体型E是实体型E_1、E_2，…，E_n的超类，E具有属性$e_1,e_2,e_3,\cdots,e_n$，其中$e_1,e_2,e_3,\cdots,e_k$是E的主键，E_1具有派生属性$e_{11},e_{12},e_{13},\cdots,e_{1n}$，$E_2$具有派生属性$e_{21},e_{22},e_{23},\cdots,e_{2n}$；…；$E_n$具有派生属性$e_{n1},e_{n2},e_{n3},\cdots,e_{nn}$，可以采用下面两种方法来实现关系$R$的转换：

（1）首先为超类E创建一个关系表，使关系表的列与属性集$\{e_1,e_2,e_3,\cdots,e_n\}$中的属性一一对应。然后为每一个子类创建一个关系表，其方法为：设E_i为E的任意子类，为E_i创建相应的关系表，使关系表的列与属性集$\{e_1,e_2,e_3,\cdots,e_n\}\cup\{e_{i1},e_{i2},e_{i3},\cdots,e_{in}\}$中的属性一一对应。

（2）不为超类E创建关系表，而使超类E的属性直接让子类继承，只为每一个演绎创建一个关系表，其方法为：设E_i为E的任意子类，为E_i创建相应的关系表，使关系表的列与属性集$\{e_1,e_2,e_3,\cdots,e_n\}\cup\{e_{i1},e_{i2},e_{i3},\cdots,e_{in}\}$中的属性一一对应。

2．聚集的转换

设R_1是实体型E_1和E_2之间的联系，实体型E_3和联系R_1之间存在联系，当R_1、E_1和E_2作为聚集时，用R_2表示实体型E_3和聚集之间的联系。E_1具有属性$e_{11},e_{12},e_{13},\cdots,e_{1n}$，其中

$e_{11},e_{12},e_{13},\cdots,e_{1k}$ 是 E_1 的主键，E2 具有属性 $e_{21},e_{22},e_{23},\cdots,e_{2m}$，其中 $e_{21},e_{22},e_{23},\cdots,e_{2p}$ 是 E_2 的主键，R_1 具有属性 $r_{11},r_{12},r_{13},\cdots,r_{1q}$，$E_3$ 具有属性 $e_{31},e_{32},e_{33},\cdots,e_{3q}$，其中 $e_{31},e_{32},e_{33},\cdots,e_{3j}$ 是 E_3 的主键。R_2 具有属性 $r_{21},r_{22},r_{23},\cdots,r_{2q}$，根据 $m:n$ 联系的转换，生成 R_1 的主键，不妨设主键构成的集合为 K_{R1}，则 E_1、E_2 和 E_3 可以根据 1:1 和 1:n 的联系转换方法生成关系表。联系 R_2 建立的关系表的列与属性集为 $K_1 \cup \{e_{31},e_{32},e_{33},\cdots,e_{3q}\} \cup \{r_{21},r_{22},r_{23},\cdots,r_{2q}\}$。

5.4 UML 对象模型*

对象模型（Object-Oriented Model）是用面向对象观点来描述现实实体（对象）的逻辑组织、对象间约束、联系等的模型。UML 是一种标准的图形化建模语言，支持从需求分析开始的软件开发全过程，UML 中的图形标记尤其适合面向对象的分析与设计。在面向对象程序设计中，对象模型始终是最基本和最核心的。用 UML 来描述对象模型，通过可视化建模，可更好地提高模型的重用性。

5.4.1 UML 简介

在 UML 之前，没有明确主导的建模语言，大多数建模语言共用一套被普遍接受的概念集。统一建模语言（UML）的出现彻底改变了这一现状，并成为面向对象建模的标准语言。UML 结合了 Booch、OMT 和 Jacbson 方法的优点，统一了符号体系，并从其他的方法和工程实践中吸收了许多经过实践检验的概念和技术。UML 作为一种标准的建模语言已经得到了软件开发界的一致认可，成为面向对象开发的行业标准。UML 是一种图形化、可视化的建模语言，支持从需求分析开始的软件开发过程。

UML 词汇表中的基本词汇有事物、联系和图。事物是模型中最具代表性的成分的抽象，联系是把事物结合在一起，图聚集了相关的事物。在 UML 中，事物分为结构事物（包括类、接口、协作、用例、主动类、组件和节点）、动作事物（包括交互和状态机）、分组事物（即包）和注释事物（即注解）。联系分为 4 种：依赖联系、关联联系、泛化联系、实现联系；图则分为两类，共 9 种：一类是用于描述系统静态方面的结构图（包括用例图、类图、对象图、组件图和部署图），另一类是用于描述系统动态方面的行为图（包括顺序图、协作图、状态图和活动图）。

5.4.2 用 UML 构建数据库的概念模型

1. UML 建模规则

UML 的模型图不是由 UML 语言成分（UML 成员）简单地堆砌而成的，它必须按特定的规则有机组合起来，构成合法的 UML 图。一个完备的 UML 模型图必须在语义上是一致的，并且和相关模型和谐地组合在一起。UML 建模规则包括对如下内容的描述：

（1）名字。任何一个 UML 成员都必须包含一个名字。

（2）作用域。UML 成员所定义的内容起作用的上下文环境。

（3）可见性。UML 成员能被其他成员引用的方式。

（4）完整性。UML 成员之间互相连接的合法性和一致性。

（5）运行属性。UML 成员在运行时的特性。

2. 对象模型的 UML 表示

对象模型的静态结构，一般用 UML 类图来表示。对象模型的 UML 类图类似于 E-R 模型的 E-R 图，只是所用术语和符号略有不同，表 5.1 所示为类图和 E-R 图间的对应关系。

表 5.1　类图和 E-R 图间的对应关系

E-R 图	类　图
实体型（Entity Set）	类（Class）
实体（Entity）	对象（Object）
联系（Realization）	关联（Association）

（1）对象模型中的类（Class）相当于 E-R 模型中的实体型（Entity Set）。类在 UML 中表示为一个方框，由三部分组成：上面的部分是类的名称，中间部分是类的属性，下面部分是类的方法。图 5.21 所示用 UML 表示“商品”类。

（2）对象模型的关联相当于 E-R 模型中的联系。UML 中的关联是一种结构化的关系，指一个类的对象和另一个类的对象有联系。给定关联的两个类，可以从一个类的对象导航到另一个类的对象。在 UML 中，关联的表示方法是在有关联关系的类间画一条线，关联可以是单向的，也可以是双向的。双向关联以一条无箭头的直线表示，单向关联则以单向箭头的直线表示，单向关联的意思是箭头发出类（即无箭头端的类）的对象，可以调用箭头指向类的方法。绝大多数的关联是单向关联，但有些关联也可以是双向关联。双向关联表示类中的每个对象都可以调用对方中的方法。假设类 A 和类 B 有关联关系，类 A 和类 B 的一对一关联、一对多关联和多对多关联表示如图 5.22 所示。

商品信息
-商品编号:String -商品类别:String -商品名称:String -单价:float -生产商:生产商 -保质期:Data -库存量:Integer -商品图片:Object -订购:客户信息

图 5.21　用类图表示类

（3）在某些情况下，对象模型的关联也可以带有自己的属性。这就需要引入关联类来描述，关联类和一般类的表示形式类似，所不同的是：关联类与关联之间需要一条虚线连接。假设类 A 和类 B 为多对多关联，且关联本身带有自己的属性 C_1 和 C_2，则引入关联类 C，如图 5.23 所示。

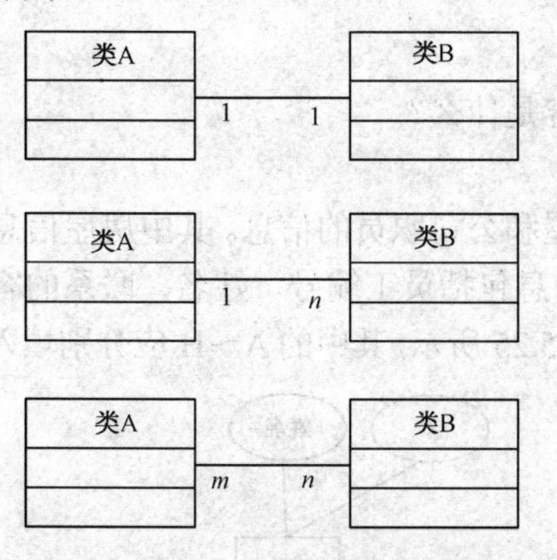

图 5.22　一对一、一对多和多对多关联关系

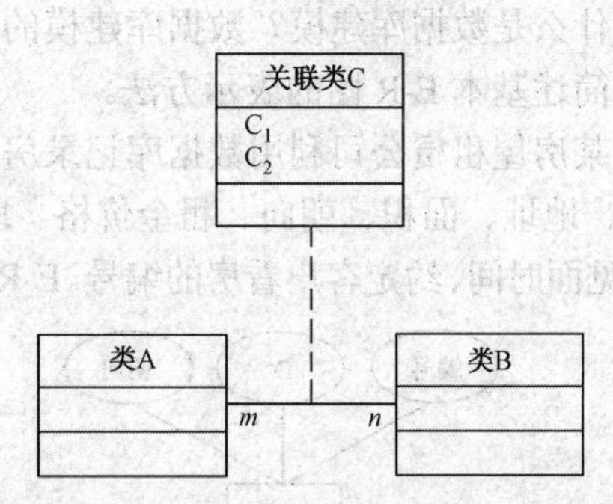

图 5.23　关联类的表示

（4）综合举例。图 5.24 是表示商品订购管理对象模型的 UML 表示实例，图中有 5 个类：商品信息类、生产商类、地址类、客户信息类、商品订购类（关联类），其中生产商和地址是一对一关联，商品信息和生产商是多对多关联，商品信息和客户信息是多对多关联，关联自带属性，就引入一个关联类商品订购。

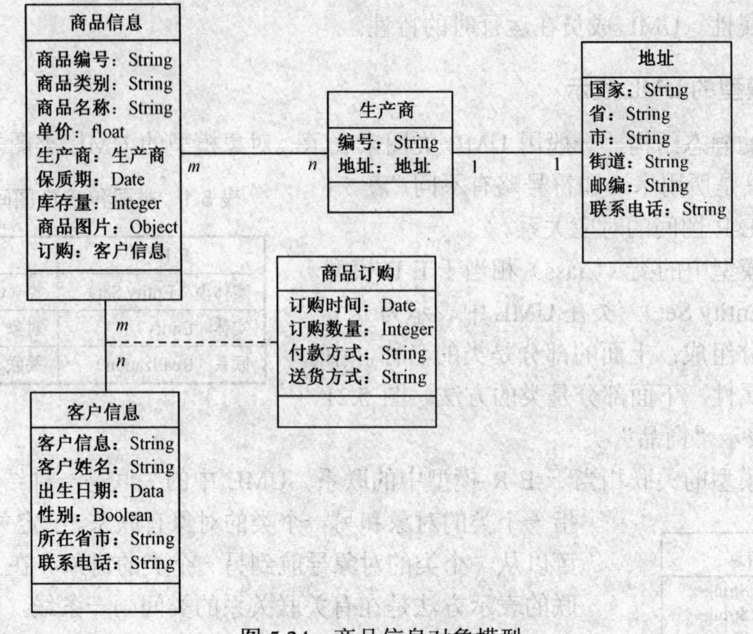

图 5.24　商品信息对象模型

本章小结

本章较详细地介绍了用于数据库概念设计的 E-R 方法和 E-R 模型，同时简要介绍了对象模型。

用 E-R 模型进行概念设计，主要是对某个概念如何表示进行考虑。对大型系统的数据库设计，通常可用自顶向下或自底向上的方法。ERwin 是一种有力的 E-R 模型建模工具，可用来设计数据库的概念模型和逻辑模型。

对象模型也是目前较常用的数据模型，主要使用 UML 进行描述。

习题 5

1. 什么是数据库建模？数据库建模的主要内容是什么？

2. 简述基本 E-R 图的表示方法。

3. 某房屋租赁公司利用数据库记录房主的房屋和公司职员的信息。其中房屋信息包括房屋编号、地址、面积、朝向、租金价格。职员的信息包括员工编号、姓名、联系的客户、约定客户见面时间、约定客户看房的编号。E-R 图如图 5.25 所示，其中的 A～H 应分别填入什么？

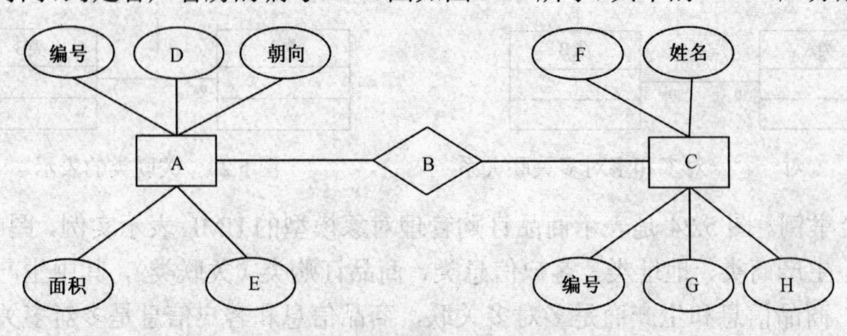

图 5.25　第 3 题 E-R 图

4. 某大学的某系有若干个教研室，每个教研室有若干名教师，每名学生选修若干门课程，每门课程有若干名学生选修，学生每选修一门课就有一个成绩，每个教师讲授多门课，每门课可由多名教师讲授，每名教师讲授的课程都有由该教师指定的教材及规定的教室。其中，系有编号、系名、系主任、办公室和电话；学生有学号、姓名、性别；课程有课程号、课程名和学分；教师有编号、姓名、性别、年龄和职称。请画出该系的 E-R 模型。

5. 设计一个适合大学生选课的数据库，该数据库应包含学生、教师、系和课程，哪个学生选了哪门课，哪个教师上了哪门课，学生的成绩，一个系提供哪些课程等信息。用 E-R 图描述该数据库。

第6章　关系规范化理论——关系数据库设计理论基础

从第4章我们已经了解到，开发一个数据库应用系统需要进行需求分析、概念设计和逻辑设计，然后是数据库的物理设计和系统实施，因此数据库逻辑设计是数据库应用系统设计的重要任务之一。在实际应用中，关系数据库设计的一个基本课题就是如何建立一个“好”的数据模式，使得关系数据库系统无论是在数据存储还是在数据操作方面都具有较好的性能。

那么，在对一个应用单位数据逻辑结构描述的一组关系模式中，什么样的模式是合理的或是“好”的？应当使用怎样的标准来鉴别相应设计合理与否？若存在不合理又如何改进？等等。针对上述问题，人们提出并发展了一套关系数据库模式设计理论与方法，这些理论与方法称为关系规范化理论，是指导我们进行关系数据库有效设计的依据。本章将主要从指导应用的角度来讨论关系规范化理论。

6.1　数据冗余与操作异常问题

客观事物的联系可以分为两个层面：一是实体与实体之间的联系，二是实体内部特征（即属性）之间的联系。从数据库角度看，实体间联系表现为数据的逻辑结构，由数据模型予以形式化说明和描述；而实体内部属性间联系则表现为数据的语义关联，由数据模式进行意义上的刻画和解释。在关系模型中，这种实体内部属性间联系就表现为语义约束。因此，我们不能随意将一些属性组合在一起形成关系模式；否则，就会带来一系列问题，最主要的问题是数据冗余和操作异常。

6.1.1　数据冗余与操作异常

数据冗余（Data Redundancy）是指同一数据在一个或多个数据文件中重复存储。数据冗余不仅会占用大量系统存储资源，造成不必要的开销，而且更严重的是，会带来数据库操作的异常，对数据库性能发挥造成不好的影响。

【例6.1】　设有一个关系模式 $R(U)$，其中 U 为属性集{客户编号，客户姓名，客户性别，出生日期，客户所在省市，联系电话，商品编号，商品名称，单价，订购时间，需要日期，数量}。给定关系 R 的语义如下：

① 一位客户只有一个客户编号，一种商品名称只有一个商品编号。

② 每位客户在特定的订购时间订购的每一种商品都有一个数量。

③ 每位客户可以订购同一种商品多次。

④ 每一种商品可由多位客户订购。

⑤ 每位客户只属于一个省市。

根据上述语义和常识，可知上述关系模式存在以下问题：

首先，数据存在大量冗余。每位客户的姓名、性别、出生日期、客户所在省市、联系电话，对于该客户的每条订购记录都要重复存储一次；同样，每个被订购的商品的名称、单价，对于该商品的每条订购记录都要重复存储一次。

其次，数据冗余将会导致数据操作的异常。

① 插入异常：如果某位客户尚未订购任何商品，则他的信息无法插入到表中。同样，如果某商品尚未有任何客户订购，则其信息也无法插入到表中。

② 删除异常：若某商品售完，需将其信息删除，则会将之前订购过该商品的客户信息也一起删除。

③ 修改异常：若某客户的联系电话改换了，则要修改多个元组。如果一部分修改，而另一部分不修改，将会出现数据间的不一致。

6.1.2　问题原因分析

从例 6.1 可以看出，若不精心设计关系模式，将会出现数据冗余及其导致的数据更新异常问题。更新异常问题产生的原因是数据冗余，那么数据冗余产生原因是什么呢？

数据冗余的产生有着较为复杂的原因。从数据结构角度考察，有两个层面的问题：一是对多个文件之间联系的处理；二是同一个文件中数据之间的联系处理；如果这两个层面的数据联系考虑不周或处理不当，就有可能导致冗余。对于第一个层面的问题，数据库系统（特别是关系数据库）已经较好地解决了；但第二个层面的问题，并非可以由关系数据库系统自动解决，它依赖于关系数据模式的设计。若关系数据模式设计得不好，关系数据库中仍会出现大量数据冗余，导致各种操作异常的发生。

在关系数据库中，同一关系模式的各个属性子集之间存在着数据的依赖关系，例如，客户姓名依赖于客户编号。如果在关系模式设计时，对这种数据依赖关系处理不当，就会产生数据冗余和操作异常。

关系数据库中数据依赖的考虑来源于关系结构本身。在关系模式中，各个属性之间通常是有关联的。这些关联有着不同的表现形式：一种形式是，一部分属性的取值能够决定其他所有属性的取值，例如，主码属性的取值能够唯一确定其他属性的值。另一种形式是，一部分属性的取值可以决定其他部分属性的取值。例如，例 6.1 中“客户编号”属性取值可决定“客户姓名”、“性别”、“出生日期”等属性的取值。

在关系数据库中，数据冗余与数据依赖密切相关。因此，在构造关系模式时，必须仔细考虑属性的数据依赖关系，遵循数据的语义约束，这样就可消除数据冗余和操作异常，构造出“好”的关系数据库模式。关系规范化理论就是一套以对数据依赖的研究为基础，对关系数据库模式设计提出规范等级的理论与方法。

什么样的数据库模式才算“好”呢？一个好的数据库模式应有如下特点：① 能客观地描述应用领域的信息；② 无插入异常；③ 无删除异常；④ 无过度的数据冗余。如何才能设计出好的关系模式呢？这正是本章关系规范化理论所要讨论的内容，下面我们将先介绍与规范化理论有关的一些基本概念，然后介绍规范化理论，最后讨论关系模式规范化在实际应用中存在的一些问题及解决的方法。

6.2　函数依赖

数据依赖是客观世界实体集内部或实体集之间属性相互联系的抽象。为了描述这些联系，人们提出了多种类型的数据依赖，最重要的是函数依赖（Functional Dependency，FD）和多值依赖（Multivalued Dependency，MD）。数据依赖实际上反映了属性之间的相互约束关系。

6.2.1　函数依赖的基本概念

定义 6.1　设 $R(U)$是属性集 U 上的关系模式，X 和 Y 是 U 的子集，r 是 $R(U)$中任意给定的关系实例。若对于 r 中的任意两个元组 s 和 t，当 $s[X] = t[X]$时有 $s[Y] = t[Y]$，则称属性子集 X 函数决定属性子集 Y，或称 Y 函数依赖于 X，记为 $X \rightarrow Y$。否则，就称 X 不函数决定 Y，记为 $X \nrightarrow Y$。

如果有函数依赖 $X \rightarrow Y$，则称 X 为决定因素。如果 $X \rightarrow Y$，并且 $Y \rightarrow X$，则记为 $X \longleftrightarrow Y$。

需要注意的是，函数依赖要求 R 中的一切关系均满足上述条件，而不是某个或某些关系满足约束条件。

函数依赖是语义范畴的概念，只能根据语义来确定一个函数依赖。例如，“姓名→联系电话”只能在没有重名的情况下才成立。如果有重名，则该函数依赖就不存在了。

当然，数据库设计者也可以对现实世界做一些强制的规定。例如，规定不允许同名人出现，这样就可以使“姓名→联系电话”函数依赖成立。当插入元组时，被插入元组值必须满足规定的函数依赖；若发现有同名人存在，则拒绝插入元组。

6.2.2　函数依赖的分类

函数依赖有三种类型。

（1）平凡与非平凡函数依赖

定义 6.2　对于函数依赖 $X \rightarrow Y$，若 $Y \subseteq X$，则称该函数依赖为平凡函数依赖（Trivial Functional Dependency）。对于函数依赖 $X \rightarrow Y$，若 $Y \nsubseteq X$，则称该函数依赖为非平凡函数依赖（Nontrivial Functional Dependency）。

按照函数依赖的定义，当 Y 是 X 的子集时，Y 必函数依赖于 X，这种依赖不反映任何新的语义，因此这种依赖没有实际意义。我们所研究的函数依赖通常都是指非平凡依赖。

（2）部分与完全函数依赖

定义 6.3　如果 $X \rightarrow Y$，且对于 X 的任一真子集 X'，都有 $X' \nrightarrow Y$，则称 Y 完全函数依赖（Full Functional Dependency）于 X，记为 $X \xrightarrow{F} Y$；否则称 Y 部分函数依赖（Partial Functional Dependency）于 X，记为 $X \xrightarrow{P} Y$。

如果 Y 对 X 部分依赖，那么 X 中的“部分”就可以确定对 Y 的关联。从数据依赖观点来看，X 中存在冗余属性。

（3）传递函数依赖

定义 6.4　若 $X \rightarrow Y$，$Y \rightarrow Z$，$Y \not\subset X$，且 $Y \nrightarrow X$，则称 Z 传递函数依赖（Transitive Functional Dependency）于 X。

在定义 6.4 中，X 不函数依赖于 Y，意味着 X 与 Y 不是一一对应的；否则 Z 就是直接函数依赖于 X，而不是传递依赖于 X。

图 6.1 为完全函数依赖、部分函数依赖和传递函数依赖的图示。

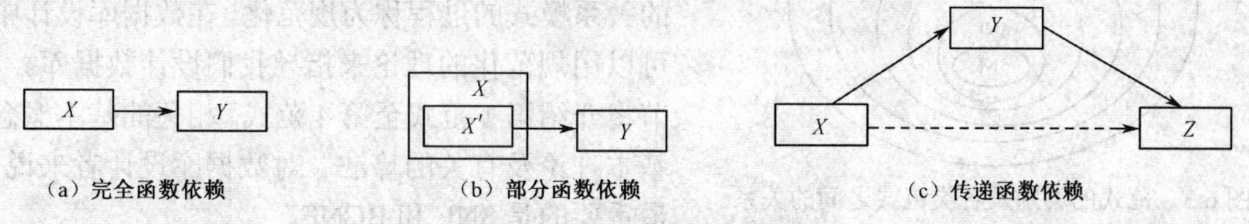

图 6.1　完全、部分和传递函数依赖关系

6.2.3　函数依赖与数据冗余

由以上函数依赖的定义，以及对部分函数依赖和传递函数依赖的分析可知，部分函数依赖存在冗余属性，而传递依赖反映出属性间的间接依赖，是一种弱数据依赖。这是关系数据库产生数据冗余的主要原因。

【例 6.2】　设有关系模式 $R(U)$，其中 U 为属性集{客户编号，客户姓名，联系电话，商品编号，商品名称，单价，生产厂家，厂家地址，订购时间，数量}。该关系模式具有唯一候选码（客户编号，商品编号，订购时间），此时各个属性间的关系如图 6.2 所示。

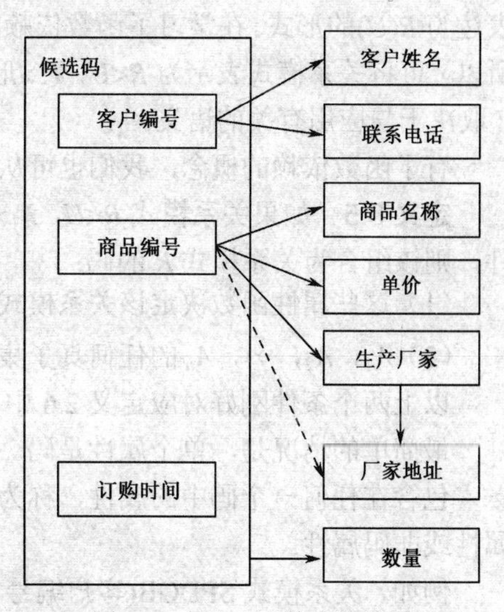

图 6.2　例 6.2 函数依赖关系

从图 6.2 可见，该关系模式中存在以下部分函数依赖：客户编号 → 客户姓名，客户编号 → 联系电话，商品编号 → 商品名称，商品编号 → 单价，商品编号 → 生产厂家，商品编号 → 厂家地址；还有传递函数依赖：商品编号 → 生产厂家 → 厂家地址。这些都会带来数据冗余。

由此可知，要消除数据冗余以及由数据冗余带来的数据更新异常现象，就要处理好部分和传递函数依赖。

6.3　范式

由以上分析可知：一个不好的数据库模式存在操作异常及大量冗余信息，引起这些问题的原因是构成数据库模式的关系模式的属性之间存在不恰当的数据依赖关系。如果要求关系模式属性之间的数据依赖关系满足一定的约束条件，则可减少操作异常，减少冗余数据的存储。20 世纪 70 年代初，E.F.Codd 等人提出了范式的概念，将属性间的数据依赖关系满足给定约束条件的关系模式称为范式（Normal Form）；同时，将属性之间的数据依赖关系按级别划分，如果一个关系模式属性之间的数据依赖关系满足某一级别，则称该关系模式为对应类的范式，E.F.Codd 等人将范式分为：第 1 范式～第 3 范式（1NF～3NF）、BCNF 范式及第 4 范式（4NF），后来，又有学者在此基础上提出了第 5 范式（5NF）。图 6.3 所示为范式的类别

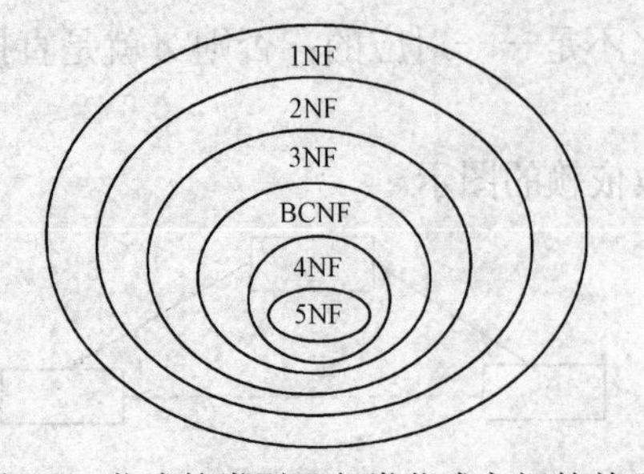

图 6.3　范式的类别及各类范式之间的关系

及各类范式之间的关系，从图中可看出：

$$5NF \subset 4NF \subset BCNF \subset 3NF \subset 2NF \subset 1NF$$。

按照一定的理论方法设计满足指定范式要求的关系模式的过程称为规范化。在数据库设计中，可以用规范化的理论来指导我们设计数据库。本节将介绍第 1 范式至第 4 范式、相关的基本概念、基本理论及有关的算法。对数据库设计者来说，最重要的是 3NF 和 BCNF。

6.3.1　关系模式和码

在定义 2.4 给出的描述中，关系模式 *R* 为一个四元组 *R*（*U*，*D*，dom，*F*），其中，*U* 为组成关系的属性名集合，*D* 为属性组 *U* 中属性所来自的域，dom 为属性与域之间的映像集合，*F* 为属性间依赖关系的集合。

在前面讨论关系模式的表示中，往往忽略 *F*，而 *D*，dom 又与 *U* 相关，所以将关系模式表达为 *R*(*U*)的形式。在学习了函数依赖的概念后，我们将重点讨论关系模式中 *F* 要素的影响，所以，可将关系模式表示为 $R<U, F>$形式。这里 *F* 是定义在属性集 *U* 上的一组函数依赖集，*F* 取决于与应用有关的语义。

有了函数依赖的概念，我们也可从函数依赖的角度定义码（候选码）：

定义 6.5　如果关系模式 $R<U, F>$的一个或多个属性 A_1，A_2，…，A_n 的组合满足如下条件，则该组合为关系模式 *R* 的码：

（1）这些属性函数决定该关系模式的所有属性，即 $A_1A_2\cdots A_n \xrightarrow{F} U$；

（2）A_1，A_2，…，A_n 的任何真子集都不能函数决定 *R* 的所有属性。

以上两个条件刚好对应定义 2.6 中关于码的“唯一性”和“最小性”两个特性。

最简单的情况是，单个属性是码。最极端的情况是，整个属性组是码，称为全码。

包含在任何一个码中的属性，称为主属性；反之，不包含在任何码中的属性，称为非主属性或非码属性。

例如，关系模式 SPDGB(客户编号，商品编号，订购时间，数量，需要日期，付款方式)，其中属性集(客户编号，商品编号，订购时间)可完全函数决定整个元组，并且满足最小性，即(客户编号，商品编号，订购时间)的任何真子集都不能函数决定整个元组，因此为(客户编号，商品编号，订购时间)为候选码。

6.3.2　基于函数依赖的范式

关系模式最基本的范式是第一范式。如果关系模式 $R<U, F>$中的每一个属性都是不可再分的，那么该关系模式属于第一范式（1NF），记为 $R \in 1NF$。第一范式要求关系模式的每个属性是原子的。通常，关系数据库管理系统要求数据库的每一个关系模式必须属于 1NF。

与函数依赖相关的关系模式范式主要有第二范式（2NF）、第三范式（3NF）和 BC 范式（BCNF）。

1. 第二范式（2NF）

定义 6.6　对于关系模式 $R<U, F>$，若 $R\in 1NF$，且每一个非主属性完全函数依赖于码，则 R 是第二范式的，记为 $R\in 2NF$。

由定义可以看出，2NF 要求非主属性不能部分依赖于码。

例 6.2 中的关系模式 $R(U)$中，(客户编号，商品编号，订购时间)为主码。但在该模式中，存在非主属性对码的部分函数依赖：客户编号 → 客户姓名，客户编号 → 联系电话，商品编号 → 商品名称，商品编号 → 单价，商品编号 → 生产厂家，商品编号 → 厂家地址，因此该关系模式不属于第二范式。

一个关系 R 不属于 2NF，将会产生插入异常、删除异常、修改异常等问题。例如，在例 6.2 中，若要插入一个客户记录，但该客户尚未订购商品，即这个商品没有商品编号和订购时间这两个属性值，那么由于缺少码值的一部分而使得该客户的信息不能被插入关系中，这是插入操作异常。同样，该模式也存在删除异常和修改异常等问题，读者可自行分析。

产生这些问题的原因在于，非主属性对码不是完全函数依赖。如何解决这些问题呢？

解决的办法是，对原有模式进行分解，用新的一组关系模式代替原来的关系模式。在新的关系模式中，每一个非主属性对码都是完全函数依赖的。

【例 6.3】　将例 6.2 中的关系模式 $R(U)$分解为以下三个关系模式（下划线标出了关系模式的主码）：

KH(客户编号，客户姓名，联系电话)

SP(商品编号，商品名称，生产厂家，厂家地址，单价)

DG(客户编号，商品编号，订购时间，数量)

这三个模式中都不存在非主属性对码的部分函数依赖，因此解决了上述存在的问题。在进行模式分解时，一个基本原则就是“一事一地”，即一个模式只描述一个事件。

2. 第三范式（3NF）

定义 6.7　在关系模式 $R<U, F>$中，若不存在这样的码 X、属性组 Y 和非主属性 Z（Z 不包含于 Y），使得 $X\rightarrow Y$，$Y\rightarrow Z$（这里 $X\nrightarrow Y$）成立，则称 $R<U, F>$是第三范式的，记为 $R\in 3NF$。

由第三范式的定义可知，$X\rightarrow Y$ 不满足 3NF 的约束条件分为两种情况：

① Y 是非主属性，而 X 是码的真子集，在此情况下，非主属性 Y 部分函数依赖于码；

② Y 是非主属性，X 既不包含码，也不是码的真子集。在此情况下，设 K 为一个码，因为 $X \not\subset K$，且 $Y\notin K$，则存在非平凡函数依赖：$K\rightarrow X$，$X\rightarrow Y$，所以 Y 传递依赖于码 K。

由上述分析可知：若 $R\in 3NF$，则 R 中的每一个非主属性既不部分依赖于码，也不传递依赖于码。并可得到如下推论：

对于关系模式 $R<U, F>$，若 $R<U, F>\in 2NF$，且每个非主属性都不传递依赖于码，则 $R<U, F>\in 3NF$。

【例 6.4】　对例 6.3 中分解后的关系模式 SP(商品编号，商品名称，生产厂家，厂家地址，单价)进行分析，该模式最高属于第几范式？

分析：在 SP 模式中，存在函数依赖：商品编号 → 生产厂家，生产厂家 → 厂家地址，因此，“厂家地址”对码的依赖是传递函数依赖。所以，SP 不是第三范式的。而该模式中不存在非主属性对码的部分函数依赖，故 SP∈2NF。

若一个关系模式 R 不是 3NF 的，则也存在数据冗余与数据更新异常的问题，读者可参照 1NF 存在问题的分析思路进行分析。

产生这些问题的原因在于非主属性对码的部分函数依赖。解决办法仍然是进行模式分解，将模式 R 分解为多个模式。例如，将 SP 分解为以下两个模式：

SP(商品编号，商品名称，生产厂家，单价)

CS(生产厂家，厂家地址)

这两个模式均为第三范式的。

3NF 实质上在 1NF 中消除了非主属性对码的部分函数依赖和传递函数依赖，而部分函数依赖和传递函数依赖是产生数据冗余的重要原因，因此，3NF 消除了很大部分存储异常和更新操作异常。

定义 6.8　设 X 是关系模式 $R<U, F>$ 的属性集，即 $X \subseteq U$，若 X 包含 $R<U, F>$ 的码，则称 X 为超码。

如果关系模式 $R<U, F>$ 不满足 3NF，则其中一定存在着非主属性 Y 对码 K 的传递函数依赖，此时有如图 6.4 所示的三种情形。

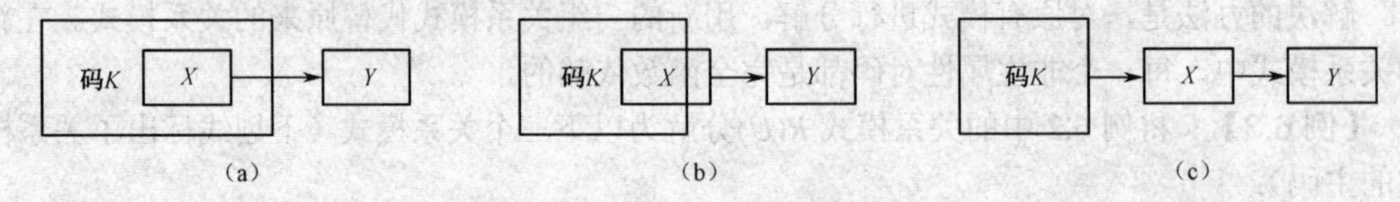

图 6.4　非 3NF 的三种情形

① 存在 $X \rightarrow Y$，其中 Y 是非主属性，X 是 K 的真子集。这实际上是一种基于部分依赖的传递依赖，如图 6.4（a）所示。

② 存在 $X \rightarrow Y$，其中 Y 是非主属性，而 X 既非超码，又非 K 的真子集，但 X 与 K 的交集非空，如图 6.4（b）所示。

③ 存在 $X \rightarrow Y$，其中 Y 是非主属性，而 X 既非超码，又非 K 的真子集，且 X 与 K 的交集为空，如图 6.4（c）所示。

【例 6.5】　设有一个用于描述学生选课的关系模式 $SG<U, F>$，U = { S#，SName，SDept，SSpec，C#，Grade }，各属性表示的含义为：S#—学号，SName—姓名，SDept—所在系，SSpec—所学专业，C#—课程号，Grade—课程成绩。关系 SG 的语义如下：

① 每个学生属于且仅属于一个系与一个专业。

② 每个学生选修的每门课程有且仅有一个成绩。

③ 每个系有多个专业，一个专业属于且仅属于一个系。

由上述语义，可得到函数依赖集 F 如下：

F = { S#→SName，S#→SDept，S#→SSpec，SDept→SSpec，（S#，C#）→Grade }

关系模式 SG 的候选码为(S#，C#)，显然 SG 存在非主属性 SName、SDept、SSpec 对码的部分函数依赖，因此 SG 不属于 2NF。将其分解为如下两个模式：

S(S#，SName，SDept，SSpec)

SCG(S#，C#，Grade)

模式 SCG 的候选码为(S#，C#)，存在函数依赖集 F_2 = {(S#，C#)→Grade}。可见 SCG 已是 3NF 的。模式 S 的候选码为 S#，存在函数依赖集 F_1 = { S#→SName，S#→SDept，S#→SSpec，SDept→SSpec }。其中存在非主属性 SSpec 对码 S#的传递函数依赖，可见 S 是 2NF

的，但不是 3NF 的。再将其分解为如下两个模式：

Stu(S#，SName，SSpec)

Dept(SDept，SSpec)

模式 Stu 的候选码为 S#，存在函数依赖集 F_3 = { S#→SName，S#→SSpec }。可见 Stu 已是 3NF 的。模式 Dept 的候选码为 SDept，存在函数依赖集 F_4 = { SDept→SSpec }。可见 Dept 已是 3NF 的。

3. BC 范式（BCNF）

定义 6.9　设关系模式 $R<U, F>\in$ 1NF，若 $X\rightarrow Y$，$Y\not\subset X$ 时，X 必含有码，则 $R<U, F>$ 是 BC 范式的，记为 $R<U, F>\in$ BCNF。

即关系模式 $R<U, F>$中，若每一个决定因素都包含码，则 $R<U, F>\in$ BCNF。

BCNF 范式因由 Boyce 和 Codd 共同提出而得名，BCNF 范式又称为修正的第三范式或扩充的第三范式。

从 BCNF 范式的定义知：如果 $R<U, F>\in$ BCNF，则在 $R<U, F>$中不存在决定因素不含码的非平凡函数依赖。

【例 6.6】　设有关系模式 SCT$<U, F>$，用于描述学生、课程及教师三实体之间的联系 U = { S#，C#，TName }，各属性表示的含义为：S#—学号，C#—课程号，TName—教师姓名。关系 SCT 的语义如下：

① 每位教师不重名。

② 每位教师仅上一门课。

③ 每门课程可由若干教师讲授。

④ 学生选定某门课程后，教师即唯一确定。

由上述语义，可得到函数依赖集 F 如下：

F = {（S#，C#）→TName，（S#，TName）→C#，TName→C# }

该模式中的函数依赖关系如图 6.5 所示。

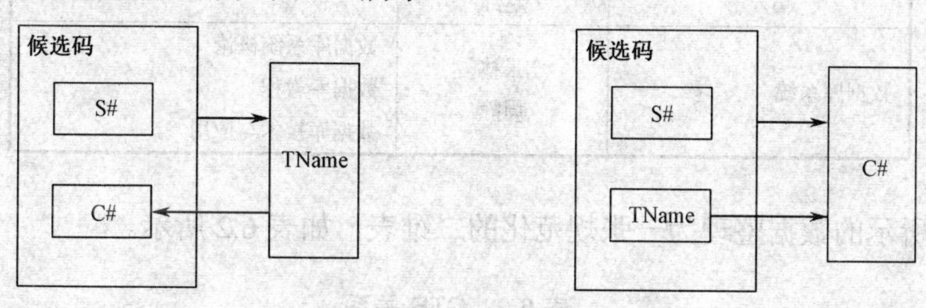

图 6.5　例 6.6 函数依赖关系

由图 6.5 可见，关系模式 SCT 的候选码为(S#，C#)，(S#，TName)。在该模式中不存在非主属性，因此必有 SCT ∈ 3NF。

但是 SCT 不属于 BCNF，因此在该模式中存在函数依赖 TName→C#，其决定因素 TName 不包含任何候选码。

若一个模式为 3NF 但非 BCNF，仍可能存在异常。例如，在关系 SCT 中，如果某课程因某种原因（如选修人数过少）不开设，则有关教师开设这门课程的信息就无法在数据库中表示。引起异常的原因在于存在非超码的决定因素。仍可通过模式分解的方法消除异常。如可将 SCT 模式分解为以下两个模式：

ST(S#，TName)

TC(TName，C#)

模式 ST 的候选码为 S#，存在函数依赖集 $F = \{ S\# \rightarrow TName \}$。可见 ST 已是 BCNF 的。模式 TC 的候选码为 TName，存在函数依赖集 $F = \{ TName \rightarrow C\# \}$。可见 TC 已是 BCNF 的。

由例 6.6 的讨论可知，BCNF 的限制条件比 3NF 更严格。因此 3NF 与 BCNF 的关系为：① 如果关系模式 $R \in$ BCNF，则必有 $R \in$ 3NF；② $R \in$ 3NF，但 R 不一定属于 BCNF。

3NF 的不彻底性表现在，它可能存在主属性对码的部分或传递依赖，而 BCNF 在函数依赖的范畴内，对属性关联进行了彻底分离，消除了更新操作的异常。

6.3.3 多值依赖与 4NF

BCNF 是基于函数依赖的最高范式，但不是数据库模式设计的最高范式。如果一个数据库模式中的每个关系模式都属于 BCNF，那么在函数依赖范畴内，它已实现了彻底的分离，消除了插入和删除异常；但属性之间可能还存在多值依赖，多值依赖会导致不必要的数据冗余和操作异常。下面先看一个例子。

【例 6.7】 设有一个课程安排关系 CTB(CName，TName，Book)，各属性表示的含义为：CName—课程名，TName—教师姓名，Book—参考书。关系 CTB 的语义如下：

① 每位教师可讲授多门课程。

② 每门课程可采用多种参考书。

设 CTB 有关的数据如表 6.1 所示。

表 6.1　CTB 有关的数据

CName	TName	Book
数据结构	张林 李平 赵红	数据结构教程 数据结构
数据库系统	张林 周静	数据库系统概论 数据库教程 数据库技术与应用

将表 6.1 所示的数据整理为一张规范化的二维表，如表 6.2 所示。

表 6.2　CTB 关系

CName	TName	Book	CName	TName	Book
数据结构	张林	数据结构教程	数据库系统	张林	数据库系统概论
数据结构	张林	数据结构	数据库系统	张林	数据库教程
数据结构	李平	数据结构教程	数据库系统	张林	数据库技术与应用
数据结构	李平	数据结构	数据库系统	周静	数据库系统概论
数据结构	赵红	数据结构教程	数据库系统	周静	数据库教程
数据结构	赵红	数据结构	数据库系统	周静	数据库技术与应用

关系模式 CTB(CName，TName，Book)的码为(CName，TName，Book)，即 CTB 是全码的，所以 CTB $\in$ BCNF；但从表 6.2 所示的数据看，该关系是高度数据冗余的。例如，某位

教师讲授某门课程的信息、某门课程使用某本参考书的信息均大量重复存储。这种数据冗余同样会带来更新操作的问题。例如，若“数据库系统”课程增加一名授课教师王荣，则必须插入三个元组(数据库系统，王荣，数据库系统概论)、(数据库系统，王荣，数据库教程)、(数据库系统，王荣，数据库技术与应用)。同样，某门课程要去掉一位授课教师，或去掉一本参考书，都必须删除多个元组。

仔细分析 CTB 模式，可以发现其中的属性集{CName}与{TName}、{CName}与{Book}之间存在着一定的数据依赖关系：当{CName}的一个值确定以后，{TName}就有一组值与之对应；同样，{Book}也有一组值与之对应。此外，属性集{TName}与{Book}也有联系，这种联系是通过{CName}建立起来的间接联系。表现为：当{CName}的一个值确定以后，它所对应的一组{TName}值与{Book}（$=U-\{CName\}-\{TName\}$）无关。例如，当取定{CName}的一个值为“数据结构”时，它对应的一组{TName}值为{张林，李平，赵红}，而与“数据结构”课程选用的参考书（即 $U-\{CName\}-\{TName\}$）无关。

具有上述特征的数据依赖关系，是不能为函数依赖所包容的，需要引入新的概念语义刻画与描述，这就是多值依赖。

定义 6.10　设 $R(U)$是属性集 U 上的一个关系模式，X、Y、Z 是 U 的子集，且 $Z=U-X-Y$。对于 R 的任何关系 r，如果存在两个元组 s、t，则必然存在两个元组 u、v，使得

$u[X]=v[X]$，$s[X]=t[X]$，

$u[Y]=t[Y]$，且 $u[Z]=s[Z]$，

$v[Y]=s[Y]$，且 $v[Z]=t[Z]$，

即交换元组 s、t 在属性组 Y 上的值，得到的两个新元组 u、v 必在关系 r 中，则称 Y 多值依赖（Multivalued Dependency）于 X，记为 $X\to\to Y$。

定义 6.11　设 $R(U)$是属性集 U 上的一个关系模式，X、Y、Z 是 U 的子集，如果 $Y\subseteq X$ 或 $X\cup Y=U$，则称 $X\to\to Y$ 为平凡多值依赖。

多值依赖具有如下性质：

① 传递性　如果 $X\to\to Y$ 且 $Y\to\to Z$，则 $X\to\to Z-Y$。

② 对称性　如果 $X\to\to Y$ 且 $Z=U-X-Y$，则 $X\to\to Z$。

③ 扩展律　如果 $X\to\to Y$ 且 $V\subseteq W$，则 $WX\to\to VY$。

④ 如果 $X\to Y$，则 $X\to\to Y$。该性质说明：函数依赖是多值依赖的特例。

定义 6.12　设 FD、MVD 分别为定义在关系模式 $R<U，D>$上的函数依赖集和多值依赖集，$D=FD\cup MVD$，若 $R<U，D>\in 1NF$，且所有非平凡的多值依赖 $X\to\to Y$，其决定因素 X 都含有码，则称 $R<U，D>$是第四范式的，记为 $R<U，D>\in 4NF$。

实际上，4NF 要求关系模式的属性之间不存在非平凡且非函数依赖的多值依赖。根据 4NF 的定义，对于每一个非平凡的多值依赖 $X\to\to Y$，X 都含有码，则有 $X\to Y$，所以 4NF 所允许的非平凡多值依赖实际上是函数依赖。

显然，如果一个关系模式为 4NF，则必为 BCNF。

【例 6.8】　将例 6.7 中的 CTB 关系模式分解为 4NF。

CTB 模式中存在多值依赖 CName→→TName，CName→→Book，它们是非平凡的多值依赖，但决定因素不包含码，所以 CTB 不属于 4NF。将 CTB 分解为如下两个模式：

CT(CName，Tname)

TB(CName，Book)

关系模式 CT 和 TB 中分别只有 CName→→TName 和 CName→→Book，它们都是平凡的多值依赖。因此，分解后的每个关系模式都属于 4NF。

模式分解的过程实际上是将非平凡多值依赖转化为平凡多值依赖或函数依赖的过程。

6.4 数据依赖公理系统

将低级范式转化为高级范式的方法是对低级范式进行模式分解，而模式分解算法的理论基础是数据依赖的公理系统。本节讨论函数依赖的一个有效而完备的公理系统——Armstrong 公理系统（Armstrong' s axiom）。

6.4.1 逻辑蕴含

定义 6.13 设有满足函数依赖集 F 的关系模式 $R<U, F>$，对于 R 的任一关系 r，若函数依赖 $X \to Y$ 都成立（即对于 r 中任意两元组 t、s，若 $t[X]=s[X]$，则 $t[Y]=s[Y]$），则称 F 逻辑蕴含 $X \to Y$，记为 $F \Rightarrow X \to Y$。

6.4.2 Armstrong 公理系统

对于关系模式 $R<U, F>$有以下推理规则：

① 自反律（Reflexivity rule）。

若 $Y \subseteq X \subseteq U$，则 $F \Rightarrow X \to Y$。

证明：设 t_1、t_2 为关系 R 中的任意两个元组，若 $t_1[X]=t_2[X]$，因为 $Y \subseteq X \subseteq U$，所以 $t_1[Y]=t_2[Y]$，有 $X \to Y$ 成立，故 $F \Rightarrow X \to Y$。

② 增广律（Augmentation rule）。若 $F \Rightarrow X \to Y$，且 $Z \subseteq U$，则 $F \Rightarrow ZX \to ZY$。

证明：设 t_1、t_2 为关系 R 中的任意两个元组，若 $t_1[XZ]=t_2[XZ]$，则 $t_1[X]=t_2[X]$，$t_1[Z]=t_2[Z]$。

又因为 $X \to Y$，所以若 $t_1[X]=t_2[X]$，则 $t_1[Y]=t_2[Y]$，故 $t_1[YZ]=t_2[YZ]$。

若 $F \Rightarrow X \to Y$，且 $Z \subseteq U$，则 $F \Rightarrow ZX \to ZY$。

③ 传递律（Transitivity rule）。若 $F \Rightarrow X \to Y$ 及 $F \Rightarrow Y \to Z$，则 $F \Rightarrow X \to Z$。

证明：设 t_1、t_2 为关系 R 中的任意两个元组。

因为 $X \to Y$，所以若 $t_1[X]=t_2[X]$，则 $t_1[Y]=t_2[Y]$。

又因为 $Y \to Z$，所以若 $t_1[Y]=t_2[Y]$，则 $t_1[Z]=t_2[Z]$。

当 $F \Rightarrow X \to Y$ 及 $F \Rightarrow Y \to Z$ 时，$F \Rightarrow X \to Z$。

上述推理规则是由 Armstrong 于 1974 年首先提出的，故将这些规则称为 Armstrong 公理系统。根据 Armstrong 公理系统可得到如下推理规则。

① 合并规则（Union rule）：若 $X \to Y$，$X \to Z$，则 $X \to YZ$。

② 伪传递规则（Pseudo transitivity rule）：若 $X \to Y$，$WY \to Z$，则有 $WX \to Z$。

③ 分解规则（Decomposition rule）：若 $X \to Y$，且 $Z \subseteq Y$，则有 $X \to Z$。

根据合并规则和分解规则，可得如下结论：

① 若 $X \to A_1A_2 \cdots A_k$，则根据分解规则可将其分解为 $X \to A_i$（$i=1, 2, \cdots, k$）；

② 若 $X \to A_i$（$i=1, 2, \cdots, k$），则根据合并规则可得 $X \to A_1A_2 \cdots A_k$，所以，$X \to A_1A_2 \cdots A_k$ 与 $X \to A_i$（$i=1, 2, \cdots, k$）等价。

6.4.3　函数依赖集的闭包

定义 6.14　设有关系模式 $R(U, F)$，F 逻辑蕴涵的函数依赖的全体称为 F 的闭包，记为 F^+。F^+即从 F 出发，根据 Armstrong 公理系统可导出的函数依赖的全体。

由定义计算 F^+，其计算量很大。因此为了更有效地计算 F^+，引入了属性集 X 关于函数依赖集 F 的闭包 X_F^+的定义。

定义 6.15　设 F 为属性集 U 上的一组函数依赖，$X \subseteq U$，$Y \in U$，$X_F^+=\{Y \mid X \to Y$ 能由 F 根据 Armstrong 公理导出$\}$，X_F^+称为属性集 X 关于函数依赖集 F 的闭包。

求属性集 X 关于函数依赖集 F 的闭包 X_F^+的算法如下。

算法 6.1　求属性集 X（$X \subseteq U$）关于 U 上的函数依赖集 F 的闭包 X_F^+。

输入：X，F

输出：X_F^+

步骤：

（1）令 $X(0)=X$，$i=0$；

（2）求 B，这里 $B=\{A \mid (\exists V)(\exists W)(V \to W \in F \wedge V \subseteq X(i) \wedge A \in W)\}$；

（3）$X(i+1)=B \cup X(i)$；

（4）判断 $X(i+1)=X(i)$是否成立；

（5）若相等或 $X(i)=U$，则 $X(i)$就是 X_F^+，算法终止；

（6）若否，则 $i=i+1$，返回第（2）步。

对于算法 6.1，令 $a_i=|X(i)|$，$\{a_i\}$形成一个步长大于 1 的严格递增的序列，序列的上界是 $|U|$，因此该算法最多 $|U|-|X|$ 次循环就会终止。

【例 6.9】　已知关系模式 $R<U, F>$，其中：

$U=\{A, B, C, D, E\}$；$F=\{AB \to C, B \to D, C \to E, EC \to B, AC \to B\}$。

求$(AB)F+$。

解：设 $X(0)=AB$；

① 计算 $X(1)$：逐一的扫描 F 集合中各个函数依赖，找左部为 A，B 或 AB 的函数依赖。得到两个：$AB \to C$，$B \to D$。于是 $X(1)=AB \cup CD=ABCD$。

② 因为 $X(0) \neq X(1)$，所以再找出左部为 $ABCD$ 子集的那些函数依赖，又得到 $AB \to C$，$B \to D$，$C \to E$，$AC \to B$，于是 $X(2)=X(1) \cup BCDE=ABCDE$。

③ 因为 $X(2)=U$，算法终止。

所以$(AB)_F^+=ABCDE$。

【例 6.10】　设有关系模式 $R<U, F>$，$U=\{A, B, C, D, E\}$，$F=\{A \to B, B \to C, CD \to E\}$，判断 F 是否逻辑蕴含 $A \to E$。

解：要判断 F 是否逻辑蕴含 $A \to E$，只需判断 E 是否属于 A_F^+即可。根据求 X_F^+的算法流程可求得 $A_F^+=\{A, B, C\}$，因 $E \notin A_F^+$，故 $A \to E$ 不被 F 所逻辑蕴含。

【例 6.11】　设有关系模式 $R<U, F>$，$U=\{A, B, C, D, E, G\}$，$F=\{E \to D, C \to B, CE \to G, B \to A\}$，求该关系模式的码。

解：① 对属性进行分组：仅出现在函数依赖左部的属性 $L=\{E, C\}$；既出现在函数依赖左部也出现在右部的属性 $LR=\{B\}$。

② 求 L 中各属性的闭包 $E_F^+=\{E, D\}$，$C_F^+=\{C, B, A\}$。

③ 求 LR 中各属性的闭包：$B_F^+=\{B, A\}$。

④ 求关系模式 $R<U, F>$的码 KEY。设 $X = L \cup LR$，因为根据码的定义，有 $KEY \xrightarrow{F} U$，故若 $K_F^+ = U$（K 为 X 中单个属性或 X 中属性的最小组合），则 K 为码。

因为$(EC)_F^+=\{E, D, C, B, A\} \cup \{G\}=\{E, D, C, B, A, G\} = U$，

所以 EC 为码。

6.4.4 最小依赖集

定义 6.16 （两个函数依赖集等价）设有函数依赖集 F、G，如果 $G^+= F^+$，则称函数依赖集 F 与 G 互为覆盖，或称 F 与 G 等价。

定义 6.17 （最小依赖集）如果函数依赖集 F 满足如下条件：

① F 中任一函数依赖的右部仅含有单一属性；

② F 中不存在这样的函数依赖 $X→A$，使得 F 与 $F-\{X→A\}$等价；

③ F 中不存在这样的函数依赖 $X→A$，X 有真子集 Z 使得 F 与 $F-\{X→A\} \cup \{Z→A\}$等价。

则称 F 为最小依赖集或最小覆盖，记为 F_{min}。

说明：条件②是要求最小覆盖 F 中不存在多余的函数依赖；条件③是要求最小覆盖 F 中的每个函数依赖都是完全函数依赖。

关于最小依赖集，有如下的定理。

定理 6.1 任何一个函数依赖集 F 均等价于一个极小函数依赖集 F_{min}，F_{min} 称为 F 的最小依赖集。

证明：采用构造性证明。

依据定义分三步对 F 进行"极小化处理"，找出 F 的一个最小依赖集。

（1）逐一检查 F 中各函数依赖 FD_i：$X→Y$，若 $Y=A_1A_2\cdots A_k$，$k > 2$，则用 $\{ X→A_j | j=1, 2, \cdots, k\}$ 来取代 $X→Y$。

（2）逐一检查 F 中各函数依赖 FD_i：$X→A$，令 $G=F-\{X→A\}$，若 $A \in X_G^+$，则从 F 中去掉此函数依赖。

（3）逐一取出 F 中各函数依赖 FD_i：$X→A$，设 $X=B_1B_2\cdots B_m$，逐一考察 B_i（i=1, 2, …, m），若 $A \in (X-B_i)_F^+$，则以 $X-B_i$ 取代 X。

根据定义，最后剩下的 F 就一定是极小依赖集。

定理 6.1 的证明是求函数依赖集等价的最小依赖集的极小化过程，同时也是检验 F 是否为极小依赖集的一个算法。

【例 6.12】 设函数依赖集 $F = \{A→B, B→A, B→C, A→C, C→A\}$。以下的 F_{m1}、F_{m2} 都是 F 的最小依赖集：

$F_{m1} = \{A→B, B→C, C→A\}$

$F_{m2} = \{A→B, B→A, A→C, C→A\}$

可见，F 的最小依赖集 F_{min} 不一定是唯一的，它与对各函数依赖 FD_i 及 $X→A$ 中 X 各属性的处置顺序有关。

【例 6.13】 设有关系模式 $R<U, F>$，$U = \{A, B, C, D, E, S, G, H\}$，$F =\{ ABH→C, A→D, C→E, BGH→S, S→AD, E→S \}$，求 F 的最小覆盖 F_{min}。

解：（1）对各函数依赖的右部进行单一化处理后，得到 F 如下：

$ABH\rightarrow C$，$A\rightarrow D$，$C\rightarrow E$，$BGH\rightarrow S$，$S\rightarrow A$，$S\rightarrow D$，$E\rightarrow S$，$BH\rightarrow E$

（2）去除 F 中多余的函数依赖。考察 F 中的各个函数依赖：

对于 $ABH\rightarrow C$，设 $G=F-\{ABH\rightarrow C\}$，因为 $(ABH)_G^+=\{A, B, H, D, E, S\}$，$C\notin(ABH)_G^+$，故 $ABH\rightarrow C$ 不多余。采用同样的方法可得 $A\rightarrow D$，$C\rightarrow E$ 也不多余。对于 $BGH\rightarrow S$，设 $G=F-\{BGH\rightarrow S\}$，因为 $(BGH)_G^+=\{B, G, H, E, S, A, D, C\}$，$S\in(BGH)_G^+$，故 $BGH\rightarrow S$ 多余，于是，令 $F=F-\{BGH\rightarrow S\}$。采用同样的方法可得：$S\rightarrow D$ 也是多余的函数依赖。删除多余函数依赖后得 F 如下：$F=\{ABH\rightarrow C, A\rightarrow D, C\rightarrow E, S\rightarrow A, E\rightarrow S\}$

（3）去除 F 中函数依赖左部多余的属性。考察 F 中的各个函数依赖：

考察 $ABH\rightarrow C$，令 $G=F-\{ABH\rightarrow C\}\cup\{BH\rightarrow C\}$，因为 $(BH)_G^+=\{B, H, C, E, S, A\}$，$A\in(BH)_G^+$，所以属性 A 是多余的，$ABH\rightarrow C$ 与 $BH\rightarrow C$ 等价。

由此得 F 如下：

$F=\{BH\rightarrow C, A\rightarrow D, C\rightarrow E, S\rightarrow A, E\rightarrow S\}$

采用同样的方法可得：上述 F 中的各函数依赖的左部无多余属性。此 F 即为最小函数依赖集 $F_{\min}$。

6.5　模式分解

定义 6.18　关系模式 $R<U, F>$ 的一个分解是指 $\rho=\{R_1<U_1, F_1>, R_2<U_2, F_2>, \cdots, R_n<U_n, F_n>\}$，$U=\bigcup_{i=1}^{n}U_i$，$U_i\not\subset U_j$，$i\neq j$，$i$，$j=1, 2, \cdots, n$；$F_i$ 是 F 在 U_i 上的投影。

定义 6.19　数据依赖集 $\{X\rightarrow Y \mid X\rightarrow Y\in F^+\wedge XY\subseteq U_i\}$ 的一个覆盖 F_i 称作 F 在属性子集 U_i 上的投影。

把低一级的关系模式分解为若干高一级的关系模式的方法并不是唯一的。只有能够保证分解后的关系模式与原关系模式等价，分解方法才有意义。根据不同应用的需要，等价的含义一般基于如下分解准则之一：

（1）分解具有无损连接性。

（2）分解要保持函数依赖。

（3）分解既要保持函数依赖，又要具有无损连接性。

准则（1）考虑了分解后关系的信息是否会丢失的问题，准则（2）考虑了分解以后函数依赖是否保持的问题，而准则（3）则同时考虑了二者。以下主要讨论分别具有无损连接和依赖保持性的模式分解方法。

6.5.1　无损分解

定义 6.20　关系模式 $R<U, F>$ 的一个分解 $\rho=\{R_1<U_1, F_1>, R_2<U_2, F_2>, \cdots, R_n<U_n, F_n>\}$，若对于 R 中的每一个关系实例 r，都有

$$r=\prod R_1(r)\bowtie\prod R_2(r)\bowtie\cdots\prod R_n(r)$$

则称关系模式 R 的这个分解 ρ 具有无损连接性（Lossless Join）。

【例 6.14】　设有关系模式 SL$<U, F>$，U={S#，Sdept，Sloc}，各属性表示的含义为

S# —学号，Sdept — 所在系，Sloc — 宿舍楼号，F={ S# →Sdept，Sdept→Sloc，S#→Sloc}。设表 6.3 是给定关系实例 r。

（1）将 SL 分解为下面两个关系模式：

NL(S#，Sloc)

DL(Sdept，Sloc)

分解后的关系如图 6.6 所示。

表 6.3　关系实例 *r*

S#	Sdept	Sloc
20051001	电子	A 楼
20052001	计算机	B 楼
20053003	自动化	C 楼
20052002	计算机	B 楼
20055005	软件工程	B 楼

S#	Sdept
20051001	电子
20052001	计算机
20053003	自动化
20052002	计算机
20055005	软件工程

Sdept	Sloc
电子	A 楼
计算机	B 楼
自动化	C 楼
软件工程	B 楼

图 6.6　对 SL 的非无损分解

将图 6.6 所示的分解后的关系实例进行自然连接运算，可以发现连接后所得的关系比表 6.3 所示的关系多了三个元组，无法知道 20052001、20052002、20055005 究竟是哪个系的学生。因此这个分解不是无损连接分解。

（2）将 SL 分解为下面两个关系模式：

SD(S#，Sdept)

NL(S#，Sloc)

分解后的关系如图 6.7 所示。

S#	Sdept
20051001	电子
20052001	计算机
20053003	自动化
20052002	计算机
20055005	软件工程

S#	Sloc
20051001	A 楼
20052001	B 楼
20053003	C 楼
20052002	B 楼
20055005	B 楼

图 6.7　对 SL 的无损分解

将图 6.7 所示的分解后的关系实例进行自然连接运算，可以发现连接后所得的关系与表 6.3 所示的关系相同。因此这个分解是无损连接分解。

算法 6.2　判别一个分解的无损连接性。

输入：（1）关系模式 $R<U, F>$，$U=\{A_1, A_2, \cdots, A_n\}$。

（2）设 F 为最小依赖集，$F=\{FD_1, FD_2, \cdots, FD_t\}$，记 FD_i 为 $X_i \to A_s$。

（3）$R<U, F>$的一个分解$\rho=\{R_1<U_1, F_1>, R_2<U_2, F_2>, \cdots, R_k<U_k, F_k>\}$

输出：输出判别结果。

步骤：

（1）构造一张 k 行 n 列的表。每列对应一个属性，每行对应分解中的一个关系模式。若属性 A_j 属于关系模式 R_i 对应的属性集 U_i，则在第 j 列第 i 行交叉处填上 a_j，否则填上 b_{ij}。

（2）对 F 中的每个 FD_i：$X_i \to A_s$ 做如下操作：

找到 X 所对应的列中具有相同符号的那些行，考察这些行中第 s 列的元素，若其中有 a_s，则全部改为 a_s；否则全部改为 b_{ms}，m 是这些行的行号最小值。

注意：若某个 b_{ls} 被更改为 a_s，则该表的 s 列中所有的 b_{ls} 符号均应作相应修改。

（3）检查表中是否有一行全为 a_1，a_2，…，a_n，若有，则ρ 具有无损连接性，算法终止。否则，检查表中数据是否有变化，若有变化，则转第（2）步；否则，ρ不具有无损连接性，算法终止。

【例 6.15】 设有关系模式 R<U，F >，U={A，B，C，D，E}，F={ A→C，B→C，C→D，DE→C，CE→A }。对该模式的一个分解ρ={$R_1(AD)$，$R_2(AB)$，$R_3(BE)$，$R_4(CDE)$，$R_5(AE)$}，ρ是否为无损连接分解？

解：（1）构造初始表，如表 6.4 所示。

表 6.4　例 6.15 的初始表

	A	B	C	D	E
R_1	a_1	b_{12}	b_{13}	a_4	b_{15}
R_2	a_1	a_2	b_{23}	b_{24}	b_{25}
R_3	b_{31}	a_2	b_{33}	b_{34}	b_{35}
R_4	b_{41}	b_{42}	a_3	a_4	a_5
R_5	a_1	b_{52}	b_{53}	b_{54}	a_5

（2）对 F 中的每个函数依赖进行考察，修改表格。

① 根据 A→C，对表进行处理。由于 A→C 第 1、2、5 行在 A 列上的值相等（均为 a_1），而在 C 列上的值不等，分别为 b_{13}、b_{23}、b_{53}，因此将 b_{23}、b_{53} 都改为 b_{13}。修改后的表如表 6.5 所示。

表 6.5　例 6.15 第 1 次修改结果

	A	B	C	D	E
R_1	a_1	b_{12}	$\mathbf{b_{13}}$	a_4	b_{15}
R_2	a_1	a_2	$\mathbf{b_{13}}$	b_{24}	b_{25}
R_3	b_{31}	a_2	b_{33}	b_{34}	a_5
R_4	b_{41}	b_{42}	a_3	a_4	a_5
R_5	a_1	b_{52}	$\mathbf{b_{13}}$	b_{54}	a_5

② 根据 B→C，考察表 6.5。由于 B→C 第 2、3 行在 B 列上的值相等（均为 a_2），而在 C 列上的值不等，分别为 b_{13}、b_{33}，因此将 b_{33} 改为 b_{13}。修改后的表如表 6.6 所示。

③ 根据 C→D，考察表 6.6。由于 C→D 第 1、2、3、5 行在 C 列上的值相等（均为 b_{13}），而在 D 列上的值不等，分别为 a_4、b_{24}、b_{34}、b_{54}，因此将 b_{24}、b_{34}、b_{54} 都改为 a_4。修改后的表如表 6.7 所示。

表 6.6　例 6.15 第 2 次修改结果

	A	B	C	D	E
R_1	a_1	b_{12}	$\mathbf{b_{13}}$	a_4	b_{15}
R_2	a_1	a_2	$\mathbf{b_{13}}$	b_{24}	b_{25}
R_3	b_{31}	a_2	$\mathbf{b_{13}}$	b_{34}	a_5
R_4	b_{41}	b_{42}	a_3	a_4	a_5
R_5	a_1	b_{52}	$\mathbf{b_{13}}$	b_{54}	a_5

表 6.7　例 6.15 第 3 次修改结果

	A	B	C	D	E
R_1	a_1	b_{12}	$\mathbf{b_{13}}$	a_4	b_{15}
R_2	a_1	a_2	$\mathbf{b_{13}}$	$\mathbf{a_4}$	b_{25}
R_3	b_{31}	a_2	$\mathbf{b_{13}}$	$\mathbf{a_4}$	a_5
R_4	b_{41}	b_{42}	a_3	a_4	a_5
R_5	a_1	b_{52}	$\mathbf{b_{13}}$	$\mathbf{a_4}$	a_5

④ 根据 $DE \to C$，考察表 6.7。由于 $DE \to C$ 第 3、4、5 行在 DE 列上的值相等（为 a_4 和 a_5），而在 C 列上的值不等，分别为 b_{13}、a_3、b_{13}，因此将 b_{13} 都改为 a_3。修改后的表如表 6.8 所示。

表 6.8　例 6.15 第 4 次修改结果

	A	B	C	D	E
R_1	a_1	b_{12}	$\mathbf{b_{13}}$	a_4	b_{15}
R_2	a_1	a_2	$\mathbf{b_{13}}$	$\mathbf{a_4}$	b_{25}
R_3	b_{31}	a_2	$\mathbf{a_3}$	$\mathbf{a_4}$	a_5
R_4	b_{41}	b_{42}	a_3	a_4	a_5
R_5	a_1	b_{52}	$\mathbf{a_3}$	$\mathbf{a_4}$	a_5

⑤ 根据 $CE \to A$，考察表 6.8。由于 $CE \to A$ 第 3、4、5 行在 CE 列上的值相等（为 a_3 和 a_5），而在 A 列上的值不等，分别为 b_{31}、b_{41}、a_1，因此将 b_{31}、b_{41} 都改为 a_1。修改后的表如表 6.9 所示。

表 6.9　例 6.15 第 5 次修改结果

	A	B	C	D	E
R_1	a_1	b_{12}	$\mathbf{b_{13}}$	a_4	b_{15}
R_2	a_1	a_2	$\mathbf{b_{13}}$	$\mathbf{a_4}$	b_{25}
R_3	$\mathbf{a_1}$	a_2	$\mathbf{a_3}$	$\mathbf{a_4}$	a_5
R_4	$\mathbf{a_1}$	b_{42}	a_3	a_4	a_5
R_5	a_1	b_{52}	$\mathbf{a_3}$	$\mathbf{a_4}$	a_5

（3）重复步骤（2）的操作，表中的内容不再变化，所以最终得到的表即为表 6.9。

表 6.9 的第 3 行为全 a，因此可得出结论：分解ρ为无损连接的分解。

6.5.2　函数依赖保持

定义 6.21　关系模式 $R<U, F>$的一个分解$\rho = \{R_1<U_1, F_1>, R_2<U_2, F_2>, \cdots, R_n<U_n, F_n>\}$，若 $F^+ = (\cup F_i)^+$（$i=1, 2, \cdots, n$），则称该分解为保持函数依赖的分解。

在例 6.14 中，第二个分解（将 SL 分解为 SD、NL）没有保持原关系模式中的函数依赖，SL 中的函数依赖 Sdept→Sloc 没有投影到关系模式 SD、NL 上。而如果将分解为下面的两个模式：

SD(S#，Sdept)

DL(Sdept，Sloc)

则这种分解方法就保持了函数依赖。

下面的两个算法可实现对关系模式转换为 3NF 的分解。

算法 6.3　将关系模式 $R<U, F>$分解为 3NF。

输入：关系模式 $R<U, F>$，属性集 U，函数依赖集 F。

输出：$R<U, F>$的分解，各模式为 3NF。

步骤：

（1）设关系模式 R 的主码为 K。对 F 中的函数依赖 $X \to Z$，其中 X 不是候选码，Z 是非主属性集且不是 X 的子集。将 $R<U, F>$分解为以下两个模式：

$R_1(XZ)$

$R_2(Y)$（其中 $Y=U-Z$）

（2）若 R_1、R_2 不是 3NF，则重复第（1）步，直到所有模式都是 3NF 为止。

【例 6.16】　设有关系模式 $R<U, F>$，$U=\{A, B, C, D, E\}$，$F=\{A \to B, C \to D\}$。将 $R<U, F>$进行分解，使得每个模式都为 3NF。

解：$R<U, F>$的主码为 ACE。根据算法 6.3，对函数依赖 $A \to B$，A 不是候选码，B 是非主属性集且不是 A 的子集。将 $R<U, F>$分解为以下两个模式：$R_1(AB)$、$R_2(CDE)$。

其中 $R_1(AB)$已是 3NF，而 $R_2(CDE)$不是 3NF。对 $R_2(CDE)$再按算法步骤（1）进行处理。最终得到的分解$\rho=\{AB, CD, E\}$。

算法 6.4　将关系模式 $R<U, F>$分解为具有无损连接性且保持函数依赖的 3NF。

输入：（1）关系模式 R 的属性集 U；

（2）关系模式 R 的函数依赖集 F；

（3）关系模式 R 的主码 K。

输出：$R<U, F>$的分解，各模式为 3NF，分解具有无损连接性和依赖保持性。

步骤：

设初始模式集合ρ为空。

（1）对 F 按具有相同左部的函数依赖，采用合并规则将其合并。处理后得到的函数依赖集仍记为 F。

（2）在 F 中，对每个函数依赖 $X \to Y$，构造关系模式 $R_k<U_k, F_k>$，其中 U_k 由 X 的所有属性组成，F_k 为 X 在 U_k 上的投影。将 $R_k<U_k, F_k>$并入模式集合 ρ 中。

（3）在所构造的关系模式集合中，若每一个模式都不含有关系模式 R 的主码 K，则将 K 作为一个模式并入模式集合ρ中。

最终ρ即为所求的分解。

【例 6.17】　设有关系模式 $R<U, F>$，$U=\{A, B, C, D, E\}$，$F=\{A \to B, C \to D\}$。将 $R<U, F>$分解为无损的、依赖保持的 3NF。

解：（1）由最小依赖集定义可知，F 为最小依赖集。由于其中无相同左部的函数依赖，故不需合并处理。

（2）根据最小依赖集 F，可构造$\rho=\{AB, CD\}$。

（3）$R<U, F>$的码为 ACE。将其作为一个关系模式并入ρ。

最终得到的分解$\rho=\{AB, CD, ACE\}$。

关于关系模式分解，有以下几个结论：

（1）若要求分解具有无损连接性，那么模式分解一定能够达到 4NF。

（2）若要求分解保持函数依赖，那么模式分解一定能够达到 3NF，但不一定能够达到 BCNF。

（3）若要求分解既具有无损连接性，又保持函数依赖，则模式分解一定能够达到 3NF，但不一定能够达到 BCNF。

规范化理论为数据库设计提供了理论的指南和工具，但它也仅是指南和工具。在进行数据库逻辑设计时，还要结合具体情况灵活运用。比如，在具体应用中，适度保持数据冗余往往可减少表之间的连接，有助于查询效率的提高。注意，并不是规范化程度越高，模式就越好。要结合应用环境和现实世界的具体情况合理地选择数据库模式。在通常的应用中，关系模式符合 3NF 就已经满足要求了。

本章小结

未设计好的关系模式可能存在数据冗余和更新异常，存在异常的原因在于，关系模式的属性间存在复杂的数据依赖。数据依赖是由数据语义决定的，主要包括函数依赖、多值依赖等。函数依赖研究的是属性间的依赖关系对属性取值的影响，即属性级的影响；多值依赖研究的是属性间的依赖关系对元组级的影响。

本章在函数依赖和多值依赖范畴内讨论了关系模式的规范化。在这个范畴内，关系模式的范式共有 5 种：1NF、2NF、3NF、BCNF 和 4NF。其中，1NF 最低，4NF 最高。1NF、2NF、3NF 和 BCNF 是函数依赖范畴内的范式，4NF 是多值依赖范畴内的范式。

关系模式的规范化一般通过投影完成。关系模式分解有两个衡量指标：无损连接性和依赖保持性，一般做到无损分解即可。在关系模式设计时，应使每个关系模式遵照概念单一化的原则，即“一事一地”原则，每个关系模式只表达一个概念，这样可以避免异常。

习题 6

1. 试述下列术语的含义：函数依赖、码、主属性、多值依赖、2NF、3NF、BCNF、4NF、关系规范化。

2. 什么是数据的冗余与数据的不一致性？

3. 函数依赖有哪几种类型？

4. 举例说明，一个仅为 1NF 的关系模式，存在的异常，并分析原因。

5. 试证明：若 $R(U)\in$BCNF，则必有 $R(U)\in$3NF。

6. 全码的关系是否必然属于 3NF？为什么？是否必然属于 BCNF？为什么？

7. 下列关系模式最高属于第几范式？说明理由。

（1）$R(A，B，C，D)$，$F=\{ B\to D，AB\to C \}$

（2）$R(A，B，C)$，$F=\{ A\to B，B\to A，A\to C \}$

（3）$R(A，B，C，D)$，$F=\{ A\to C，D\to B \}$

（4）$R(A，B，C，D)$，$F=\{ A\to C，CD\to B \}$

8. 建立一个关于系、学生、班级、学会等信息的关系数据库。

描述学生的属性有：学号、姓名、系名、班号；

描述班级的属性有：班号、专业名、系名、人数、入校年份；

描述系的属性有：系名、系办公室地点、职工人数、学生人数；

描述学会的属性有：学会名、成立年份、地点、人数；

有关语义如下：一个系有若干专业，每个专业每年只招一个班，每个班有若干学生。每个学生可参加若干学会，每个学会有若干学生。学生参加某学会有一个入会年份。

（1）给出关系模式，写出每个关系模式的函数依赖集。

（2）指出每个关系模式的候选码。

（3）每个关系模式最高已经达到第几范式？为什么？

（4）如果关系模式不属于 3NF，则将其分解成 3NF 模式集。

第7章　应用系统中的SQL及相关技术——应用开发关键技术

建立数据库的目的是应用和管理数据。在数据库应用中，经常会出现较复杂的数据处理，如通过数据表进行复杂的查询与统计。仅使用第3章介绍的SQL语言基本知识往往是不够的，还需要进一步学习SQL的一些高级应用开发技术来完成这些较复杂的工作。

在应用系统中主要使用SQL编程来访问和管理数据库，本章主要讲述SQL应用开发的相关技术，包括嵌入式SQL、SQL程序设计、存储过程和触发器、开放数据库互连ODBC，以及数据库访问接口技术的发展等。本章内容是进行数据库应用开发的关键。

7.1　在应用中使用SQL

第3章已经阐述了SQL语言的一些特点，并将SQL当作一种交互式语言进行讨论。当输入一个SQL查询后，立即提交RDBMS系统去执行，执行结果直接显示于屏幕上。这种执行模式称为直接执行，是交互式SQL的执行方式。

然而，SQL语言是非过程化的语言，具有操作统一、面向集合、功能丰富、使用简便等优点。和高级程序设计语言相比，语言的高度非过程化也带来了一些弱点，主要是缺乏流程控制机制，难以满足应用业务中的逻辑控制需求。而这些正是高级语言具有的优势。因此，可以将SQL与高级语言结合使用，充分发挥二者各自的优势。

在大多数数据库应用系统中，SQL语句是嵌入到其他高级语言中的，是作为应用程序的一部分。以这种方式使用的SQL有更多高级技术，用于解决在应用系统中使用SQL的有关问题。本章将讨论这些技术。

将SQL语句嵌入到其他高级语言中的编程方式是一种混合语言编程方式。被嵌入的高级程序设计语言称为宿主语言（Host Language），被嵌入的SQL称为子语言（Sub Language）。在混合编程方式中，通常由宿主语言提供控制机制，如流程控制、异常处理等。而嵌入的SQL语句提供访问数据库的能力。

SQL结构可以以两种不同的方式包含到应用程序中。

1．语言级接口

在这种方式中，SQL结构相当于高级语言新的语句类型，程序是宿主语言和新语句类型的混合体。在宿主语言编译器对程序进行编译之前，必须用一个预编译器对SQL结构进行处理。预编译器将SQL结构转换为对宿主语言过程的调用。然后，整个程序再被宿主语言编译器编译。程序运行时，这些过程与DBMS通信，执行SQL语句。

在使用语言级接口时，SQL结构可采用两种形式：嵌入式SQL（Embedded SQL，ESQL）和动态SQL。嵌入式SQL将通常的SQL语句（如SELECT、INSERT等）嵌入在应用程序中。语句的所有信息（包括语句名、涉及的表名、列名等）在编译时都是已知的。而在动态

SQL 方式中，SQL 只是定义了一个语法，它将在宿主语言中构造、准备和执行 SQL 语句的指令包含进来，通过程序的宿主语言部分在运行时构造 SQL 语句。动态 SQL 的含义就是 SQL 语句在程序运行时被动态构造。这种方式主要用于在编写程序时 SQL 语句的某些信息未知的情况。因为与动态 SQL 在运行时构造 SQL 语句不同，嵌入式 SQL 是将 SQL 语句直接写入到程序中的，所以有时也将嵌入式 SQL 称为静态 SQL。嵌入式 SQL 作为早期数据库应用开发的主要方式，对于数据库应用系统的开发起过很大的作用。7.4 节将简要介绍这种技术。

2. 调用级接口

由于嵌入式 SQL 具有在使用上较复杂、可移植性较差等问题，故采用更好的技术来支持应用程序对数据库的访问成为必然。其中最重要的两个数据库访问的通用接口就是 ODBC（Open DataBase Connectivity，开放数据库连接）和 JDBC（Java DataBase Connectivity，Java 数据库连接），它们提供对数据库访问的调用级接口。不同于语言级接口方式需要直接或间接将 SQL 语句加入到宿主语言中，调用级接口完全以高级语言编写应用程序，而 SQL 语句是运行时字符串变量的值，通过接口传递给 DBMS 执行。这种方式由于通用性和可移植性好、使用简便等优点，目前已成为数据库应用开发的主要技术。调用级接口技术发展迅速，OLE DB、ADO 及 ADO.NET 等都是先后出现的调用级接口技术。7.5 节将介绍 ODBC 及其相关发展。

在进行应用开发时，使用的其他重要技术是存储过程和触发器。存储过程作为数据库的一类对象被长期保存，可以反复调用，便于共享及维护。触发器是一类可由特定事件触发的 SQL 程序块，其主要用途在于可以动态地维护数据一致性。存储过程和触发器被很多数据库厂商的产品所支持，但成为 SQL 标准却比较晚。最初的 SQL-92 标准不支持存储过程和触发器，但在 1996 年的修订中对存储过程予以支持；SQL-99 标准也将触发器纳入其中。7.2 节将讲述 SQL 程序设计，7.3 节介绍存储过程和触发器。

7.2　T-SQL 程序设计

SQL-99 标准中提出了 SQL-invoked routines 概念。SQL-invoked routines 分为存储过程和函数两类。为了能建立 SQL-invoked routines，一些 RDBMS 对 SQL 语言进行了过程化扩展。例如，Oracle 提供了 PL/SQL（Procedural Language/SQL），SQL Server 提供了 T-SQL 过程化扩展。SQL 过程化扩展结合了 SQL 的数据操作能力和过程化语言的流程控制能力，使得其可用于建立存储过程或函数，或建立其他可编程对象。本书主要以 SQL Server 的 T-SQL 为例来介绍 SQL 程序设计。这些 T-SQL 语句都可以在查询分析器中执行。

7.2.1　T-SQL 程序设计基础

与其他语言程序一样，SQL 程序包含语言的基本成分，如常量、变量、表达式、语句、函数等，各种基本语言成分通过不同的流程控制方式实现较为复杂的功能。

1. 常量

常量指在程序运行过程中值不变的量。常量又称为字面值或标量值。常量的使用格式取决于值的数据类型。

常量值根据不同类型，分为字符串常量、整型常量、实型常量、日期时间常量、货币常量、唯一标识常量。各类常量举例说明如下。

（1）字符串常量。分为 ASCII 字符串常量和 Unicode 字符串常量。

ASCII 字符串常量是用单引号括起来，由 ASCII 字符构成的符号串。

Unicode 字符串常量与 ASCII 字符串常量相似，但它前面有一个 N 标识符（N 代表 SQL-92 标准中的国际语言）。N 前缀必须用大写字母。

以下是 ASCII 字符串常量举例：

'string' ；'This is a book.'；　'It'' rainning now!'

注意：如果单引号中的字符串包含引号，则可以使用两个单引号表示嵌入的单引号。

以下是 Unicode 字符串常量举例：

N'string' ；N'This is a book.'；　N'It'' rainning now!'

Unicode 数据中的每个字符用两字节存储，而每个 ASCII 字符用一字节存储。

（2）整型常量。整型常量按照不同表示方式，又分为二进制整型常量、十六进制整型常量和十进制整型常量。

十六进制整型常量：前缀 0x 后跟十六进制数字串，如 0x12A、0xFF。

二进制整型常量：数字 0 或 1，并且不使用引号。如果使用一个大于 1 的数字，它将被转换为 1。

十进制整型常量，如 2009、20、+1245345、–23474838。

（3）实型常量。实型常量有定点表示和浮点表示两种方式。

定点表示：如 1234.12、8.0、+2345345.123、–23474838.345。

浮点表示：如 1.08E8、2.85E–5、+3.12E–6、–6.8E–5。

（4）日期时间常量。用单引号将表示日期时间的字符串括起来构成。其表示格式可参见 3.2 节。

（5）货币型常量。以“$”作为前缀的整型或实型常量数据。如$120、$120.50。

2. 变量

变量用于临时存放数据。SQL Server 中变量分为全局变量和局部变量两类。

全局变量由系统提供且预先声明，通过在名称前加两个“@”（@@）符号以区别于局部变量。在 SQL Server 7.0 及以上版本中，T-SQL 全局变量作为函数引用。部分常用全局变量的意义请参考附录 D。

局部变量用于保存单个数据值。例如，保存运算的中间结果、作为循环变量等。当首字母为“@”时，表示该标识符为局部变量名。使用 DECLARE 语句声明局部变量，使用 SET 或 SELECT 语句给其赋值。

局部变量的声明基本格式为：

DECLARE @<局部变量名><数据类型> [，@<局部变量名><数据类型> ...]

在一个 DECLARE 语句中可以声明多个局部变量，各变量之间用逗号（,）分隔。局部变量的数据类型不能指定为 text、ntext 或 image 类型。

当声明局部变量后，可用 SET 或 SELECT 语句给其赋值。SET 语句的基本格式为：

SET @<局部变量名> = <表达式>

一个 SET 语句一次只能初始化一个变量。

【例7.1】　创建整型局部变量@age1、@age2，并分别赋值18、20，然后输出变量的值。

```
DECLARE @age1 INT，@age2 INT              --声明变量
SET @age1 = 18                            --为变量赋值
SET @age2 = 20                            --一个SET语句只能给一个变量赋值
PRINT @age1                               --输出变量的值
PRINT @age2
```

这里，PRINT是输出语句。其语法格式为：

```
PRINT 字符串 | 局部变量 | 全局变量 | 函数
```

一个SELECT语句一次可以初始化多个变量。其格式为：

```
SELECT @<局部变量名> = <表达式>[，@<局部变量名> = <表达式> …]
```

如例7.1也可用如下语句实现：

```
DECLARE @age1 INT, @age2 INT
SELECT @age1 = 18, @age2 = 20             --一个SELECT语句可给多个变量赋值
PRINT @age1
PRINT @age2
```

【例7.2】　声明一个名为city_name的局部变量，把SPDG数据库的KHB表中编号为“100001”的客户的“所在省市”名称赋给city_name，并输出。

```
USE SPDG
GO
DECLARE @city_name VARCHAR(20)
SELECT @city_name=所在省市 FROM KHB WHERE 客户编号='100001'   --变量赋值
PRINT 'KHB 表中编号为"100001"的客户的所在省市为：'+@city_name
GO
```

说明：也可以用SELECT查询给变量赋值。如本例也可用以下语句为@city_name赋值：

```
SET @city_name =（SELECT 所在省市 FROM KHB WHERE 客户编号='100001'）
```

3. 运算符与表达式

T-SQL提供算术运算符、赋值运算符、位运算符、比较运算符、逻辑运算符、字符串连接运算符等几类运算符。通过运算符连接运算量构成表达式。

（1）算术运算符：算术运算符在两个表达式上执行数学运算，这两个表达式可以是任何数值数据类型。算术运算符有+（加）、–（减）、*（乘）、/（除）和%（求模）5种运算。+（加）和–（减）运算符也可用于对datetime及smalldatetime类型值进行算术运算。

（2）位运算符：位运算符在两个表达式之间执行位操作。这两个表达式的类型可为整型或与整型兼容的数据类型（如字符型等，但不能为image类型），位运算符如表7.1所示。

表7.1　位运算符

运 算 符	运 算 规 则
&	两个位均为1时，结果为1，否则为0
|	只要一个位为1，结果为1，否则为0
^	两个位值不同时，结果为1，否则为0

（3）比较运算符：又称关系运算符，如表7.2所示。用于测试两个表达式的值是否相同，其运算结果为逻辑值TRUE、FALSE及UNKNOWN。比较运算符还可与ALL、ANY、

BETWEEN、IN、LIKE、OR、SOME 等谓词一起使用，这些谓词的含义可参见 3.4 节。

除 text、ntext 或 image 类型的数据外，比较运算符可以用于所有的表达式。

（4）逻辑运算符：用于对某个条件进行测试，运算结果为 TRUE 或 FALSE。SQL Server 提供的逻辑运算符包括 NOT、AND 和 OR。

（5）字符串连接运算符：通过运算符“+”实现两个字符串的连接运算。

表 7.2　比较运算符

运　算　符	含　　义
=	相等
>	大于
<	小于
>=	大于等于
<=	小于等于
<>、!=	不等于
!<	不小于
!>	不大于

【例 7.3】　多个字符串的连接。

```
DECLARE @str1 varchar(10), @str2 varchar(20)
SET @str1 = 'This '
SET @str2 = @str1+' is a book!'
PRINT @str2
```

（6）赋值运算符：指给局部变量赋值的 SET 和 SELECT 语句中使用的“=”。

当一个复杂的表达式有多个运算符时，运算符优先级决定执行运算的先后次序。执行的顺序会影响所得到的运算结果。运算符优先级如表 7.3 所示。在一个表达式中按先高（优先级数字小）后低（优先级数字大）的顺序进行运算。

表 7.3　运算符优先级表

运　算　符	优 先 级
+（正）、-（负）、~（按位 NOT）	1
*（乘）、/（除）、%（模）	2
+（加）、（+ 串联）、-（减）	3
=, >, <, >=, <=, <>, !=, !>, !< 比较运算符	4
^（位异或）、&（位与）、|（位或）	5
NOT	6
AND	7
ALL、ANY、BETWEEN、IN、LIKE、OR、SOME	8
=（赋值）	9

当一个表达式中的两个运算符有相同的优先级时，根据它们在表达式中的位置，一般而言，一元运算符按从右向左的顺序运算，二元运算符按从左到右的顺序运算。

表达式中可用括号改变运算符的优先性，先对括号内的表达式求值，然后对括号外的运算符进行运算时使用该值。

若表达式中有嵌套的括号，则首先对嵌套最深的表达式求值。

7.2.2　流程控制语句

设计程序时，常常需要利用各种流程控制语句，设置程序的执行流程以满足业务处理的需要。T-SQL Server 提供了如表 7.4 所示的流程控制语句。

表 7.4　T-SQL 流程控制语句

控 制 语 句	功　　能
BEGIN…END	定义语句块
IF…ELSE	条件语句
WHILE	循环语句
CONTINUE	用于重新开始下一次循环
BREAK	用于退出最内层的循环
GOTO	无条件转移语句
RETURN	无条件返回
WAITFOR	为语句的执行设置延迟

1. BEGIN...END

T-SQL 程序的基本结构是块，每个块作为一个整体处理，完成逻辑操作。BEGIN...END 用于定义语句块，一个语句块内可包含多条 SQL 语句，BEGIN...END 语法结构如下：

```
BEGIN
    SQL 语句 1
    SQL 语句 2
    ……
END
```

语句块之间可以相互嵌套。

【例 7.4】　用 BEGIN...END 语句显示 SPDG 数据库的 KHB 表中编号为“100001”的客户的姓名、所在省市和联系电话。

```
USE SPDG
GO
BEGIN
    PRINT '满足条件的客户信息：'
    SELECT 客户姓名，所在省市，联系电话 FROM KHB WHERE 客户编号='100001'
END
GO
```

在条件和循环等流程控制语句中，要执行两个或两个以上的 T-SQL 语句时，就需要使用 BEGIN…END 语句将它们组成一个语句块。

2. IF...ELSE 语句

在程序中如果要对给定的条件进行判定，当条件为真或假时分别执行不同的 T-SQL 语句，可用 IF...ELSE 语句实现。IF...ELSE 语句的格式为：

```
IF <条件表达式>
    { 语句 1 | 语句块 1 }                    --条件表达式为真时执行
[ ELSE
    { 语句 2 | 语句块 2 } ]                  --条件表达式为假时执行
```

注意：如果条件表达式中含有 SELECT 语句，则必须用圆括号将 SELECT 语句括起来。当要执行多条 T-SQL 语句时，这些语句要用在 BEGIN...END 之间，构成一个语句块。IF...ELSE 语句的执行过程如图 7.1 所示。

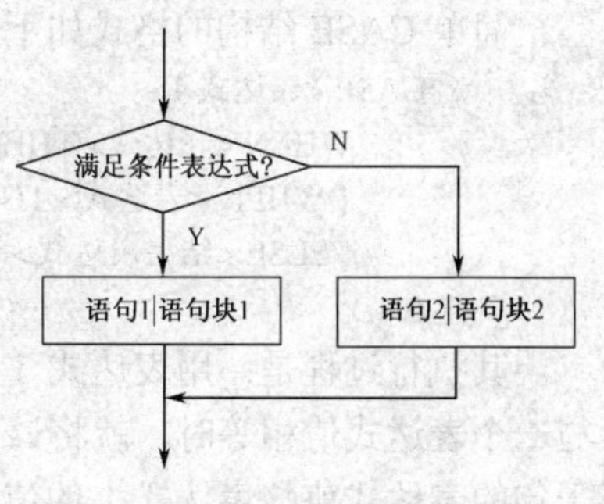

图 7.1　IF...ELSE 语句执行过程

【例 7.5】　使用 IF...ELSE 语句实现以下功能：如果在 SPDG 数据库的 KHB 中存在所在省为江苏的客户，则输出这些客户的编号、姓名、所在省市和联系电话；否则输出“不存在所在省为江苏的客户”。

```
USE SPDG
GO
IF EXISTS(SELECT * FROM KHB WHERE 所在省市 LIKE '江苏%')
   BEGIN
      PRINT '以下客户的所在省为江苏：'
      SELECT 客户编号，客户姓名，所在省市，联系电话
         FROM KHB
```

```
            WHERE 所在省市 LIKE '江苏%'
        END
    ELSE
        BEGIN
            PRINT '不存在所在省为江苏的客户'
        END
    GO
```

IF...ELSE 语句允许嵌套，可以在 IF 或 ELSE 之后，嵌套另一个 IF...ELSE 语句。

【例 7.6】IF...ELSE 语句的嵌套使用。

```
USE SPDG
GO
DECLARE @demo VARCHAR(30)
IF ( SELECT SUM(单价*数量)
        FROM SPDGB a，SPB b
        WHERE a.商品编号=b.商品编号 ) < 200
    SET @demo = '客户订购总金额低于 200！'
ELSE
    IF ( SELECT SUM(单价*数量)
            FROM SPDGB a，SPB b
            WHERE a.商品编号=b.商品编号) <= 500
        SET @demo = '客户订购总金额在 200~500 之间！'
    ELSE
        SET @demo = '客户订购总金额超过 500！'
PRINT @demo
GO
```

3. CASE 结构

当一个条件可能有多种情况，即条件有多个分支时，可以使用 IF...ELSE 语句的嵌套形式；当分支较多时，嵌套层数就会较深。此时，采用 CASE 结构，所书写的语句就会比较简洁。CASE 结构有两种，一种是简单 CASE 结构，另一种是搜索 CASE 结构。

简单 CASE 结构的格式如下：

```
CASE <表达式 1>
    WHEN <表达式> THEN <结果表达式>
    { WHEN <表达式> THEN <结果表达式> }
    [ ELSE <结果表达式> ]
END
```

其执行过程是：用表达式 1 的值依次与每一个 WHEN 子句的表达式值进行比较，直到与一个表达式值相等时，就将该 WHEN 子句的结果表达式值返回。若没有任何一个 WHEN 子句的表达式值与表达式 1 的值相等，那么，如果有 ELSE 子句，则返回 ELSE 之后的结果表达式值；如果没有 ELSE 子句，便返回 NULL 值。

【例 7.7】　使用简单 CASE 结构实现以下功能：查询 KHB 并输出客户编号、所在省市，并增加“所属省”。

```
USE SPDG
GO
SELECT 客户编号，所在省市，所属省=
```

```
        CASE 所在省市
            WHEN '江苏南京' THEN '江苏'
            WHEN '江苏苏州' THEN '江苏'
            WHEN '河南郑州' THEN '河南'
            WHEN '山东烟台' THEN '山东'
            WHEN '安徽合肥' THEN '安徽'
        END
        FROM KHB
    GO
```

搜索 CASE 结构的格式如下：

```
    CASE
        WHEN <逻辑表达式> THEN <结果表达式>
        { WHEN <逻辑表达式> THEN <结果表达式> }
        [ ELSE <结果表达式> ]
    END
```

该结构的示例请参见例 3.20。

4. WHILE 语句

如果需要重复执行程序中的一部分语句，可使用 WHILE 循环语句实现。其语句格式为：

```
    WHILE <逻辑表达式>
        { <语句> | <语句块> }
```

其中，<逻辑表达式>用来设置循环执行的条件。当逻辑表达式值为真时，将重复执行<语句>或<语句块>；当逻辑表达式值为假时，循环结束。与 IF...ELSE 语句的条件表达式一样，如果逻辑表达式中含有 SELECT 语句，则必须用圆括号将 SELECT 语句括起来。WHILE 语句的执行过程如图 7.2 所示。

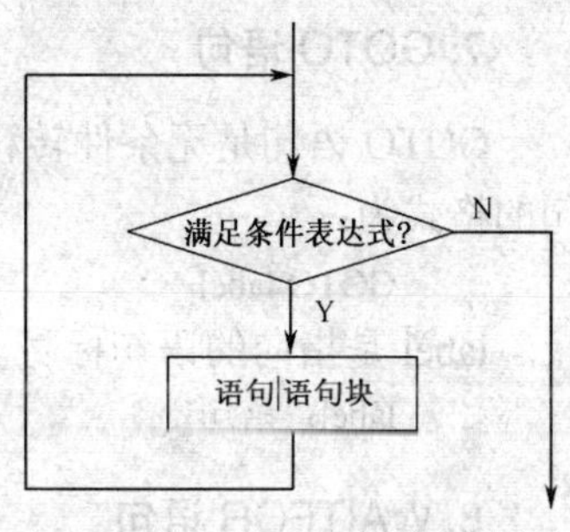

图 7.2　WHILE 语句执行过程

【例 7.8】使用 WHILE 语句实现以下功能：输出 1+2+…+10。

```
    DECLARE @i INT，@s INT
    SET @i = 1
    SET @s = 1
    WHILE @i <= 10
        BEGIN
            SET @s = @s + @i
            SET @i = @i +1
        END
    PRINT @s
    GO
```

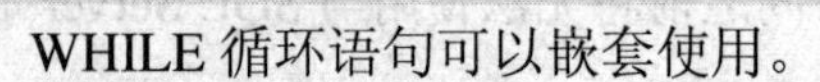

WHILE 循环语句可以嵌套使用。

5. BREAK 语句

BREAK 语句一般用在 WHILE 循环语句中，用于退出本层循环。当程序中有多层循环嵌套时，使用 BREAK 语句只能退出其所在的这一层循环。

6. CONTINUE 语句

CONTINUE 语句一般用在循环语句中，用以结束本次循环，重新转到下一次循环条件的判断。

【例 7.9】 使用 WHILE 循环语句实现以下功能：对于 SPB，如果平均库存量少于 30，则循环就将各商品的库存量增加 10%，输出最大库存量值；再判断最大库存量是否少于或等于 100，若是，则 WHILE 循环重新启动并再次将各商品库存量增加 10%。重复上述过程直至最大库存量超过 100 为止。

```
USE SPDGB
GO
WHILE (SELECT AVG(库存量) FROM SPB) < 30
BEGIN
    UPDATE SPB SET 库存量 = 库存量*1.1
    SELECT MAX(库存量) FROM SPB
    IF (SELECT AVG(库存量) FROM SPB) > 100
        BREAK
    ELSE
        CONTINUE
END
GO
```

7. GOTO 语句

GOTO 语句是无条件转移语句，其作用是将执行流程转移到标号指定的位置。GOTO 语句的格式为：

```
GOTO label
```

label 是指向的语句标号。标号的定义形式为：

```
label：语句
```

8. WAITFOR 语句

WAITFOR 调度执行语句，用于指定触发语句块、存储过程或事务执行的时刻或需等待的时间间隔。WAITFOR 语句格式为：

```
WAITFOR { DELAY '时间' | TIME '时间' }
```

DELAY '时间'：用于指定 SQL Server 必须等待的时间，最长可达 24 小时。时间可以用 datetime 数据格式指定，用单引号括起来，但在值中不允许有日期部分，也可以用局部变量指定参数。

TIME '时间'：指定 SQL Server 等待到某一时刻，时间值的指定同上。

说明：执行 WAITFOR 语句后，在到达指定的时间之前将无法使用与 SQL Server 的连接。若要查看活动的进程和正在等待的进程，则使用 sp_who。

【例 7.10】 使用 WAITFOR 语句实现以下功能：输出 SPB 表中类别为“食品”的记录，输出之前等待 10 秒。

```
USE SPDGB
GO
BEGIN
WAITFOR DELAY '00:00:10'
```

```
SELECT * FROM SPB WHERE 商品类别='食品'
END
```

9. RETURN 语句

RETURN 语句用于从过程、批处理或语句块中无条件退出，不执行位于 RETURN 之后的语句。RETURN 语句的格式为：

```
RETURN [ <表达式> ]
```

其中，<表达式>为整型，表示返回的状态码。通常，在存储过程中用 RETURN 语句给调用过程或应用程序返回整型值。而从语句块中跳出则使用不带表达式的 RETURN 语句。

【例 7.11】　查询 SPB 表商品的最高单价，若超过 100，则返回 1；否则，返回 0。

```
USE SPDG
GO
CREATE PROCEDURE checkprice
AS
IF ( SELECT MAX(单价) FROM SPB ) > 100
    BEGIN
        PRINT '返回 1'
        RETURN 1
    END
ELSE
    BEGIN
        PRINT '返回 0'
        RETURN 0
    END
GO
```

CREATE PROCEDURE 语句用于创建存储过程。使用以下语句可执行上面定义的存储过程 checkprice：

```
EXEC checkprice
GO
```

7.2.3　批处理和脚本

1. 批处理

一个批处理是一条或多条 T-SQL 语句的集合。当批处理命令被提交给 SQL Server 服务器后，服务器将这个批处理作为一个整体进行处理。

建立批处理时，使用 GO 语句作为批处理的结束标记。当编译器读取到 GO 语句时，它将把 GO 语句之前的所有语句作为一个批处理，并将这些语句打包发送给服务器。服务器对批处理的处理分 4 个阶段：

① 分析阶段。服务器检查各命令的语法，验证表、列等名字的合法性；

② 优化阶段。服务器确定完成一个查询的最有效方法；

③ 编译阶段。生成该批处理的执行计划；

④ 运行阶段。依次执行该批处理中的语句。

批处理最重要的特征就是，作为一个不可分的整体在服务器上执行。编写批处理时，要注意以下几点规则：

① CREATE DEFAULT、CREATE PROCEDURE、CREATE RULE、CREATE TRIGGER、CREATE VIEW 语句不能与其他语句放在一个批处理中。

② 不能在一个批处理中引用其他批处理中所定义的变量。

③ 不能在同一个批处理中更改表，然后引用新列。

④ 不能在定义一个 CHECK 约束后，立即在同一个批处理中使用该约束。

⑤ 如果批处理的第一个语句是用于执行存储过程的 EXECUTE 语句，则可省略 EXECUTE 关键字；否则，EXECUTE 关键字不能省略。

在本章前面的举例中，已经使用了批处理。如例 7.11，其中包含了两个批处理。第一个批处理包含一个语句 USE SPDGB；第二个批处理也包含一个语句:创建存储过程语句 CREATE PROCEDURE。

使用批处理的优点有：

① 减少服务器与客户端之间的数据传输次数和数据量，降低网络流量。

② 缩短完成逻辑任务或事务所需的时间。

③ 增加逻辑任务处理的模块化，提高代码的可复用性。

2. 脚本

脚本（Script）是以文件存储的一系列 SQL 语句。在数据库应用过程中，经常需要把编写好的 SQL 语句保存起来，以便以后执行同样或类似操作时，调用这些语句集合。这样可省去重新编写和调试 SQL 语句的麻烦，提高工作效率。脚本就是为解决这一问题而提供的方案。T-SQL 脚本的文件扩展名为.sql。一个脚本可以包含一个或多个批处理，GO 语句是一个批处理的结束标记。如果没有 GO 语句，则将其作为一个批处理。

脚本可以在查询分析器中查看和执行，也可以通过记事本等查看内容。查询分析器是建立、编辑和执行脚本的最好的环境。此外，也可以在 Microsoft SQL Server Management Studio 中创建数据库对象脚本。

7.2.4 函数

T-SQL 函数分为两类：内置函数和用户自定义函数。其中，内置函数是一组预定义的函数，是 T-SQL 的一部分，可以增强 SQL 的处理能力。

1. 内置函数

内置函数包括三类：行集（Rowset）函数、聚合（Aggregate）函数和标量（Scalar）函数。函数都是确定型或非确定型的。确定型函数是指，每次使用特定的输入值集调用该函数时，总是返回相同的结果；而非确定型函数是指，每次使用特定的输入值集调用时，可能返回不同的结果。

（1）行集函数

行集函数是返回值为对象的函数，该对象可在 T-SQL 语句中作为表引用。行集函数通常返回一个对象（表或视图）。主要的行集函数有 CONTAINSTABLE、FREETEXTTABLE、OPENDATASOURCE、OPENQUERY、OPENROWSET 和 OPENXML。行集函数的使用涉及全文索引等概念，本书不做介绍，读者可参考 T-SQL 手册。

（2）聚合函数

聚合函数对一个集合进行操作，但只返回单个值。在 3.4.2 节中已讨论了聚合函数的使用，常用的聚合函数有 AVG、MAX、MIN、COUNT 等。聚合函数在以下情况下，允许作为表达式使用：

① SELECT 语句的选择列表（子查询或外部查询）。

② COMPUTE 或 COMPUTE BY 子句。

③ HAVING 子句。

（3）标量函数

标量函数只对单个数值操作，并且返回单个值。T-SQL 的标量函数又分为几类，列于表 7.5 中。下面介绍常用的几类标量函数。

表 7.5 标量函数分类

标量函数类别	说　明
配置函数	返回有关当前配置的信息
数学函数	对输入数值进行计算
字符串函数	对字符串进行处理
日期时间函数	对日期时间数据进行处理
文本或图像函数	对文本或图像进行处理
游标函数	返回游标信息
元数据函数	返回数据库和数据对象的信息
系统函数	用于对 SQL Server 中的值、对象和设置进行操作并返回有关信息
系统统计函数	返回系统的统计信息
安全函数	返回用户和角色的信息

① 配置函数。配置函数用于返回当前配置选项设置的信息。全局变量是以函数形式使用的，配置函数都是全局变量（以@@开头）。所有的配置函数都是非确定型函数。表 7.6 列出了 T-SQL 的部分配置函数。

表 7.6 部分配置函数

函　数	说　明
@@DATEFIRST	返回 SET DATAFIRST 参数的当前值；SET DATAFIRST 指定每周的第一天。返回值为短整型；返回值为 1，说明每周第一天为星期一；返回值为 2，说明每周第一天为星期二；以此类推。默认为 7，即每周第一天为星期日
@@LANGUAGE	返回当前使用的语言名称
@@LOCK_TIME	返回当前的锁定超时设置，单位为毫秒
@@MAX_CONNECTIONS	返回 SQL Server 允许同时连接的最大用户数
@@NESTLEVEL	返回当前存储过程的嵌套层数
@@OPTIONS	返回当前 SET 选项的信息
@@SERVERNAME	返回运行 SQL Server 的本地服务器名称
@@SPID	返回服务器处理标识符
@@TEXTSIZE	返回当前 TEXTSIZE 选项的设置值，该数值指定了 SELECT 语句返回的 text 和 image 类型数据的最大长度
@@VERSION	返回当前 SQL Server 服务器的日期、版本和处理器类型

② 数学函数。数学函数可对 SQL Server 提供的数值数据类型，包括 decimal、integer、float、real、money、smallmoney、smallint 和 tinyint 等，进行数学运算并返回运算结果。在默认情况下，传递到数学函数的数字将被解释为 decimal 数据类型，可用 CAST 或 CONVERT 函数将数据类型更改为其他数据类型。表 7.7 列出了 T-SQL 的部分数学函数。

表 7.7　部分数学函数

函　数	说　明
ABS(<numeric_expression>)	求<numeric_expression>的绝对值
ACOS(<float_expression>)	求<float_expression>的反余弦
ASIN(<float_expression>)	求<float_expression>的反正弦
ATAN(<float_expression>)	求<float_expression>的反正切
CEILING(<numeric_expression>)	求大于等于<numeric_expression>的最小整数
COS(<float_expression>)	求<float_expression>的余弦
COT(<float_expression>)	求<float_expression>的余切
EXP(<float_expression>)	求<float_expression>的指数
FLOOR(<numeric_expression>)	求小于等于<numeric_expression>的最大整数
LOG(<float_expression>)	求<float_expression>的自然对数
LOG10(<float_expression>)	求<float_expression>以 10 为底的对数
PI()	表示π（3.14159265358979）
POWER(<numeric_expression,y>)	求 numeric_expression 的 y 次方
RAND([seed])	返回 0~1 之间的随机浮点数，可用整数 seed 来指定初值
SIGN(<numeric_expression>)	求<numeric_expression>的符号值
SIN(<float_expression>)	求<float_expression>的正弦
SQUARE(<float_expression>)	求<float_expression>的平方
SQRT(<float_expression>)	求<float_expression>的平方根
TAN(<float_expression>)	求<float_expression>的正切

③ 字符串函数。字符串函数用于对字符串进行处理。字符串函数较多，在此介绍几个常用的字符串处理函数，表 7.8 列出了 T-SQL 的部分字符串函数。

表 7.8　部分字符串函数

函　数	说　明
ASCII(character_expression)	返回 character_expression 最左端字符的 ASCII 值
CHAR (integer_expression)	将 ASCII 码转换为字符
LEFT (character_expression，int_expression)	返回从字符串左边开始指定个数的字符
LEN(string_expression)	返回 string_expression 字符串的长度
LOWER(string_expression)	将 string_expression 中的所有大写字母转换为小写字母
LTRIM (character_expression)	删除 character_expression 中的前导空格，并返回字符串
REPLACE ('string_expression1'， 'string_expression2，'string_expression3')	用第三个字符串表达式替换第一个字符串表达式中包含的第二个字符串表达式，并返回替换后的表达式
RIGHT (character_expression，int_expression)	返回从字符串右边开始指定个数的字符
RTRIM (character_expression)	删除 character_expression 中的尾部空格，并返回字符串
STR (float_expression [，length [，decimal]])	将数字数据转换为字符数据
SUBSTRING (expression，start，length)	返回 expression 中指定的部分数据
UPPER(string_expression)	将 string_expression 中的所有小写字母转换为大写字母

【例 7.12】 从 SPDG 数据库的 KHB 表中读取“所属省市”列各记录的实际长度。

```
SELECT LEN(LTRIM(RTRIM(所在省市))) AS 长度
    FROM KHB
```

【例 7.13】 以下 SELECT 语句在一列中返回 KHB 表中客户姓名的姓，在另一列中返回客户姓名的名。

```
SELECT SUBSTRING(客户姓名, 1,1), SUBSTRING(客户姓名, 2, LEN(客户姓名)-1)
    FROM KHB
    ORDER BY 客户姓名
```

④ 日期时间函数。日期时间函数用来操作 datetime 或 smalldatetime 类型的数据，可用在 SELECT 语句的选择列表或查询的 WHERE 子句中。表 7.9 列出了 T-SQL 的部分日期时间函数。

表 7.9　部分日期时间函数

函　数	说　明
GETDATE()	返回系统当前的日期和时间
DATENAME(datepart,date_expr)	以字符串形式返回 date_expr 中的 datepart 指定部分
DATEPART(datepart,date_expr)	以整数形式返回 date_expr 中的 datepart 指定部分
DATEADD(datepart,number, date_expr)	返回以 datepart 指定方式表示的 date_expr 加上 number 后的日期
DAY(date_expr)	返回 date_expr 中的日期值
MONTH(date_expr)	返回 date_expr 中的月份值
YEAR(date_expr)	返回 date_expr 中的年份值

【例 7.14】 以下 SELECT 语句返回 KHB 表中各客户的出生年份、月份。

```
SELECT 客户姓名，YEAR (出生日期) AS 出生年，MONTH(出生日期) AS 出生月
    FROM KHB
```

⑤ 系统函数。系统函数用于对 SQL Server 中的值、对象和设置进行操作并返回有关信息。系统函数比较多，表 7.10 列出了 T-SQL 的部分系统函数。

表 7.10　部分系统函数

函　数	说　明
CAST(expression AS data_type)	将 expression 的数据类型转换为 data_type 的数据类型
CONVERT(data_type[(length), expression[,style]])	与 CAST 功能类似，将 expression 的数据类型转换为 data_type 的数据类型
CURRENT_TIMESTAMP()	返回系统当前日期和时间，相当于 GETDATE()
CURRENT_USER()	返回当前用户名称
HOST_NAME()	返回主机名称
ISDATE(expression)	判断 expression 是否是有效的日期类型
ISNULL(check_expression,replace_value)	用 replace_value 来代替 check_expression 中的空值
ISNUMERIC(expression)	判断 expression 是否是有效的数值数据类型

CAST、CONVERT 这两个函数都实现数据类型的转换，但 CONVERT 的功能更强一些。常用的类型转换包括：日期型→字符型，字符型→日期型，数值型→字符型。CONVERT 函数中的参数 expression 可为任何有效的表达式，data_type 是可为系统提供的基本类型，不能为用户自定义类型。当 data_type 为 nchar、nvarchar、char、varchar、binary 或 varbinary 等数

据类型时，通过 length 参数指定长度。对于不同的表达式类型转换，参数 style 的取值不同。

【例 7.15】如下 SELECT 语句将查询订购商品总金额在 100~199 之间的客户姓名。

```
SELECT 客户姓名, 总金额
FROM KHB x , ( SELECT 客户编号, SUM(数量*单价) AS 总金额
               FROM SPDGB m , SPB n
               WHERE m.商品编号 = n.商品编号
               GROUP BY m.客户编号 ) y
WHERE x.客户编号 = y.客户编号 AND CAST(总金额 AS char(3)) LIKE '1__'
```

若使用 CONVERT 实现，则可使用 CONVERT(char(3),总金额)代替 CAST(总金额 AS char(3))。

【例 7.16】 如下 SELECT 语句将输出客户姓名及其订购商品的总金额，若客户没有订购商品，则输出 0（使用 ISNULL 函数）。

```
SELECT 客户姓名, ISNULL(总金额,0) AS 总金额
   FROM KHB x LEFT JOIN
                  ( SELECT 客户编号, SUM(数量*单价) AS 总金额
                    FROM SPDGB m , SPB n
                    WHERE m.商品编号=n.商品编号
                    GROUP BY m.客户编号 ) y
ON x.客户编号 = y.客户编号
```

2. 用户定义函数

T-SQL 提供了大量的内置函数，大大方便了用户进行程序设计；但这些通用函数有时不能满足用户的特殊需求，同时，用户在编程时也经常需要将一个或多个 T-SQL 语句组成子程序，以便反复调用。因此，T-SQL 允许用户根据需要自己定义函数。根据用户定义函数返回值的类型，可将用户定义函数分为如下三个类别：标量函数、内嵌表值函数和多语句表值函数。创建用户定义函数使用 CREATE FUNCTION 语句，利用 ALTER FUNCTION 语句对用户定义函数进行修改，用 DROP FUNCTION 语句删除用户定义函数。

（1）标量函数

标量函数返回一个确定类型的标量值，其函数值类型为 SQL Server 的系统数据类型（除 text、ntext 类型之外）。函数体定义在 BEGIN...END 语句之内。

① 标量函数定义。标量函数定义的基本语法格式为：

```
CREATE FUNCTION [<所有者>.]<函数名>
  ([ { @<参数名> [AS] <参数类型> [ = <默认值> ] }[,...n]])        --形参定义部分
RETURNS <返回参数类型>
[ AS ]
BEGIN
     <函数体>
      RETURN <返回值表达式>
END
```

CREATE FUNCTION 语句中可以声明一个或多个参数，用@符号作为第一个字符来指定形参名，每个函数的参数的作用范围只在该函数内。<参数类型>可为系统支持的基本标量类型，但不能为 timestamp 类型、用户定义数据类型或非标量类型（如 cursor、table 等）。<返回参数类型>可以是 SQL Server 支持的基本标量类型，但 text、ntext、image 和 timestamp 等除外。函数返回<返回值表达式>的值。<函数体>由 T-SQL 语句序列构成。

【例 7.17】 定义一个函数，其功能是：计算某个商品订购的总数量，商品编号作为输入参数传入。

```
USE SPDG
GO
CREATE FUNCTION Total_DG                    --函数名
(@good_no char(8))                          --形参声明
RETURNS INT                                 --返回值类型
AS
BEGIN
    DECLARE @tot INT
    SELECT @tot =
        ( SELECT SUM(数量)
        FROM SPDGB
        WHERE 商品编号=@good_no
        GROUP BY 商品编号
    )
    RETURN @tot
END
GO
```

② 标量函数的调用。有两种方式调用标量函数：在 SELECT 语句中调用，利用 EXEC 语句执行。

在 SELECT 语句中调用自定义函数时，其调用形式为：函数名(实参 1,…,实参 *n*)。其中各实参可为已赋值的局部变量或表达式。

利用 EXEC 语句执行自定义函数时，参数的标识次序与函数定义中的参数标识次序可以不同。其调用形式为：

```
函数名 实参 1,…,实参 n
```

或

```
函数名 形参名 1=实参 1,…, 形参名 n=实参 n
```

注意：前者实参顺序应与函数定义的形参顺序一致，后者参数顺序可以与函数定义的形参顺序不一致。

如果函数的参数有默认值，则在调用该函数时必须指定“default”关键字才能获得默认值。

【例 7.18】 对例 7.17 所定义的函数进行调用。

在 SELECT 语句中调用：

```
USE SPDG
GO
DECLARE @good_no1 CHAR(8) , @tot1 INT          --定义局部变量
SET @good_no1 = '10010001'                     --给局部变量赋值
SELECT @tot1=dbo.Total_ DG (@good_no1)         --调用用户函数
SELECT @tot1 AS '10010001 商品总订购数'         --显示局部变量的值
GO
```

利用 EXEC 语句执行：

```
USE SPDG
GO
DECLARE @tot1 INT                              --定义局部变量
```

```
EXEC @tot1 = dbo.Total_ DG   @good_no = '10010001'     --调用用户函数
SELECT @tot1 AS '10010001 商品总订购数'                  --显示局部变量的值
GO
```

（2）内嵌表值函数

内嵌表值函数返回的函数值为一个表。内嵌表值函数的函数体不使用 BEGIN...END 语句，其返回的表是 RETURN 语句中 SELECT 查询的结果集，其功能相当于一个参数化的视图。内嵌表值函数定义的基本语法格式为：

```
CREATE FUNCTION [<所有者>.]<函数名>
  ([ { @<参数名> [AS] <参数类型> [ = <默认值> ] }[,...n]])        --形参定义部分
RETURNS TABLE                                                  --返回值为表类型
[ AS ]
RETURN (<SELECT 语句>)                                  --通过 SELECT 语句返回内嵌表
END
```

RETURNS 子句仅包含关键字 TABLE，表示此函数返回一个表。内嵌表值函数的函数体仅有一个 RETURN 语句，将指定的 SELECT 语句返回内嵌表值。

【例 7.19】 对于 SPDG 数据库，创建如下视图：

```
USE SPDG
GO
CREATE VIEW DG_VIEW
AS
SELECT KHB.客户编号, 客户姓名, 商品名称, 数量
    FROM SPB JOIN
    SPDGB ON SPB.商品编号 = SPDGB.商品编号 JOIN
    KHB ON SPDGB.客户编号 = KHB.客户编号
GO
```

然后在此基础上定义如下内嵌函数：

```
CREATE FUNCTION client_DG ( @KH_ID char(6) ) RETURNS TABLE
AS RETURN
(     SELECT *
          FROM DG_VIEW
          WHERE 客户编号 = @KH_ID
)
GO
```

内嵌表值函数只能通过 SELECT 语句调用。

在此，以例 7.19 定义的 client_DG 内嵌表值函数的调用作为应用举例，通过输入客户编号调用内嵌函数查询其订购的商品。以下语句调用 client_DG 函数，查询编号为“100001”的客户的姓名及订购商品情况。

```
SELECT *
    FROM client_DG ('100001')
GO
```

（3）多语句表值函数

内嵌表值函数和多语句表值函数都返回表，二者不同之处在于：内嵌表值函数没有函数主体，返回的表是单个 SELECT 语句的结果集；而多语句表值函数在 BEGIN...END 块中定义的函数主体包含 T-SQL 语句，这些语句可生成行并将行插入表中，最后返回表。

多语句表值函数定义的基本语法格式为：

```
CREATE FUNCTION [<所有者>.]<函数名>
 （[ { @<参数名> [AS] <参数类型> [ = <默认值> ] }[,...n]]）        --形参定义部分
RETURNS @return_variable TABLE <表的定义>                       --定义作为返回值的表
[ AS ]
BEGIN
    <函数体>
    RETURN
END
```

参数@return_variable 为表变量，用于存储作为函数值返回的记录集。<表的定义>格式与定义表列的格式类似。<函数体>为 T-SQL 语句序列。在多语句表值函数中，<函数体>是一系列在表变量@return_variable 中插入记录行的 T-SQL 语句。

【例 7.20】 在 SPDG 数据库中创建返回表的函数，其功能为：以客户编号作为实参，调用该函数，显示该客户的编号、姓名及其所订购商品的名称和数量。

```
CREATE FUNCTION DG_table (@client_ID char(6) )
RETURNS @dg TABLE
(  KH_ID      CHAR(6),
   KH_Name   VARCHAR(20),
   SP_Name    VARCHAR (50),
   SP_NUM    TINYINT
)
AS
BEGIN
   INSERT INTO @dg
          SELECT KHB.客户编号, 客户姓名, 商品名称, 数量
             FROM SPB JOIN
             SPDGB ON SPB.商品编号 = SPDGB.商品编号 JOIN
             KHB ON SPDGB.客户编号 = KHB.客户编号
        WHERE KHB.客户编号 = @client_ID
   RETURN
END
GO
```

多语句表值函数的调用与内嵌表值函数的调用方法相同。以下语句调用 DG_table 函数，查询编号为“100001”的客户的姓名及订购商品情况。

```
SELECT *
   FROM DG_table ('100001')
GO
```

若用户定义函数需要修改，则可使用 ALTER FUNCTION 语句，ALTER FUNCTION 语句的语法与 CREATE FUNCTION 语句相同。

使用 DROP FUNCTION 语句可删除用户定义函数，其语法格式如下：

```
DROP FUNCTION { [ <所有者> .] <函数名> } [ ,...n ]
```

可在一个 DROP 语句中删除指定的多个用户定义函数。

7.2.5　游标

一个对表进行操作的 SQL 语句通常都可产生或处理一组记录，但是许多应用程序，尤其

是嵌入 SQL 语句的应用程序，通常不能把整个结果集作为一个单元来处理，这些应用程序就需要一种机制来保证每次处理结果集中的一行或几行，游标（Cursor）就提供了这种机制。

1. 游标概念

游标是一种处理数据的方法，它提供了对一个结果集进行逐行处理的能力。游标可看成一种特殊的指针，它与某个查询结果集相联系，可以指向结果集的任意位置，以便对指定位置的数据进行处理。使用游标可以在查询数据的同时对数据进行处理。

不同关系数据库管理系统对游标的使用有一些差异，这里讨论 SQL Server 游标的概念和使用方法。事实上，SQL Server 的游标是通过将查询结果放入内存中专门的缓冲区实现的。SQL Server 系统提供了存取该缓冲区的行指针。这样，用户可利用该指针来存取和处理各行的数据。因此，游标为 SQL Server 的函数、存储过程和触发器，以及嵌入了 SQL 语句的主语言程序提供了按行处理查询结果集的机制。

SQL Server 支持的游标包括符合 SQL-92 语法的和 T-SQL 扩展的两部分，其中符合 SQL-92 语法的游标是 SQL 标准中对游标规定的最基本部分，而 T-SQL 对此标准进行了较大的扩充。T-SQL 扩展的游标有 4 种类型。

（1）静态游标

静态游标的完整结果集在游标打开时建立在 tempdb 中，一旦打开，就不再变化。数据库中所做的任何影响结果集成员的更改（包括增加、修改或删除数据），都不会反映到游标中，新的数据值不会显示在静态游标中。静态游标只能是只读的。由于静态游标的结果集存储在 tempdb 的工作表中，所以结果集中的行大小不能超过 SQL Server 表的最大行大小。有时也将这类游标识别为快照游标，它完全不受其他用户行为的影响。

（2）动态游标

与静态游标不同，动态游标能够反映对结果集中所做的更改。结果集中的行数据值、顺序和成员在每次提取时都会改变，所有用户做的全部 UPDATE、INSERT 和 DELETE 语句均通过游标反映出来。

（3）只进游标

只进游标只支持游标从头到尾顺序提取数据。所有由当前用户发出或由其他用户提交并影响结果集中行的 INSERT、UPDATE 和 DELETE 语句对数据的修改，在从游标中提取时可立即反映出来；但因只进游标不能向后滚动，所以在行提取后对行所做的更改对游标是不可见的。

（4）键集驱动游标

顾名思义，这种游标是由关系的键（即码）控制的。键集驱动游标中数据行的键值在游标打开时被建立在 tempdb 中。用户可以通过键集驱动游标来修改基本表中非关键字列的值，但不可插入数据。

SQL Server 对游标的使用要遵循以下顺序：声明游标→打开游标→读取数据→关闭游标→释放游标。

2. 声明游标

T-SQL 中声明游标使用 DECLARE CURSOR 语句。该语句有两种格式，分别支持 SQL-92 标准和 T-SQL 扩展的游标声明。

（1）SQL-92 语法

在 SQL-92 标准中，声明游标的语句基本格式为：

```
DECLARE <游标名> [ SCROLL ] CURSOR
FOR <SELECT 语句>
[ FOR { READ ONLY | UPDATE [ OF <列名> [ ,…n ] ] } ]
```

其中，<游标名>是与某个查询结果集相联系的符号名。

SCROLL：说明所声明的游标可以前滚、后滚，可使用所有的提取选项（FIRST、LAST、PRIOR、NEXT、RELATIVE、ABSOLUTE）。如果省略 SCROLL，则只能使用 NEXT 提取选项。

<SELECT 语句>是由该查询产生与所声明的游标相关联的结果集。该 SELECT 语句中不能出现 COMPUTE、COMPUTE BY、INTO 或 FOR BROWSE 等关键字。

READ ONLY：说明所声明的游标为只读的。UPDATE 指定游标中可以更新的列，若有参数 OF <列名> [,…*n*]，则只能修改给出的这些列；若在 UPDATE 中未指出列，则可以修改所有列。

【例 7.21】　以下是一个符合 SQL-92 标准的游标声明：

```
DECLARE KH_CUR1 CURSOR
  FOR
  SELECT 客户编号,客户姓名,性别,出生日期,联系电话
     FROM KHB
     WHERE 所在省市 LIKE '江苏%'
  FOR READ ONLY
```

该语句定义的游标与单个表的查询结果集相关联，是只读的，游标只能从头到尾顺序提取数据，相当于下面所讲的只进游标。

（2）T-SQL 扩展

T-SQL 扩展的游标声明语句格式为：

```
DECLARE <游标名> CURSOR
[ LOCAL | GLOBAL ]                                        --游标作用域
[ FORWORD_ONLY | SCROLL ]                                 --游标移动方向
[ STATIC | KEYSET | DYNAMIC | FAST_FORWARD ]              --游标类型
[ READ_ONLY | SCROLL_LOCKS | OPTIMISTIC ]                 --访问属性
[ TYPE_WARNING ]                                          --类型转换警告信息
FOR <SELECT 语句>
[ FOR UPDATE [ OF <列名> [ ,…n ] ] ]                      --可修改的列
```

① LOCAL 与 GLOBAL：说明游标的作用域。LOCAL 说明所声明的游标是局部游标，其作用域为创建它的批处理、存储过程或触发器，该游标名称仅在这个作用域内有效。在批处理、存储过程、触发器或存储过程 OUTPUT 参数中，该游标可由局部游标变量引用。当批处理、存储过程、触发器终止时，该游标就自动释放。但如果 OUTPUT 参数将游标传递回来，则游标仍可引用。GLOBAL 说明所声明的游标是全局游标，它在由连接执行的任何存储过程或批处理中都可以使用，在连接释放时游标自动释放。若两者均未指定，则默认值由 default to local cursor 数据库选项的设置控制。

② FORWARD_ONLY 和 SCROLL：说明游标的移动方向。FORWARD_ONLY 表示游标只能从第一行滚动到最后一行，即该游标只能支持 FETCH 的 NEXT 提取选项。SCROLL 含义与 SQL-92 标准中的相同。

③ STATIC | KEYSET | DYNAMIC | FAST_FORWARD：用于定义游标的类型，关键字 STATIC 指定游标为静态游标，DYNAMIC 指定游标为动态游标， FAST_FORWARD 定义一个快速只进游标， KEYSET 定义一个键集驱动游标。

游标类型与移动方向之间的关系为：

- FAST_FORWARD 不能与 SCROLL 一起使用，且 FAST_FORWARD 与 FORWARD_ONLY 只能选用一个。
- 若指定了移动方向为 FORWARD_ONLY，而没有用 STATIC、KETSET 或 DYNAMIC 关键字指定游标类型，则默认所定义的游标为动态游标。
- 若移动方向 FORWARD_ONLY 和 SCROLL 都没有指定，那么移动方向关键字的默认值由以下两个条件决定：一是若指定了游标类型为 STATIC、KEYSET 或 DYNAMIC，则移动方向默认为 SCROLL；二是若没有用 STATIC、KETSET 或 DYNAMIC 关键字指定游标类型，则移动方向默认值为 FORWARD_ONLY。

④ READ_ONLY | SCROLL_LOCKS | OPTIMISTIC：说明游标或基表的访问属性。READ_ONLY 说明所声明的游标为只读的，不能通过该游标更新数据。SCROLL_LOCKS 关键字说明通过游标完成的定位更新或定位删除可以成功。如果声明中已指定了关键字 FAST_FORWARD，则不能指定 SCROLL_LOCKS。OPTIMISTIC 关键字说明，如果行自从被读入游标以来已得到更新，则通过游标进行的定位更新或定位删除不成功。如果声明中已指定了关键字 FAST_FORWARD，则不能指定 OPTIMISTIC。

⑤ TYPE_WARNING：指定如果游标从所请求的类型隐性转换为另一种类型，则给客户端发送警告消息。

【例 7.22】 以下是一个 T-SQL 扩展游标声明：

```
DECLARE KH_CUR2 CURSOR
     DYNAMIC
     FOR
     SELECT 客户编号,客户姓名,联系电话
         FROM KHB
         WHERE 所在省市 LIKE '江苏%'
     FOR UPDATE OF 联系电话
```

该语句声明一个名为 KH_CUR2 的动态游标，可前后滚动，也可对联系电话列进行修改。

3. 打开游标

声明游标后，要使用游标从中提取数据，就必须先打开游标。在 T-SQL 中，使用 OPEN 语句打开游标，其格式为：

```
OPEN { { [ GLOBAL ] <游标名> } | @<游标变量名> }
```

其中，<游标变量名>引用一个游标。若使用关键字 GLOBAL，则说明打开的是全局游标；否则打开局部游标。

OPEN 语句打开游标，然后通过执行在 DECLARE CURSOR（或 SET cursor_variable）语句中指定的 T-SQL 语句填充游标（即生成与游标相关联的结果集）。

如果所打开的是静态游标，那么 OPEN 将创建一个临时表以保存结果集；如果所打开的是键集驱动游标，那么 OPEN 将创建一个临时表以保存键集。临时表都存储在 tempdb 中。

打开游标后，可以使用全局变量@@CURSOR_ROWS 查看游标中数据行的数目。当其值为 0 时，表示没有游标打开；当其值为–1 时，表示游标为动态的；当其值为 m（m 为正整

数）时，游标已被完全填充，*m* 是游标中的数据行数。

【例 7.23】　定义游标 KH_CUR3，然后打开该游标，输出其行数。

```
DECLARE KH_CUR3 CURSOR
    LOCAL SCROLL SCROLL_LOCKS
    FOR
    SELECT 客户编号,客户姓名,联系电话
        FROM KHB
        WHERE 所在省市 LIKE '江苏%'
    FOR UPDATE OF 联系电话
OPEN KH_CUR3
SELECT '游标 KH_CUR3 数据行数' = @@CURSOR_ROWS
GO
```

执行结果为：

游标KH_CUR3数据行数
3

4. 读取游标

游标打开后，就可以使用 FETCH 语句从中读取数据了。FETCH 语句的格式为：

```
FETCH
[ [ NEXT | PRIOR | FIRST | LAST | ABSOLUTE { n | @nvar } | RELATIVE { n | @nvar} ]
    FROM ]
{ { [ GLOBAL ] <游标名>} | @<游标变量名>}
[ INTO @variable_name [ ,…n ] ]
```

该语句的功能是从<游标名>或<游标变量名>指定的游标中读取数据。

NEXT | PRIOR | FIRST | LAST | ABSOLUTE | RELATIVE：用于说明读取数据的位置。NEXT 说明读取当前行的下一行，并且使其置为当前行。如果 FETCH NEXT 是对游标的第一次提取操作，则读取的是结果集第一行。NEXT 为默认的游标提取选项。PRIOR 说明读取当前行的前一行，并且使其置为当前行。如果 FETCH PRIOR 是对游标的第一次提取操作，则无值返回，且游标置于第一行之前。FIRST 读取游标中的第一行并将其作为当前行。LAST 读取游标中的最后一行并将其作为当前行。

ABSOLUTE { *n* | @nvar }和 RALATIVE { *n* | @nvar }给出读取数据的位置与游标头或当前位置的关系，其中，*n* 必须为整型常量，变量@nvar 必须为 smallint、tinyint 或 int 类型。

ABSOLUTE { *n* | @nvar }：若 *n* 或@nvar 为正数，则读取从游标头开始的第 *n* 行，并将读取的行变成新的当前行；若 *n* 或@nvar 为负数，则读取游标尾之前的第 *n* 行，并将读取的行变成新的当前行；若 *n* 或@nvar 为 0，则没有行返回。

RALATIVE { *n* | @nvar }：若 *n* 或@nvar 为正数，则读取当前行之后的第 *n* 行，并将读取的行置新的当前行；若 *n* 或@nvar 为负数，则读取当前行之前的第 *n* 行，并将读取的行变成新的当前行；如果 *n* 或@nvar 为 0，则读取当前行。如果对游标的第一次提取操作时将 FETCH RELATIVE 中的 *n* 或@nvar 指定为负数或 0，则没有行返回。

INTO：说明将读取的游标数据存放到指定的变量中。

GLOBAL：全局游标。

【例 7.24】　从例 7.21 所定义的游标 KH_CUR1 中提取数据。设该游标已经打开。

```
FETCH NEXT FROM KH_CUR1
```

执行结果为：

客户编号	客户姓名	性别	出生日期	联系电话
100001	张小林	男	1979-02-01 00:00:00.000	02581234678

注意：由于 KH_CUR1 是只进游标，所以只能使用 NEXT 提取数据。

【例 7.25】 从游标 KH_CUR2 中提取数据。设该游标已经打开。

```
FETCH FIRST FROM KH_CUR2
```

--读取游标第一行（当前行为第一行），结果为：

客户编号	客户姓名	联系电话
100001	张小林	02581234678

```
FETCH NEXT FROM KH_CUR2
```

--读取下一行（当前行为第二行），结果为：

客户编号	客户姓名	联系电话
100002	李红红	139008899120

```
FETCH PRIOR FROM KH_CUR2
```

--读取上一行（当前行为第一行），结果为：

客户编号	客户姓名	联系电话
100001	张小林	02581234678

```
FETCH LAST FROM KH_CUR2
```

--读取最后一行（当前行为最后一行），结果为：

客户编号	客户姓名	联系电话
100006	王芳芳	137090920101

```
FETCH RELATIVE -2 FROM KH_CUR2
```

--读取当前行的上二行（当前行为倒数第三行），结果为：

客户编号	客户姓名	联系电话
100001	张小林	02581234678

分析：KH_CUR2 是动态游标，可以前滚、后滚，可以使用 FETCH 语句中除 ABSOLUTE 以外的提取选项。

FETCH 语句的执行状态保存在全局变量@@FETCH_STATUS 中，其值为 0，表示上一个 FETCH 执行成功；为–1，表示所要读取的行不在结果集中；为–2，表示被提取的行已不存在（已被删除）。

例如，接着例 7.25 继续执行如下语句：

```
FETCH RELATIVE 3 FROM KH_CUR2
SELECT 'FETCH 执行情况' = @@FETCH_STATUS
```

结果为：

FETCH执行情况
-1

5. 关闭游标

游标使用完以后，要及时关闭。关闭游标使用 CLOSE 语句，格式为：

```
CLOSE { { [ GLOBAL ] <游标名> } | @<游标变量名> }
```

语句参数的含义与 OPEN 语句中的相同。

例如，语句 CLOSE KH_CUR2 将关闭游标 KH_CUR2。

6. 释放游标

语句 DEALLOCATE 删除游标与游标名或游标变量之间的关联，游标所使用的资源也随之释放。该语句的语法格式为：

```
DEALLOCATE { { [ GLOBAL ] <游标名> } | @<游标变量名> }
```

7. 游标变量与游标函数

T-SQL 的局部变量可以是游标类型，类型标识符为 CURSOR。T-SQL 还提供了内置游标函数。这里介绍它们的用法。

（1）游标变量

游标变量声明的语法格式为：

```
DECLARE { @<游标变量名> CURSOR } [ ,...n]
```

可利用 SET 语句给一个游标变量赋值。有三种情况：

① 将一个已存在并且赋值的游标变量的值赋给另一局部游标变量。

② 将一个已声明的游标名赋给指定的局部游标变量。

③ 定义一个游标，同时将其赋给指定的局部游标变量。

上述三种情况的语法描述如下所示。语法格式：

```
SET
{ @<游标变量名> =
    { @<游标变量名>  |              --将一个已赋值的游标变量的值赋给一目标游标变量
       <游标名>      |              --将一个已定义的游标名赋给游标变量
      <CURSOR 子句>                 --游标定义
    }
}
```

【例 7.26】 定义游标和游标变量，并将它们关联。

```
USE SPDG
DECLARE @CursorVar CURSOR                          --定义游标变量
DEALARE KH_CUR CURSOR
FOR
    SELECT * FROM KHB                              --定义游标
SET @CursorVar = KH_CUR                            --将一个已定义的游标名赋给游标变量
```

【例 7.27】 用 CURSOR 子句定义游标并赋给游标变量，并逐行读取游标记录。

```
USE SPDG
DECLARE @CursorVar CURSOR                          --定义游标变量
SET @CursorVar =
        CURSOR SCROLL DYNAMIC                      --用游标定义给游标变量赋值
        FOR
            SELECT 客户编号,客户姓名,联系电话
            FROM KHB
            WHERE 所在省市 LIKE '江苏%'
    FOR UPDATE OF 联系电话
OPEN @CursorVar                                    --打开游标
FETCH NEXT FROM @CursorVar
WHILE @@FETCH_STATUS = 0                           --当游标中还有行可读取时
BEGIN
    FETCH NEXT FROM @CursorVar                     --通过游标读取记录
END
CLOSE @CursorVar                                   --关闭游标
DEALLOCATE @CursorVar                              --删除对游标的引用
```

（2）游标函数

T-SQL 提供了内置函数对游标进行操作，例如，在举例中已使用的@@FETCH_STATUS 和@@FETCH_ROWS。除上述两个外，常用的游标函数还有 CURSOR_STATUS。

CURSOR_STATUS 是一个标量函数，返回游标的当前状态。返回 1，表示游标结果集中至少有 1 行；0 表示游标结果集为空；–1 表示游标关闭；–2 表示游标不可用；–3 表示游标不存在。存储过程调用者通过读取游标的当前状态，可判断怎样处理存储过程返回的结果集。该函数语法格式为：

```
CURSOR_STATUS （ 'LOCAL' | 'GLOBAL' | 'VARIABLE' , '游标名' | '游标变量名' ）
```

【例 7.28】　使用 CURSOR_STATUS 游标函数。

```
DECLARE @StatusVar SMALLINT , @Demo VARCHAR(30)
DECLARE KH_CUR4 CURSOR
      LOCAL SCROLL SCROLL_LOCKS
      FOR
     SELECT 客户编号,客户姓名,联系电话
          FROM KHB
          WHERE 所在省市 LIKE '江苏%'
      FOR UPDATE OF 联系电话
OPEN KH_CUR4
SET @StatusVar = CURSOR_STATUS('LOCAL','KH_CUR4')
SET @Demo =
       CASE @StatusVar
            WHEN 1 THEN '游标 KH_CUR4 中至少有 1 行'
            WHEN 0 THEN '游标 KH_CUR4 为空'
            WHEN -1 THEN '游标 KH_CUR4 已关闭'
            WHEN -2 THEN '游标 KH_CUR4 不可用'
            WHEN -3 THEN '游标 KH_CUR4 不存在'
       END
PRINT @Demo
```

7.3　存储过程和触发器

存储过程是存储在服务器上的一组预先定义的 SQL 程序，它是一种封装重复任务的方法。存储过程可以反复调用，便于共享及维护。触发器是一类可由特定事件触发的 SQL 程序块，其主要用途在于可以动态地维护数据一致性。存储过程和触发器均已成为 SQL 标准。本节介绍 SQL Sever 的存储过程和触发器。

7.3.1　存储过程

使用存储过程的优点主要有：

① 存储过程在服务器端运行，执行效率高。

② 存储过程执行一次后，其执行规划就驻留在高速缓冲存储器中，在以后的操作中，只需从高速缓冲存储器中调用已编译好的二进制代码执行即可，提高了系统性能。

③ 确保数据库的安全。使用存储过程可以完成所有数据库操作，并可通过编程方式控制上述操作对数据库信息访问的权限。

④ 自动完成需要预先执行的任务。存储过程可以在系统启动时自动执行，而不必在系统启动后再进行手工操作，大大方便了用户的使用，可以自动完成一些需要预先执行的任务。

1. 存储过程的类型

SQL Server 支持 5 种类型的存储过程：系统存储过程、本地存储过程、临时存储过程、远程存储过程和扩展存储过程。在不同情况下需要执行不同的存储过程。

① 系统存储过程：系统存储过程是由系统提供的存储过程，可以作为命令执行各种操作。系统存储过程定义在系统数据库 master 中，其前缀是 sp_。例如常用的显示系统对象信息的 sp_help 存储过程，它们为检索系统表的信息提供了方便快捷的方法。

系统存储过程允许系统管理员执行修改系统表的数据库管理任务，可以在任何一个数据库中执行。常用的系统存储过程请见附录 C。

② 本地存储过程：本地存储过程是指在用户数据库中创建的存储过程，这种存储过程完成特定数据库操作任务，其名称不能以 sp_为前缀。

③ 临时存储过程：临时存储过程属于本地存储过程。如果本地存储过程的名称前面有一个“#”，该存储过程就称为局部临时存储过程，这种存储过程只能在一个用户会话中使用。

如果本地存储过程的名称前有两个“#”，该过程就是全局临时存储过程，这种存储过程可以在所有用户会话中使用。

④ 远程存储过程：远程存储过程指从远程服务器上调用的存储过程。

⑤ 扩展存储过程：在 SQL Server 环境之外执行的动态链接库称为扩展存储过程，其前缀是 sp_。使用时需要先加载到 SQL Server 系统中，并且按照使用存储过程的方法执行。

2. 存储过程的定义与执行

用户存储过程只能定义在当前数据库中。在默认情况下，用户创建的存储过程归数据库所有者拥有，数据库的所有者可以授权给其他用户。

（1）存储过程定义

定义存储过程的语句是 CREATE PROCEDURE，其基本格式为：

```
CREATE PROC[ EDURE ] <存储过程名>              --定义存储过程名
[ { @<参数> <数据类型> }                      --定义参数及类型
[ VARYING ] [ = default ] [ OUTPUT ] ]       --定义参数的属性
[ ,...n1 ]
AS <SQL 语句> [ ...n2 ]                       --执行的操作
```

其中，<存储过程名>必须符合标识符规则，且对于数据库及其所有者必须唯一；创建局部临时过程，可以在 procedure_name 前面加一个“#”；创建全局临时过程，可以在 procedure_name 前加“##”。

存储过程可以带有参数，参数必须以@符号作为第一个字符来指定参数名称。可声明一个或多个参数，执行存储过程时应提供相应的实在参数。可为参数指定默认值，默认参数值只能为常量。形参局部于该存储过程。参数数据类型可为 SQL Server 支持的任何类型，但 CURSOR 类型只能用于 OUTPUT 参数。如果指定参数数据类型为 CURSOR，则必须同时指定 VARYING 和 OUTPUT 关键字。default 指定存储过程输入参数的默认值，默认值必须是常量或 NULL，默认值中可以包含通配符（%、_、[] 和 [^]），如果定义了默认值，执行存储过程时根据情况可不提供实参。存储过程的参数默认为输入参数，关键字 OUTPUT 用于指定参数从存储过程返回信息。如果一个输出参数的类型为游标，并且结果集会动态变化，则使用关键字 VARYIN 指明输出参数的内容可以变化。

n_1 表示可为存储过程指定多个参数。n_2 说明一个存储过程可以包含多条 T-SQL 语句。

对于存储过程的定义要注意：

① 用户定义的存储过程只能在当前数据库中创建（临时过程除外，临时过程总是在 tempdb 中创建）。

② 对出现在存储过程体中的 SQL 语句有如下限制：

如下语句必须使用对象所有者名对数据库对象进行限定：CREATE TABLE 、ALTER TABLE、DROP TABLE 、TRUNCATE TABLE 、CREATE INDEX、DROP INDEX、UPDATE STATISTICS 及 DBCC 语句。

在存储过程的定义中不能使用下列对象创建语句：

```
CREATE  VIEW
CREATE  DEFAULT
CREATE  RULE
CREATE  PROCEDURE
CREATE  TRIGGER
```

注意：存储过程的定义不能跨越批处理。

（2）存储过程执行

执行存储过程的命令是 EXECUTE，其基本语法格式为：

```
[ EXEC[ UTE ] ]  <存储过程名>
[ [ @<参数名> = ] { <值> | @<变量> [ OUTPUT ] | [ DEFAULT ] } [ ,...n ]
```

其中，@<参数名>为 CREATE PROCEDURE 语句中定义的参数名；<值>为存储过程的实参值；@<变量>用于保存 OUTPUT 参数返回的值。DEFAULT 关键字表示不提供实参，而使用对应的默认值。*n* 表示实参可有多个。

存储过程的执行要注意下列几点：

① 如果存储过程名的前 3 个字符为 sp_，则 SQL Server 会在 Master 数据库中寻找该过程。如果没能找到合法的过程名，则 SQL Server 会寻找所有者名称为 dbo 的过程。

② 参数可以通过<值>或@<参数名> = <值>的形式提供。

③ 若 EXECUTE 语句是批处理中的第一个语句，则可省略关键字 EXECUTE。

下面举一些有关存储过程定义和调用的示例。

【例 7.29】 从 SPDG 数据库的 3 个表中查询，返回客户编号、姓名、订购商品名及订购数量。该存储过程不使用任何参数。

```
USE SPDG
--检查是否已存在同名的存储过程，若有，则删除。
IF EXISTS (SELECT name FROM sysobjects
            WHERE name = 'KH_info' AND type = 'P')
      DROP PROCEDURE KH_info
GO
--创建存储过程
CREATE PROCEDURE KH_info
AS
SELECT a.客户编号, 客户姓名, ISNULL(商品名称,'未订任何商品'), ISNULL(数量,0)
   FROM KHB a LEFT JOIN SPDGB b
      ON a.客户编号  = b.客户编号  LEFT JOIN SPB c
```

```
        ON b.商品编号 = c.商品编号
GO
```

这里定义的存储过程 KH_info 没有输入和输出参数，即它不需要与调用者传递数据。

可使用以下语句执行该存储过程：

```
EXECUTE KH_info
```

或

```
EXEC KH_info
```

【例 7.30】　从 SPDG 数据库的 3 个表中查询某人订购的指定商品的数量。

```
USE SPDG
IF EXISTS (SELECT name FROM sysobjects
              WHERE name = 'KH_info1' AND type = 'P')
    DROP PROCEDURE KH_info1
GO
CREATE PROCEDURE KH_info1
  @KHname VARCHAR (20), @SPname VARCHAR(50)
AS
SELECT x.客户编号, SUM(x.数量) AS 总数量
   FROM
      ( SELECT a.客户编号, ISNULL(数量,0) AS 数量
         FROM KHB a LEFT JOIN SPDGB b
            ON a.客户编号 = b.客户编号 LEFT JOIN SPB c
            ON b.商品编号 = c.商品编号
         WHERE a.客户姓名= @KHname AND c.商品名称 = @SPname
      ) x
   GROUP BY x.客户编号
GO
```

这里定义的存储过程 KH_info1 中使用了两个输入参数：@KHname（用于传入客户姓名）和@SPname（用于传入商品名称）。

存储过程 KH_info1 可有多种执行方式，下面列出了一部分：

```
EXEC KH_info1 '张小林', '咖啡'
```

或

```
EXEC KH_info1 @KHname='张小林', @SPname='咖啡'
```

或

```
EXEC KH_info1 @SPname='咖啡' , @KHname='张小林'
```

【例 7.31】　从 SPDG 数据库 3 个表的联接中返回指定客户的编号、姓名、所订购商品名称及数量。

```
USE SPDG
IF EXISTS (SELECT name FROM sysobjects
              WHERE name = 'KH_info2' AND type = 'P')
    DROP PROCEDURE KH_info2
GO
CREATE PROCEDURE KH_info2
  @KHname VARCHAR(20) = '张%'            --指定参数的默认值
AS
SELECT a.客户编号, 客户姓名,商品名称, ISNULL(数量,0)
   FROM KHB a LEFT JOIN SPDGB b
```

```
            ON a.客户编号 = b.客户编号 LEFT JOIN SPB c
            ON b.商品编号 = c.商品编号
        WHERE 客户姓名 LIKE @KHname
    GO
```

这里定义的存储过程 KH_info2 中使用了一个输入参数@KHname（用于传入客户姓名），该参数中使用了模式匹配，如果没有提供参数，则使用预设的默认值。

存储过程 KH_info2 可以有多种执行形式，下面列出了一部分：

```
    EXEC KH_info2                    --参数使用默认值
```

或

```
    EXEC KH_info2 '张%'              --传递给@name 的实参为'张%'
```

或

```
    EXEC KH_info2 '[张王]%'          --传递给@name 的实参为'[张王]%'
```

【例 7.32】 定义一个存储过程，其功能是：计算指定客户订购商品的总金额。

```
    USE SPDG
    IF EXISTS(SELECT name FROM sysobjects
                    WHERE name = 'TotalCOST' AND type = 'P')
        DROP PROCEDURE TotalCOST
    GO
    CREATE PROCEDURE TotalCOST
        @KHname VARCHAR(20),
        @tot_cost INT OUTPUT           --定义输出参数
    AS
    SELECT @tot_cost = ISNULL(总金额,0)
        FROM KHB a LEFT JOIN (SELECT x.客户编号,SUM(单价*数量) 总金额
                    FROM SPDGB x , SPB y
                    WHERE x.商品编号 = y.商品编号
                    GROUP BY x.客户编号) b
    ON a.客户编号 = b.客户编号
    WHERE a.客户姓名 = @KHname
    GO
```

这里定义的存储过程 TotalCOST 中使用了一个输入参数@KHname（用于传入客户姓名）和一个输出参数@tot_cost（用于传出该客户订购商品的总金额）。

以下是对存储过程 TotalCOST 的调用语句：

```
    USE SPDG
    DECLARE @tot INT
    EXEC TotalCOST '张小林', @tot OUTPUT
    --执行语句也可用如下形式：EXEC TotalCOST '张小林', @tot_cost = @tot OUTPUT
    SELECT '张小林' AS 客户姓名, @tot AS 总金额
    GO
```

注意：OUTPUT 变量必须在创建存储过程和使用存储过程时都进行定义。定义时的参数名和调用时的变量名不一定要匹配，不过数据类型和参数位置必须匹配。如本例中，在存储过程的定义中输出参数名为@ tot_cost，而调用时将其命名为@tot。

【例 7.33】 定义一个存储过程，其功能是：在 KHB 表上声明并打开一个游标。

```
    USE SPDG
    IF EXISTS (SELECT name FROM sysobjects
                    WHERE name = 'KHcursor' and type = 'P')
```

```
            DROP PROCEDURE KHcursor
    GO
    CREATE PROCEDURE KHcursor
        @KH_cursor CURSOR VARYING OUTPUT          --定义游标参数，用于返回局部游标
    AS
    SET @KH_cursor =
            CURSOR SCROLL DYNAMIC                 --用游标定义给游标变量赋值
            FOR
                        SELECT * FROM KHB
    OPEN @KH_cursor                               --打开游标
    GO
```

上述语句定义了一个使用 OUTPUT 游标参数的存储过程。其中的 OUTPUT 游标参数用于返回存储过程的局部游标。

在如下的批处理中，声明一局部游标变量@MyCursor，执行存储过程 KHcursor 并将游标赋值给局部游标变量，然后通过该游标变量读取记录。

```
    USE SPDG
    DECLARE @MyCursor CURSOR
    EXEC KHcursor @KH_cursor = @MyCursor OUTPUT
    FETCH NEXT FROM @MyCursor
    WHILE (@@FETCH_STATUS = 0)
        BEGIN
            FETCH NEXT FROM @MyCursor
        END
    CLOSE @MyCursor
    DEALLOCATE @MyCursor
    GO
```

3. 修改存储过程

使用 ALTER PROCEDURE 命令可修改已存在的存储过程。该语句的基本语法格式为：

```
    ALTER PROC[ EDURE ] <存储过程名>
    [ { @<参数名> <参数数据类型>}
    [ VARYING ] [ = default ] [ OUTPUT ] ]      [ ,...n1 ]
    AS
    <SQL 语句> [ ...n2 ]
```

各参数含义与 CREATE PROCEDURE 相同。

【例 7.34】　对例 7.30 定义的存储过程 KH_info1 进行修改。

```
    USE SPDG
    GO
    ALTER PROCEDURE KH_info1
        @KHname VARCHAR (20), @SPname VARCHAR(50)
    AS
    SELECT a.客户编号, 客户姓名, 商品名称, 数量
       FROM KHB a , SPDGB b , SPB c
       WHERE a.客户编号 = b.客户编号 AND b.商品编号 = c.商品编号
                 AND a.客户姓名= @KHname AND c.商品名称 = @SPname
    GO
```

4. 删除存储过程

使用 DROP PROCEDURE 语句可永久地删除存储过程。在此之前，必须确认该存储过程没有任何依赖关系。该语句的语法格式为：

```
DROP PROC[ EDURE ] { <存储过程名> } [ ,...n ]
```

该语句从当前数据库中删除一个或多个存储过程或存储过程组。*n* 表示可以指定多个存储过程同时删除。例如，以下语句将删除 SPDG 数据库中的 KH_info1 存储过程：

```
DROP PROCEDURE KH_info1
```

7.3.2 触发器

1. 触发器概念

与存储过程类似，触发器也是由一组 SQL 语句构成的，但它与存储过程也存在明显差别，最典型的差别表现在执行方式上，存储过程一般不能自动被执行，而触发器是自动执行的。触发器与表的关系密切，主要用于维护表数据的一致性。当有操作影响到触发器保护的数据时，触发器自动执行。

一般情况下，对表数据的操作有：插入、修改、删除，因而维护数据的触发器也可分为 3 种类型：INSERT、UPDATE 和 DELETE。

触发器可包含复杂的逻辑处理，能够实现复杂的完整性约束。触发器的主要特点有：

① 触发器自动执行。在对表中数据进行了修改后立即被激活自动执行。

② 触发器能够对数据库中的相关表进行级联更改。触发器是基于表创建的，但可以针对多个表进行操作，实现对相关表的级联更改。例如，可在 SPB 表的“商品编号”列上建立删除触发器，当对 SPB 表删除记录时，在 SPDGB 表中删除相同商品编号的记录。

③ 触发器可实现比 CHECK 约束更为复杂的数据完整性约束。CHECK 约束不允许引用其他表中的列来完成检查工作，而触发器可以。例如，向 KHB 表中插入记录时，当输入所在省市时，必须先检查所在省市是否正确。现假设另有一个省市代码表，可以通过检查该表来确定省市的正确性。这种检查只能通过触发器来实现。

④ 同一个表中可使用多个触发器，即使同一类型的触发器，也可使用多个。

SQL Server 的触发器分为两类：

① AFTER 触发器（后触发器）。该类触发器是在引起触发器执行的修改语句成功完成之后被执行。如果修改语句因错误（如语法错误）而执行失败，则该触发器将不会执行。这类触发器只能定义在基本表上，而不能定义在视图上。

② INSTEAD OF 触发器（替代触发器）。当引起触发器执行的修改语句停止时，该类触发器将代替触发的修改操作被执行。该类触发器可定义在基本表或视图上。

2. 触发器的创建和执行

（1）CREATE TRIGGER 语句

创建触发器的语句是 CREATE TRIGGER，其基本格式为：

```
CREATE TRIGGER <触发器名> ON { <基本表> | <视图> }
--指定触发器名及操作对象
{ FOR | AFTER | INSTEAD OF } { [DELETE] [,] [INSERT] [,] [UPDATE] }
--定义触发器的类型
    AS
```

```
        [ IF UPDATE（<列名>）[{ AND | OR } UPDATE（<列名>）] [, ...n] ]
    <SQL 语句> [ , ...n ]                              --可包含一条或多条 SQL 语句
```

其中的<基本表>|<视图>指在其上执行触发器的表或视图。

AFTER 关键字用于定义 AFTER 触发器，AFTER 是默认设置。INSTEAD OF 用于定义 INSTEAD OF 触发器。

关键字 DELETE、INSERT 和 UPDATE 用于指定在表或视图上执行数据操作时将激活相应的触发器，必须指定一项或多项，各项之间用逗号分隔。

IF UPDATE（<列>）子句用于测试在指定的列上进行的 INSERT 或 UPDATE 操作，不能用于 DELETE 操作；若要测试在多个列上进行的 INSERT 或 UPDATE 操作，则要在第一个操作后使用单独的 UPDATE（<列>）子句。

<SQL 语句>为触发器的 T-SQL 语句，它们是触发器被触发后将执行的语句。*n* 表示触发器中可以包含多条 T-SQL 语句。

CREATE TRIGGER 必须是批处理中的第一条语句。

（2）触发器中使用的特殊表

执行触发器时，系统将自动创建两个特殊的逻辑表：INSERTED 表和 DELETED 表。

INSERTED 表：当向表中插入数据时，INSERT 触发器触发执行，新的记录插入到触发器表和 INSERTED 表中。

DELETED 表：用于保存已从表中删除的记录，当触发一个 DELETE 触发器时，被删除的记录存放到 DELETED 逻辑表中。

修改一条记录等于插入一条新记录，同时删除旧记录。当对定义了 UPDATE 触发器的表记录修改时，表中原记录移到 DELETED 表中，修改过的记录插入到 INSERTED 表中。触发器可检查 DELETED 表、INSERTED 表及被修改的表。

【例 7.35】 在 SPDG 数据库的 KHB 上定义触发器，其功能是：如果在 KHB 表中删除数据，则同时删除 SPDGB 中与 KHB 相关的记录。

```
USE SPDG
IF EXISTS (SELECT name FROM sysobjects
            WHERE name = 'KHtrig' AND type = 'TR')
    DROP TRIGGER KHtrig
GO
CREATE TRIGGER KHtrig ON KHB FOR DELETE
AS
   DELETE SPDGB
      WHERE 客户编号 IN
         (SELECT 客户编号
          FROM DELETED              --从 DELETED 表中检索被删客户编号
         )
GO
```

在定义触发器时，要注意触发器中不允许包含以下 T-SQL 语句：CREATE DATABASE、ALTER DATABASE、LOAD DATABASE、RESTORE DATABASE、DROP DATABASE、LOAD LOG、RESTORE LOG、DISK INIT、DISK RESIZE 和 RECONFIGURE。

触发器不能返回任何结果，因此为了阻止从触发器返回结果，不要在触发器定义中包含 SELECT 语句或变量赋值。

下面再举两个触发器定义和使用的例子。

【例 7.36】 在数据库 SPDG 中创建一个触发器：当向 SPDGB 表插入记录时，检查该记录的客户编号在 KHB 表中是否存在，检查商品编号在 SPB 表中是否存在，若有一项为否，则不允许插入。

```
USE SPDG
IF EXISTS (SELECT name FROM sysobjects
            WHERE name = 'CHECKtrig' AND type = 'TR')
    DROP TRIGGER CHECKtrig
GO
CREATE TRIGGER CHECKtrig  ON SPDGB FOR INSERT
AS
   DECLARE @cnt INT
SELECT @cnt=COUNT(*)
        FROM INSERTED a
        WHERE   a.客户编号  NOT IN   (SELECT b.客户编号  FROM KHB b)
                OR
                a.商品编号  NOT IN   (SELECT c.商品编号  FROM SPB c)
   IF @cnt>0
   BEGIN
        RAISERROR ('插入操作违背数据的一致性.', 16, 1)
        ROLLBACK TRANSACTION
   END
GO
```

在 SPDGB 表上定义了 CHECKtrig 触发器后，每次执行 INSERT 操作都将触发其中的语句执行。例如，执行以下 INSERT 语句：

```
INSERT INTO SPDGB
   VALUES('100011','12345678','2009-7-20',2,'2009-7-29','现金','客户自取')
```

执行结果为：

```
消息
消息 50000，级别 16，状态 1，过程 CHECKtrig，第 13 行
插入操作违背数据的一致性.
消息 3609，级别 16，状态 1，第 1 行
事务在触发器中结束。批处理已中止。
```

执行结果表明：因违反数据一致性要求，所以不能成功执行数据插入操作。

【例 7.37】 在 SPDG 数据库的 SPDGB 表上创建一个触发器，若对“客户编号”或“商品编号”列进行修改，则给出提示信息，并取消修改操作。因这两个列是外码，所以不允许在 SPDGB 中修改它们。

本例需要使用 IF UPDATE（<列>）子句，对列的修改进行测试。

```
USE SPDG
IF EXISTS (SELECT name FROM sysobjects
            WHERE name = ' UPDATEtrig ' AND type = 'TR')
    DROP TRIGGER UPDATEtrig
GO
CREATE TRIGGER UPDATEtrig ON SPDGB FOR UPDATE
AS
      IF UPDATE(客户编号) OR UPDATE(商品编号)
        BEGIN
```

```
            RAISERROR ('不允许对外码进行修改.', 16, 1)
            ROLLBACK TRANSACTION
        END
GO
```

在 SPDGB 表上定义了 UPDATEtrig 触发器后，每次执行 UPDATE 操作都将触发其中的语句执行。例如，若执行以下 UPDATE 语句：

```
UPDATE SPDGB SET 客户编号='100111' WHERE 客户编号='100001'
```

执行结果为：

```
消息
消息 50000，级别 16，状态 1，过程 UPDATEtrig，第 5 行
不允许对外码进行修改.
消息 3609，级别 16，状态 1，第 1 行
事务在触发器中结束。批处理已中止。
```

执行结果表明：因违反数据修改要求，所以不能成功执行数据修改。

（3）触发器的禁止与启用

在一个表上可创建多个触发器。针对某个表所创建的触发器，可根据需要，使用 ALTER TABLE 语句禁止或启用指定的触发器。语句格式如下：

```
ALTER TABLE { ENABLE | DISABLE } <触发器名>
```

其中，ENABLE 选项为启用触发器，DISABLE 选项为禁止触发器。

3. 修改和删除触发器

修改触发器定义的语句是 ALTER TRIGGER，其基本格式与 CREATE TRIGGER 语句基本相同，只需将关键词 CREATE 换为 ALTER 即可。

删除触发器的语句是 DROP TRIGGER，语句格式为：

```
DROP TRIGGER { <触发器名> } [, … n]
```

另外，当一个表被删除时，该表上定义的所有触发器将同时被删除。

7.4 嵌入式 SQL

SQL 语言有交互式和嵌入式两种不同的使用方式。交互式 SQL（Interactive SQL，ISQL）是联机终端用户在交互环境下使用的；嵌入式 SQL（Embedded SQL，ESQL）是将 SQL 语句作为一种数据子语言嵌入某些主语言（高级程序设计语言）中使用的。在这两种方式下，SQL 的语法结构基本一致，但在程序设计环境下，嵌入式 SQL 中的 SQL 语句要做一些必要的扩充。不同的高级语言对 SQL 的扩充也有差异，本书以在 C 语言中嵌入 SQL 为例，简要讨论嵌入式 SQL 的有关规定与使用。

7.4.1 嵌入式 SQL 的处理

对于嵌入宿主语言中的嵌入式 SQL，DBMS 有两种方法进行处理：一种是预编译方法，另一种是修改和扩充主语言使之能够处理 SQL。较常用的是第一种方法，这里也仅介绍这种方法的处理过程。

采用预编译方法处理嵌入式 SQL 的一般过程如下：

- 先由 DBMS 的预处理程序对源程序进行扫描，识别出 SQL 语句。

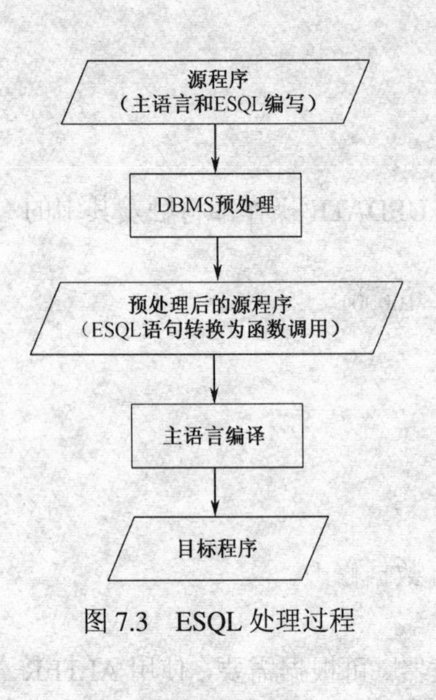

图 7.3　ESQL 处理过程

- 然后将它们转换为主语言调用语句，使得主语言能够识别它们。
- 最后由主语言的编译程序将整个源程序编译成目标代码。

这个处理过程如图 7.3 所示。

所有在交互方式下的 SQL 语句都可以在 ESQL 中使用，但由于使用方式上的差异，对于 ESQL，将面临以下主要问题：

① 应用程序中既有主语言语句又有 SQL 语句，如何识别这两种不同的语句？

② 主语言变量一般为标量，而 SQL 语言中的变量一般为集合量，如何建立由集合量到标量的转换，即如何实现嵌入式 SQL 与主语言之间的通信？

嵌入式 SQL 的使用，必须解决上述问题。以下分别讨论。

7.4.2　主语言语句与 SQL 语句

在应用程序的主语言中，可以加入完整的 SQL 语句，可在 SQL 语句中使用主语言的变量。在 ESQL 中，为了能够区分 SQL 语句与主语言语句，所有 SQL 语句都必须加上前缀 EXEC SQL，并以分号（；）结束。格式如下：

```
EXEC SQL <SQL 语句> ;
```

例如，以下语句是嵌入到 C 语言中的 SQL 语句示例：

```
EXEC SQL SELECT 客户编号，客户姓名，联系电话 FROM KHB ;
```

嵌入式 SQL 语句根据其作用的不同，可分为说明性语句和执行语句两类。执行语句又分为数据定义、数据操纵和数据控制三种。在用主语言编写的源程序中，允许出现高级语言可执行语句的地方，都可以出现 SQL 的执行语句；允许出现高级语言说明性语句的地方，都可以出现 SQL 的说明性语句。

在存取数据库之前，预编译程序必须与数据库系统连接。连接时，程序需要提供用户名和口令，由数据库系统进行验证。若用户名和口令正确，则可登录数据库，获得相应用户的使用权；否则，数据库系统拒绝登录，程序就不能使用数据库。

连接数据库语句的语法格式为：

```
EXEC SQL CONNECT TO <服务器名>.<数据库名> AS <连接名> USER <用户>.<口令>
```

例如，若服务器名为 SRV，其上有一个名为 SPDG 的数据库。若已建用户名 USER1、口令 123，则其与数据库建立连接的语句为：

```
EXEC SQL CONNECT TO SRV.SPDG AS conn1 USER USER1.123 ;
```

所建立的连接名为 conn1。

由于数据库连接需要占用资源，因此，处理完成后应断开连接。断开连接的语句格式为：

```
EXEC SQL DISCONNECT <连接名> ;
```

在应用程序中可嵌入 SQL 的数据定义语句，来定义表、视图等数据库对象；但不能使用嵌入式 SQL 来创建数据库。

【例 7.38】　以下 ESQL 语句将建立一个 test 表。

```
EXEC SQL CREATE TABLE test
( column1 INT NOT NULL ,
 Column2 VARCHAR(20)
) ;
```

7.4.3　ESQL 与主语言间的通信

将 SQL 嵌入到高级语言中，主要目的是发挥 SQL 语言和宿主语言各自的优势：SQL 语句是面向集合的非过程化语言，负责对数据库进行操作；宿主语言是过程化的、与运行环境有关的语言，负责用户界面及对流程进行控制。在程序执行过程中，宿主语言需要与 SQL 语句进行数据交换，两者的通信主要包括：

（1）SQL 语句需将执行状态信息传递给主语言，使主语言能够根据此状态信息来控制程序流程。向宿主语言传递 SQL 执行状态信息，主要用 SQL 通信区（SQL Communication Area，SQLCA）实现。

（2）主语言需要提供一些参数给 SQL 语句。实现的方法是：在主语言中定义主变量（Host Variable），在 SQL 语句中通过使用主变量而获得参数值。

（3）将 SQL 语句的查询结果返回给主语言做进一步的处理。如果 SQL 语句向主语言返回的是非数据库记录或一条记录，则可使用主变量；若返回的是数据库记录集，则使用游标。

1. SQL 通信区

应用程序中的 SQL 语句执行后，系统要返回有关当前工作状态及运行参数的信息，这些信息将传递到 SQL 通信区 SQLCA 中。应用程序从 SQLCA 中取出这些状态信息，据此决定后面语句的执行。

SQLCA 是一个数据结构，在主语言中使用如下语句定义 SQLCA：

```
EXEC SQL INCLUDE SQLCA
```

SQLCA 中有一个系统变量 SQLCODE，用于存放每次 SQL 语句执行后的返回代码。应用程序每执行完一条 SQL 语句，都应检查 SQLCODE 值，以决定该 SQL 语句的执行情况并做相应处理。若 SQLCODE 值等于预定义的系统常量 SUCCESS，表示 SQL 语句执行成功；否则，表示 SQL 语句执行失败。返回代码表示了出错的原因。例如，在 SQL Server 中，SQLCODE=0，表示语句执行正确；SQLCODE=1，表示语句执行出错；SQLCODE<0，表示语句未执行，原因可能是数据库、系统或网络出错；SQLCODE=100，表示对游标的操作未返回记录。

2. 主变量

嵌入式 SQL 语句中可使用主语言的变量来输入或输出数据，这些变量称为主变量。主变量分为两类：输入主变量、输出主变量。

输入主变量由程序的主语言对其赋值，由 SQL 语句引用。输出主变量由 SQL 语句对其赋值或设置状态信息，返回给应用程序的主语言。利用输入主变量，可以指定向数据库插入的数据，可以将数据库中的数据修改为指定值，可以指定执行的操作，也可以指定 WHERE 或 HAVING 等子句中的条件。利用输出主变量，可以得到 SQL 语句的结果数据和状态。

主变量可以附带一个任选的指示变量（Indicator Variable），指示变量是一个整型变量，用于“指示”所指主变量的值或条件。指示变量可以指示输入主变量是否为空值，可以检测输出主变量是否为空值，或值是否被截断等。

（1）主变量定义

所有主变量和指示变量在使用前都必须声明，并且所有的有关主变量和指示变量的声明都必须放在 SQL 语句 BEGIN DECLARE SECTION 与 END DECLARE SECTION 之间。声明之后，主变量就可以在 SQL 语句中任何一个能够使用表达式的地方出现。为了与数据库对象名区别，主变量名前要加上冒号（:）；指示变量前也要加冒号（:），并且要紧跟在所指主变量之后。在 SQL 语句之外，主变量和指示变量均可以直接引用，不需加冒号。

【例 7.39】 主变量定义示例。

```
EXEC SQL BEGIN DECLARE SECTION
        char MKHno[6];
        char MKHname[20];
        char MKHbirthday[20];
        int   MKHsex;
        char MKHhome[50];
        char MKHphone[11] : KHphoneID;
        char MKHdemo[255];
EXEC SQL END DECLARE SECTION ;
```

其中，各个主变量的数据类型均遵照主语言（本例为 C 语言）标准。KHphoneID 是 KHphone 的指示变量。

（2）主变量的引用

在嵌入式 SQL 的 SELECT、UPDATE、DELETE 及 INSERT 等语句中均可引用主变量。下面举例说明。

【例 7.40】 在 KHB 中根据客户编号查询客户信息。

假设已将要查询的客户编号赋给了主变量 MgivenKHno，通过主变量 MKHno、MKHname、MKHbirthday、MKHsex、MKHhome、MKHphone、MKHdemo 返回查询结果。

```
EXEC SQL SELECT 客户编号,客户姓名,出生日期,性别,所在省市,联系电话,备注
INTO :MKHno,:MKHname,:MKHbirthday,:MKHsex,:MKHhome,:MKHphone,:MKHdemo
FROM KHB WHERE 客户编号 =:MgivenKHno
```

在嵌入式 SQL 中，如果查询结果为单记录，则 SELECT 语句需要使用 INTO 子句指定查询结果的保存变量；如例 7.40 所示。如果查询结果包含多条记录，则需要使用游标。

嵌入式 SQL 中游标的使用也应遵循 7.2.5 节所介绍的游标生命周期，即声明游标→打开游标→读取数据→关闭游标→释放游标。

```
EXEC SQL DECLARE <游标名> CURSOR FOR <SELECT 语句>;               --定义游标
EXEC SQL OPEN <游标名>;                                           --打开游标
EXEC SQL FETCH <游标名> INTO <主变量>[<指示变量>][,…n];            --读取游标
EXEC SQL CLOSE <游标名>;                                          --关闭游标
EXEC SQL DEALLOCATE <游标名>;                                     --释放游标
```

【例 7.41】 嵌入式 SQL 中游标的使用示例。

```
EXEC SQL DECLARE SPDGcursor CURSOR FOR
            SELECT a.客户编号,商品编号,数量
                FROM SPDGB a , KHB b
                WHERE a.客户编号 =b. 客户编号 ;
EXEC SQL OPEN SPDGcursor;
WHILE (SQLCODE == 0)
```

```
        EXEC SQL FETCH SPDGcursor INTO :MKHno, :MSPno, :MSPnum;
    EXEC SQL CLOSE SPDGcursor;
    EXEC SQL DEALLOCATE SPDGcursor;
```

【例7.42】　向KHB中插入新记录。

假设新记录的各列值均已赋给了主变量MKHno、MKHname、MKHbirthday、MKHsex、MKHhome、MKHphone和MKHdemo。

```
    EXEC SQL INSERT INTO KHB
           VALUES(:MKHno,:MKHname,:MKHbirthday,:MKHsex,:MKHhome,
                  :MKHphone,:MKHdemo);
```

通常，在INSERT语句中，可以在VALUES子句中使用主变量指定列值。

【例7.43】　将SPB中指定商品的单价降低10%。

假设要修改的商品编号已赋给了主变量Mdecr。

```
    EXEC SQL UPDATE SPB
                SET 单价 = 0.9*单价
                WHERE 商品编号 = :Mdecr ;
```

通常在UPDATE语句中，SET子句和WHERE子句均可以使用主变量。

【例7.44】　将SPDGB中指定客户的订购记录删除。

假设要删除的客户编号已赋给了主变量MKHid。

```
    EXEC SQL DELETE FROM SPDGB
                WHERE 客户编号 = :MKHid ;
```

通常在DELETE语句中，可以使用主变量指定删除条件。

7.4.4　程序实例

前面是对嵌入式SQL的基本语法及特点的介绍。本节将用一个较为完整的例子，介绍在C语言中嵌入SQL访问数据库的程序设计。

1. 实例环境的建立

实例所用环境：操作系统为Windows XP，RDBMS使用SQL Server 2000，高级语言开发环境为Visual C++ 6.0。在进行嵌入式SQL编程前，先要建立并配置有关的环境。

（1）SQL编译预处理

SQL Server的编译预处理程序是nsqlprep.exe，但SQL Server默认的安装方式（典型安装）并没有安装应用程序 nsqlprep.exe，因此，首先需要把安装光盘上\x86\Binn 目录下的nsqlprep.exe 文件复制到 SQL Server 的安装目录的 MSSQL\Binn 下（如 C:\Program Files\Microsoft SQL Server\MSSQL\Binn）。

（2）Visual C++ 6.0编译环境设置

使用Visual C++ 6.0对经预处理后的.c文件进行编译链接，需要用到SQL Server安装光盘上devtools中的头文件（.h）和库文件（.lib），需将devtools下include和x86lib整个目录复制到 SQL Server 的安装目录的 Tools\devtools 目录下（C:\Program Files\Microsoft SQL Server\80\Tools\DevTools）。同时还要用到动态链接库 SQLakw32.dll，SQLaiw32.dll，而这两个文件也不会默认安装。因此，需要把SQL Server安装光盘上\x86\binn目录下的这两个文件复制到SQL Server的安装目录MSSQL\Binn下。

接下来进行Visual C++ 6.0编译环境的设置：

① 在 VC++ 6.0 中选择 new→ project→选择 Win32 Console Application→输入工程名（本例工程名为 ESQLexample）→OK→empty project→Finished→OK。

② 执行 Tools→Options→Directories 命令，在 Show directories for 下拉框中选择 Include files，在 Directories 编辑框中输入 SQL Server 开发工具头文件的路径：C:\Program Files\Microsoft SQL Server\80\Tools\DevTools\Include，如图 7.4 所示。

③ 用同样的方法，在 Show directories for 下拉框中选择 Library files，在 Directories 编辑框中输入库文件的路径：C:\Program Files\Microsoft SQL Server\80\Tools\DevTools\LIB。并添加库文件，执行 Project→Settings→Link→Object/Library Modules，添加：SQLakw32.lib，Caw32.lib，如图 7.5 所示。

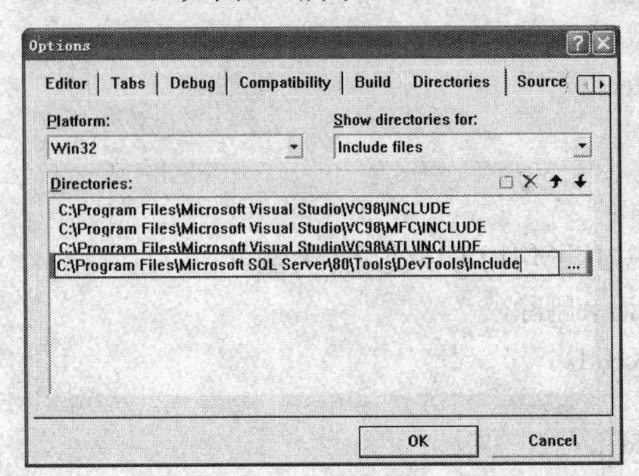

图 7.4　设置 VC++头文件目录路径

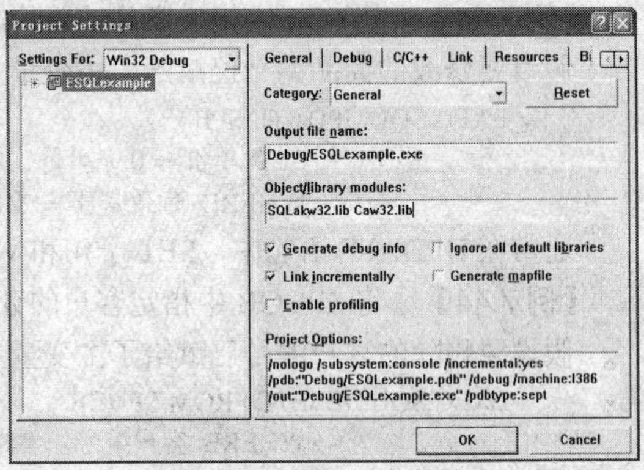

图 7.5　设置库文件目录路径

④ 用同样的方法，在 Show directories for 下拉框中选择 Library files，在 Directories 编辑框中输入可执行文件的路径：C:\Program Files\Microsoft SQL Server\ MSSQL\Binn。并需要把该路径加到系统的路径变量中，以便程序运行时能找到这两个文件。方法是：把 C:\Program Files\Microsoft SQL Server\MSSQL\Binn 加到系统环境变量 path 中。“我的电脑”→“属性”→“高级”→“环境变量”→“path，编辑”。注意，把路径加入到“变量值”，用分号（;）和其他已有的路径分开。

预编译后得到的 C 语言程序与原来的文档同名，扩展名为.c；自动放在与 sqc 文档相同的路径下。

2. 实例工程构建

遵循以下步骤，可完成实例工程的构建。

① 打开 VC++ 6.0，按上述步骤 ①～④ 创建名为 ESQLexample 的 WIN32 Console Application 工程，并配置好环境。

② 在 SQL Server 2000 中创建名为 esqlexp 的数据库。方法是：启动 SQL Server 2000 数据库服务器，打开企业管理器，在“数据库”图标上单击鼠标右键，选择“新建数据库”，在出现的对话框中输入数据库名 esqlexp，单击“确定”按钮，如图 7.6 所示。

③ 为数据库 esqlexp 新建一个用户 test，口令为 123。方法是：在安全性下的“登录”图标上单击鼠标右键，选择“新建登录”，输入名称“test”，选择“SQL Server 身份认证方式”，输入密码“123”，选择数据库 esqlexp，如图 7.7 所示。单击“确定”按钮。再次输入密码即可。

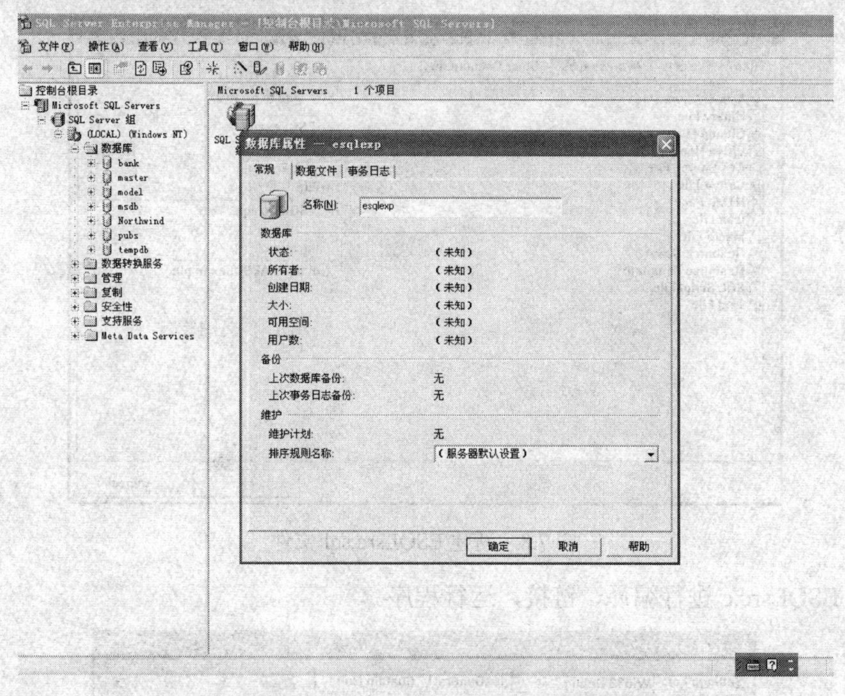

图 7.6　在 SQL Server 2000 中创建数据库

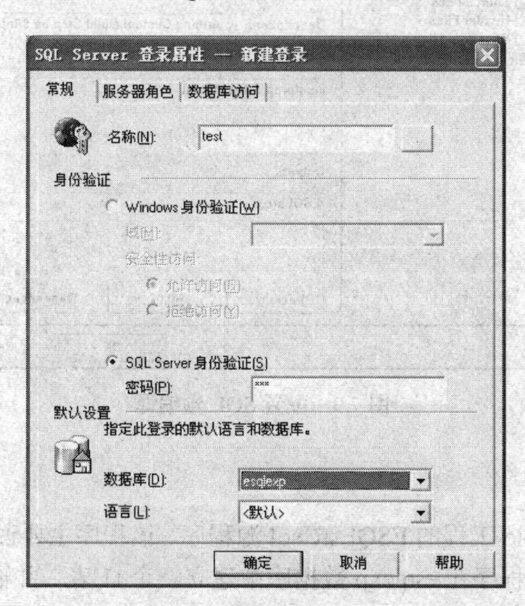

图 7.7　新建数据库用户

④ 在 ESQLexample 工程中的 Source Files 下，新建文件 ESQLsrc.sql。方法是：执行 Files→New→C++ Source File，输入文件名 ESQLsrc.sql，如图 7.8 所示。

⑤ 编写嵌入式 SQL 的 C 源程序。完整的源程序请见后续内容。

⑥ 在 ESQLsrc.sql 上单击鼠标右键，选择 Settings，在 Commands 编辑框中输入“nsqlprep ESQLsrc.sql”，在 Outputs 编辑框中输入“ESQLsrc.c”，如图 7.9 所示。

⑦ 执行 Build→Compile ESQLsrc.sql，将 ESQLsrc.sql 预编译成 ESQLsrc.c。

⑧ 手工将 ESQLsrc.c 添加到 ESQLexample 工程。方法是：在 Source Files 图标上单击鼠标右键，选择 Add Files to Folder…。

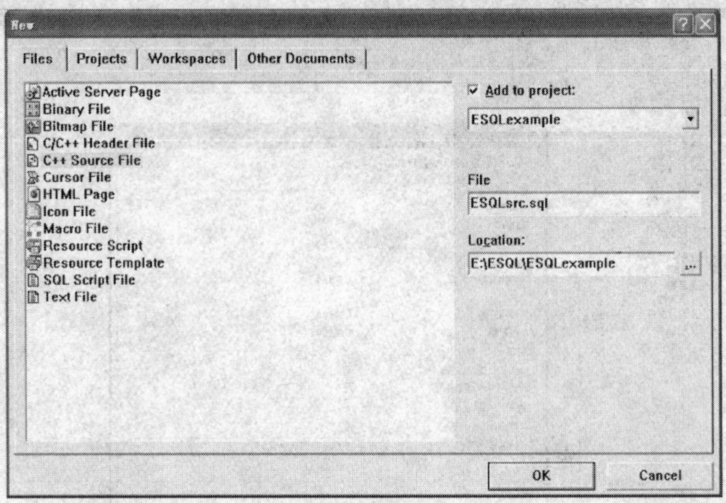

图 7.8　新建 ESQLsrc.sql 文件

⑨ 对 ESQLsrc.c 进行编译、链接，运行程序。

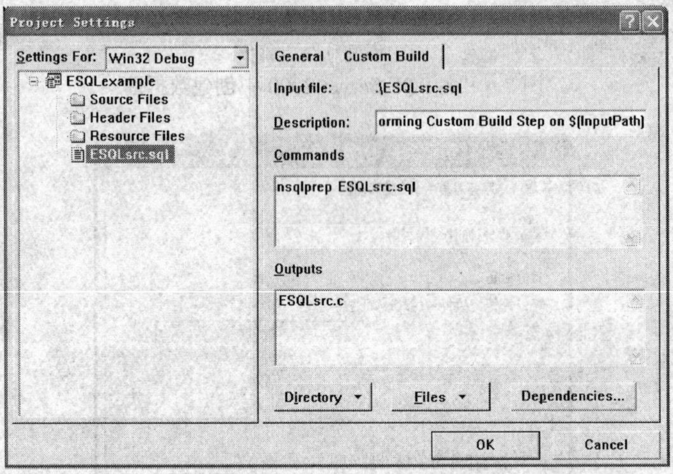

图 7.9　配置 SQL 预编译

3. 实例源程序

以下是 ESQLexample 工程的 ESQLsrc.sql 源程序。该程序主要说明在 C 语言中使用嵌入式 SQL 的程序结构。该程序在 esqlexp 数据库中建立一个 t1 表，并输入 2 条记录；然后使用游标输出这些记录。

```
#include <stdio.h>
void main()
{     EXEC SQL INCLUDE SQLCA;                          /*定义通信区*/
      EXEC SQL BEGIN DECLARE SECTION;                  /*主变量定义开始*/
          char txt1[10];
          char txt2[10];
          int RecNum;
      EXEC SQL END DECLARE SECTION;                    /*主变量定义结束*/
      EXEC SQL CONNECT TO esqlexp USER test.123;       /*连接数据库*/
      if (SQLCODE == 0)
```

```
    {   EXEC SQL CREATE TABLE t1                    /*创建 t1 表*/
            (col1 char(10),
             col2 char(10) );
        RecNum = 1;
        while (RecNum<=2)
        {   printf("col1:"); scanf("%s",&txt1);
            printf("col2:"); scanf("%s",&txt2);
           EXEC SQL INSERT INTO t1 VALUES(:txt1,:txt2);    /* 插入记录 */
            RecNum++;
        }
        printf("输出表记录\n");
        EXEC SQL DECLARE t1_cur CURSOR FOR SELECT * FROM t1;
        EXEC SQL OPEN t1_cur;                              /* 打开游标 */
        while (1)
        {   EXEC SQL FETCH t1_cur INTO :txt1,:txt2;
            if (SQLCODE!=100)
            {   printf("col1=%s\n",txt1);
                printf("col2=%s\n",txt2);
            }
            else break;
        }
        EXEC SQL CLOSE t1_cur;                             /* 关闭游标 */
    }
    else
        printf("数据库或网络错误\n");
}
```

7.5　数据库访问接口

由于关系数据库的广泛使用，应用中的 RDBMS 有多种，如 SQL Server、Oracle、Sybase 等。尽管这些数据库都遵循 SQL 标准，但不同的系统仍存在很大差异。因此，各个数据库系统的应用程序间不兼容，可移植性差。为了解决这些问题，提高应用程序与数据库平台之间的独立性，人们提出了对数据库访问的调用级接口，其中最重要的两个数据库访问的通用接口就是 ODBC（Open DataBase Connectivity，开放数据库连接）和 JDBC（Java DataBase Connectivity，Java 数据库连接）。调用级接口完全以高级语言编写应用程序。这种方式通用性和可移植性好，使用简便。

对象连接与嵌入（Object Linking and Embedding DataBase，OLE DB）是 ODBC 发展的产物。它在设计上采用多层模型，对数据的物理结构依赖更少。

ADO（ActiveX Data Object，ActiveX 数据对象）对 OLE DB 做了进一步的封装。它以数据库为中心，具有更丰富的编程接口。ADO 可看作 OLE DB 的自动化版本，比 OLE DB 更为简单，界面友好。

ADO.NET（ActiveX Data Object .NET）是微软下一代数据访问标准，是为了广泛的数据控制而设计的，所以使用起来比 ADO 更为灵活，功能更为强大。

7.5.1 开放数据库互连 ODBC

开放数据库互连 ODBC（Open DataBase Connectivity）是一种用于访问数据库的统一接口标准，由 Microsoft 公司于 1991 年底发布。ODBC 有 1.x、2.x 和 3.x 等几个版本，各版函数存在一定的差异。本书主要以 ODBC3.0 为例介绍。ODBC 规范后来被 X/OPEN 和 ISO/IEC 采纳，作为 SQL 标准的一部分。ODBC 建立了一组规范，提供了一组访问数据的标准 API（Application Programming Interface，应用编程接口）。它允许应用程序以 SQL 作为数据存取标准，来存取不同的 DBMS 管理的数据。

1. ODBC 体系结构

ODBC 是一个分层体系结构，由 4 部分构成：ODBC 数据库应用程序（Application）、驱动程序管理器（Driver Manager）、DBMS 驱动程序（DBMS Driver）、数据源（Data Source），如图 7.10 所示。

① 应用程序：提供用户界面、应用逻辑和事务逻辑。使用 ODBC 开发数据库应用程序时，应用程序调用的是标准 ODBC 函数和 SQL 语句。应用程序使用 ODBC API 与数据库进行交互，调用 ODBC 函数，递交 SQL 语句给 DBMS，对返回的结果进行处理。它所包括的操作主要有：连接数据库；为 SQL 语句执行结果分配存储空间，定义所读取的数据格式；读取结果，向用户提交处理结果；请求事务的提交和撤销操作；断开与数据源的连接。

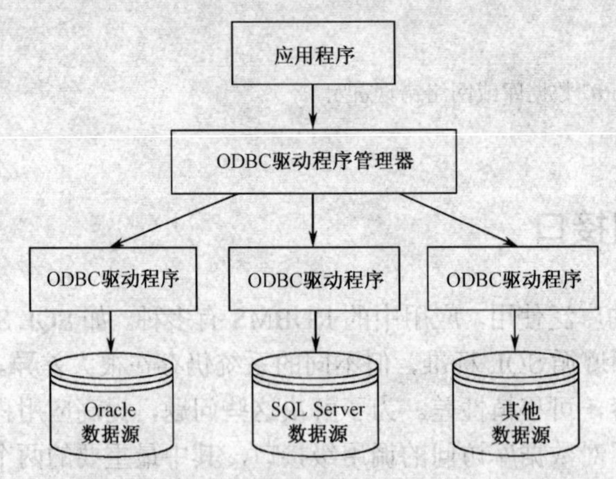

图 7.10 ODBC 体系结构

② ODBC 驱动程序管理器：是 Windows 下的应用程序，包含在 ODBC32.DLL 中。其主要作用是装载 ODBC 驱动程序、管理数据源、检查 ODBC 参数合法性等。当一个应用程序与多个数据库连接时，驱动程序管理器能够保证应用程序正确地调用这些数据库的 DBMS，实现数据访问，并把来自数据源的数据传送给应用程序。

③ ODBC 驱动程序：应用程序通过调用 ODBC 驱动程序所支持的函数来操作数据库。ODBC 应用程序不能直接存储数据库，它将所要执行的操作提交给数据库驱动程序，通过驱动程序实现对数据库的各种操作，数据库操作结果也通过驱动程序返回给应用程序。ODBC 驱动程序也是一个动态链接库，由驱动程序管理器进行加载。其主要作用是：建立与数据源的连接；向数据源提交用户请求，执行 SQL 语句；在应用程序与数据源之间进行数据格式转换；向应用程序返回处理结果。

④ 数据源（Data Source Name，DSN）：是 ODBC 驱动程序与 DBS 连接的桥梁，为驱动程序指定数据库服务器名称及用户的连接参数等选项。注意，数据源不是 DBS，而是用于表达一个 ODBC 驱动程序和 DBMS 特殊连接的命名。

由 ODBC 的体系结构可见，ODBC 的优点是能以统一的方式处理所有的数据库。ODBC 提供了在不同数据库环境下的客户访问异构 DBMS 的接口，是一个能访问从微机、小型机到大型机的数据库数据的接口。一个基于 ODBC 的应用程序对数据库的操作不依赖于任何 DBMS，不直接与 DBMS 打交道，所有的数据库操作由对应 DBMS 的 ODBC 驱动程序完成。

2. ODBC 的工作流程

一个 ODBC 应用程序的设计分为 5 个阶段：配置数据源、连接数据源、初始化应用程序、SQL 处理、结束处理，如图 7.11 所示。

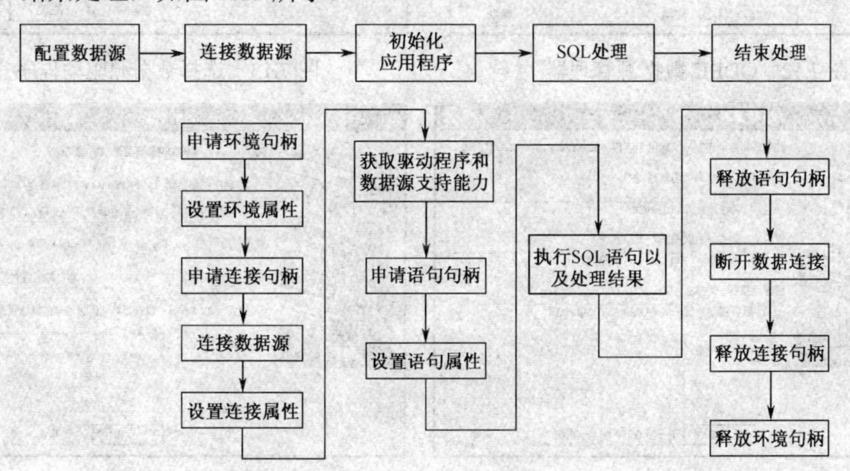

图 7.11　ODBC 应用程序设计阶段

3. 配置数据源

ODBC 数据源有三类：用户数据源（用户 DSN）、系统数据源（系统 DSN）和文件数据源（文件 DSN）。用户 DSN 只能用于当前定义此数据源的机器上，且只有定义数据源的用户才能使用；系统 DSN 可用于当前机器的所有用户；文件 DSN 可将用户定义的数据源信息保存到一个文件中，并可被所有安装相同驱动程序的不同机器上的用户共享。用户 DSN 和系统 DSN 信息保存在操作系统中。可通过 Windows 的控制面板建立和配置数据源。步骤如下：

① 打开控制面板，找到“管理工具”，双击“数据源（ODBC）”图标，打开“ODBC 数据源管理器”对话框，如图 7.12 所示。

② 选择所要建立的数据源类型。例如，要建立系统数据源，则选择“系统 DSN”选项卡，然后单击“添加”按钮，将弹出如图 7.13 所示的对话框。

③ 选择驱动程序（这里选择“SQL Server”），单击“完成”按钮。

④ 在所弹出的如图 7.14 所示的对话框中输入数据源名称及有关的描述信息，单击“下一步”按钮。

⑤ 在所弹出的如图 7.15 所示的对话框中选择登录用户身份验证方式，并输入有关用户名和口令，单击“下一步”按钮。

⑥ 在所弹出的如图 7.16 所示的对话框中选择默认的数据库（这里选择 SPDG 数据库），单击“下一步”按钮。

⑦ 在所弹出的如图 7.17 所示的对话框中指定用于 SQL Server 消息的语言等设置，单击“完成”按钮。

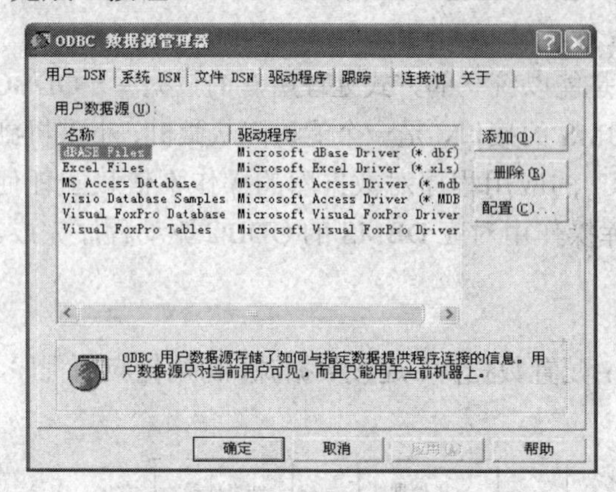

图 7.12　ODBC 数据源管理器

图 7.13　选择数据源驱动程序

图 7.14　输入数据源名称与描述信息

图 7.15　设置登录用户信息

图 7.16　设置默认数据库

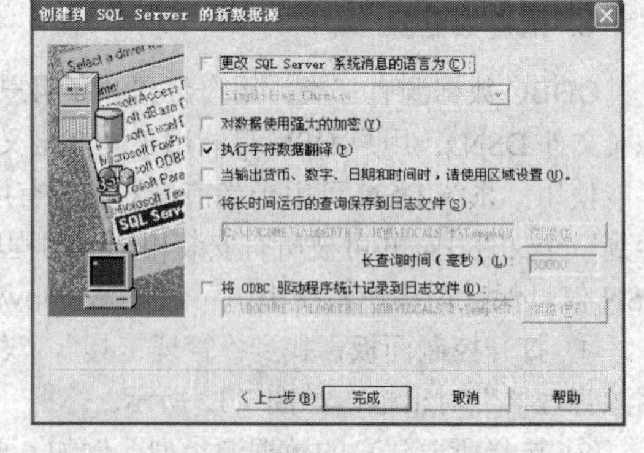

图 7.17　设置数据源有关信息

⑧ 在所弹出的如图 7.18 所示的对话框中单击“测试数据源（T）…”按钮，测试数据源是否创建成功。若创建成功，则弹出如图 7.19 所示的对话框；否则，将会出现失败提示。只有成功创建的数据源才能被引用。

4. ODBC API 基础

建立数据源后，便可进行 ODBC 应用程序的设计。一个 ODBC 应用程序的结构通常包括连接数据源、初始化、SQL 处理和结束处理 4 部分。在程序设计中，涉及 ODBC 函数和句柄等概念。

图 7.18　创建数据源有关信息提示

图 7.19　测试数据源成功提示

ODBC3.0 标准提供了 76 个接口函数，大致可分为以下几类：句柄分配和释放函数、连接函数、描述信息获取函数、事务处理函数及数据库元数据获取函数。MFC 的 ODBC 类对较复杂的 ODBC API 进行了封装，提供了简化的调用接口。

句柄是一个 32 位整数，代表一个指针。ODBC3.0 中句柄可分为环境句柄、连接句柄、语句句柄和描述符句柄 4 类。四类句柄的主要作用是：

① 环境句柄。每个 ODBC 应用程序需要建立一个 ODBC 环境，分配一个环境句柄。其目的是通过该句柄来存取数据的一些环境信息，如环境状态、当前环境状态测试、在当前环境上分配的连接句柄等。

② 连接句柄。每个连接句柄实现与一个数据源之间的连接。一个环境句柄可以建立多个连接句柄。

③ 语句句柄。它可关联一个 SQL 语句、该 SQL 语句产生的结果以及相关信息。在一个连接中可以建立多个语句句柄。

④ 描述符句柄。用于描述 SQL 语句的参数、结果集列等。

5. ODBC 应用程序各部分使用的主要函数

（1）连接数据源

这部分使用的函数主要有：

① SQLAllocHandle(ENV)　分配 ODBC 环境句柄。与数据源连接的第一步就是装载 ODBC 驱动程序，并调用函数 SQLAllocHandle 来初始化 ODBC 环境，得到一个环境句柄。

② SQLSetEnvAttr　用于设置 ODBC 环境属性。

③ SQLAllocHandle(DBC)　分配连接句柄。

④ SQLConnect　建立与数据源的连接。

（2）初始化

初始化部分主要申请语句句柄，设置语句句柄属性。使用的函数主要有：

① SQLAllocHandle(STMT)　分配语句句柄。

② SQLSetStmtAttr　设置语句属性。

（3）SQL 处理

这部分执行 SQL 语句，并对返回结果或执行中的错误进行处理。这组函数较多，这里列出几个较常用的：

① SQLExecDirect　以立即执行方式执行 SQL 语句。

② SQLBindParameter　绑定程序参数。

③ SQLBindCol　绑定列。

④ SQLFetch　读取数据。

（4）结束部分

这部分将初始化阶段分配的句柄释放，并断开与数据源的连接。使用的函数主要有：

① SQLFreeHand(STMT)　释放语句句柄。

② SQLDisconnect　断开与数据源的连接。

③ SQLFreeHand(DBC)　释放连接句柄。

④ SQLFreeHand(ENV)　释放环境句柄。

限于篇幅，本书对这些函数、相关的数据类型及常量的定义不做更详细的介绍，读者如果要使用 ODBC API 进行开发，可以参考有关的标准和技术手册。下面给出一个 ODBC 应用程序的例子。

【例 7.45】　使用 ODBC 设计一个数据库应用程序，其功能是检索 SPDG 数据库中的 KHB 表，输出每个客户的姓名和联系电话。

在编写程序前，先建立数据源。本例使用前面已经建立的 SQLSrvDSN 数据源。所设计的数据库应用程序如下：

```
#include <stdio.h>
#include <string.h>
#include <windows.h>
#include <sql.h>
#include <sqlext.h>
#include <sqltypes.h>
#include <odbcss.h>
/*定义环境句柄变量、连接句柄变量、语句句柄变量*/
SQLHENV henv=SQL_NULL_HENV;
SQLHDBC hdbc=SQL_NULL_HDBC;
SQLHSTMT hstmt=SQL_NULL_HSTMT;

void main()
{SQLRETURN retcode;
SQLCHAR KhName[10][30],KhPhone[10][20];
SQLUINTEGER i,Row;
SQLINTEGER KhNameLen[10],KhPhoneLen[10];
SQLSMALLINT Status[10];
/*连接数据源部分*/
/*分配 ODBC 环境句柄*/
retcode=SQLAllocHandle(SQL_HANDLE_ENV,NULL,&henv);
/*设置环境属性，ODBC 版本为 3.0*/
retcode=SQLSetEnvAttr(henv,SQL_ATTR_ODBC_VERSION,(SQLPOINTER)SQL_OV_ODBC3,
                        SQ L_IS_INTEGER);
```

```
/*分配 ODBC 连接句柄*/
retcode=SQLAllocHandle(SQL_HANDLE_DBC,henv,&hdbc);
/*连接数据源*/
retcode=SQLConnect(hdbc,(SQLCHAR *)"SQLSrvDSN",SQL_NTS,(unsigned char *)"sa",SQL_NTS,
                    (unsigned char *)"123",SQL_NTS);
if (!SQL_SUCCEEDED(retcode))                /*检测连接是否成功*/
{     printf("连接数据源失败！\n"); return;  }
/*初始化部分*/
 /*分配语句句柄*/
retcode=SQLAllocHandle(SQL_HANDLE_STMT,hdbc,&hstmt);
/*设置语句属性*/
SQLSetStmtAttr(hstmt,SQL_ATTR_ROW_BIND_TYPE,SQL_BIND_BY_COLUMN,0);
SQLSetStmtAttr(hstmt,SQL_ATTR_ROW_ARRAY_SIZE,(SQLPOINTER)6,0);
SQLSetStmtAttr(hstmt,SQL_ATTR_ROW_STATUS_PTR,Status,0);
SQLSetStmtAttr(hstmt,SQL_ATTR_ROWS_FETCHED_PTR,&Row,0);
/*执行 SQL 语句，并对结果进行处理部分*/
retcode=SQLExecDirect(hstmt,(unsigned char*)"SELECT  客户姓名,联系电话  FROM KHB",
                        SQL_NTS);
 if (retcode!=SQL_SUCCESS)
     {     printf("SQL 语句执行失败！\n"); return;      }
SQLBindCol(hstmt,1,SQL_C_CHAR,KhName,30,KhNameLen);
SQLBindCol(hstmt,2,SQL_C_CHAR,KhPhone,20,KhPhoneLen);
printf("%30s%20s\n","客户姓名","联系电话");
printf("--------------------------------------------------------\n");
while ((retcode=SQLFetch(hstmt))!=SQL_NO_DATA_FOUND)
for (i=0;i<Row;i++)
if (Status[i]==SQL_ROW_SUCCESS || Status[i]==SQL_ROW_SUCCESS_WITH_INFO)
          printf("%30s%20s\n",KhName[i],KhPhone[i]);
/*结束部分：释放句柄并且断开与数据源的连接*/
SQLFreeHandle(SQL_HANDLE_STMT,hstmt);
SQLDisconnect(hdbc);
 SQLFreeHandle(SQL_HANDLE_DBC,hdbc);
SQLFreeHandle(SQL_HANDLE_ENV,henv);
}
```

该程序的 4 个部分非常明显，源程序中都做了注解，读者可自行分析。程序在 VC++6.0 中编译链接，执行结果如图 7.20 所示。

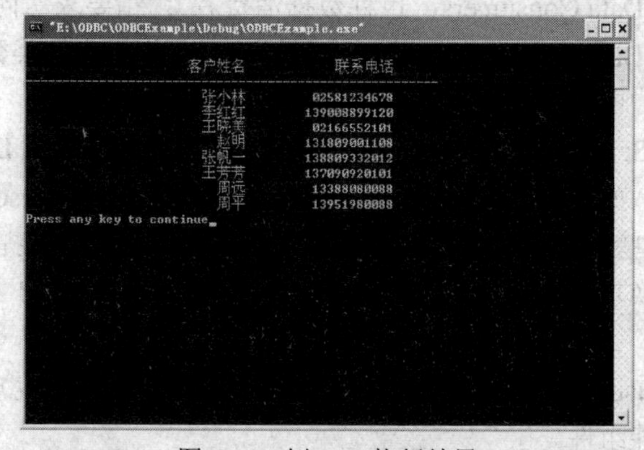

图 7.20　例 7.45 执行结果

7.5.2 OLE DB 和 ADO

从 7.5.1 节的介绍和示例可以看出，尽管 ODBC 是一种很好的访问关系数据库的通用接口标准，但是作为编程接口，其使用不太方便，编程较为复杂。此外，随着计算机技术和社会对信息需求的不断发展，出现了其他新类型数据，如 Web 数据、目录数据、邮件、电子表格等，使得 ODBC 面临难题，ODBC 不能对它们提供良好的支持。

为了解决以上问题，Microsoft 提出了一种新的通用数据访问（Universal Data Access，UDA）策略。该策略为关系型或非关系型数据访问提供了一致的访问接口，为不同的应用程序（从 C/S 到 Web）提供了标准数据接口。

一致的数据访问策略 UDA 基于 OLE DB 来访问所有类型的数据，并通过 ADO 提供应用程序开发者使用的编程模型。UDA 层次结构如图 7.21 所示。

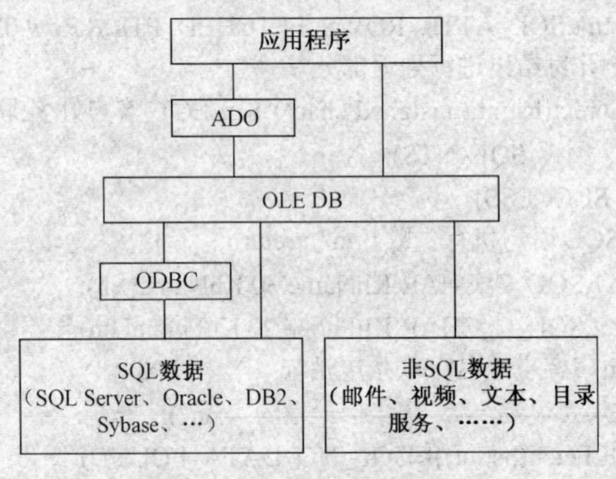

图 7.21　UDA 体系结构

1. OLE DB

OLE DB 是 Microsoft 采用对象链接与嵌入（Object Linking and Embedding）技术开发的一系列接口的集合，是数据访问中的底层接口，提供了以统一的形式对关系型和非关系型数据的访问。它以 COM（Component Object Model，组件对象模型）组件形式提供一套数据访问接口，其具体实现是一组符合 COM 标准的、基于对象的 C++ API。与使用其他 COM 组件一样，用户可以创建、查询和撤销 OLE DB 组件。

OLE DB 定义了多个逻辑组件，组件间既相对独立又可相互通信。

① 数据使用者（Data Consumers，也称数据消费者）：指要求访问数据的应用程序。

② 数据提供者（Data Providers，也称数据供应者）：指提供各类数据系统的组件，如关系数据库、Web 数据、电子表格或其他类型的数据。

③ 服务提供者（Service Providers）：位于数据提供者之上，是从 DBMS 中分离出来且能独立运行的功能组件，如查询引擎（Query Engine）、游标引擎（Cursor Engine）和共享引擎（Share Engine）等，这些组件将数据提供者提供的数据以行集的形式提交给数据使用者访问，完成数据的存取与转换功能。与 ODBC 类似，每一个不同的 OLE DB 数据源都需要有自己的 OLE DB 服务提供者。

④ 业务组件（Business Components）：是利用数据服务提供者完成的基于特定业务数据处理的、可重用的功能组件。

OLE DB 使得数据的使用者可以用相同的方法访问各种数据，而不用考虑数据的具体存储位置、格式和类型。

2. ADO

尽管 OLE DB 是一个功能强大的数据访问接口，但由于 OLE DB 是 C++ API，只提供 C++语言调用接口，不能直接用于其他高级语言。因此，UDA 在 OLE DB 之上又提供了 ADO 对象模型，对 OLE DB 进行了封装。图 7.22 给出了应用程序使用 ADO 访问数据库的途径。

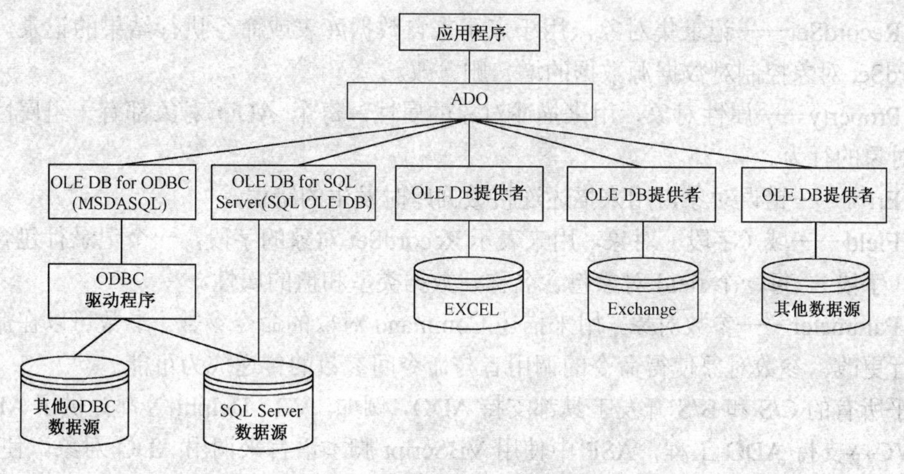

图 7.22　ADO 访问数据库途径

由图 7.22 可知，ADO 是一个 OLE DB 使用者。ADO 和 OLE DB 实际上是同一种技术的两种表现形式。OLE DB 提供的是通过 COM 接口的底层数据接口，而 ADO 提供的是一个对象模型，它简化了应用程序中使用 OLE DB 获取数据的过程。ADO 是一个基于 OLE DB 的高级自动化应用级接口，它提供了对 OLE DB 数据源的、与语言无关的应用程序级访问功能。ADO 采用自动化（Automation）技术建立了对象层次结构，具有更好的灵活性，使用更为方便。ADO 对象模型定义了一组可编程的自动化对象，可用于 VB、VC++、Java 等高级语言以及其他各种支持自动化特性的脚本语言中。ADO 最早用于 Microsoft Internet Information Server（IIS）中，作为其访问数据库的接口。与一般的数据库访问接口相比，ADO 可更好地用于网络环境，通过优化技术，尽可能地减少网络流量。

ADO 是采用层次框架实现的，其对象层次结构如图 7.23 所示。

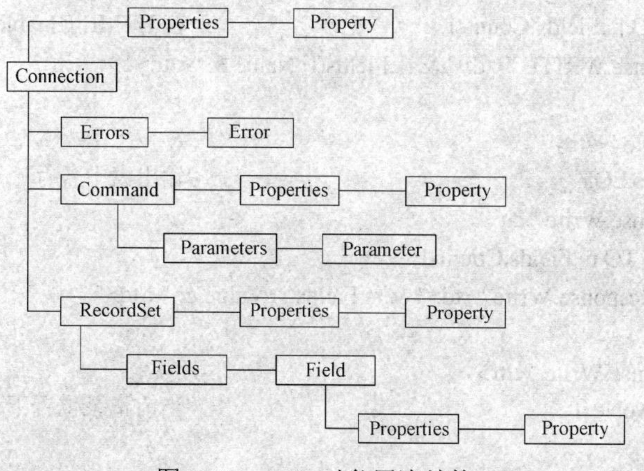

图 7.23　ADO 对象层次结构

ADO 技术通过 ADO 对象的属性、方法来完成相应的数据库访问。ADO 共有 7 种独立对象类，它们是：

① Connection——连接对象，表示与数据源的连接关系。应用程序通过连接对象访问数据源，连接是交换数据所必需的环境。

② Command——命令对象，用来定义一些特定的命令语法，以执行相应的动作。通过已建立的连接，Command 对象可以以某种方式来操作数据源。在一般情况下，命令对象可以在数据源中添加、删除或更新数据，也可在表中以记录行的格式检索数据。

③ RecordSet——记录集对象，用于表示来自数据库表或命令执行结果的记录，并可通过 RecordSet 对象控制对数据源数据的增、删、改。

④ Property——属性对象，用来描述对象的属性，每个 ADO 对象都有一组属性来描述或控制对象的行为。

⑤ Error——错误对象，用来描述连接数据库时发生的错误。

⑥ Field——域（字段）对象，用来表示 RecordSet 对象的字段，一个记录行包含一个或多个域（字段）。每一个 field 对象包含名称、数据类型和值的属性。

⑦ Parameter——参数对象，用来描述 Command 对象的命令参数。参数可以在命令执行之前进行更改。参数对象使得命令的调用者与命令间参数的传递成为可能。

几乎所有的 C/S 和 B/S 开发工具都支持 ADO，例如，VB、Delphi 等都提供了 ADO 数据控件，VC++支持 ADO 工程，ASP 中使用 VBScript 脚本语言来调用 ADO 对象。使用 ADO 的一般流程是：连接到数据源（如 SQL Server）→给出访问数据源的命令及参数→执行命令→处理返回的结果集→关闭连接。下面举一个在 ASP 中使用 ADO 对象的示例。

【例 7.46】 使用 ADO 建立与数据库 SPDG 的连接，返回 KHB 表的所有记录，在浏览器中显示。

```
<html><body>
<%
Set cn = Server.CreateObject("ADODB.Connection")
  cn.Provider = "sqloledb"
ProvStr = "Server=HOME-679B5B9580\SQL2005;Database=SPDG;UID=sa;PWD=123;"
cn.Open ProvStr                                   '以上建立与数据库的连接
Set rs = cn.Execute("SELECT * FROM KHB")          '查询 KHB 表构成 Recordset 对象
Response.Write "<center><table border=1>"
Response.Write "<tr bgcolor=#dd8888>"
  FOR i=0 TO rs.Fields.Count-1                    '在 HTML 的 table 中输出表头
      Response.WRITE "<td>" & rs.Fields(i).Name & "</td>"
  NEXT
Response.Write "</tr>"
WHILE Not rs.EOF                                  '输出表中各行
      Response.Write "<tr>"
    FOR i=0 TO rs.Fields.Count-1
          Response.Write "<td>" & rs.Fields(i).Value & "</td>"
      NEXT
      Response.Write "</tr>"
      rs.MoveNext                                 '当前记录位置下移
WEND
 Response.Write "</table></center>"
```

```
    rs.close                                    '关闭结果集
    cn.close                                    '关闭连接
    %>
    </body></html>
```

本例开始的一段代码建立与 SQL Server 及 SPDG 数据库的连接，然后调用 Connection 对象的 Execute 方法建立 Recordset 对象，Execute 方法的参数是一个 T-SQL 语句。该查询执行成功后，返回的结果就形成结果集（本例是 rs）。接下来利用 Fields 对象集合的 Count 和 Name 属性显示表头，然后再利用 Fields 对象集合的 Count 和 Value 属性显示表中各行的值。以 Recordset 的 End 属性作为循环结束的控制条件。当结果集中记录均处理完后，使用 Recordset 和 Connection 对象的 Close 方法分别关闭结果集和连接。

本例的运行结果如图 7.24 所示。

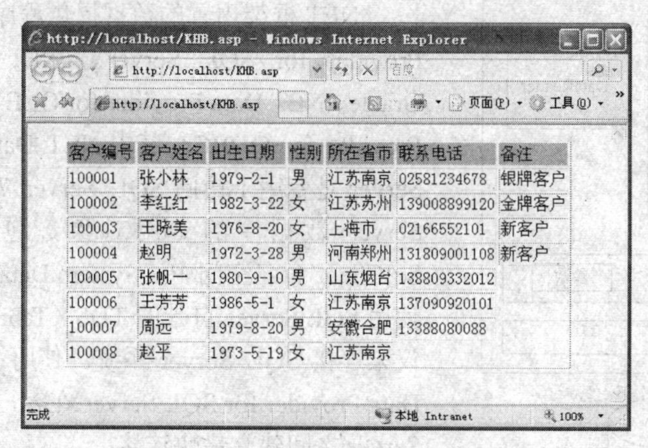

客户编号	客户姓名	出生日期	性别	所在省市	联系电话	备注
100001	张小林	1979-2-1	男	江苏南京	02581234678	银牌客户
100002	李红红	1982-3-22	女	江苏苏州	139008899120	金牌客户
100003	王晓美	1976-8-20	女	上海市	02166552101	新客户
100004	赵明	1972-3-28	男	河南郑州	131809001108	新客户
100005	张帆一	1980-9-10	男	山东烟台	138809332012	
100006	王芳芳	1986-5-1	女	江苏南京	137090920101	
100007	周远	1979-8-20	男	安徽合肥	13388080088	
100008	赵平	1973-5-19	女	江苏南京		

图 7.24　在 ASP 中使用 ADO 对象示例

7.5.3　ADO.NET

随着非连接计算以及对 XML 数据处理需求的激增，ADO 模型越来越显现出问题，主要表现在以下方面：不支持非连接的数据访问架构，不能与 XML 紧密集成，不能与.NET 架构很好地融合，因此需要一种新的数据访问架构——必须更好地支持并发、XML 集成以及非连接的架构。ADO.NET 就是基于这些需求从头开始设计的。

ADO.NET 是微软下一代数据访问标准，它基于微软的.NET Framework 体系结构，其使用更为灵活，功能也更为强大，提供了更有效率的数据存取。ADO.NET 采用了面向对象结构，采用 XML 作为数据交换格式，能够应用于多种操作系统环境。伴随着.NET 框架的发展，ADO.NET 也相应地有 1.0、1.1 和 2.0 等多个版本，使用 ADO.NET2.0 开发应用程序能更好地发挥 SQL Server 2005 的性能。

1. ADO.NET 体系结构

ADO.NET 的体系结构如图 7.25 所示。

ADO.NET 的核心组件是.NET 数据提供程序（Data Provider）和 DataSet 对象。其中，.NET 数据提供程序实现连接建立和数据操作。它作为 DataSet 对象与数据源之间的桥梁，负责将数据源中的数据取入 DataSet 对象中，以及将 DataSet 对象数据存回数据源。DataSet 对象是实现非连接模式数据访问的关键，它相当于内存数据库，独立于数据源的数据访问和操作。

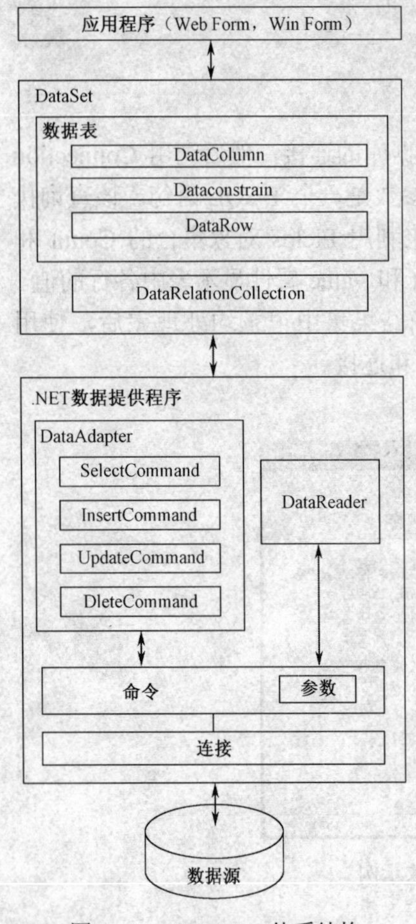

图 7.25　ADO.NET 体系结构

（1）.NET 数据提供程序

.NET 数据提供程序负责将.NET 应用程序连接到一个数据源。.NET Framework 带有多个内置的.NET 数据提供程序，每个.NET Data 数据提供程序都是在.NET Framework 中各自的命名空间中维护的。

命名空间是.NET 框架的重要概念。.NET 框架包含几百个类，分别封装在一系列逻辑命名空间下，这些类提供了创建功能强大的应用程序的基础。.NET 的命名空间（Namespace）相当于 Library（*.dll），它包含了应用程序将会使用的动态链接库。

.NET 框架内置的数据提供程序主要有：.NET Data Provider for SQL Server、.NET Data Provider for Oracle、.NET Data Provider for OLE DB，以及.NET Data Provider for ODBC。其中.NET Data Provider for SQL Server 是专用于访问 SQL Server 7.0 或更新版本 SQL Server 数据库的专用对象，包含在 System.Data.SqlClient 命名空间中。System.Data.SqlClient 命名空间使用 SQL Server 自带的 TDS（Tabular Data Stream）协议来连接 SQL Server 系统。使用 TDS 协议可使.NET Data Provider for SQL Server 在客户端应用程序和 SQL Server 之间建立最快连接。

包含在.NET Framework 中的所有.NET 数据提供程序的体系结构在本质上都相同，即包含在每个命名空间中的类都有近乎相同的方法、特性和事件，但每个类都使用了稍微不同的命名约定。例如，.NET Data Provider for SQL Server 中的所有类（包含在 System.Data.SqlClient 命名空间中）都以前缀“sql”开始，而作为.NET Provider for OLE DB 组成部分的类（包含在 System.Data.OleDb 命名空间中）都以前缀“OleDb”开始。这两个命名空间中都包含一些用于初始化目标数据源连接的类。对于 System.Data.SqlClient 命名空间，该类被命名为 SqlConnection；对于 System.Data.OleDb 命名空间，该类被命名为 OleDbConnection。在每种情况下，它们所提供的方法和参数都基本相同。

SQL 数据库常用的类包括 Connection、Command、DataAdapter、DataReader、Parameter、CommandBuilder 等，表 7.11 列出了 SQL 数据库常用的类。

表 7.11　SQL 数据库常用的类

类	说　明
SqlConnection	建立数据库连接
SqlCommand	执行 SQL 命令并返回 SqlDataReader 类型结果
SqlDataAdapter	执行 SQL 命令并返回 DataSet 类型结果
SqlDataReader	以只读方式读取数据源的数据，一次只能读取一条记录

（2）DataSet

ADO.NET 体系结构的中心是 DataSet。DataSet 类位于.NET 框架的 System.Data.DataSet 命名空间中。DataSet 实际上是从数据库中检索的记录的缓存。可将 DataSet 看做一个小型数据库，它包含表、列、约束、行和关系。这些 DataSet 对象称为 DataTable、DataColumn、DataRow、Constraint 和 Relation。使用 ADO.NET 访问数据库的一般流程为：

① 利用 Connection 对象创建到数据库的连接。

② 利用 Command 对象对数据源执行 SQL 命令并返回结果。

③ 利用 DataReader 对象读取数据源的数据并输出；DataReader 对象只能完成数据读取功能，若要对数据更新或进行其他更复杂的操作，需要使用 DataSet 对象。DataSet 对象与 DataAdapter 对象配合，可完成对数据源的各种更新操作。

下面举一个使用 ADO.NET 进行数据访问的简单示例。

【例 7.47】 使用 ADO.NET 建立与数据库 SPDG 的连接，返回 KHB 表的所有记录，并在浏览器中显示。

```
using System;
using System.Data;
using System.Data.SqlClient;
using System.Configuration;
using System.Web;
using System.Web.Security;
using System.Web.UI;
using System.Web.UI.WebControls;
using System.Web.UI.WebControls.WebParts;
using System.Web.UI.HtmlControls;
public partial class Website1 : System.Web.UI.Page
{    protected void Page_Load(object sender, EventArgs e)
     {    SqlConnection con = new SqlConnection();
          con.ConnectionString =
             "server=HOME-679B5B9580\\SQL2005;uid=sa;pwd=123;database=SPDG;";
          SqlCommand cmd = new SqlCommand();
          cmd.CommandText = "select 客户姓名,联系电话 from KHB";
          cmd.Connection = con;
          con.Open();
          SqlDataReader rd;
          rd=cmd.ExecuteReader();
          Response.Write("客户姓名    ,       联系电话<br>");
          Response.Write("----------------------------------------------------<br>");
          while (rd.Read())
               Response.Write(rd["客户姓名"]+","+rd["联系电话"]+"<br>");
          rd.Close();
          con.Close();
     }
}
```

本例的运行结果如图 7.26 所示。

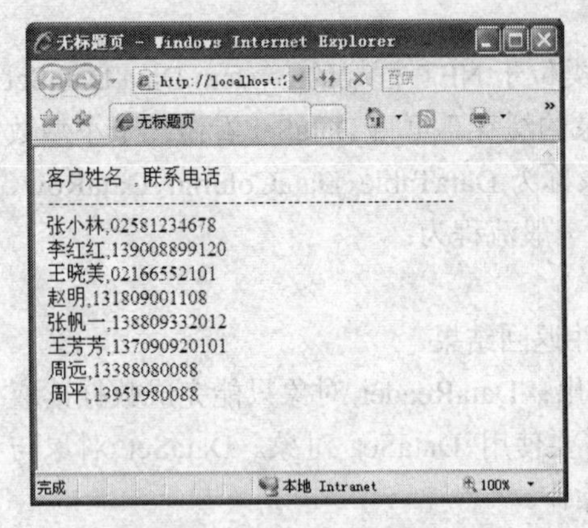

图 7.26　使用 ADO.NET 示例

本例在 Visual Studio 2005 中进行设计，设计的项目类型为网站，采用的编程语言为 C#。注意，要使用 Sql 数据库类，必须在程序中包含“using System.Data.SqlClient;”。

7.5.4　JDBC

JDBC 是 Sun 公司开发的 Java 数据库访问接口规范，已成为 SQL2003 标准的一部分。JDBC 是 Java 语言的一部分，为数据库应用开发人员、数据库前台工具开发人员提供了一种标准的应用程序设计接口，使开发人员可以用纯 Java 语言编写完整的数据库应用程序。JDBC 是 Sun 公司的一个商标，尽管该公司声称它并非首字母缩略，当年通常仍认为它代表 Java DataBase Connectivity。

自 1995 年 5 月正式公布以来，Java 已风靡全球。出现了大量用 Java 语言编写的程序，其中也包括数据库应用程序。由于没有一个 Java 语言的 API，故编程人员不得不在 Java 程序中加入 C 语言的 ODBC 函数调用。这就使很多 Java 的优秀特性无法充分发挥，比如平台无关性、面向对象特性等。随着越来越多的编程人员对 Java 语言的日益喜爱，越来越多的公司在 Java 程序开发上的投入日益增加，对 Java 语言接口的访问数据库的 API 的要求也越来越强烈。也由于 ODBC 有其不足之处，比如它不易使用、没有面向对象的特性等，Sun 公司决定开发以 Java 语言为接口的数据库应用程序开发接口。在 JDK1.x 版本中，JDBC 只是一个可选部件，到了 JDK1.1 公布时，SQL 类包（也就是 JDBC API）就成为 Java 语言的标准部件。

JDBC 由一组用 Java 语言编写的类和接口组成。通过使用 JDBC，开发人员可以很方便地将 SQL 语句传送给几乎任何一种数据库。将 Java 语言与 JDBC 结合使程序员不必为不同的平台编写不同的应用程序，只须写一遍程序就可以让它在任何平台上运行，这也是 Java 语言“编写一次，处处运行”的优势所在。

JDBC 是一种底层 API，它可直接调用 SQL 命令。同时它也是构造高层 API 和数据库开发工具的基础。JDBC 编程中常用的类或接口包括 DriverManager、Connection、Statement、Resulte 等。用 JDBC 访问数据库的一般步骤为：

① 调用 Class.forName()方法加载驱动程序。

② 调用 DeiverManager 对象的 getConnection()方法获得一个 Connection 对象。

③ 创建一个 Statement 对象，通过它传递 SQL 语句。

④ 调用 executeQuery()等方法执行 SQL 语句，并将结果保存在 ResultSet 对象中；调用 executeUpdate()等方法执行 SQL 语句，对数据进行更新操作。

⑤ 若有返回结果，可通过 ResultSet 对象进行显示或其他处理。

以下是使用 JDBC 访问数据库的程序代码：

```
String DbDriver = "sun.jdbc.odbc.JdbcOdbcDriver" ;     //加载驱动程序
Connection con = DriverManager.getConnection(url, "usrname", "passwd"); //建立连接
Statement stmt = conn.createStatement();                //创建 Statement 对象
ResultSet rs = stmt. executeQuery("select *from KHB") ; //执行 SQL 语句
```

```
while (rs.next())
{ //对查询结果记录进行处理 }
rs.close();
stmt.close();
conn.close();
```

本章小结

在开发数据库应用系统中，经常会出现较复杂的数据处理。因此使用交互式 SQL 是远远不够的，还需要使用 SQL 的高级应用开发技术来完成这些较复杂的工作。本章讨论了一些数据库应用开发的关键技术，包括嵌入式 SQL、SQL 程序设计、存储过程和触发器、开放数据库互连 ODBC 以及数据库访问接口技术等。

嵌入式 SQL 是早期的数据库应用开发技术，通过将 SQL 语句作为一种数据子语言嵌入主语言，可以将 SQL 面向集合的优点与高级语言灵活的流程控制功能结合起来，充分发挥二者各自的优势，满足数据库应用程序开发的需要。

目前在数据库应用开发中主要使用的技术是采用数据库访问接口，其中最重要的两个数据库访问的通用接口就是 ODBC 和 JDBC。它们提供对数据库访问的调用级接口，具有通用性和可移植性好、使用简便等优点。调用级接口技术发展迅速，OLE DB、ADO 及 ADO.NET 等都是先后出现的调用级接口技术。

为了能建立 SQL-invoked routines，RDBMS 对 SQL 语言进行了过程化扩展。SQL 过程化扩展结合了 SQL 的数据操作能力和过程化语言的流程控制能力，使得其可用于建立存储过程或函数，或建立其他可编程对象。本章以 SQL Server 的 T-SQL 为例介绍了 SQL 程序设计的一些基本技术。

存储过程和触发器是进行数据库应用开发时可使用的重要技术。存储过程作为数据库的一类对象被长期保存，可以被反复调用，便于共享及维护。触发器是一类可由特定事件触发的 SQL 程序块，其主要用途在于可以动态地维护数据一致性。

习题 7

1. 两个主要的数据库访问通用接口是什么？
2. T-SQL 函数分为哪两类？
3. T-SQL 内置函数有哪几类？什么是确定型函数？什么是非确定型函数？
4. T-SQL 中用户自定义函数的创建、修改、删除语句分别是什么？
5. 什么是游标？SQL Server 对游标的使用要求遵循何种顺序？游标操作语句有哪些？
6. 什么是存储过程？存储过程有哪些优点？
7. SQL Server 中定义和执行存储过程的语句分别是什么？
8. 什么是触发器？触发器有哪些特点？
9. 简述 ODBC 的体系结构。
10. 画出 ADO 的对象层次结构图。
11. 图示 ADO.NET 的体系结构。

第 8 章　数据库应用开发——过程、平台与实例

在前面的章节中，我们已经掌握了数据库的基础理论、数据库基本语言、数据库的设计理论与方法，以及在应用系统中使用 SQL 编程等方面的基础知识，接下来的任务就是，如何综合运用这些理论知识和技术，来设计和实现一个数据库应用系统？学习数据库的一个主要目的就是学会数据库应用系统的开发，具备利用数据库技术解决实际问题的基本能力。

本章将结合第 4 章所讨论的数据库设计的基本步骤，讨论数据库应用开发的过程；介绍常用的数据库管理系统和客户端开发平台，并分析商品订购管理应用系统开发实例。

8.1　数据库应用系统的开发过程

任何一个组织在存在过程中都会产生大量数据，并且还会关注许多与之相关的数据，希望能及时得到所需的数据（包括原始的和经过处理的数据），即用户要求能实现数据的存储、组织和处理，而这就是数据库应用系统应该实现的功能。

从第 4 章我们已经了解到，数据库应用系统的开发包括数据库的设计和应用系统的开发两部分，而这两部分又有着较为密切的关系：数据库的设计要充分考虑数据处理需求，应用系统开发要围绕数据库来进行。在开发实践中，两者往往是并行开展的。在做需求收集与分析时，可同时进行数据需求与处理需求的收集与分析；在做数据库的概念设计与逻辑设计时，可同时进行应用系统的总体设计和详细设计；在进行数据库物理设计和实施时，可进行应用系统的编码、调试与试运行；在数据库系统使用与维护中则总是包含了对数据库的维护和对应用系统的维护。可见，数据库设计与应用系统设计两者是密不可分的，任一者的变化都可能会引起另一者的调整。

由上述分析可知，数据库应用系统的开发过程一般包括需求分析、总体设计、详细设计、编码与单元测试、系统测试与交付、系统使用与维护等阶段。

1. 需求分析

整个开发过程从分析系统的需求开始。系统需求包括数据的需求和处理的需求两方面内容。这一阶段要摸清现状，理清将要开发的目标系统应具有哪些功能。主要任务有：

① 通过调查使用部门的业务活动，该部门现在所依据的数据及其联系，包括使用了什么台账、报表和凭证等。明确用户对系统的功能需求，确定待开发系统的功能。

② 采用什么规则对这些数据进行加工，包括相关的法律和政策规定、有什么上级要求、本单位有哪些规定以及有哪些公共规则等。综合分析用户的信息流程及信息需求，确定将存储哪些数据，以及这些数据的源、目标和处理规则等。

③ 对数据进行什么样的加工，加工结果以什么形式表现，如报表、任务单或图表等。

④ 系统的性能需求和运行环境约束。

理清将要开发的目标系统的功能就是要明确说明系统将要实现的功能，即将要开发的系统能够对用户提供哪些支持。

需求信息获取的方法很多，例如，考察现场或跟班作业，了解现场业务流程；进行市场调查；访问用户和应用领域的专家；查阅与原应用系统或应用环境有关的记录等。

描述用户需求传统的方法大多采用结构化的分析方法（Structured Analysis，SA），即按应用部门的组织结构，对系统内部的数据流进行分析，逐层细化，用数据流图（Data Flow Diagram，DFD）描述数据在系统中的流动和处理，并建立相应的数据字典（Data Dictionary，DD）。随着面向对象程序设计语言的广泛使用，面向对象的分析方法（Object-Oriented Analysis，OOA）得到推广，面向对象分析方法的主要任务是：运用面向对象的方法，分析用户需求。

① 建立待开发软件系统的对象模型，描述构成系统的类、对象与其相关的属性和操作及对象之间的静态联系；

② 建立系统的状态模型（动态模型）描述系统运行时对象的联系及其联系的改变，状态模型通过事件和状态描述了系统的控制结构；

③ 建立处理模型（函数模型），描述系统内部数据的传递及对数据的处理。在这三种模型中，对象模型是最重要的。面向对象分析模型的表达大多采用 UML 语言。

需求分析完成后，应提交需求分析报告，作为下一阶段工作的依据。需求分析报告主要包括数据需求描述、功能需求描述、系统验收标准等内容。

2. 总体设计

总体设计的目标是使应用系统总体结构具有层次性，尽量降低模块接口的复杂度。进行总体设计时，可提出多种设计方案，并在功能、性能、成本、进度等方面对各种方案进行比较，选出一种“最佳方案”。

总体设计应提交总体设计说明书，包括系统支撑环境和设计工具、系统总体结构、功能模块划分、模块间的接口描述、各模块功能描述、目标系统运行的软/硬件和网络环境等内容。

3. 详细设计

详细设计的目标是对概要设计产生的功能模块进一步细化，形成可编程的结构模块，并设计各模块的单元测试计划。详细设计应提交详细设计规格说明书和单元测试计划等详细设计文档。

4. 编码与单元测试

编码与单元测试的主要任务为：编写实现各功能模块的程序代码，并进行相应的测试。编码阶段应注意遵循编程标准、养成良好的编程风格，以便编写出正确的便于理解、调试和维护的程序模块。编码与单元测试的阶段应提交通过单元测试的各功能模块的集合、详细的单元测试报告等文档。

5. 系统测试与交付

系统测试包括组装测试与验收测试。组装测试根据总体设计提供的系统结构、各功能模块的说明和组装测试计划，将数据载入数据库，对经过单元测试检验的模块按照某种选定的策略逐步进行组装和测试，检验应用系统在正确性、功能完备性和性能指标等方面是否符合设计要求。验收测试又称为确认调试，主要任务是按照需求分析阶段制定的验收标准对软件系统进行测试，检验其是否达到了需求规格说明中定义的全部功能和性能等方面的需求。

系统测试完成后应提交测试报告、项目开发总结报告、源程序清单、用户手册等文档。最后，由专家、用户负责人、软件开发和管理人员组成软件评审小组对软件验收测试报告、测试结果和应用系统进行评审。通过后，该数据库应用系统可正式交付用户使用。

6. 系统使用与维护

应用系统开发工作结束后，系统即可投入运行，但由于应用环境用户需求不断变化，在应用系统的整个运行期内，有必要对其有计划地进行维护，使系统持久地满足用户的需求。系统使用和维护阶段的主要工作内容包括：

（1）在应用系统运行过程中，及时收集发现的错误，并撰写“应用系统问题报告”，以便改正应用系统中潜藏的错误。

（2）根据数据库维护计划，对数据库性能进行监测。当数据库出现故障时，对数据库进行转储和恢复，并做相应的维护记录。

（3）根据软件系统恢复计划，当软件系统出现故障时，进行软件系统恢复，并做相应的维护记录。

8.2　数据库应用系统的体系结构

数据库应用系统的体系结构是指数据库应用系统各组成部件之间的结构关系。可分为 4 种模式，即单用户模式、主从式多用户模式、客户/服务器模式（Client/Server，C/S）和 Web 浏览器/服务器模式（Browser/Server，B/S）。有些参考资料为与数据库系统内部的三级模式体系结构相区别，也将数据库应用系统的体系结构称为数据库系统的外部结构。

8.2.1　单用户模式

单用户模式的数据库应用系统，将数据库、DBMS 和应用程序安装在一台计算机上，由一个用户独占系统，不同系统之间不能共享数据。这是应用最早、最简单的数据库系统。例如，早期在单用户数据库管理系统 Foxbase 上开发的应用系统采用的就是单用户模式。这种结构目前基本上已不再采用。

8.2.2　主从式多用户模式

主从式多用户数据库应用系统，将数据库、DBMS 和应用程序安装在主机上，多个终端用户使用主机上的数据和程序。在这种结构中，所有处理任务都是由主机完成的。用户终端没有应用逻辑，它向主机发出请求，由主机响应请求后返回处理的结果。当终端用户增加到一定程度时，主机任务就会过分繁重，形成瓶颈，系统性能就会严重下降。

8.2.3　C/S 模式

C/S 模式，即客户/服务器模式，其数据访问模式如图 8.1 和图 8.2 所示。

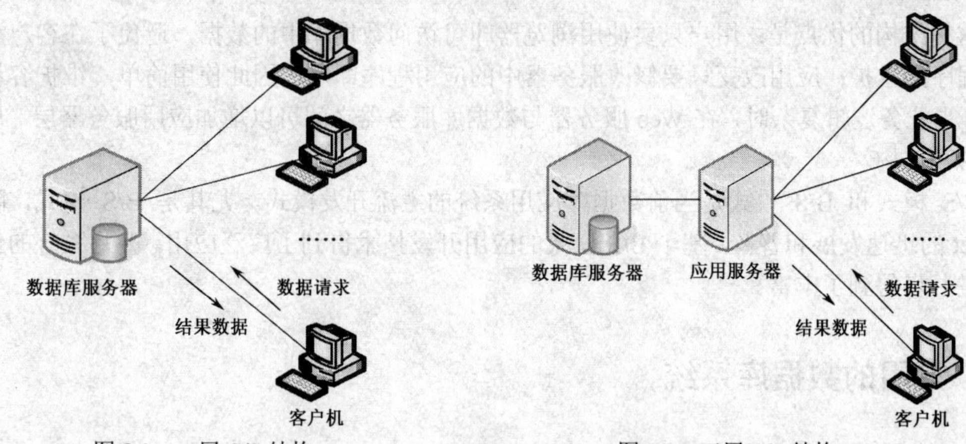

图 8.1　二层 C/S 结构　　　　图 8.2　三层 C/S 结构

在 C/S 结构中，网络中某个（些）节点上的计算机用于执行数据库管理系统功能，称为数据库服务器，简称服务器；其他节点上的计算机支持用户应用，称为客户机。客户机的请求被传送到服务器，服务器进行处理后，将结果返回给客户机。C/S 结构的优点是，可以充分利用服务器和客户机两端的硬件环境，减少网络上数据的传输量，提高了系统的性能、吞吐量和负载能力。C/S 结构的缺点是，数据库服务器要为众多的客户机服务，易成为瓶颈；另外，这种结构要求为客户机安装特定的应用程序，当客户端应用中业务逻辑或表示发生变化后，需要为每一客户机进行修改，维护工作量大。

近年来，随着信息化进程的深化，数据库容量越来越大，访问量和业务逻辑不断增加，传统的两层 C/S 结构已不能满足要求。为此，人们提出了三层 C/S 结构，即在客户机和数据库服务器之间增加一个应用服务器层，如图 8.2 所示。应用服务器用于处理业务逻辑。运行时，客户机连接应用服务器，应用服务器再与数据库服务器进行通信。这样，当业务规则发生改变时，客户端应用程序就不会受到影响，并且在业务逻辑增加时只需扩充应用服务器，使系统具有更好的扩展性。

8.2.4　B/S 模式

B/S 模式，即浏览器/服务器模式。这种结构是随着互联网的普及应用而发展起来的，其数据访问模式如图 8.3 所示。

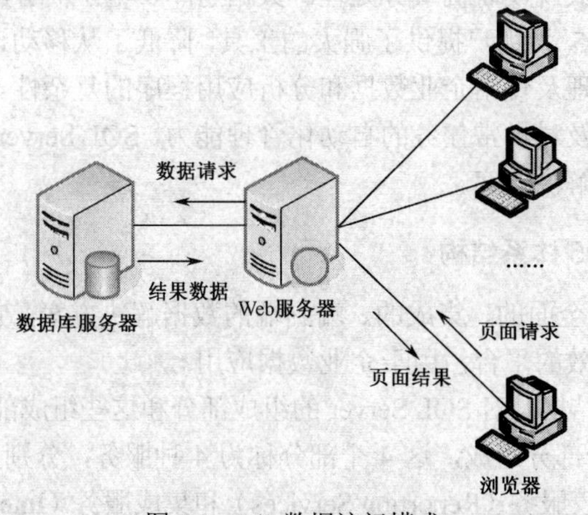

图 8.3　B/S 数据访问模式

这种结构的优点是：用户只要使用浏览器即可访问数据库中的数据，避免了在客户端对应用程序的维护；应用改变只要修改服务器中的应用程序即可，因此使用简单，维护容易。同样，当业务逻辑复杂时，在 Web 服务器与数据库服务器之间可以增加应用服务器层，形成多层 B/S 结构。

C/S 模式和 B/S 模式是当前数据库应用系统的主流开发模式。尤其是 B/S 模式，随着 Internet 的迅速发展和普及，基于 B/S 模式的应用开发技术得到了广泛应用，并且系统的体系结构进一步得到了丰富。

8.3 常用的数据库系统

在实际应用系统开发时，常会涉及 RDBMS 产品的选用问题。为使读者对数据库产品有一个初步认识，本节对目前数据库市场上几种较流行的数据库管理系统产品进行介绍。包括主流大型关系数据库管理系统 SQL Server、Oracle、Sybase、DB2，以及小型的关系数据库管理系统 MySQL、Access 和 VFP 等，其中，较为详细地介绍 SQL Server。

8.3.1 SQL Server

SQL Server 是当今十分流行的关系数据库服务器，是 Microsoft 公司的数据库产品。SQL Server 最早是由另外一种关系数据库产品 Sybase 演化而来的，其历史可追溯到 1988 年。在 1988 年，Microsoft 与 Sybase、Ashton 三家公司合作开发了运行于 OS/2 操作系统上的 SQL Server 的第一个版本。1993 年，Microsoft 与 Sybase 推出了 SQL Server 4.2，该版本是一个桌面数据库系统，提供友好的图形界面。1994 年，Microsoft 终止了与 Sybase 公司在数据库开发方面的合作，但 Microsoft 仍沿用了 SQL Server 这一名称，并于 1995 年发布了 SQL Server 6.05 版，该版本可满足小型企业的数据库应用。之后，Microsoft 又先后于 1996 年、1998 年、2000 年、2005 年和 2008 年分别发布了 SQL Server 的 6.5 版、7.0 版、2000 版、2005 版和 2008 版。目前在数据库应用开发中使用较多的版本是 SQL Server 2000 和 SQL Server 2005，它们可以支持企业级数据库应用。

SQL Server 2005 继承了 Microsoft SQL Server 2000 可靠性、可用性、可编程性、易用性等方面的特点，提供了大规模联机事务处理、数据仓库、电子商务应用的数据库和数据分析平台等。SQL Server 2005 为用户提供了强大的工具，降低了从移动设备到企业数据系统的多平台上创建、部署、管理及使用企业数据和分析应用程序的复杂性。通过全面的功能集、与现有系统的互操作性以及对日常任务的自动化管理能力，SQL Server 2005 为不同规模的企业提供了一个完整的数据解决方案。

1. SQL Server 2005 体系结构

SQL Server 是一个全面的、集成的、端到端的数据解决方案，它为组织中的用户提供了一个更安全可靠和更高效的平台，用于企业数据应用。

SQL Server 的体系结构是对 SQL Server 的组成部分和这些组成部分之间关系的描述。SQL Server 2005 系统由 4 个部分组成，这 4 个部分称为 4 种服务，分别是数据库引擎、分析服务（Analysis Services）、报表服务（Reporting Services）和集成服务（Integration Services）。通过选择不同的服务器类型，可以完成不同的数据库操作。这 4 种服务之间的关系如图 8.4 所示。

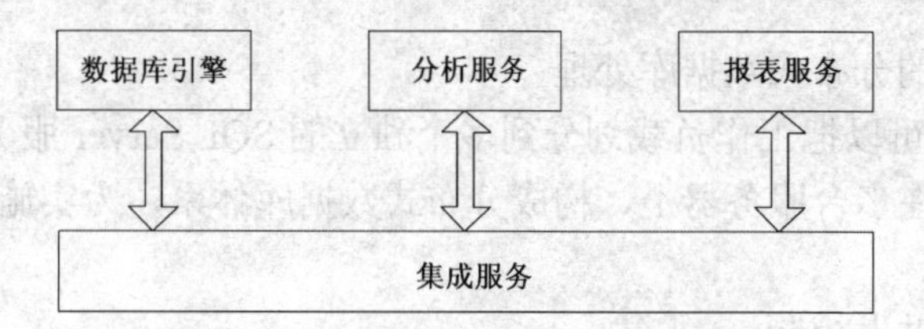

图 8.4　SQL Server 2005 系统的体系结构图

（1）数据库引擎

数据库引擎（SQL Server Database Engine，SSDE）是 SQL Server 2005 系统的核心服务，它是存储和处理关系（表格）格式的数据或 XML 文档数据的服务。负责完成数据的存储、处理和安全管理。例如，创建数据库、创建表、创建视图、数据查询、访问数据库等操作都是由数据库引擎完成的。通常情况下，使用数据库系统实际上就是在使用数据库引擎。因为数据库引擎也是一个复杂的系统，它本身包含了许多功能组件，例如复制、全文搜索等。

（2）分析服务

分析服务（SQL Server Analysis Services，SSAS）的主要作用是提供联机分析处理（OnLine Analytical Processing，OLAP）和数据挖掘功能。相对 OLAP 来说，联机事务处理（OnLine Transacting Processing，OLTP）是由数据库引擎负责完成的。使用 Analysis Services，用户可以设计、创建和管理包含来自于其他数据源的多维结构，通过对多维数据进行多角度的分析，可以使管理人员对业务数据有更全面的理解。另外，通过使用 Analysis Services，用户可以完成数据挖掘模型的构造和应用，实现知识的发现、表示和管理。

（3）报表服务

报表服务（SQL Server Reporting Services，SSRS）包含用于创建和发布报表及报表模型的图形工具和向导，可以方便地定义和发布满足自己需求的报表（PDF、Excel、Word 等格式的报表）。无论是报表的布局格式，还是报表的数据源，用户都可以借助工具轻松地实现。这种服务极大地方便了企业的管理工作，满足了管理人员对高效、规范管理的要求。

（4）集成服务

集成服务（SQL Server Integration Services，SSIS）是一个数据集成平台，负责完成有关数据的提取、转换和加载等操作。对于分析服务来说，数据库引擎是一个重要的数据源，而如何将数据源中的数据经过适当的处理并加载到分析服务中以便进行各种分析处理，这正是集成服务所要解决的问题。重要的是集成服务可以高效地处理各种各样的数据源，如 SQL Server、Oracle、Excel、XML 文档、文本文件等。

集成服务包括生成并调试包的图形工具和向导；执行工作流如 FTP 操作、SQL 语句和电子邮件消息传递等功能的任务；用于提取和加载数据的数据源和目标；用于清理、聚合、合并和复制数据的转换；管理服务，即用于管理 Integration Services 包的 Integration Services 服务，以及用于对 Integration Services 对象模型编程的应用程序接口（API）。

2. SQL Server 2005 的主要特性

（1）简单友好的操作方式

SQL Server 2005 包含了一整套的管理和开发工具。这些工具都具有非常友好的操作界面，既提供了强大功能，又便于管理和使用。SQL Server 2005 提供的单一管理控制台使管理变得更容易。

（2）支持高性能的分布式数据库处理

SQL Server 2005 可以把工作负载划分到多个独立的 SQL Server 服务器上，使应用系统中的数据库可分布存储在多台服务器上，构成分布式数据库体系，为实施电子商务等大型应用提供了良好的扩展性。

（3）动态锁定的并发控制

SQL Server 2005 通过隐含的动态锁定功能实现数据操作中的并发控制，有效地防止了在执行查询和更新操作时出现冲突。既方便了开发者和用户，也提高了系统的可靠性。

（4）与 SQL Server 7.0/2000 较好地兼容

SQL Server 2005 能够实现与 SQL Server 7.0/2000 较好的兼容，基于 SQL Server 7.0/2000 建立的数据库应用，可以可靠地运行在 SQL Server 2005 平台上。

（5）单进程、多线程处理结构

SQL Server 2005 采用单进程、多线程处理结构，由执行内核统一分配和协调网络环境中多个用户对资源与数据的访问，只需很小的额外负担就可同时处理多用户的并发访问，不但减少了内存占用，而且有利于提高系统的运行速度、服务效率、可靠性和稳定性。

SQL Server 2005 还提供了许多新特性，如整合了.NET Framework，启用新的.NET 整合功能后，可以轻松地创建存储过程、函数、触发器、自定义类型、自定义数据集等。限于篇幅，这里不再罗列，读者可查阅 SQL Server 2005 联机丛书。

3. SQL Server 2005 的系统需求

SQL Server 2005 的系统需求是指对产品运行所必需的硬件、软件和网络等环境的要求。安装 SQL Server 2005 对系统硬件和软件都有一定的要求，软件和硬件的不兼容性或不符合要求都有可能导致安装的失败。所以在安装之前必须弄清楚 SQL Server 2005 对硬件、软件及网络的要求。

（1）硬件需求

对硬件的要求包括对处理器类型、处理器速度、内存、硬盘空间等的要求，表 8.1 是这些要求的详细信息。

（2）操作系统要求

表 8.2 列出了不同 SQL Server 2005 安装版本需要的操作系统。

表 8.1　硬件需求

硬　件	最 低 配 置
处理器类型	Pentinum Ⅲ兼容处理器或更高速度的处理器（32 位） IA64 最低：Itanium 处理器或更高（64 位） X64 最低：AMD Operon、AMD Athlon 64、支持 Intel Xenon、支持 EM64T 的 Intel Pentinum 4（64 位）
处理器速度	最低：600 MHz，建议：1 GHz 或更高（32 位） IA64 最低：1 GHz，建议：1 GHz 或更高（64 位） X64 最低：1 GHz，建议：1 GHz 或更高（64 位）
内存	最低：512 MB，建议：1 GB 或更大，最大：操作系统的最大内存（32 位的企业版、开发人员版、标准版、工作组版） 最低：192 MB，建议：512 MB 或更大，最大：操作系统的最大内存（32 位的 Express 版） IA64 最低：512 MB，建议：1 GB 或更大，最大：操作系统的最大内存（64 位的企业版、开发人员版、标准版） IX64 最低：512 MB，建议：1 GB 或更大，最大：操作系统的最大内存（64 位的企业版、开发人员版、标准版）

续表

硬　件	最 低 配 置
硬盘空间	数据库引擎：150 MB SQL Server Analysis Services：35 MB SQL Server Reporting Services：40 MB SQL Server Notification Services：5 MB SQL Server Integration Services：9 MB 客户端组件：12 MB 管理工具：70 MB 开发工具：20 MB SQL Server 联机丛书：15 MB 示例数据库：390 MB

表 8.2　不同 SQL Server 2005 安装版本操作系统的要求

操 作 系 统	企业版	开发人员版	标准版	工作组版	Express 版	企业评估版
Windows 2000 Professional Edition SP4	否	是	是	是	是	是
Windows 2000 Server SP4	是	是	是	是	是	是
Windows 2000 Advanced Server SP4	是	是	是	是	是	是
Windows 2000 Datacenter Edition SP4	是	是	是	是	是	是
嵌入式 Windows XP	否	否	否	否	否	否
Windows XP Home Edition SP2	否	是	否	否	是	否
Windows XP Profession Edition SP2	否	是	是	是	是	是
Windows XP Media Edition SP2	否	是	是	是	是	是
Windows XP Tablet Edition SP2	否	是	是	是	是	是
Windows 2003 Server SP1	是	是	是	是	是	是
Windows 2003 Enterprise Edition SP1	是	是	是	是	是	是
Windows 2003 Datacenter Edition SP1	是	是	是	是	是	是
Windows 2003 Web Edition SP1	否	否	否	否	是	否

（3）联网要求

无论是 32 位版本的还是 64 位版本的 SQL Server 2005 系统，它们对 Internet 的要求是相同的。这些 Internet 要求包括对 Internet Explorer、IIS、ASP.NET 的要求，具体要求如表 8.3 所示。

表 8.3　SQL Server 2005 安装对 Internet 的要求

组　件	要　求
Internet Explorer	Microsoft Internet Explorer 6.0 SP1 或更高版本，如果只是安装客户端组件且不需要连接到要求加密的服务器，则 Internet Explorer 4.01 SP2 也可以满足要求
IIS	Microsoft SQL Server 2005 Reporting Services 需要 IIS5.0 或更高版本
ASP.NET	Microsoft SQL Server 2005 Reporting Services 需要 ASP.NET 2.0
网络协议	不支持 Banyan VINES 顺序包协议（SPP）、AppleTalk 和 NWLink IPX/SPX；支持 Shared memory、Named pipes、TCP 和 VIA

4. SQL Server 2005 的安装版本

SQL Server 2005 系统提供了 6 种不同的版本，即企业版、标准版、工作组版、开发人员版、Express 版和企业评估版。

企业版可以用做一个企业的数据库服务器，这种版本支持 SQL Server 2005 系统的所有功能，包括支持 OLTP 系统和 OLAP 系统。企业版是功能最齐全、性能最优的数据库系统，也是最昂贵的数据库系统。实际上，该版本又分为两种类型：32 位版本和 64 位版本。很显然，64 位版本要求 64 位的硬件环境。这两种版本在支持 RAM 和 CPU 的数据方面有重大的差别。企业版支持网络存储、故障切换和群集等技术。作为完整的数据库解决方案，企业版应该是大型企业首选的数据库产口。

标准版可以用做一般企业的数据库服务器，它包括电子商务、数据仓库、业务流程等最基本的功能。虽然标准版不像企业版那样功能齐全，但是它所具有的功能已经能够满足普通企业的一般需求了。该版本既可以用于 64 位的平台环境，也可以用于 32 位的平台环境。综合考虑企业需要的业务功能和企业财务状况，使用标准版的数据库产品将是一种明智的选择。

工作组版是一个入门级的数据库产品，它提供了数据库的核心功能，可以为小型企业或部门提供数据管理服务。该版本可以轻松地升级至标准版或企业版。该版本的数据库产品只能用于 32 位的平台环境，当然，与企业版或标准版相比，工作组版具有价格上的优势。

开发人员版主要是代替数据库应用程序开发人员进行应用程序开发和存储数据使用。这种版本只适用于数据库应用程序开发人员，不适用于普通的数据库用户。从功能上讲，该版本等价于企业版，但它在查询方面有很大的限制。从法律角度来看，该版本的产品不能在生产环境中使用。

Express 版是一个免费的、与 Visual Studio 2005 集成的数据库产品。SQL Server 2005 系统的 Express 版是低端服务用户、创建 Web 应用程序的非专业开发人员以及创建客户端应用程序的编程爱好者的理想选择。

企业评估版是一种可以从微软网站上免费下载的数据库版本。这种版本主要用来测试 SQL Server 2005 的功能。虽然企业评估版具有 SQL Server 2005 的所有功能，但是其运行时间只有 120 天。

从上可以看出，对于所有用户来说，企业版、标准版和工作组版是三种可以选择的数据库产品，其他版本的数据库产品只适用于部分特殊的用户。

在 SQL Server 2005 的这些版本中，可以方便地从低级版本向高级版本升级。例如，可以从 SQL Server 2005 的工作组版升级到 SQL Server 2005 的企业版或标准版，也可以从 SQL Server 2005 的标准版升级到 SQL Server 2005 的企业版。

5. SQL Server 2005 工具

SQL Server 2005 通过一套工具集向数据库管理人员提供了用于配置、管理和使用 SQL Server 数据库核心引擎的途径。这些工具包括

- 配置工具：负责与 SQL Server 数据相关的配置工作。
- 管理工具：负责与 SQL Server 相关的管理工作。
- 性能工具：用于对 SQL Server 数据的性能分析工作。
- 其他工具：实现数据库外围服务。

其中最常用的管理工具是 SQL Server Management Studio。SQL Server Management Studio 是最重要的 SQL Server 2005 工具。它为用户提供可直接访问和管理 SQL Server 数据库和相关服务的一个新的集成环境。它将图形化工具和多功能的脚本编辑器组合在一起，完成对 SQL

Server 的访问、控制和管理等工作。SQL Server Management Studio 取代了 SQL Server 7.0/2000 中的 SQL Server Enterprise Manager（企业管理器）和 Query Analyzer（查询分析器）。在 SQL Server Management Studio 中仍可以管理 SQL Server 7.0/2000 实例。

图 8.5 是 SQL Server Management Studio 的主界面。

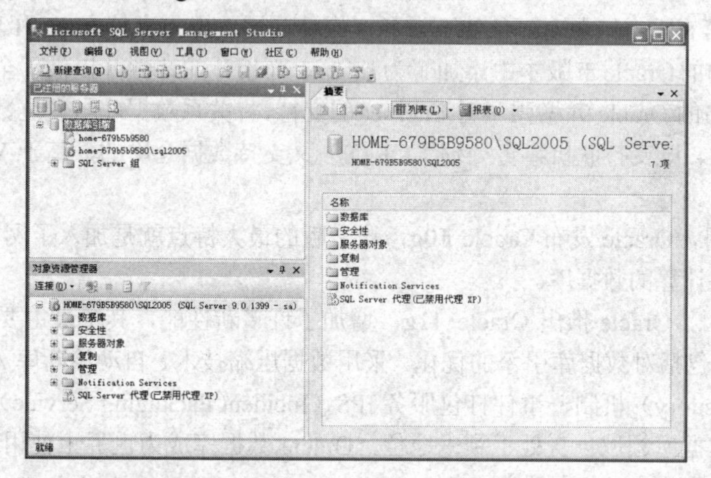

图 8.5　SQL Server Management Studio 的主界面

另一重要管理工具是 SQL Server Configuration Manager，在其中可以对 SQL Server 2005 服务、使用的网络协议等进行配置。图 8.6 是 SQL Server Configuration Manager 的主界面。

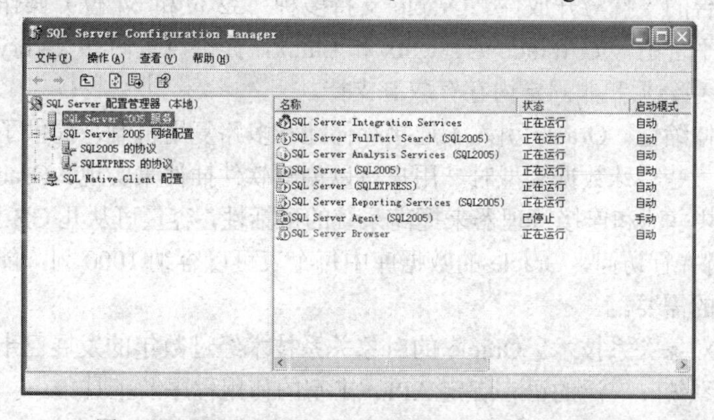

图 8.6　SQL Server Configuration Manager 的主界面

8.3.2　Oracle

Oracle 数据库是 Oracle 公司的产品。Oracle 公司成立于 1977 年，是一家专门从事数据库机器相应工具的研究、开发和生产的公司。Oracle 自 1979 年推出其第一个商品化的关系数据库管理系统以来，经过三十年的发展，其产品的版本在不断更新，功能不断增强。

1979 年 Oracle 公司（当 Rational Software Inc，时称 RSI）首次向客户发布产品，即 Oracle 第 2 版，该产品的面世有力地反击了那些关系数据库无法成功商业化的说法。

1983 年的第 3 版增加了可执行功能。

1984 年的第 4 版增加了读一致性这个特性。

1985 年发布的 5.0 版是世界上首批 C/S 模式的 RDBMS 产品。

1986 年的 5.1 版支持分布式查询处理。

1988 年的第 6 版引入了行级锁和联机热备份功能。

1992 年的第 7 版增加了许多新功能，包括分布式事务处理、增强的管理功能、新的程序开发工具和安全性新方法等。

1997 年的第 8 版支持面向对象的开发和多媒体应用，也为支持 Internet 奠定了基础。

1998年推出的Oracle 8i版本中添加了为Internet而设计的特性并提供了全面的Java支持。

2001 年发布的 Oracle 9i 增强了对 Internet 的支持，将关系数据库与多位数据库集于一体，成为功能更强大、既支持联机事务处理（OLTP）又支持数据仓库的、基于 Web 应用的数据处理及管理平台。

2003 年 9 月，Oracle 发布 Oracle 10g，这一版的最大特点就是加入了网格计算，是业界第一个支持网格计算的数据库。

2007 年 7 月，Oracle 推出 Oracle 11g，增加了许多新性能，其中最主要的是对 XML 更全面的支持，还包括对数据库引擎的优化，采用数据压缩技术、自动诊断库 ADR（Automatic Diagnostic Repository）机制、事件打包服务 IPS（Incident Packaging Service）等。

Oracle 在数据库领域一直处于领先地位，Oracle 数据库成为世界上使用最广泛的关系数据系统之一，占有最大的市场份额。

Oracle 数据库为企业信息系统在可用性、可伸缩性、安全性、集成性、可管理性、数据仓库、应用开发和内容管理等方面提供全方位的支持，其主要特点有：

（1）对多平台的支持与开放性。Oracle 支持多种（32 位和 64 位）操作系统，可以运行于目前所有主流平台上，如 Windows、Unix 和 Linux，提供巨量内存（Very Large Memory，VLM）、大型内存分页和非固定内存存取等支持。

（2）动态可伸缩性。Oracle 引入了连接存储池和多路复用机制，提供了对大型对象的支持，当需要支持一些特殊数据类型时，用户可以创建软件插件来实现。Oracle 8 采用了高级网络技术，提高共享池和连接管理器来提高系统的可括性，容量可从几 GB 到几百 TB，可允许 10 万用户同时并行访问，Oracle 的数据库中每个表可以容纳 1000 列，能满足目前数据库及数据仓库应用的需要。

（3）成熟的对象关系技术。Oracle 的对象关系技术经过数年的发展已十分成熟，能提供完整的对象类型系统、广泛的语言绑定 API、丰富的使用程序及工具集。

（4）系统的可用性和易用性。Oracle 提供了灵活多样的数据分区功能，一个分区可以是一个大型表，也可以是索引易于管理的小块，可以根据数据的取值分区，这有效地提高了系统操作能力及数据可用性，减少 I/O 瓶颈。Oracle 还对并行处理进行了改进，在位图索引、查询、排序、连接和一般索引扫描等操作中引入并行处理，提高了单个查询的并行度。

（5）系统的可管理性和数据安全功能。Oracle 提供了自动备份和恢复功能，改进了对大规模和更加细化的分布式操作系统的支持，加强了 SQL 操作复制的并行性。Oracle 提供了企业管理系统，可有效地管理整个数据库和应用系统。Oracle 提供了加密工具包，以保护存储在介质上的重要数据。

（6）支持分布式查询、分布式事务、工作流和高级事务复制。

（7）支持网格计算。Oracle 的并行处理框架被内置在 Oracle 数据库中。可自动适应数据库负载的变化，动态地切换所有集群服务器中的数据库资源，以获得最佳性能。

（8）数据挖掘功能。Oracle Data Mining 是 Oracle 数据库中一个附有定价的选项，具有分类、预测、关联和集群数据挖掘特性。

除了 Oracle 数据库产品外，Oracle 公司还提供了 Oracle 应用服务器（Application Server）和开发套件（Developer Suite），形成了数据管理产品系列。Oracle Database、Oracle Application Server 和 Oracle Developer Suite 共同为构建和部署各类应用程序（包括 OLTP、OLAP 和企业集成应用）提供了完整的解决方案。

8.3.3　Sybase

Sybase 公司创建于 1984 年，并在 1984 年年底推出了 Sybase 数据库产品。Sybase 的产品在版本更新和功能增强上变化比较快。

1984 年发布了部门级、单进程 SQL Server。

1989 年发布了 Open Server，开放了服务器端应用编程接口，以访问异构数据源。

1992 年发布了 System 10，这是一个企业级 RDBMS。

1995 年发布了 System 11，增加了并行处理功能。

2001 年发布了企业级智能数据库管理系统 Sybase Adaptive Server Enterprise（ASE）12.5 版。

2005 年推出了 ASE 15 版。

在 System 10 版本之前，Sybase 公司与 Microsoft 公司曾协作，都为用户提供 Unix 和 Windows 平台的数据库产品，且核心数据库产品名称也为 SQL Server。因此，Microsoft 的 SQL Server 与 Sybase 数据库的早期产品在内核上有很多相似之处。1994 年之后两家公司终止合作，Sybase 即对其主要的数据库产品重新命名，在版本 11.5 时称为 Sybase Adaptive Server，之后又命名为 Adaptive Server Enterprise（ASE）。而 Microsoft 仍沿用 SQL Server 名称。

Sybase ASE 数据库的主要特点有：

（1）OLTP 高性能。ASE 通过逻辑内存管理器、特有的查询处理技术、智能分区技术等为 OLTP 提供了高性能处理。

（2）VLDB（Very Large DataBase）支持。数据库数据量可达 TB 级。主要 VLDB 技术包括 VLDB 数据库存储技术、VLDB 数据库性能优化和 VLDB 数据维护三部分。

（3）支持数据库并行处理。

（4）动态性能调整。允许管理员在不重启系统的情况下调整系统参数设置。

（5）安全性。支持 SSL 协议，具有行健全机制，拥有加密全系统。

（6）完整的数据库恢复子系统。

（7）支持 XML 处理及非结构化数据管理。

（8）数据库及 SQL 性能优化。ASE 包含大量组件，可帮助 DBA 找到性能瓶颈和其他问题的根源，以便及时解决。

除了 ASE 数据库产品外，Sybase 公司还提供了应用服务器 EAServer、前端开发工具 PowerBuider、企业建模工具 PowerDesigner 和数据仓库支持产品（包括 Industry Warehouse Studio 和 Warehouse Control Center）。

8.3.4　DB2

DB2 是 IBM 公司研制的一种关系型数据库系统。IBM 在数据库领域的贡献是巨大的。

早在 1968 年，IBM 就在其 360 计算机上研制成功了 IMS 系统，这是第一个也是最著名和最典型的层次型数据库管理系统，至今仍有企业在使用。

1970 年 IBM 的研究员 E.F.Codd 发表了那篇著名的关于关系数据库理论的论文“A Relational Model of Data for Large Shared Data Banks”，首次提出了关系模型的概念。这篇论文是计算机科学史上最重要的论文之一。

1973 年 IBM 研究中心启动了 System R 项目，研究多用户与大量数据下关系型数据库的可行性，它为 DB2 的诞生打下了良好基础。由此取得了一大批对数据库技术发展具有关键性作用的成果，包括首次实现了关系模型、提出并实现了 SQL 语言等，该项目于 1988 年被授予 ACM 软件系统奖。

1982 年 IBM 发布了 SQL/DS for VSE and VM，这是业界第一个以 SQL 作为接口的商用数据库管理系统，该系统是基于 System R 原型所设计的。

1983 年 IBM 发布了 DATABASE 2（DB2）for MVS。

1988 年成立了 IDUG（国际 DB2 用户组织）组织，该组织致力于 DB2 的全球化。

自 1993 年起，DB2 基本上每年都推出新版本，在体系结构上不断扩展，功能上不断增强。

2001 年收购了 Informix 的数据库业务，扩大了 IBM 的分布式数据库业务。

2002 年收购了 Rational Software 公司，使 IBM 的软件能够支持从设计、开发、部署到管理和维护的完整过程。

2006 年发布了 DB2 9 版，提供了对 XML 全面的支持。

2009 年 6 月发布了其最新版 DB2 9.7 版。

DB2 是功能强大的数据库管理系统，主要特点有：

（1）支持信息集成。可更好地完成企业资源整合、内容管理、联机事务处理等工作。

（2）面向商业智能应用。主要包括数据抽取、数据仓库、多维数据分析和实时报表的功能，通过把企业的相关业务信息整合起来进行深加工，把原始数据变成指导业务决策的有用信息和知识。

（3）提供了一套可靠的、易升级的、功能强大的企业内容管理体系架构。这种体系架构能容易地在不同系统之间实现内容共享，从而极大地提高业务处理流程的效率，满足对内容整个生命周期的管理，包括捕获、存储、组织、流转、归档、跟踪和销毁。

（4）丰富的工具集。包括数据库管理工具集、性能管理工具集、恢复与复制工具集和应用管理工具集等。

IBM 还提供了 Websphere 应用服务器和 IBM Data Studio 工具集。WebSphere Application Server 为面向服务的体系结构（SOA）的模块化应用程序提供了基础，并支持应用业务规则，以驱动支持业务流程的应用程序。IBM Data Studio 工具集能处理所有与数据库相关的开发工作，包含设计阶段、测试环境阶段以及部署、监控、管理。它支持 Eclipse、IBM 的 Rational 和微软的 Visual Studio 2005。

8.3.5 MySQL

MySQL 是一个小型关系型数据库管理系统，开发者为瑞典 MySQLAB 公司，在 2008 年 1 月被 Sun 公司收购（Sun 又于 2009 年 4 月被 Oracle 收购）。MySQL 被广泛地应用在 Internet 上的中小型网站中。由于其体积小、速度快、总体拥有成本低，尤其是开放源码这一特点，许多中小型网站为了降低网站总体拥有成本而选择了 MySQL 作为网站数据库。MySQL 支持多种操作系统。为多种编程语言提供了 API，这些编程语言包括C、C++、Eiffel、Java、Perl、PHP、Python、Ruby 和 Tcl 等。提供 ODBC 和 JDBC 等多种数据库连接途径。

目前 Internet 上流行的网站构架方式是 LAMP（Linux+Apache+MySQL+PHP），即使用 Linux 作为操作系统，Apache 作为 Web 服务器，MySQL 作为数据库，PHP 作为服务器端脚本解释器。由于这 4 个软件都是遵循 GPL 的开放源码软件，因此使用这种方式可以建立起一个稳定、免费的网站系统。

8.3.6　VFP

Visual FoxPro 是 Microsoft 公司收购 Fox Software 公司后，将后者的 FoxBase 数据库软件经过数次改良后得到的小型数据库管理系统。Microsoft 先是在 FoxBase 基础上开发了 Foxpro，后来又将 Visual Basic 与 Foxpro 整合，就成了现在的 Visual Foxpro（VFP）。VFP 自 3.0 以后的升级版本有 5.0～9.0。新的 VFP 版本（7.0 以后）支持许多新特性，例如对 XML 的支持、增强的设计、支持注册和发布 Web Service 等。

VFP 是功能较完备、具有较强安全性的实用桌面数据库管理系统软件，特别适合那些主要工作不是编写程序的人员。

8.3.7　Access

Microsoft Office Access（前名 Microsoft Access）是微软公司于 1992 年发布的基于 Windows 的桌面关系数据库管理系统，是 Office 系列应用软件之一。Access 结合了 Jet Database Engine 和图形用户界面两项特点，提供了表、查询、窗体、报表、页、宏、模块 7 种用来建立数据库系统的对象；提供多种向导、生成器、模板，把数据存储、数据查询、界面设计、报表生成等操作规范化；为建立功能完善的数据库管理系统提供了方便，也使得普通用户不必编写代码，就可以完成大部分数据管理的任务。

Access 只是一种桌面数据库系统，仅适合一些小型应用项目。在小型应用中，Access 具有存储单一（所有对象均存储在.mdb 文件中）、支持面向对象特性、界面友好、易操作和支持多种数据库连接方式（Jet、ODBC、OLEDB）等优点。

8.3.8　数据库系统的选择

当今的数据库市场上，产品十分丰富，除了以上介绍的这些产品外，还有许多其他数据库管理系统。例如 Ingres、PostgreSQL、InterBase、SQLite 以及国内的 Kingbase、EASYBASE、Openbase 和达梦（DM Database）数据库系统等。

选择数据库系统产品时，一要了解各数据库系统在功能、体系结构、性能等方面的特性，二要根据数据库应用系统对数据库产品的需求。

若仅是小型网站或桌面应用，则一般选择小型数据库或桌面数据库，如 MySQL 或 Access；若是企业级的应用，如电子商务或企业数据处理等，则要选择性能和稳定性较好的大型数据库系统。具体的产品选择则要综合性能、稳定性、扩展性以及价格等因素。通常在选择时可考虑以下方面：① 并行性、分布式处理及 C/S 和 B/S 结构支持。② 运行操作系统环境支持。③ 对多种数据源、网络协议的支持。④ DBMS 安全性、稳定性、可靠性。

⑤ 对电子商务、移动计算及数据仓库的支持。⑥ 开发工具的丰富性。⑦ 国内外的应用情况。⑧ 项目的资金预算。

以上仅是选择数据库产品原则性的一些方面。客观地说，目前数据库市场主流产品的功能足以满足绝大多数用户的绝大多数需要。因此，用户选择产品时，还要注意一些技术之外的因素。例如，同行业的成功案例、企业发展状况、配套服务等。

8.4 常用数据库应用开发工具简介

随着计算机技术的不断发展，各种数据库应用开发工具也在不断发展。应用开发人员可以利用一系列高效、具有良好可视化的开发工具，来开发各种数据库应用系统，达到事半功倍的效果。目前使用较广的是 Visual Studio、Delphi、PowerBuilder 以及 Eclipse 等，这几个开发工具各有所长，各具优势。

8.4.1 Visual Studio

Visual Studio 是微软公司推出的集成开发工具，是目前最流行的 Windows 平台应用程序开发环境，已经开发到 9.0 版本，也就是 Visual Studio 2008 版。Visual Studio 可以用来创建 Windows 应用程序和 Web 应用程序，也可以用来创建 Web 服务、智能设备应用程序和 Office 插件。

在 Visual Studio 的版本演变中，Visual Studio 6.0、Visual Studio .NET、Visual Studio 2003、Visual Studio 2005、Visual Studio 2008 是较为重要的版本。

Visual Studio 6.0 是在 1998 年发布的，在其中集成了 Visual Basic（VB）、VC++、VFP、Visual J++和 Visual InterDev 等，所有开发语言的开发环境版本均升至 6.0 版。这也是 Visual Basic 的最后一次发布，从下一个版本（7.0）开始，Visual Basic 进化成了一种新的面向对象的语言：Visual Basic.NET。Visual Studio 6.0 至今仍然活跃在众多应用中。

2002 年，Visual Studio .NET（即 Visual Studio 2002，内部版本号为 7.0）发布了。在这个版本中，剥离了 Visual FoxPro，同时取消了 Visual InterDev。Visual FoxPro 7.0 作为一个单独的开发环境发行。引入了建立在.NET 框架 1.0 版上的托管代码机制以及一门新的语言 C#。C#是一门建立在 C++ 和 Java 基础上的现代语言。.NET 的通用语言框架机制（Common Language Runtime，CLR），其目的是在同一个项目中支持不同的语言所开发的组件。所有 CLR 支持的代码都会被解释成为 CLR 可执行的机器代码然后运行。Visual Basic、Visual C++都被扩展为支持托管代码机制的开发环境，Visual Basic 进化为 Visual Basic .NET，支持完全的面向对象编程机制。而 Visual J++也演变为 Visual J#。后者仅语法与 Java 相同，但是面向的不是 Java 虚拟机，而是.NET Framework。Visual Studio 2002 提供了新的 Visual Studio IDE 界面模型，将应用程序开发环境基于.NET 框架，支持 ASP.NET 开发。

在 2003 年，随着.NET 1.1 的推出，Microsoft 推出了 Visual Studio 2003。这一版中引入了 Visio，作为使用统一建模语言（UML）架构应用程序框架的程序，同时还引入了对移动设备的支持。

随着.NET 的发展和改进，在.NET 2.0 推出的同时，2005 年 Microsoft 推出了 Visual Studio 2005。Visual Studio 2005 较早期版本有了很大改变，它集设计、编码、测试、项目管理为一体，极大地方便了开发人员和项目管理者。

2008 年，Microsoft 推出了.NET 3.5，同时发布了 Visual Studio 2008。Visual Studio 2008 在主要功能上与 Visual Studio 2005 差别不大，但是在易用性、方便性、应用程序类型上做了不少改进。

8.4.2　Delphi

Delphi 是著名的 Borland 公司于 1995 年推出的快速应用软件开发工具（Rapid Application Development，RAD），在 1995～2002 年间，先后推出了 Delphi 1～7 版。它以组件化的编程方式、面向对象的程序设计、快速的 Pascal 编译器、众多的组件和强大的数据库及网络应用开发支持，在竞争激烈的开发工具市场中受到了众多程序设计者的青睐，曾是最受欢迎的客户/服务器应用程序开发工具。

2003 年之后，Delphi 又推出了运行于.NET 框架的 Delphi 8、Delphi 2005 等版本，但都没有取得之前的辉煌。2006 年，Borland 成立了一家名为 CodeGear 的子公司，主要负责其 IDE（Integrated Development Environment）业务。CodeGear 公司于 2008 年被 Embarcadero Technologies 公司收购，目前 Embarcadero 推出了 Delphi 9.0 版。2009 年 6 月，Borland 公司被英国 MicroFocus 公司收购。

这里简要介绍 Delphi 7 的特点。Delphi 是 Windows 系统下的可视化集成开发工具，提供了强大的可视化组件（Visual Component Library，VCL）功能，使程序员能够快速、高效地开发出 Windows 系统下的应用程序，特别是在数据库和网络方面，Delphi 与其他开发工具相比更是胜出一筹。

（1）可视化开发环境

可视化主要指开发图形用户界面时，不需编写大量程序代码以描述界面的外观特性，而只要把所需的组件加入窗体相应位置即可。Delphi 的集成开发环境设计紧凑合理，众多的组件被精心编排于组件面板中，使用很方便。它有一个建立于面向对象框架结构之上的窗体设计器，当在窗体中操作组件时，后台自动为其生成代码。

（2）丰富的 VCL

VCL 是 Delphi 最重要的组成部分，包含了多种类别的组件，这些组件是进行各种程序开发的有力工具。Delphi 的 VCL 组件还具有很好的可扩充性，允许使用者添加第三方组件，可以如同使用 Delphi 自带组件一样使用添加的组件。

（3）面向对象特性

面向对象程序设计（Object-Oriented Programming，OOP）是 Delphi 诞生的基础。OOP 立意于创建软件重用代码，具备更好地模拟现实世界环境的能力，是最先进的程序设计方法。Delphi 是完全面向对象的，它使用面向对象的 Pascal（Object Pascal）作为程序设计语言，提供了一个具有真正 OOP 扩展的可视化编程环境，使得可视化编程与面向对象的开发框架紧密地结合起来。

（4）高效的编译器

Pascal 编译器以编译速度快而著名，Delphi 正是建立在此基础上的，它是针对 Windows 系统的最快的高级语言本地代码编译器。

（5）强大的数据库开发功能

Delphi 提供了一整套数据库解决方案，包括建立数据库、连接数据库、SQL 操作、保存、编辑和显示数据集等功能的组件或工具。开发数据库应用是 Delphi 的主要功能之一。

（6）良好的分布式应用开发支持

Delphi 支持多种分布式应用模式的开发，从简单的消息通信程序到庞大的多层次应用。在 Delphi 中，既可以方便地建立客户/服务器结构的两层分布式应用，又可以方便地建立客户/应用服务器/数据库服务器结构的三层分布式应用。在多层体系结构方面，Delphi 提供了 MIDAS（Multi-tier Distributed Application Service Suite，多层分布式应用程序服务包）技术，其中利用了当前大多数分布计算标准，如 DCOM、Sockets、HTTP、SOAP（Simple Object Access Protocol，简单对象访问协议）、CORBA 和 MTS/COM+，这使得它不但可用于建立通常的应用系统，也适于建立电子商务应用系统。

总的来说，Delphi 在开发界面程序、数据库相关管理系统方面，效率高，开发速度快。正是因为上述优点，许多中小型公司还在大量使用 Delphi 开发应用程序及系统。

8.4.3 PowerBuilder

PowerBuilder 是数据库应用开发工具生产厂商 PowerSoft 公司（后被数据库厂商 Sybase 收购）于 1991 年推出的一套快速开发工具。目前已推出运行于.NET 平台的 PowerBuilder 11 版。PowerBuilder 完全按照客户/服务器体系结构研制设计，采用了面向对象和可视化技术，可以方便快捷地开发数据库应用程序。其主要特点如下：

（1）可视化开发环境。PowerBuilder 提供图形化接口，用户可以以可视的、直观的方式来创建应用程序的用户界面和数据库接口。

（2）面向对象技术。支持通过对类的定义来建立可视或不可视对象模型，同时支持所有面向对象编程技术，如继承、数据封装和函数多态性等。这些特性确保了应用程序的可靠性，提高了软件的可维护性。

（3）功能强大的编程语言与函数。PowerBuilder 使用的编程语言是 PowerScript。PowerScript 提供了一套完整的嵌入式 SQL 语句，开发人员可以方便灵活地使用 SQL 语言，大大增强了程序操纵和访问数据库的能力。

（4）开放的数据库连接。PowerBuilder 可通过 ODBC 和专用接口两种方式与 Sybase、SQL Server、Informix、Oracle 等后台数据库连接。

（5）强大的查询、报表和图形功能。PowerBuilder 提供的可视化查询生成器和多个表的快速选择器可以建立查询对象，并把查询结果作为各种报表的数据来源。

PowerBuilder 主要适用于管理信息系统的开发，特别是客户/服务器结构。

8.4.4 Eclipse

Eclipse 是一个开放源代码的、基于 Java 的可扩展开发平台。它本身是一个框架和一组服务，用于通过插件组件构建开发环境。Eclipse 附带了一个标准的插件集，包括 Java 开发工具（Java Development Tools，JDT）。

Eclipse 最初是 IBM 公司开发的替代商业软件 Visual Age for Java 的下一代 IDE 开发环境。2001 年 11 月 IBM 将其贡献给开源社区，目前它由非营利软件供应商联盟 Eclipse 基金会（Eclipse Foundation）管理。围绕着 Eclipse 项目已经发展了一个庞大的 Eclipse 联盟，有 150 多家软件公司参与到 Eclipse 项目中，其中包括 Oracle、Red Hat 及 Sybase 等。

虽然大多数用户将 Eclipse 当作 Java IDE 来使用，但 Eclipse 与传统的集成开发环境是不同的。集成开发环境（IDE）经常将其应用范围限定在“开发、构建和调试”的周期之中。为了使集成开发环境克服目前的局限性，业界厂商合作创建了 Eclipse 平台。Eclipse 允许在同一 IDE 中集成来自不同供应商的工具，并实现了工具之间的互操作性，从而显著改变了项目工作流程。Eclipse 框架的这种灵活性来源于其扩展点。任何 Eclipse 插件定义的扩展点都能够被其他插件使用，反之，任何 Eclipse 插件也可以遵从其他插件定义的扩展点。

利用 Eclipse 的这种特性，可以将高级设计（如 UML 设计工具）与低级开发工具（如应用调试器等）结合在一起使用，可以进行软件生命周期管理。

8.5　Visual Basic 数据库应用开发

8.5.1　VB 程序设计概述

VB 提供了可视化的集成开发环境，可以方便地用“所见即所得”的方式设计用户界面，以事件驱动作为应用程序的运行驱动，具有以下功能特点：

- 具有基于对象的可视化设计工具。
- 事件驱动的编程机制。
- 易学易用的集成开发环境。
- 支持对多种数据库的访问。

1. VB 集成开发环境

VB 将一个应用程序称为一个工程。启动 VB 后，在“新建工程”窗口中选择新建“标准 EXE”，将会自动出现一个新窗体，进入 VB 集成开发环境主界面，如图 8.7 所示。

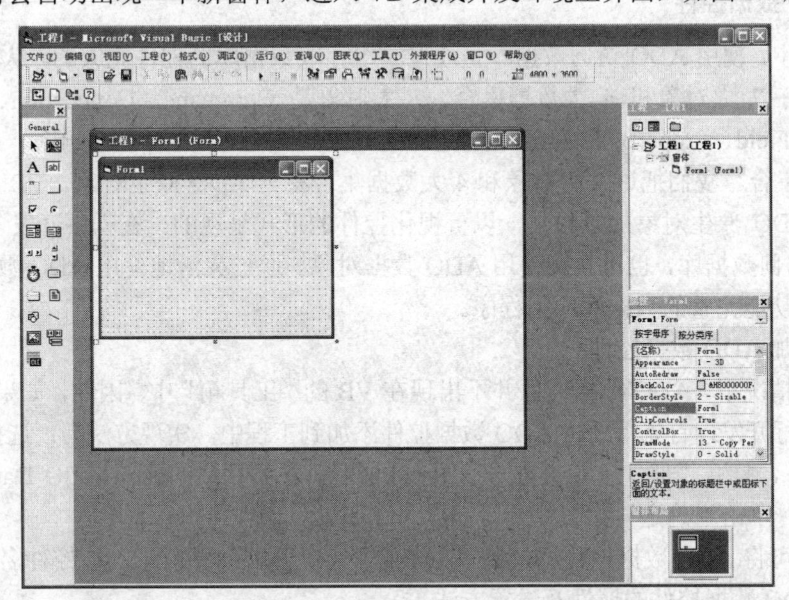

图 8.7　VB 集成开发环境主界面

VB 集成开发环境和其他 Windows 应用程序一样，也具有标题栏、菜单栏和工具栏等。标题栏的内容就是应用程序工程名称加上“Microsoft Visual Basic [设计]”字样。菜单栏提供了编辑、设计和调试 VB 应用程序所需要的命令。工具栏是一些常用菜单命令的快捷按钮。此外，VB 集成开发环境还具有窗体窗口、代码窗口、工具箱、工程资源管理器窗口、属性窗口和窗体布局窗口等。

2. 程序设计步骤

① 创建应用程序界面。用 VB 创建的 Windows 应用程序界面通常由按钮、文本框等可视化控件组成。设置界面上各对象的属性，如名称、大小、颜色等。

② 编写对象相应的程序代码。在代码窗口中输入对事件的处理程序代码。

③ 运行和调试。程序编写完后，通过“运行”菜单中的“启动”选项运行程序。当出现错误时，VB 系统将提供提示信息，也可通过“调试”菜单中的选项来查找和排除错误。

8.5.2 VB 数据库访问接口

在 VB 中，随着数据库访问技术的不断发展，先后出现了三种访问数据库接口，即数据访问对象（Data Access Object，DAO）、远程数据对象（Remote Data Object，RDO）和 ActiveX 数据对象（ActiveX Data Object，ADO）。不同的数据接口，各有其特点。DAO 和 RDO 是较早出现的两种数据访问接口。DAO 是 VB 最早引进的数据访问技术，它采用 Microsoft Jet 数据库引擎（由 Access 数据库所使用），并允许通过 ODBC 连接到其他数据库，故 DAO/Jet 最适合访问 Access 数据库，适用于单系统应用程序。RDO 位于 ODBC 之上，依赖于 ODBC API 和 ODBC 驱动程序，因此 RDO 适合访问 ODBC 数据源。ADO 是最新的数据访问接口，该模型的基本原理已在 7.5.2 节做了介绍。这里介绍在 VB 环境中以 ADO 方式访问数据库的具体做法。

1. ADO 数据控件

在 VB 中，使用 ADO 访问数据库是通过一组存取数据库的控件完成的。从图 7.23 可知，ADO 主要有 7 大对象和 4 大数据集合。7 大对象是 Command、Connection、Parameter、RecordSet、Field、Property 和 Error 对象。4 大数据集合是 Fields、Properties、Parameters 和 Errors 数据集合。我们把这 7 大对象和 4 大数据集合称为 ADO 原生对象。VB 的 ADO 数据控件是对 ADO 原生对象加以封装，以可视化控件的形式呈现的。在程序开发中，既可通过 ADO 控件访问数据库，也可直接使用 ADO 数据对象。通过灵活地使用 ADO 数据访问接口，可以开发出功能完整的数据库应用程序。

（1）添加 ADO 数据控件

在默认情况下，ADO 数据控件并不出现在 VB 的“工具箱”中。因此，如果要使用 ADO 数据控件进行开发，首先需要将 ADO 数据控件添加到工程中，实现方法为：选择“工程”→“部件”命令，打开“部件”对话框，如图 8.8 所示。选择“Microsoft ADO Data Control 6.0（OLEDB)”，单击“确定”按钮。

这样即可将 ADO 数据控件添加到“工具箱”中，如图 8.9 所示，该控件名称为 Adodc。

（2）ADO 数据控件的属性及设置方法

利用 ADO 数据控件编写程序时，需先设置 ADO 数据控件的有关属性。ADO 数据控件的属性定义了怎样连接数据库以及如何连接数据库中的对象。ADO 数据控件的主要属性有 ConnectionString、CommandType、RecordSource 和 Recordset。

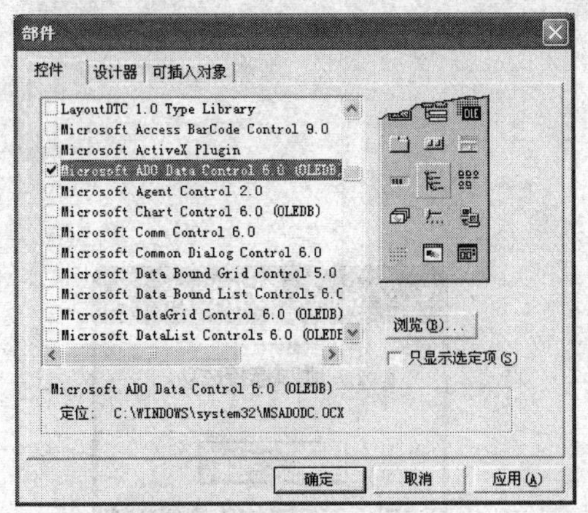

图 8.8　添加 ADO 数据控件　　　　图 8.9　工具箱中的 ADO 数据控件

① ConnectionString 属性。ConnectionString 属性是一个字符串，指定与数据库的连接属性。可通过界面操作来设置其 ConnectionString 属性，实现方法是：

- 双击 Adodc 控件，选中界面中添加的数据控件，在“属性”窗口中选择 ConnectionString 属性，单击其右边的“...”按钮，出现如图 8.10 所示的属性页。
- 选择“使用连接字符串”单选钮，单击“生成”按钮，在所出现的如图 8.11 所示的“数据链接属性”对话框中选择需要连接的数据（如“Microsoft OLE DB Provider for SQL Server”），单击“下一步”按钮。

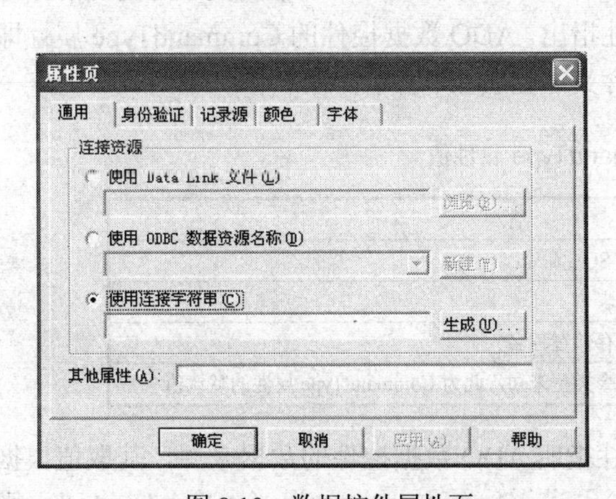

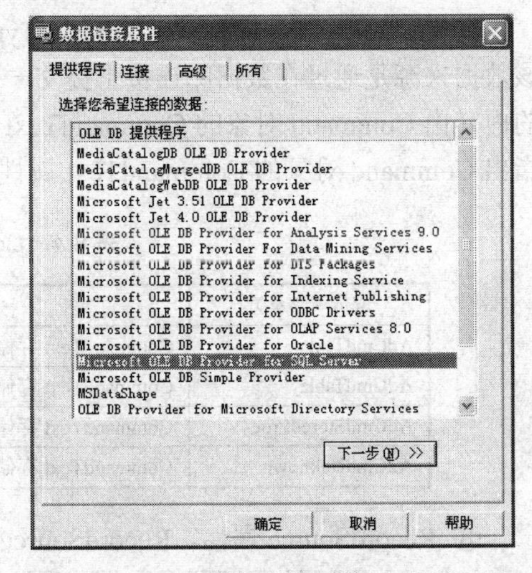

图 8.10　数据控件属性页　　　　图 8.11　“数据链接属性”对话框

- 在所出现的如图 8.12 所示的对话框中选择服务器名，输入用户名和密码，指定数据库名，可单击“测试连接”按钮。若连接设置正确，将出现如图 8.13 所示的对话框。单击“确定”按钮，返回后再单击“确定”按钮即可。

可查看所生成的连接字符串如下：

Provider=SQLOLEDB.1;Password=123;Persist Security Info=True;User ID=sa;Initial Catalog=SPDG;Data Source=HOME-679B5B9580\SQL2005

从以上连接字符串可以看出，ConnectionString 属性中包含 5 个主要的参数，它们以分号（;）分隔：

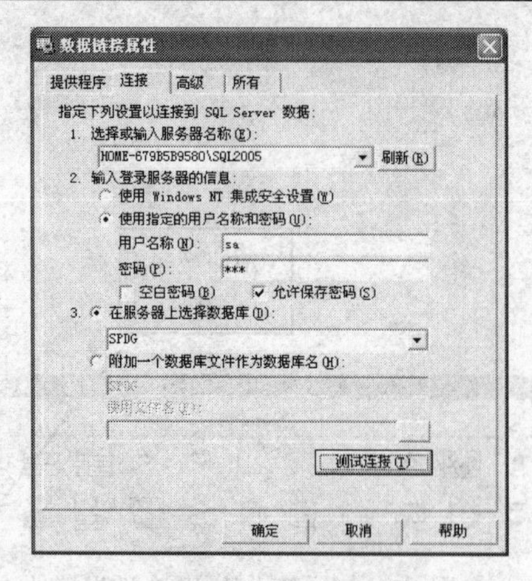

图 8.12　设置连接参数

图 8.13　连接成功提示

Provider　指定连接数据库的类型。Access 应赋为“Microsoft.Jet.OLEDB.4.0”; SQL Server 2005 应赋为“SQLOLEDB.1”。

Data Source　设置数据源的实际路径。

User ID　设置登录数据库时所使用的账号。

Password　设置登录数据库时所使用的密码。

Initial Catalog　根据连接数据库的不同，该参数也有不同的含义。在 SQL Server 2005 中是指默认打开的数据库名。

② CommandType 属性。CommandType 属性指定数据来源（RecordSource 属性）的类型，该数据来源是通过在数据库连接上提交一个命令（Command 对象）而获得的，而提交的命令的内容由 Command 对象的 CommandText 属性指出。ADO 数据控件的 CommandType 属性即指出 Command 对象的 CommandText 属性的含义。如表 8.4 所示。

表 8.4　CommandType 属性值

取值（常量）	含　义
AdCmdText	CommandText 存储的是 SQL 命令
AdCmdTable	CommandText 存储的是表名
AdCmdStoredProc	CommandText 存储的是存储过程名
AdCmdUnknown	CommandText 存储的命令类型未知，此为 CommandType 属性的默认值

③ RecordSource 属性。RecordSource 属性指明 ADO 数据控件的数据来源，其取值根据 CommandType 属性来确定（可参见表 8.4）。若 CommandType 为“AdCmdTable”，则 RecordSource 为一个表；若 CommandType 为“AdCmdText”，则 RecordSource 为一条 SQL 语句执行返回的结果集；若 CommandType 为“AdCmdStoredProc”，则 RecordSource 为存储过程执行返回的结果集。

设置 ADO 数据控件的 RecordSource 属性的方法如下：

- 选择需设置的 ADO 数据控件为当前控件，在属性窗口中找到 RecordSource 属性。
- 单击其右边的“...”按钮，出现如图 8.14 所示的“属性页”。在该对话框中选择 CommandType 为 2-adCmdTable，如图 8.15 所示。单击“确定”按钮。经过此设置过程，就将 RecordSource 属性值设置为一个表（本操作示例为 KHB 表）。当然，也可将 RecordSource 属性值设置为 SQL 语句或存储过程。

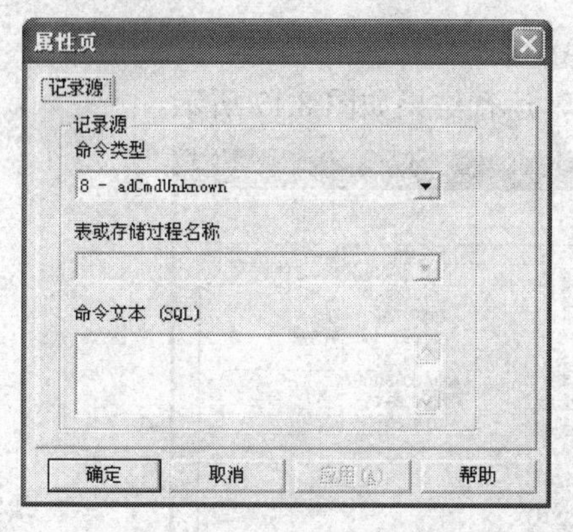

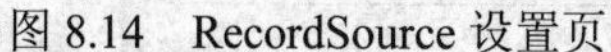
图 8.14　RecordSource 设置页

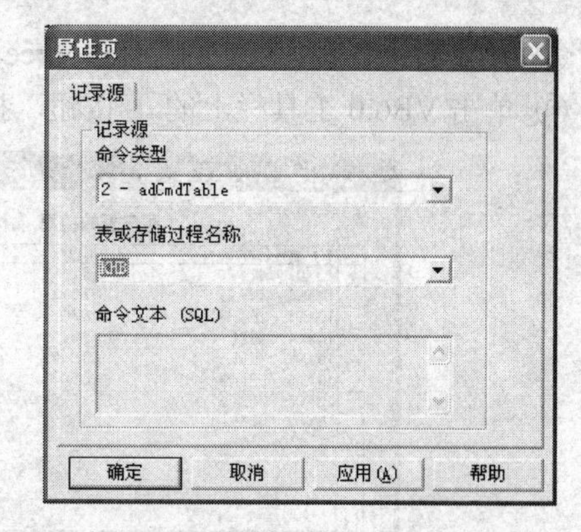

图 8.15　设置 RecordSource 值

④ Recordset 属性。ADO 数据控件的 Recordset 属性是不能设置的。当 ADO 数据控件连接到数据源后，即可绑定一个数据集对象，可通过 ADO 数据控件的 Recordset 属性来引用。Recordset 对象有很多有用的属性和方法，可对数据进行各种操作（如修改、删除等）。详见下面对 Recordset 对象的介绍。

2. 数据界面控件

在设计应用程序时，还需要使用数据界面控件来显示查询结果。VB 提供了 DataGrid、DataList 和 DataRepeater 等控件用于数据显示，但它们也需要用户自己添加到“工具箱”中，其实现方法与 ADO 数据控件完全相同。这三个控件的选项名称分别是：Microsoft DataGrid Control 6.0、Microsoft DataList Control 6.0、Microsoft DataRepeater Control 6.0。

【例 8.1】　利用 VB 中的 ADO 控件设计显示 SPDG 数据库中 KHB 表全部记录的程序。

本程序包含一个窗体，采用 VB 中的 ADO 控件连接 SQL Server 2005 数据库，其连接方式的设定可参见本节前面的讲述。

① 打开 VB6.0，创建一个标准的 EXE 程序。将窗体调整至适当大小，将窗体的 Caption 属性值设置为：VB 中使用 ADO 访问数据库示例。保存当前工程。

② 添加一个 Label 控件、一个 Adodc 控件和一个 DataGrid 控件到窗体，它们的控件名分别为 Label1、Adodc1、DataGrid1，如图 8.16 所示。

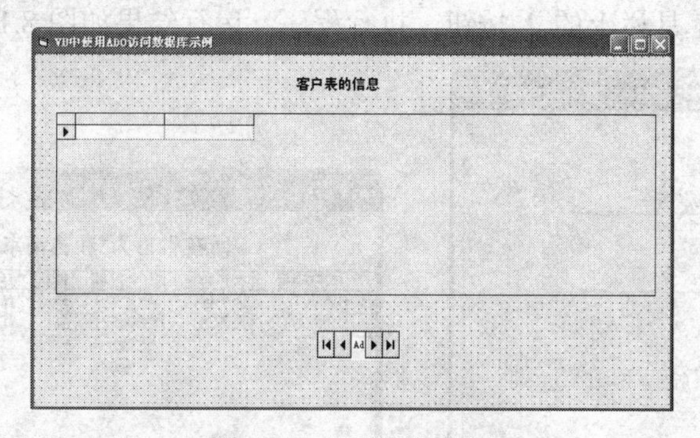

图 8.16　界面控件布置

③ 设置 Label1 控件的 Caption 属性为：客户表的信息。

④ 设置 Adodc1 控件的 Visible 属性为 False；设置 Adodc1 控件的 ConnectionString 属性，使其连接到 SPDG 数据库；设置 Adodc1 控件的 RecordSource 属性，使其值为 KHB。

⑤ 设置 DataGrid1 控件的 DataSource 属性为 Adodc1。

⑥ 单击 VB6.0 工具栏上的 ▸ 按钮，执行程序，运行结果如图 8.17 所示。

VB中使用ADO访问数据库示例

客户表的信息

客户编号	客户姓名	出生日期	性别	所在省市	联系电话	备注
100001	张小林	1979-2-1	-1	江苏南京	02581234678	银牌客户
100002	李红红	1982-3-22	0	江苏苏州	139008899120	金牌客户
100003	王晓美	1976-8-20	0	上海市	02166552101	新客户
100004	赵明	1972-3-28	-1	河南郑州	131809001108	新客户
100005	张帆一	1980-9-10	-1	山东烟台	138809332012	
100006	王芳芳	1986-5-1	0	江苏南京	137090920101	
100007	周远	1979-8-20	-1	安徽合肥	13388080088	
100008	周平	1969-10-22	-1	湖北武汉	13951980088	

图 8.17　例 8.1 运行结果

本例演示了 VB6.0 中 ADO 控件的封装特点，只需要使用两个有关数据控件，没有编写程序代码，就可以方便地连接到数据库，访问数据库中的数据。利用 Adodc 控件不但可直接访问表，还可以提交服务器执行 SQL 语句或存储过程。下面再举两例。

【例 8.2】　查询 SDPG 数据库中所在省市为“江苏南京”的客户，用 DataGrid 控件显示查询结果。

① 打开 VB6.0，创建一个标准的 EXE 程序。将窗体调整至适当大小，保存当前工程。

② 添加一个 Label 控件、一个 Adodc 控件和一个 DataGrid 控件到窗体，它们的控件名分别为 Label1、Adodc1、DataGrid1。

③ 设置 Label1 控件的 Caption 属性为：所在省市为“江苏南京”的客户信息。

④ 设置 Adodc1 控件的 Visible 属性为 False；设置 Adodc1 控件的 ConnectionString 属性，使其连接到 SPDG 数据库；按图 8.18 设置 Adodc1 控件的 RecordSource 属性：选择命令类型为“1-adCmdText”，在命令文本（SQL）框中输入：SELECT * FROM KHB WHERE 所在省市='江苏南京'，单击“确定”按钮。

⑤ 设置 DataGrid1 控件的 DataSource 属性为 Adodc1。

⑥ 单击 VB6.0 工具栏上的 ▸ 按钮，执行程序，运行结果如图 8.19 所示。

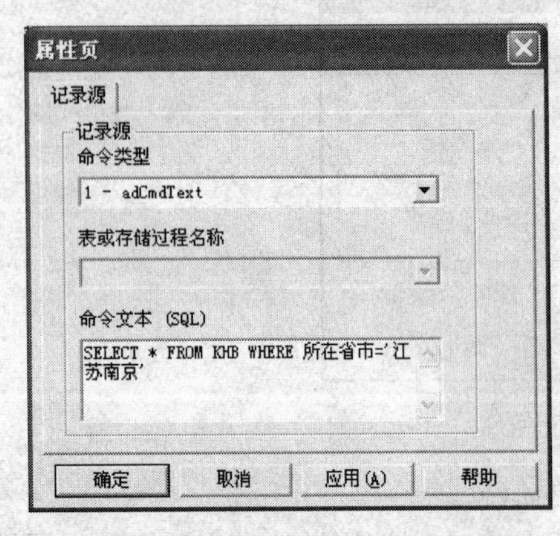

图 8.18　设置 RecordSource 属性

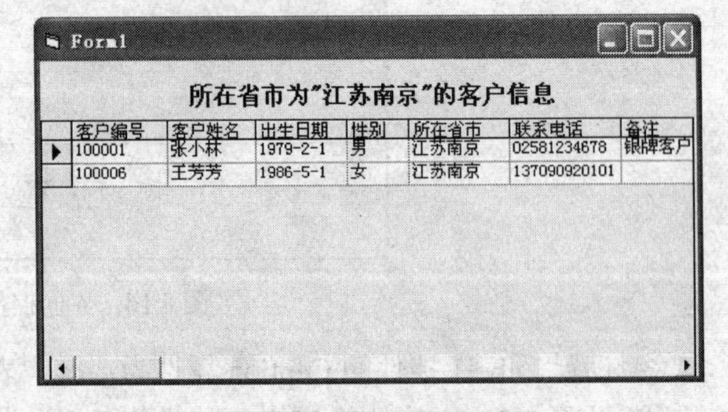

图 8.19　例 8.2 运行结果

【例 8.3】　设已在 SPDG 数据库上创建了存储过程 KH_info（可参见例 7.30），该存储过程的功能是从 SPDG 数据库的 3 个表中查询，返回客户编号、姓名、订购商品名及订购数量。Adodc 数据控件执行 SPDG 数据库的存储过程 KH_info。

本例程序的设计与例 8.2 基本相同，不同之处在于对 Adodc1 控件的 RecordSource 属性的设置。按图 8.20 设置 Adodc1 控件的 RecordSource 属性：选择命令类型为“4-adCmdStoredProc”，选择存储过程“KH_info;1”，单击“确定”按钮。本例运行结果如图 8.21 所示。

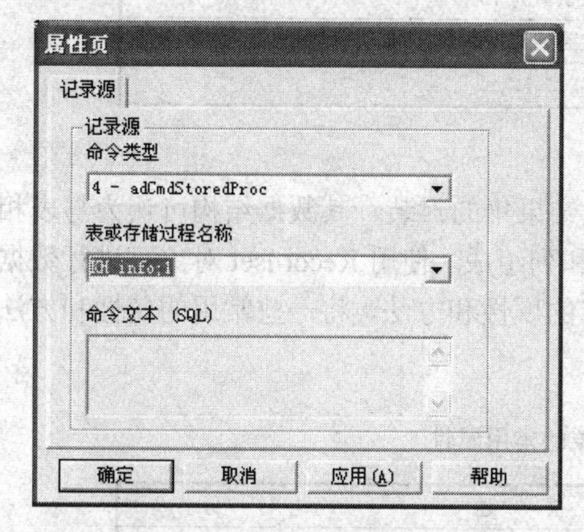

图 8.20　设置 RecordSource 属性

通过Adodc控件执行存储过程示例

通过Adodc控件执行存储过程

客户编号	客户姓名		
100001	张小林	咖啡	2
100001	张小林	咖啡	1
100001	张小林	签字笔	10
100001	张小林	文件夹	1
100002	李红红	咖啡	1
100002	李红红	羽毛球拍	1
100004	赵明	T恤	1
100004	赵明	文件夹	10
100004	赵明	篮球	2
100005	张帆一	营养菜谱	2
100005	张帆一	豆浆的做法	3
100006	王芳芳	大米	5

图 8.21　例 8.3 运行结果

3. 使用 ADO 对象

在 VB 数据库应用程序设计中，除可使用 ADO 数据控件外，也常直接在程序中使用 ADO 对象来进行数据库的访问，且这样的使用方式更加灵活。

使用 ADO 对象访问数据库的一般流程是：连接到数据源（如 SQL Server）→给出访问数据源的命令及参数→执行命令→处理返回的结果集→关闭连接。

所有的 ADO 对象之前都要加上“ADODB.”来加以限定。VB 操作数据库最重要的三个对象是 Connection、Recordset 和 Command 对象，下面较为详细地讨论这三个对象。

1）Connection 对象

Connection 对象用于建立数据源的连接。下面的代码可实现到 SQL Server 2005 的连接：

```
Dim cn As New ADODB.Connection            ' 定义并创建 Connection 对象
cn.Open " Provider = SQLOLEDB.1;Server=HOME-679B5B9580\SQL2005;
                    DataBase=SPDG;UID=sa;PWD=123;"
```

Connection 对象的常用方法和属性分别列于表 8.5 和表 8.6 中。设置连接串时，既可像上面示例那样，将整个连接串放在一起给出，也可为 Connection 对象的各属性分别赋值。

表 8.5　Connection 对象的常用方法

方 法 名	描　述
Open	打开一个数据源的连接
Close	关闭数据源的连接
Execute	在数据源上执行一个命令，返回一个结果集

表 8.6 Connection 对象的常用属性

属 性 名	描 述
CommandTimeout	等待命令执行的时间（默认值为 30 秒）
ConnectionString	若未传递参数给 Open 方法，则在 ConnectionString 中置入数据源连接串可达到同样的目的
ConnectionTimeout	等待连接数据源的时间（默认值为 15 秒）
DefaultDatabase	当未指定数据库名时所连接到的数据库
Provider	为连接提供数据的提供者名

2）Recordset 对象

Recordset 对象是最重要的 ADO 对象，它实现结果集的封装，其数据结构可认为与表相同，Recordset（若不为空）中的数据在逻辑上由行和列组成。使用 Recordset 对象可进行数据增加、删除和修改等操作。Recordset 对象有比较多的属性和方法，将一些常用的属性和方法分别列于表 8.7 和表 8.8 中。

表 8.7 Recordset 对象的常用属性

属 性 名	描 述
ActiveConnection	当前 Connection 对象
BOF	若当前位置在 Recordset 的首部，其值为真，否则为假
EOF	若当前位置在 Recordset 的尾部，其值为真，否则为假
Filter	指定记录集的过滤条件

表 8.8 Recordset 对象的常用方法

方 法 名	描 述
Addnew	向 Recordset 中添加新记录
CancelUpdate	在执行 Update 方法之前取消对记录的修改
Close	关闭与 Recordset 的连接
Delete	删除当前记录
Move	将当前位置移动到指定记录
MoveFirst	将当前位置移动到第一条记录
MoveLast	将当前位置移动到最后一条记录
MoveNext	将当前位置移动到下一条记录
MovePrevious	将当前位置移动到前一条记录
Open	打开与数据源连接的新的 Recordset 对象
Update	修改当前记录

（1）Fields 对象集合

Recordset 对象还有一个十分有用的对象集合 Fields。Fields 由多个 Field 对象组成，其 Count 属性是它所包含的 Field 的个数，而 Recordset 又是由多个 Fields 构成的。每个 Field 对象对应表中的一个字段。Field 对象的属性如下。

Name：字段名；　　Value：字段值；　　Type：字段的数据类型

当建立了一个结果集 rs 后，可用 rs.Fields(0)～rs.Fields(M)分别引用各个列，具体用法可见例 8.4。

【例 8.4】　建立与数据库 SPDG 的连接，返回 KHB 表的所有记录，在文本框中显示。

本程序包含一个窗体，采用 VB 中的 ADO 对象连接 SQL Server 2005 数据库，利用 Recordset 对象返回 KHB 表的所有记录，并在文本框中显示。

① 打开 VB6.0，创建一个标准的 EXE 程序。将窗体的 Caption 属性值设置为：使用 Recordset 对象的示例。保存当前工程。

② 添加一个 TextBox 控件到窗体，控件名为 Text1，将其 MultiLine 属性改为 True。

③ 双击窗体空白处，输入如下程序代码：

```
Private Sub Form_Load()
Dim cn As New ADODB.Connection                    ' 定义并创建 Connection 对象
Dim rs As ADODB.Recordset
Dim ConString AS String
ConString = "Provider=SQLOLEDB.1;Server=HOME-679B5B9580\SQL2005;
            DataBase=SPDG;UID=sa;PWD=123;"
'建立到数据库的连接
cn.Open ConString
Set rs = cn.Execute("select * from KHB")          ' 查询 KHB 表构成 Recordset 对象
For i = 0 To rs.Fields.Count - 1                  ' 在文本框中输出字段名
      Text1.Text = Text1.Text & rs.Fields(i).Name & "     "
Next
Text1.Text = Text1.Text & vbCrLf & vbCrLf         ' vbCrLf 是换行符
While Not rs.EOF                                  ' 输出记录集
      For i = 0 To rs.Fields.Count - 1
        Text1.Text = Text1.Text & rs.Fields(i).Value & "     "
      Next
      Text1.Text = Text1.Text & vbCrLf & vbCrLf
      rs.MoveNext                                 ' 当前记录位置下移
   Wend
   rs.Close                                       ' 关闭记录集
   cn.Close                                       ' 关闭数据库连接
End Sub
```

本例的运行结果如图 8.22 所示。

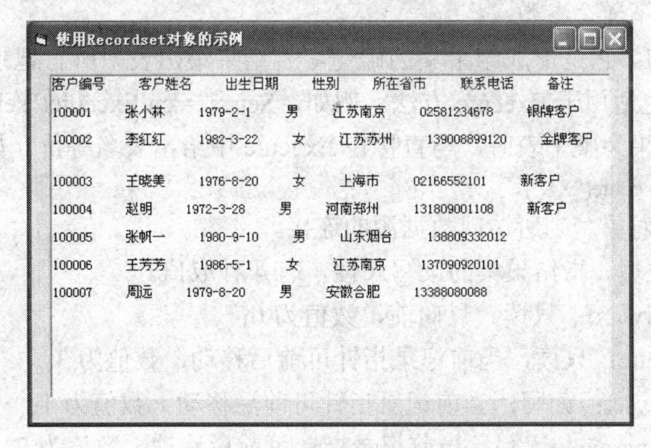

图 8.22　例 8.4 运行结果

本例开始的一段代码建立与 SQL Server 及 SPDG 数据库的连接，然后调用 Connection 对象的 Execute 方法建立 Recordset 对象，Execute 方法的参数是一个 T-SQL 语句。该查询执行成功后，返回的结果就形成结果集（本例是 rs）。接下来利用 Fields 对象集合的 Count 和 Name 属性显示表头，然后再利用 Fields 对象集合的 Count 和 Value 属性显示表中各行的值。以 Recordset 的 EOF 属性作为循环结束的控制条件。当结果集中记录均处理完后，使用 Recordset 和 Connection 对象的 Close 方法分别关闭结果集和连接。

（2）通过 Recordset 对象引用数据字段的方法

方法一　rs.Fields(*i*).Value

这种格式在例 8.2 中已经用过，表示引用第 *i* 个字段的数据，可简化为 rs(*i*)。

方法二　rs.Fields(字段名).Value

例如，rs.Fields("学号").Value，rs.Fields("姓名").Value

这种格式可读性比第一种好，我们不必记住表中各列的顺序。这种格式还有两种简化形式：①rs.Fields("字段名")，如 rs.Fields("学号")；②rs("字段名")，如 rs("姓名")。

注意：无论哪种格式，所表示的都是当前记录的某个字段。

（3）创建 Recordset 对象的方法

方法一　利用 Connection 对象的 Execute 方法创建 Recordset 对象。

例 8.4 使用的就是这种方法。用这种方法建立的 Recordset 数据集是静态的，对其中的记录只能查询，不能更新。

方法二　利用 New 方法创建 Recordset 对象，并使用 Recordset 的对象 Open 方法打开到数据库的连接，用返回的数据填充记录集。其格式如下：

```
Dim rs As ADODB.Recordset                ' 定义 Recordset 对象
Set rs = New ADODB.Recordset             ' 创建 Recordset 对象
rs.Open T-SQL 语句,Connection 对象,Recordset 类型，锁定类型
```

其中，定义和创建 Recordset 对象的两条语句也可合并为一条：

```
Dim rs As New ADODB.Recordset
```

如在例 8.4 中，可以把语句 Set rs = cn.Execute("select * from KHB")替换为：

```
Set rs = New ADODB.Recordset
rs.Open "Select * from KHB",cn,adOpenStatic
```

Recordset 对象的 Open 方法的语法格式为：

```
Rs.Open T-SQL 语句,Connection 对象,Recordset 类型，锁定类型
```

Open 方法有以下 4 个参数：

① T-SQL 语句。它是形成结果集的语句。若结果集由表中所有记录构成，则可直接使用表名，这个规则也适用于 Execute 方法。例如，Set rs = cn.Execute("select * from KHB")。当 SQL 语句查询结果为整个表时，与直接在 Execute 中给出表名等价。如上述语句等价于：

```
Set rs = cn.Execute("XS")
```

② Connection 对象。到所访问数据源的连接。

③ Recordset 类型。指结果集的读写属性，有 4 种取值。

- AdOpenForward：只读，只向前，数值为 0；
- AdOpenStatic：只读，当前记录指针可前后移动，数值为 3；
- AdOpenKeyset：读写，当前记录指针可前后移动，数值为 1；
- AdOpenDynamic：读写，当前记录指针可前后移动，数值为 2。

注意：AdOpenKeyset 与 AdOpenDynamic 的区别在于，使用 AdOpenKeyset 将无法查看到其他用户对数据的更改，而使用 AdOpenDynamic 可查看到其他用户对数据的更改。

④ 锁定类型。指出对结果集中的数据采用的锁定类型，有 4 种取值：

- adLockReadOnly：只读锁定，为默认值，数值为 1；
- adLockPessimistic：悲观锁定，数值为 2；
- adLockOptimistic：乐观锁定，数值为 3；
- adLockBatchOptimistic：乐观批锁定，数值为 4。

注意：只读锁相当于共享锁，当只对结果集中数据进行读操作时，使用这种锁定类型。悲观锁定当程序要更改记录集中的某条记录时，将阻止其他程序访问该记录；乐观锁定只在将修改的结果集中的记录写回数据库时才锁定该记录；而乐观批锁定在更改数据记录过程中，都暂不将更新写回数据库，直到调用 UpdateBatch 时才将一批更新了的数据写回数据库，这时才进行锁定。后三种锁定类型的锁定时机有差别，越乐观的锁定类型程序执行效率越高，但产生数据更新错误的可能性也越大。

（4）利用 Recordset 对象对数据增、删、改

使用 Recordset 对象可进行数据增加、删除和修改等操作。其使用方法为：

① 数据增加。首先用 AddNew 要求增加一个记录；然后逐个字段设置值；最后用 Update 将数据加入数据库。例如，向 KHB 数据库增加一条记录：

```
rs.AddNew                    ' 假设已经创建了记录集 rs，用 AddNew 要求增加一条记录
rs.Fields("客户编号") = '100001'                ' 逐字段设置值
rs.Fields("商品编号") = '10010001'
rs.Fields("数量") = 4
rs.Fields("订购时间") = '2009-8-10'
rs.Fields("需要日期") = '2009-8-20'
rs.Fields("付款方式") = '现金'
rs.Fields("送货方式") = '送货上门'
rs.Update                                      ' 写入数据库
```

② 数据修改。修改结果集中的数据，首先要用 MoveNext 等移动记录指针的方法将当前记录指针移动到要修改的记录位置，然后直接设置字段的新值，最后调用 Update 方法将修改了的数据写入数据库。例如，下列语句将当前记录的数量改为 5：

```
rs.Fields("数量") = 5
rs.Update
```

③ 数据删除。使用 Recordset 对象的 Delete 方法可将结果集中的当前记录删除。如：

```
rs.Delete
```

3）Command 对象

Command 对象也是 ADO 的一个重要对象，它的主要功能是让服务器执行 SQL 命令或服务器端的存储过程。若不使用 Command 对象，那么如何使服务器执行 SQL 命令呢？我们已经采用过一种方法，即使用 Connection 对象的 Execute 方法。此外，还可以利用 Recordset 对象的 Open 方法。但无论是 Connection 的 Execute 方法还是 Recordset 的 Open 方法，都只适合命令仅被执行一次的情形。若要多次执行某些命令，用上面的方法将会降低系统的效率，此时可使用 Command 对象。

一个 Command 对象代表一个 SQL 语句，或一个存储过程，或其他数据源可以处理的命令。Command 对象包含了命令文本以及指定查询和存储过程调用的参数。Command 是一种封装数据源执行的某些命令的方法。使用 Command 对象可以将预定义的命令以及参数进行封装，可开发出高性能的数据库应用程序。Command 对象的主要属性和方法分别列于表 8.9

和 8.10 中，其中命令类型 CommandType 属性的设置值可见表 8.4。

表 8.9　Command 对象的主要属性

属 性 名	描　述
ActiveConnection	当前 Connection 对象
CommandText	命令串
CommandType	命令的类型

表 8.10　Command 对象的方法

方 法 名	描　述
CreateParameter	创建一个新的 Parameter 对象
Excute	执行指定的命令或存储过程

（1）利用 Command 对象执行 SQL 语句

利用 Command 对象使服务器执行 SQL 语句的步骤是：先创建 Command 对象；然后设置 Command 对象的 ActiveConnection 和 CommandText 属性值；最后引用 Execute 方法使服务器执行设定的 SQL 语句。例如，下面的程序代码可使服务器执行 SQL 语句：

```
Dim cmd As New ADODB.Command
Set cmd.ActiveConnection = cn
cmd.CommandText = "select * from KHB"
Set rs = cmd.Execute
```

Command 对象的主要用途是使服务器执行 SQL 语句和存储过程。使服务器执行 SQL 语句的程序比较容易书写。而服务器执行存储过程则较复杂，下面将予以讨论。

（2）利用 Command 对象执行存储过程

SQL Server 的存储过程可分为带参数和不带参数两种，下面分别讨论不带参数和带参数的存储过程的执行。

① 不带参数存储过程的执行。对于不带参数的存储过程，与执行 SQL 语句非常相似。步骤是：先创建 Command 对象；然后设置 Command 对象的 ActiveConnection、CommandText 和 CommandType 属性值，其中 CommandText 属性值应设置为需执行的存储过程名称，CommandType 属性值应设置为 adCmdStoredProc；最后引用 Execute 方法使服务器执行设定的存储过程。下面的例子说明了执行不带参数的存储过程的方法。

【例 8.5】 设已在 SPDG 数据库上创建了存储过程 KH_info（参见例 7.30），该存储过程的功能是从 SPDG 数据库的 3 个表中查询，返回客户编号、姓名、订购商品名及订购数量。建立与数据库 SPDG 的连接，执行该数据库的存储过程 KH_info。

打开 VB6.0，创建一个标准的 EXE 程序。将窗体的 Caption 属性值设置为“执行不带参数存储过程示例”。保存当前工程。添加一个 TextBox 控件到窗体，控件名为 Text1，将其 MultiLine 属性改为 True。双击窗体空白处，输入如下程序代码：

```
Private Sub Form_Load()
    Dim cn As New ADODB.Connection
    Dim cmd As New ADODB.Command
    Dim rs As New ADODB.Recordset
    Dim ConString As String
    ConString = "Provider=SQLOLEDB.1;Server=HOME-679B5B9580\SQL2005;
```

```
                DataBase=SPDG;UID=sa;PWD=123;"
    cn.Open ConString                                  ' 建立到数据库的连接
    Set cmd.ActiveConnection = cn                      ' 设置连接
    cmd.CommandText = "KH_info"                        ' 要执行的存储过程名
    cmd.CommandType = adCmdStoredProc                  ' 命令类型
    Set rs = cmd.Execute                               ' 执行存储过程，返回记录集
    While Not rs.EOF                                   ' 输出记录集
        For i = 0 To rs.Fields.Count - 1
          Text1.Text = Text1.Text & rs.Fields(i).Value & "      "
        Next
        Text1.Text = Text1.Text & vbCrLf & vbCrLf
        rs.MoveNext
    Wend
    rs.Close                                           ' 关闭记录集
    cn.Close                                           ' 关闭数据库连接
End Sub
```

本例的运行结果如图 8.23 所示。

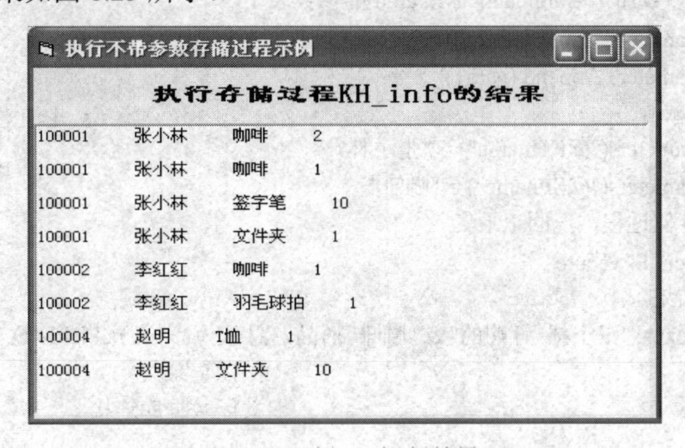

图 8.23　例 8.5 运行结果

② 带参数存储过程的执行。带参存储过程的执行比较复杂。一般的过程为：

- 创建 Command 对象；
- 分别设置 Command 对象的 ActiveConnection、CommandType 和 CommandText 对象的属性值；
- 用 Command 对象的 CreateParameter 方法创建各参数对象；
- 用 Command 对象的 Append 方法将各参数对象加入到其参数表中；
- 通过 Command 对象的 Parameters 对象数组来设置各参数对象的值；
- 用 Command 对象的 Execute 方法执行存储过程。

下面的例子给出了使用 Command 对象执行带有参数的存储过程。

【例 8.6】　设已在 SPDG 数据库上创建了存储过程 KH_info1（参见例 7.31），该存储过程的功能是从 SPDG 数据库的 3 个表中查询某人订购的指定类别商品的数量。建立与数据库 SPDG 的连接，执行该数据库的存储过程 KH_info1。

在存储过程 KH_info1 定义中包含了两个输入参数：客户名称（@KHName）、商品名称（@SPName）。在程序中给出这两个输入参数值。

打开 VB6.0，创建一个标准的 EXE 程序。将窗体的 Caption 属性值设置为“执行带参数

存储过程示例”。保存当前工程。添加一个 TextBox 控件到窗体，控件名为 Text1。双击窗体空白处，输入如下程序代码：

```
Private Sub Form_Load()
    Dim cn As New ADODB.Connection
    Dim cmd As New ADODB.Command
    Dim rs As New ADODB.Recordset
    Dim ConString As String
    ConString = "Provider=SQLOLEDB.1;Server=HOME-679B5B9580\SQL2005;
              DataBase=SPDG;UID=sa;PWD=123;"
    cn.Open ConString                          ' 建立到数据库的连接
    Set cmd.ActiveConnection = cn              ' 设置连接
    cmd.CommandText = "KH_info1"               ' 要执行的存储过程名
    cmd.CommandType = adCmdStoredProc          ' 命令类型
    '创建两个参数对象
    Set para0 = cmd.CreateParameter("@KHname", adVarChar, adParamInput, 20)
    Set para1 = cmd.CreateParameter("@SPname", adVarChar, adParamInput, 50)
    '将两个参数加入 Command 对象 cmd 的参数表
    cmd.Parameters.Append (para0)
    cmd.Parameters.Append (para1)
    '为参数赋值
    cmd.Parameters("@KHname") = "张小林"
    cmd.Parameters("@SPname") = "咖啡"
    ' 执行存储过程，返回记录集
    Set rs = cmd.Execute
    ' 输出结果
    Text1.Text = "张小林  订购的" & "咖啡  商品，总数为：" & rs.Fields(1).Value
    rs.Close                                   ' 关闭记录集
    cn.Close                                   ' 关闭数据库连接
End Sub
```

本例的运行结果如图 8.24 所示。

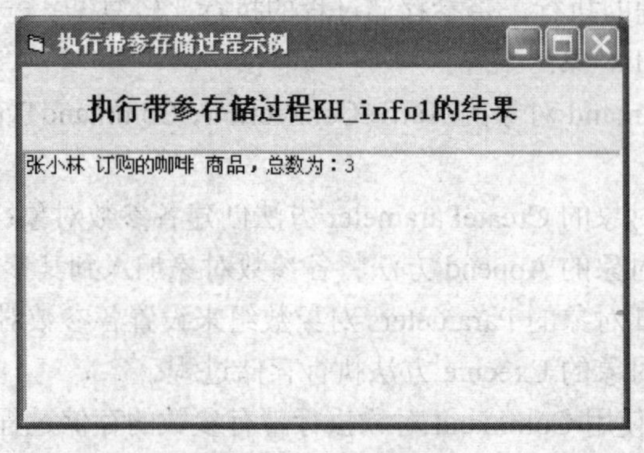

图 8.24　例 8.6 运行结果

本例使用了另一个 ADO 对象，即 Parameter 对象。一个 Parameter 对象对应一个过程或函数的参数，其主要属性列于表 8.11 中。

ADO 中参数的常用数据类型标识符及值的定义列于表 8.12 中。

表 8.11　Parameter 对象的主要属性

属 性 名	描　述
Direction	输入（adParamInput） 输出（adParamOutput）
Name	参数名
Size	参数的最大长度
Type	参数的数据类型
Value	参数的值

表 8.12　常用数据类型标识符定义

数 据 类 型	标识符及值
变长字符	adVarChar(200)
字符	adChar(129)
整数	adSmallInt(2)
长整数	adInteger(3)
单精度数	adSingle(4)
双精度	adDouble(5)
布尔	adBoolean(11)

Command 对象用 Parameters 对象数组来存放各参数对象。要说明的是，Command 对象的 CreateParameter 方法建立一个参数对象，但它并不把该参数增加到 Command 对象中，所以在参数对象创建后，要用 Append 方法将所创建的参数对象加到 Command 对象的 Parameters 集合中。

【例 8.7】　设已在 SPDG 数据库上创建了存储过程 TotalCOST（参见例 7.33），该存储过程的功能是计算指定客户订购商品的总金额。建立与数据库 SPDG 的连接，执行该数据库的存储过程 TotalCOST。

存储过程 TotalCOST 中使用了一个输入参数@KHname（用于传入客户姓名）和一个输出参数@tot_cost（用于传出该客户订购商品的总金额），在程序中给出输入参数值。

打开 VB6.0，创建一个标准的 EXE 程序。将窗体的 Caption 属性值设置为“执行带输入和输出参数存储过程示例”。保存当前工程。添加一个 TextBox 控件到窗体，控件名为 Text1。双击窗体空白处，输入如下程序代码：

```
Private Sub Form_Load()
    Dim cn As New ADODB.Connection
    Dim cmd As New ADODB.Command
    Dim rs As New ADODB.Recordset
    Dim ConString As String
    ConString = "Provider=SQLOLEDB.1;Server=HOME-679B5B9580\SQL2005;
                DataBase=SPDG;UID=sa;PWD=123;"
    cn.Open ConString                              ' 建立到数据库的连接
    Set cmd.ActiveConnection = cn                  ' 设置连接
    cmd.CommandText = "TotalCOST"                  ' 要执行的存储过程名
    cmd.CommandType = adCmdStoredProc              ' 命令类型
    ' 创建两个参数对象
    Set para0 = cmd.CreateParameter("@KHname", adVarChar, adParamInput, 20)
    Set para1 = cmd.CreateParameter("@tot_cost", adInteger, adParamOutput, 3)
    ' 将两个参数加入 Command 对象 cmd 的参数表
    cmd.Parameters.Append (para0)
    cmd.Parameters.Append (para1)
    ' 为参数赋值
    cmd("@KHname") = "张小林"
    ' 执行存储过程，返回记录集
    cmd.Execute
```

```
        ' 输出结果
        Text1.Text = "张小林  订购商品的总金额为：" & cmd("@tot_cost")
        cn.Close                                        ' 关闭数据库连接
    End Sub
```

本例的运行结果如图 8.25 所示。

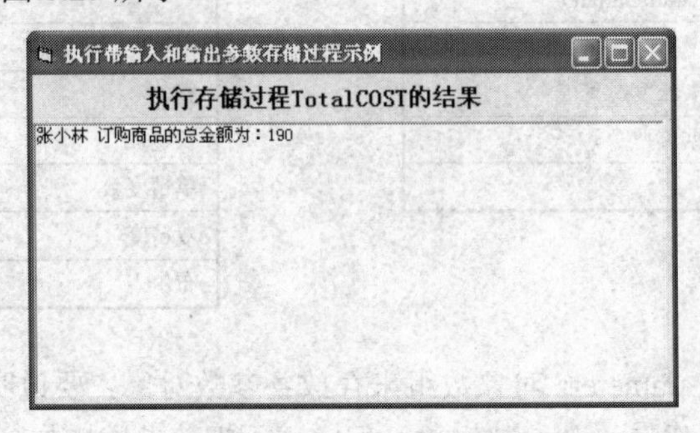

图 8.25　例 8.7 运行结果

8.5.3　VB 数据库应用系统开发案例——商品订购管理系统

本节结合一个简单的商品订购管理系统来介绍使用 VB 开发 SQL Server 2005 数据库应用程序的完整过程和方法。

系统开发目的：建立一个基于 C/S 结构的商品订购管理系统，作为公司销售部门进行业务管理的一个助手，使得对商品订单的处理工作系统化、规范化和自动化。

1. 系统需求分析

系统应用场景描述：客户通过某种方式（如电话或邮件）订购某种商品，形成订单。由销售部门使用本系统将客户的商品订购信息输入，并可对输入的订单信息进行维护，同时可以查询订单原始信息和统计信息。

通过对应用环境、订单处理过程及各有关环节的分析，系统数据需求和功能需求分别如下。

（1）数据需求

所涉及的数据包括客户信息、商品信息和商品订购信息。

（2）功能需求

该系统具有客户数据维护（增、删、改）、商品数据维护、订单数据维护、订单查询等功能。

2. 数据库设计与实现

（1）数据库概念设计

根据需求分析，系统所涉及的实体包括客户和商品。客户实体、商品实体的 E-R 模型分别如图 8.26、图 8.27 所示，客户实体、商品实体之间联系的 E-R 模型如图 8.28 所示。

（2）数据库逻辑设计

现在需要将上面的数据库概念结构转化为 SQL Server 2005 所支持的实际数据模型，即数据库的逻辑结构。在上面的实体及联系的基础上形成数据库中的表。其中表示客户实体的表为 KHB、表示商品实体的表为 SPB、表示客户与商品实体间联系的表为 SPDGB，这 3 个表的结构分别在第 3 章 3.3 节的表 3.2、表 3.3 和表 3.4 中给出，读者可参阅第 3 章。

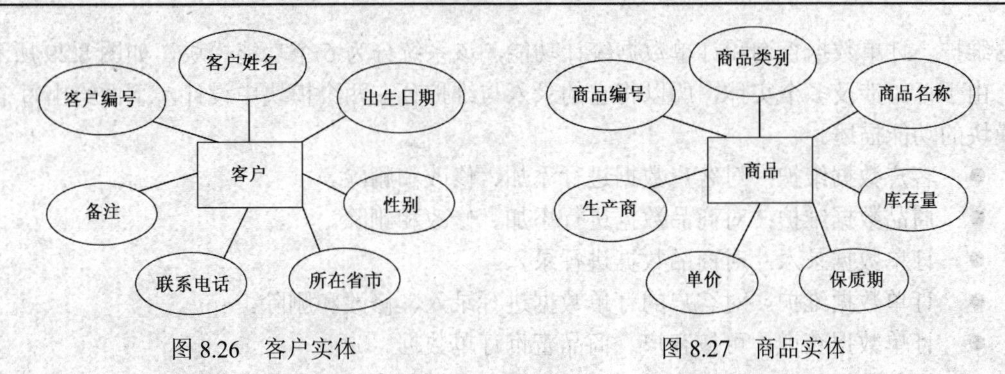

图 8.26　客户实体　　　　图 8.27　商品实体

（3）数据库物理设计

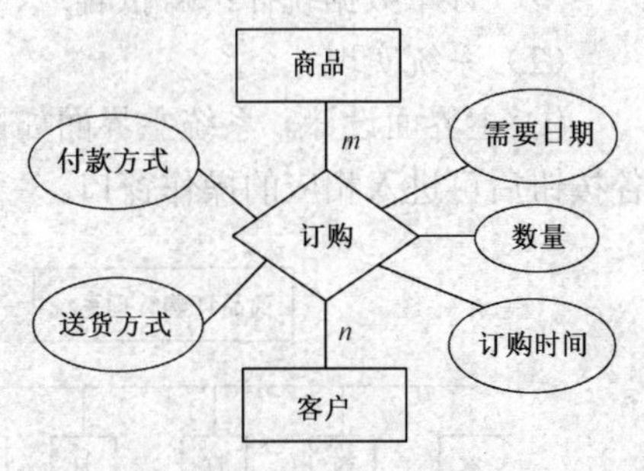

图 8.28　客户-商品联系

先简要介绍 SQL Server 2005 物理数据库文件的结构。一个 SQL Server 数据库使用一组操作系统文件来存储数据库的各种逻辑成分。其使用的文件包括三类：

① 主数据文件。主数据文件简称主文件，它是数据库的关键文件，包含了数据库的启动信息，并且存储数据。每个数据库必须有且仅能有一个主文件，其默认扩展名为.MDF。

② 辅助数据文件。辅助数据文件简称辅（助）文件，用于存储未包括在主文件内的其他数据。辅助文件的默认扩展名为.NDF。辅助文件是可选的，根据具体情况，可以创建多个辅助文件，也可以不用辅助文件。

③ 日志文件。日志文件用于保存恢复数据库所需的事务日志信息。每个数据库至少有一个日志文件，也可以有多个。日志文件的扩展名为.LDF。

每个 SQL Server 数据库至少包括主文件和日志文件。一般，当数据库很大时，有可能需要创建多个辅助文件；而当数据库较小时，则只要创建主文件而不需要辅助文件。

每个数据库文件都有 5 个基本属性：逻辑文件名、物理文件名、初始大小、最大大小和每次扩大数据库时的增量。每个文件的属性，连同该文件有关的其他信息都记录在 sysfile 系统表中。构成数据库的每个文件在这个系统表中都有一条记录。

一般来说，当选定了 DBMS 后，数据库的存储结构框架就基本确定了。例如，SQL Server 数据库的物理文件结构是以页为单位的，每页大小为 8 KB，每页的前 96 字节用于存放页的结构信息和属主信息等。这些并不需要数据库设计人员去完成。通常，关系数据库的物理设计工作主要是建立索引，即确定在哪些表的哪些列上建立合适的索引，以提高检索性能，这对于包含大量数据的数据库是必需的。

（4）数据库建立与初始数据加载

接下来就可以利用 DBMS 的图形管理界面或 CREATE 语句来创建数据库表及相关内容（如索引、视图等）了。数据库创建后，就可加载初始数据。可通过图形管理界面或 INSERT 语句录入数据，也可利用辅助工具（如 SQL Server 的导入工具）进行数据的批量加载。

3. 系统设计与实现

（1）系统设计

根据系统需求分析，系统主要实现客户数据维护、商品数据维护、订单数据录入、订单数据维护、订单数据查询和订单数据统计功能，该系统分为 6 个功能模块，如图 8.29 所示。

由于订单涉及多个实体，所以将它的录入与维护分在两个模块中设计，下面给出每个功能模块的功能描述。

- 客户数据维护：对客户数据进行添加、修改和删除。
- 商品数据维护：对商品数据进行添加、修改和删除。
- 订单数据录入：对商品数据进行录入。
- 订单数据维护：对客户的订单数据进行录入、修改和删除。
- 订单数据查询：可按客户、商品查询订单数据。
- 订单数据统计：可按客户、商品查询、时间段进行订单数据统计。

（2）系统实现

① 主界面设计。系统主界面如图 8.30 所示。系统主界面主要作为系统功能导航，单击各按钮后可进入相应的操作窗口。

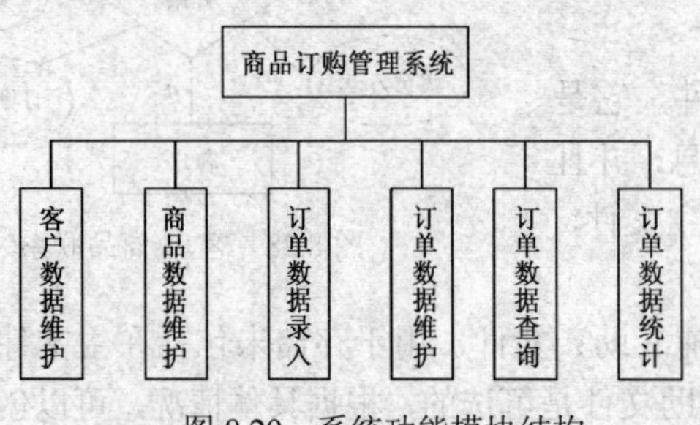

图 8.29　系统功能模块结构

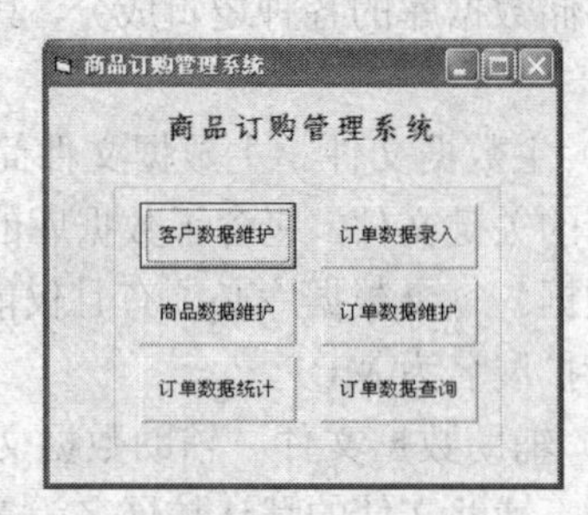

图 8.30 系统主界面

系统主界面的设计按照表 8.13 所列的控件表进行。

表 8.13　主界面的控件对象属性表

组件类型	组件名	属性名	设置值
Form	fmSPDG	Caption	商品订购管理系统
CommandButton	CmdKH	Caption	客户数据维护
CommandButton	CmdSP	Caption	商品数据维护
CommandButton	CmdDDSJ_LR	Caption	订单数据录入
CommandButton	CmdDD	Caption	订单数据维护
CommandButton	CmdCX	Caption	订单数据查询
CommandButton	CmdTJ	Caption	订单数据统计

分别双击 6 个按钮控件，输入以下事件处理代码：

```
Private Sub CmdKH_Click()            ' 单击“客户数据维护”按钮时执行的程序代码
    FmKHSJ_WH.Show                  ' 显示 FmKHSJ_CX 窗体
End Sub
Private Sub CmdSP_Click()            ' 单击“商品数据维护”按钮时执行的程序代码
    FmSPSJ_WH.Show                  ' 显示 FmSPSJ_WH 窗体
End Sub
Private Sub CmdDDSJ_LR_Click ()      ' 单击“订单数据录入”按钮时执行的程序代码
   FmDDSJ_LR.Show                   ' 显示 FmDDSJ_ LR 窗体
End Sub
Private Sub CmdDD_Click()            ' 单击“订单数据维护”按钮时执行的程序代码
```

```
    FmDDSJ_WH.Show                    ' 显示 FmDDSJ_ WH 窗体
End Sub
Private Sub CmdCX_Click()             ' 单击“订单数据查询”按钮时执行的程序代码
    FmDDSJ_CX.Show                    ' 显示 FmDDSJ_CX 窗体
End Sub
Private Sub CmdTJ_Click()             ' 单击“订单数据统计”按钮时执行的程序代码
    FmDDSJ_TJ.Show                    ' 显示 FmDDSJ_TJ 窗体
End Sub
```

② 客户数据维护模块的实现。客户数据维护模块实现客户数据的添加、修改和删除。将数据增、删、改三者集中在一个界面中实现，其界面如图 8.31 所示。

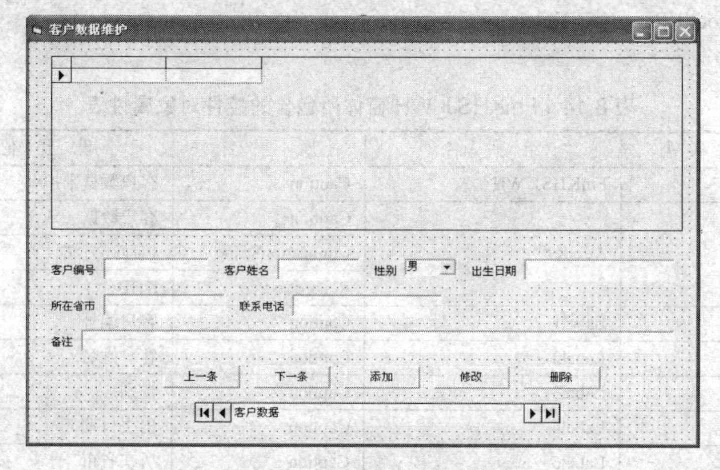

图 8.31　客户数据维护界面

设计过程如下：在 VB 集成环境中工具栏下的右上部“工程”窗口中“窗体”图标上单击鼠标右键，在弹出的快捷菜单上选择“添加”→“添加窗体”命令选项，在所出现的窗口中选择“窗体”，即可向当前工程中添加一个新窗体。将该窗体的名称命为 FmKHSJ_WH，然后即可在该窗体上进行界面设计。FmKHSJ_WH 窗体所包含的控件及其属性值如表 8.14 所示。其中 ADO 控件的 ConnectionString 属性和绑定表的设置请参见例 8.1 的说明。

分别双击 5 个按钮控件，输入以下事件处理代码：

```
Private Sub CmdFront_Click()                  ' 上一条
    Adodc1.Recordset.MovePrevious
    If Adodc1.Recordset.BOF Then
        Adodc1.Recordset.MoveFirst
    End If
End Sub
Private Sub CmdNext_Click()                   ' 下一条
    Adodc1.Recordset.MoveNext
    If Adodc1.Recordset.EOF Then
        Adodc1.Recordset.MoveLast
    End If
End Sub
Private Sub CmdAdd_Click()                    ' 添加
    Adodc1.Recordset.AddNew
    Adodc1.Recordset("客户编号") = TxtKHBH.Text
```

```
        Adodc1.Recordset("客户姓名") = TxtKHXM.Text
        Adodc1.Recordset("性别") = TxtXB.Text
        Adodc1.Recordset("出生日期") = TxtCSRQ.Text
        Adodc1.Recordset("所在省市") = TxtSZSS.Text
        Adodc1.Recordset("联系电话") = TxtLXDH.Text
        Adodc1.Recordset("备注") = TxtBZ.Text
End Sub
Private Sub CmdUpdate_Click()                    ' 修改
        Adodc1.Recordset.Update
End Sub
Private Sub CmdDelete_Click()                    ' 删除
        Adodc1.Recordset.Delete
End Sub
```

表 8.14　FmKHSJ_WH 窗体所包含的控件对象属性表

组件类型	组件名	属性名	设置值
Form	FmKHSJ_WH	Caption	客户数据维护
Adodc	Adodc1	Caption	客户数据
		ConnectionString	按前述方法设置
		RecordSource	KHB
Label	Label1	Caption	客户编号
Label	Label2	Caption	客户姓名
Label	Label3	Caption	性别
Label	Label4	Caption	出生日期
Label	Label5	Caption	所在省市
Label	Label6	Caption	联系电话
Label	Label7	Caption	备注
TextBox	TxtKHBH	Text	空字符串
		DataSource	Adodc1
		DataField	客户编号
TextBox	TxtKHXM	Text	空字符串
		DataSource	Adodc1
		DataField	客户姓名
TextBox	TxtCSRQ	Text	空字符串
		DataSource	Adodc1
		DataField	出生日期
TextBox	TxtSZSS	Text	空字符串
		DataSource	Adodc1
		DataField	所在省市
TextBox	TxtLXDH	Text	空字符串
		DataSource	Adodc1
		DataField	联系电话
TextBox	TxtBZ	Text	空字符串
		DataSource	Adodc1
		DataField	备注
ComboBox	ComboXB	Text	男
		DataSource	Adodc1
		DataField	性别

续表

组件类型	组　件　名	属　性　名	设　置　值
CommandButton	CmdFront	Caption	上一条
CommandButton	CmdNext	Caption	下一条
CommandButton	CmdAdd	Caption	添加
CommandButton	CmdUpdate	Caption	修改
CommandButton	CmdDelete	Caption	删除
DataGrid	DataGrid1	DataSource	Adodc1

③ 商品数据维护模块的实现。商品数据维护模块实现商品数据的添加、修改和删除。将数据增、删、改三者集中在一个界面中实现，其界面如图 8.32 所示。

该模块的设计与客户数据维护模块基本相同，这里就不再赘述。读者可仿照客户数据维护模块的设计方法自行实现。注意，要将其中的 ADO 控件与 SPB 表绑定。

④ 订单数据录入模块的实现。订单数据录入模块实现订单数据的录入，其界面如图 8.33 所示。FmDDSJ_LR 窗体所包含的控件及其属性值如表 8.15 所示。

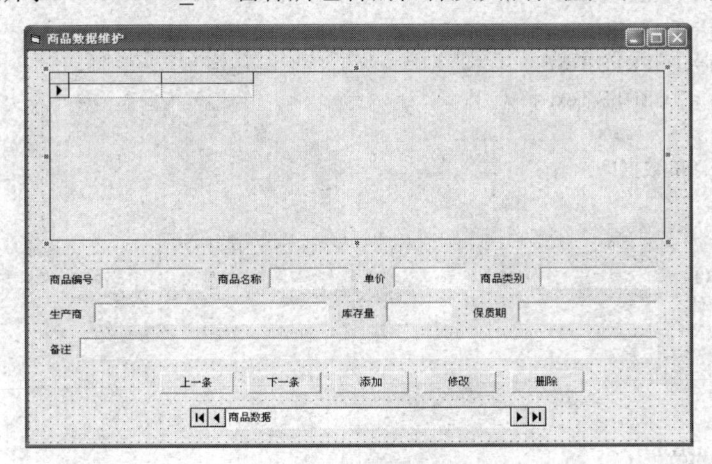

图 8.32　商品数据维护界面

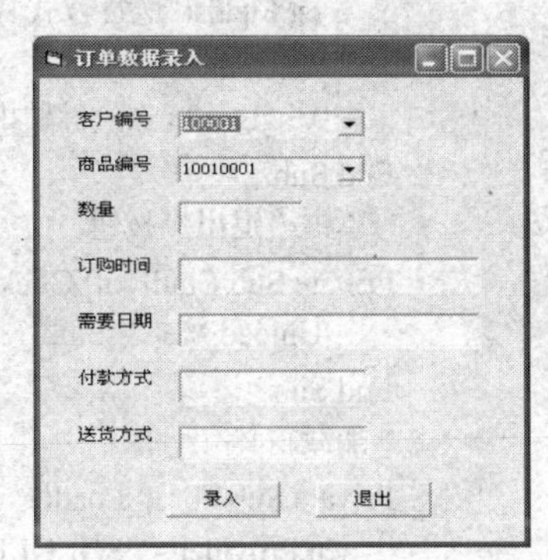

图 8.33　订单数据录入界面

表 8.15　FmDDSJ_LR 窗体所包含的控件对象属性表

组件类型	组　件　名	属　性　名	设　置　值
Form	FmDDSJ_LR	Caption	订单数据录入
Label	Label1	Caption	客户编号
Label	Label2	Caption	商品编号
Label	Label3	Caption	数量
Label	Label4	Caption	订购时间
Label	Label5	Caption	需要日期
Label	Label6	Caption	付款方式
Label	Label7	Caption	送货方式
ComboBox	ComboKHBH	无	无
ComboBox	ComboSPBH	无	无
CommandButton	CmdAdd	Caption	录入
CommandButton	CmdExit	Caption	退出

主要程序代码如下：

```
' 全局变量定义
Private cn As New ADODB.Connection
Private cmd As New ADODB.Command
Private RecSet As ADODB.Recordset
' 单击“录入”按钮，添加订单记录
Private Sub CmdAdd_Click()
    Dim rst As ADODB.Recordset
    Set rst = New ADODB.Recordset
    rst.Open "SELECT * FROM SPDGB", cn, adOpenKeyset, adLockOptimistic
    '添加一条记录到数据库
    rst.AddNew
    rst.Fields("客户编号") = ComboKHBH.Text
    rst.Fields("商品编号") = ComboSPBH.Text
    rst.Fields("数量") = TxtSL.Text
    rst.Fields("订购时间") = TxtDGSJ.Text
    rst.Fields("需要日期") = TxtXYRQ.Text
    rst.Fields("付款方式") = TxtFKFS.Text
    rst.Fields("送货方式") = TxtSHFS.Text
    rst.Update
    MsgBox "已成功添加订单数据!"
End Sub
' 单击“退出”按钮
Private Sub CmdExit_Click()
    Unload Me    '卸载窗体
End Sub
' 加载窗体
Private Sub Form_Load()
    cn.Provider = "SQLOLEDB.1"
    cn.Open "Server=HOME-679B5B9580\SQL2005;DataBase=SPDG;UID=sa;PWD=123;"
    cmd.ActiveConnection = cn
    '添加客户编号列表
    cmd.CommandText = "SELECT * From KHB"
    cmd.CommandType = adCmdText
    Set RecSet = cmd.Execute
    ComboKHBH.Text = RecSet("客户编号")
    While Not RecSet.EOF
        ComboKHBH.AddItem (RecSet("客户编号"))
        RecSet.MoveNext
    Wend
    '添加商品编号列表
    cmd.CommandText = "SELECT * From SPB"
    cmd.CommandType = adCmdText
    Set RecSet = cmd.Execute
    ComboSPBH.Text = RecSet("商品编号")
    While Not RecSet.EOF
        ComboSPBH.AddItem (RecSet("商品编号"))
        RecSet.MoveNext
```

```
    Wend
End Sub
' 卸载窗体
Private Sub Form_Unload(Cancel As Integer)
    RecSet.Close
    cn.Close
End Sub
```

⑤ 订单数据维护模块的实现。订单数据维护模块实现订单数据的修改和删除，其界面如图 8.34 所示。

该模块的设计与客户数据维护模块基本相同。读者可仿照客户数据维护模块的设计方法自行实现。注意，要将其中的 ADO 控件与 SPDGB 表绑定。

⑥ 订单数据查询模块的实现。订单数据查询模块实现按客户编号、按商品编号、按商品类别等条件查询订单数据的功能，其界面如图 8.35 所示。FmDDSJ_CX 窗体所包含的控件及其属性值如表 8.16 所示。

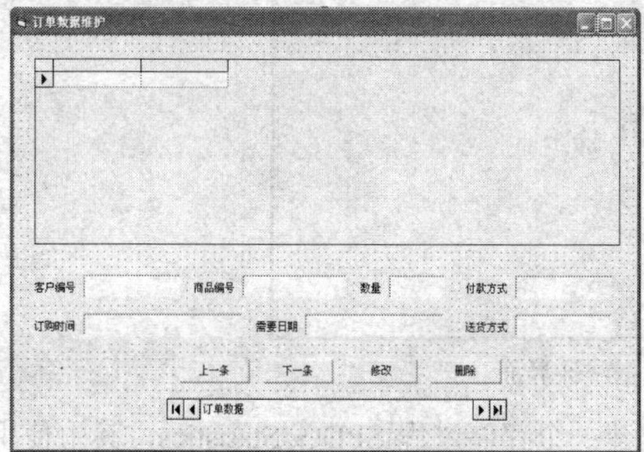

图 8.34　订单数据维护界面

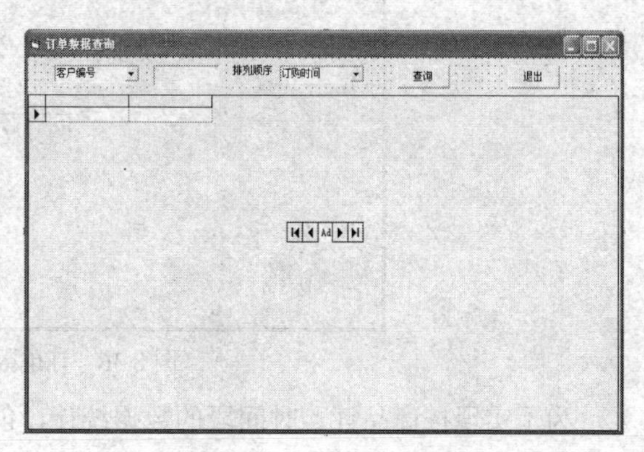

图 8.35　订单数据查询界面

表 8.16　FmDDSJ_CX 窗体所包含的控件及其属性值

组 件 类 型	组　件　名	属　性　名	设　置　值
Form	FmDDSJ_CX	Caption	订单数据查询
ComboBox	ComboCondition	List	客户编号，商品编号，商品类别
ComboBox	ComboSort	List	订购时间，需要日期
Label	Label1	Caption	排列顺序
Label	Label2	Caption	商品编号
Adodc	Adodc1	ConnectionString	按前述方法设置
		RecordSource	Select * from SPDGB
		Visible	False
DataGrid	DataGrid1	DataSource	Adodc1
CommandButton	CmdQuery	Caption	查询
CommandButton	CmdExit	Caption	退出

主要程序代码如下：

```
' 单击“查询”按钮
Private Sub CmdQuery_Click()
    Dim QueryField As String     ' 定义查询字段
    Dim SortField As String      ' 定义排序字段
```

```
        If ComboCondition.Text = "客户编号" Then QueryField = "客户编号"
        If ComboCondition.Text = "商品编号" Then QueryField = "商品编号"
        If ComboCondition.Text = "商品类别" Then QueryField = "商品类别"
        If ComboSort.Text = "订购时间" Then SortField = "订购时间"
        If ComboSort.Text = "需要日期" Then SortField = "需要日期"
        Adodc1.RecordSource = "SELECT * FROM SPDGB WHERE " & QueryField & "='" &
    TxtValue.Text & "'      ' ORDER BY " & SortField
        Adodc1.Refresh
    End Sub
```

⑦ 订单数据统计模块的实现。订单数据统计模块实现按商品订购时间段统计订单数据的功能，其界面如图 8.36 所示。本模块的实现主要演示如何通过 Adodc 数据控件执行带参数的存储过程。

图 8.36　订单数据统计界面

为了实现按商品订购时间段的数据统计，创建一个存储过程 SPDG_Statistics，其中使用了 2 个输入参数：@T1 和@T2，分别用于传入统计的开始日期和结束日期。

```
CREATE PROCEDURE SPDG_Statistics
    @T1 SMALLDATETIME, @T2 SMALLDATETIME
AS
SELECT *
    FROM SPDGB
    WHERE  订购时间  BETWEEN @T1 AND @T2
GO
```

FmDDSJ_TJ 窗体所包含的控件及其属性值如表 8.17 所示。

表 8.17　FmDDSJ_TJ 窗体所包含的控件及其属性值

组件类型	组件名	属性名	设置值
Form	FmDDSJ_TJ	Caption	订单数据统计
Label	Label1	Caption	起始时间
Label	Label2	Caption	结束时间
TextBox	T1	Caption	空字符串
TextBox	T2	Caption	空字符串
Adodc	Adodc1	ConnectionString	按前述方法设置
		RecordSource	见下文说明
		Visible	False

续表

组件类型	组件名	属性名	设置值
DataGrid	DataGrid1	DataSource	Adodc1
CommandButton	CmdQuery	Caption	统计
CommandButton	CmdExit	Caption	退出

其中，Adodc 控件的 RecordSource 属性设置方法为：将 Adodc 控件选择为当前控件，单击“属性”窗口中 RecordSource 属性框上的“按钮”，打开如图 8.37 所示的属性页设置对话框。选择命令类型为“8-adCmdUnknown”，在“命令文本（SQL）”文本框中输入执行存储过程的如下 SQL 语句，单击“确定”按钮即可。

```
EXEC SPDG_Statistics '2009-6-1' , '2009-8-1'
```

注意：当通过 Adodc 数据控件执行的是带参存储过程时，在设置其 RecordSource 属性时，命令类型不能选择“4-adCmdStoredProc”，而应选择“8-adCmdUnknown”，并在“命令文本（SQL）”文本框中输入执行存储过程的 SQL 语句（此时需给出参数值）。只有当通过 Adodc 数据控件执行的是带参存储过程时，在设置其 RecordSource 属性时，命令类型才应选择“4-adCmdStoredProc”，并选择存储过程名（参见例 8.3）。

主要程序代码如下：

```
' 窗体加载时
Private Sub Form_Load()
    Adodc1.Refresh
End Sub
' 按下统计按钮
Private Sub CmdStat_Click()
    Adodc1.CommandType = adCmdUnknown
    Adodc1.RecordSource = "Exec SPDG_Statistics '" & T1.Text & "'"
                        & ",'" & T2.Text + "'"
    Adodc1.Refresh
End Sub
' 单击“退出”按钮
Private Sub CmdExit_Click()
     Unload Me
End Sub
```

当在两个文本框中分别输入统计的起始时间和结束时间，并单击“统计”按钮后，将出现如图 8.38 所示的程序运行结果。

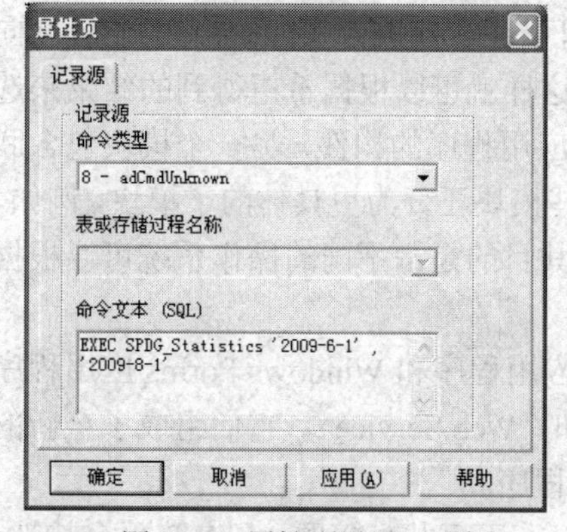

图 8.37　属性页设置对话框

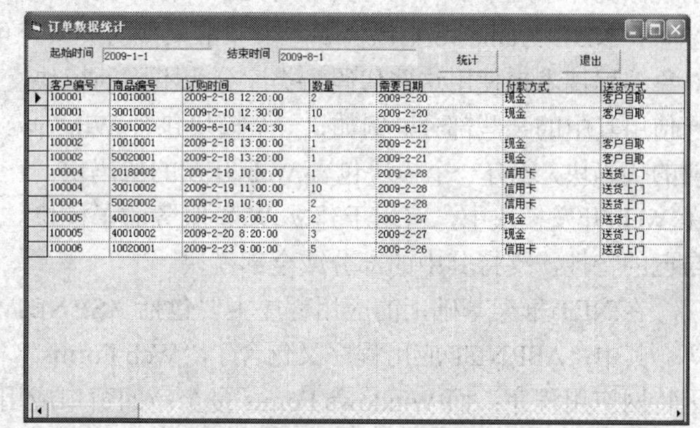

图 8.38　订单数据统计模块运行结果

限于篇幅，本节所介绍开发示例的程序代码仅是最基本的功能实现，对输入及其他异常处理的代码均未纳入，读者在开发应用系统时要注意加入异常的处理。

8.6　C#数据库应用开发

8.6.1　C#程序设计概述

C#是专门为.NET 平台设计的程序语言，它从 C++和 Java 语言发展而来，集成了它们的优秀特点，并使用事件驱动、完全面向对象的编程模式。

1. .NET 框架

.NET 框架（.NET Framework）是 Microsoft 为开发应用程序而创建的一个富有革命性的新平台。.NET Framework 为各类应用提供了一个一致的面向对象的编程环境，通过它可创建 Windows 应用程序、Web 应用程序、Web 服务和其他各种类型的应用程序。.NET Framework 自 2000 年推出以来已有多个版本，主版本号从 1.0～3.0，本书选择的是.NET Framework 2.0。

.NET Framework 可分为两部分：通用语言运行环境（Common Language Runtime，CLR）和.NET Framework 类库，如图 8.39 所示。

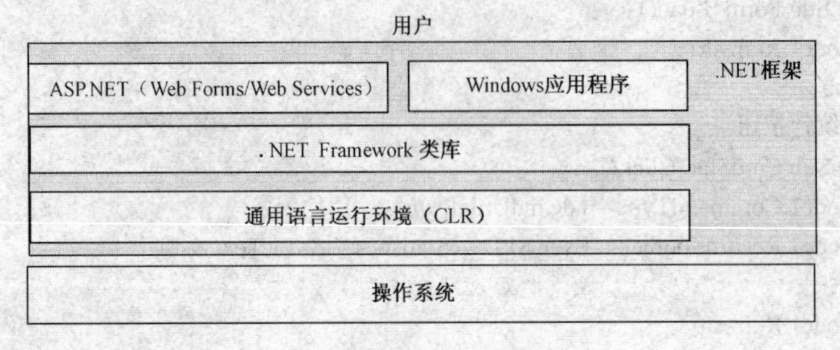

图 8.39　.NET 框架结构

底层是通用语言运行环境 CLR，其作用是负责执行程序，提供内存管理、线程管理、安全管理、异常处理、通用类系统与生命周期监控等核心服务。CLR 之上是.NET Framework 类库，提供许多类与接口，包括 ADO.NET、XML、IO、网络、调试、安全和多线程等。

.NET Framework 类库是以命名空间（Namespace）方式来组织的，命名空间与类库的关系就像文件系统中的目录与文件的关系一样，例如，用于处理文件的类属于 System.IO 命名空间。.NET Framework 包含了一个非常丰富的类库，可以在客户语言（如 C#）中通过面向对象编程技术来使用这些代码。类库分为不同的模块，这样就可以根据希望得到的结果来选择使用其中的某些部分。例如，一个模块包含 Windows 应用程序的构件，另一个模块包含联网的代码块，还有一个模块包含 Web 开发的代码块。一些模块还分为更具体的子模块，例如，在 Web 开发模块中，有用于建立 Web 服务的子模块。其目的是，不同的操作系统可以根据自己的特性，支持其中的部分或全部模块。

在.NET 框架基础上的应用程序主要包括 ASP.NET 应用程序和 Windows Forms 应用程序等。其中，ASP.NET 应用程序又包含了“Web Forms”和“Web Service”，它们组成了全新的因特网应用程序；而 Windows Forms 是全新的窗口应用程序。

.NET Framework 利用 CLR 解决了各种语言的 Runtime 不可共享问题，具有跨平台特性。

Runtime（执行期）是指计算机编译应用程序的运行时（状态），Runtime 包括编程语言所需的函数和对象等，因此，不同编程语言的 Runtime 是不同的，各种语言之间的 Runtime 不能共享。.NET Framework 以 CLR 解决了这个共享问题，它以中间语言（Intermediate Language，IL）实现程序转换，IL 是介于高级语言和机器语言之间的中间语言，包括对象加载、方法调用、流程控制、逻辑运算等多种基本指令。在.NET Framework 之上，无论采用哪种编程语言编写的程序，都被编译成 IL，IL 经过再次编译形成机器码，完成 IL 到机器码编译任务的是 JIT（Just In Time）编译器。上述处理过程如图 8.40 所示。

各种.NET应用程序

↓ 编译

中间语言（IL）代码

↓ JIT编译

机器代码

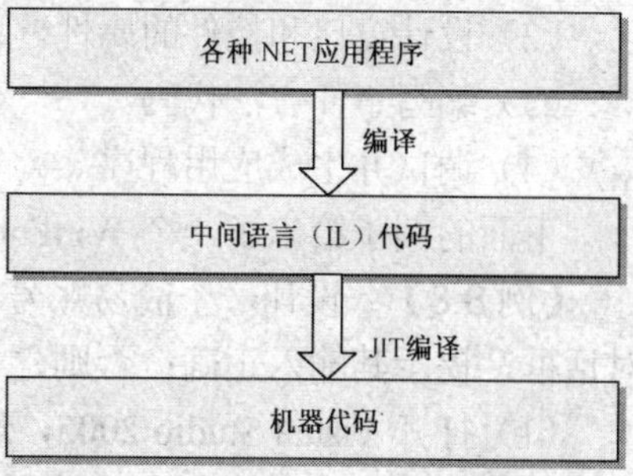

图 8.40　.NET 应用程序的编译过程

.NET Framework 支持多种语言，而 C#是唯一专为.NET Framework 设计的语言，是在移植到其他操作系统上的.NET 版本中使用的主要语言。利用 C#开发应用程序，能充分发挥.NET Framework 强大的功能。

2. Visual Studio 集成开发环境

如前所述，Visual Studio 是功能强大的集成开发环境，利用其进行应用开发可大大提高开发效率。VS 可以自动执行编译源代码的步骤，VS 文本编辑器可以实现智能检测错误，在输入代码时给出合适的推荐代码。VS 包括 Windows Forms 和 Web Forms 设计器，允许组件的简单拖放设计，大大简化了界面设计工作。在 C#中，许多类型的项目都可以用已有的“模板”代码来创建。VS 包括了几个可自动执行常用任务的向导，它们可以在已有的文件中添加合适的代码，而不需要考虑（在某些情况下）语法的正确性。VS 还包含许多强大的工具，可以显示和导航项目中的元素，这些元素可以是 C#源文件代码，也可以是其他资源，如位图图像或声音文件。另外，在 VS 中还可以创建部署项目，以易于为客户提供代码，并方便地安装该项目。在开发项目时，VS 可以使用高级调试技巧，如能一次调试一行指令，并监视应用程序的状态。

图 8.41 是 Visual Studio 2005 的开始界面。

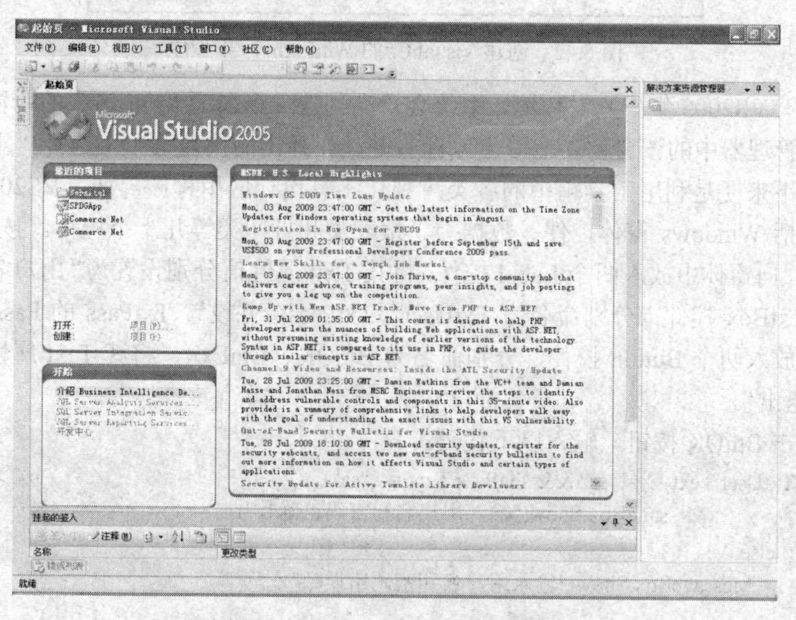

图 8.41　Visual Studio 2005 开始界面

3. 用 Visual C#设计 WinForm 应用程序

WinForm 应用程序又称窗体应用程序，在我们使用的 Windows 中，大部分桌面应用都是窗体应用程序。WinForm 应用程序具有事件驱动、能响应复杂的操作、可产生丰富的回馈信息等优点。利用 C#设计 Windows 应用程序的过程可归结成以下 4 个步骤：

（1）利用窗体设计器和控件组中的控件设计应用程序界面。

（2）设计窗口和控件的属性。

（3）编写事件方法代码。

（4）调试并生成应用程序。

下面的例子给出了一个 WinForm 程序的设计过程。

【例 8.8】 设计一个简易账号和密码的检验程序。若用户输入的密码正确，则弹出消息对话框，提示其输入正确；否则，也给出相应的出错提示。

（1）打开 Visual Studio 2005，选择：文件→新建→项目，在所弹出的如图 8.42 所示的对话框中选择项目类型为“Visual C#”、模板为“Windows 应用程序”，并选择存储位置、输入项目名称，单击“确定”按钮。

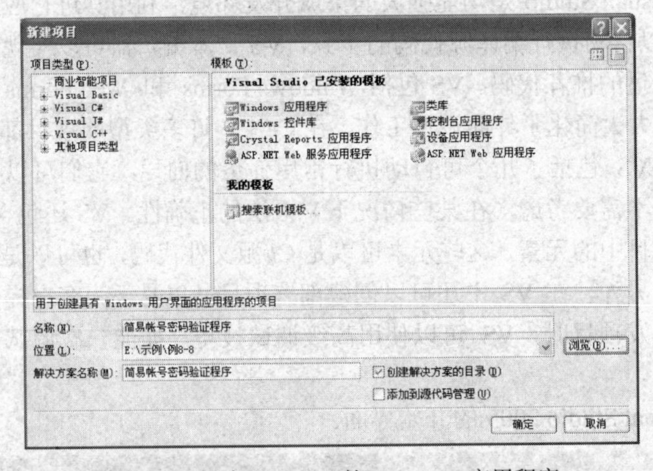

图 8.42　创建 Visual C#的 WinForm 应用程序

（2）进入 VS2005 集成开发环境，系统会自动创建一个名为“Form1”的新窗体，可在解决方案资源管理器中的该窗体名上单击鼠标右键，在弹出的快捷菜单上选择“重命名”更改窗体名。接下来便是利用工具箱中的各类可视化工具设计应用程序界面。VS2005 的控件十分丰富，包括 Windows 窗体控件、数据类、报表类和打印类等几十个控件。按图 8.43 设计本程序界面。向窗体中放入两个 Label 控件，将其 Text 属性值分别设置为“用户名”、“密码”；放入两个 TextBox 控件，分别命名为 TxtUser、TxtPass，并设置 TxtPass 的 PasswordChar 属性为“*”；放入两个 Button 控件，分别命名为 BtnOK、BtnExit，将其 Text 属性分别设置为“登录”、“退出”。

（3）双击 BtnOK 按钮，输入以下代码：

```
if (TxtUser.Text  == "sa" && TxtPass.Text == "sa")
        MessageBox.Show("输入用户名和密码正确！");
    else
      MessageBox.Show("输入用户名和密码错误！");
```

双击 BtnExit 按钮，输入以下代码：

```
this.Close();
```

（4）单击工具栏上的 ▸ 按钮，执行程序。运行时将出现如图 8.44（a）所示的界面，在用户名和密码框中分别输入“sa”、“sa”时，将出现如图 8.44（b）所示的提示，否则将出现“输入用户名和密码错误！”的提示。

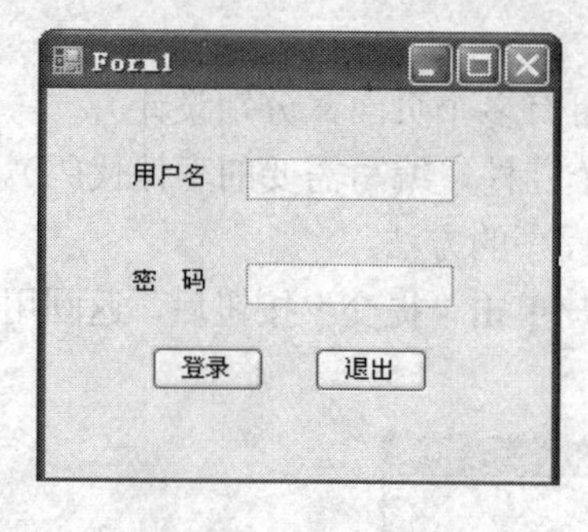

图 8.43　例 8.8 程序界面

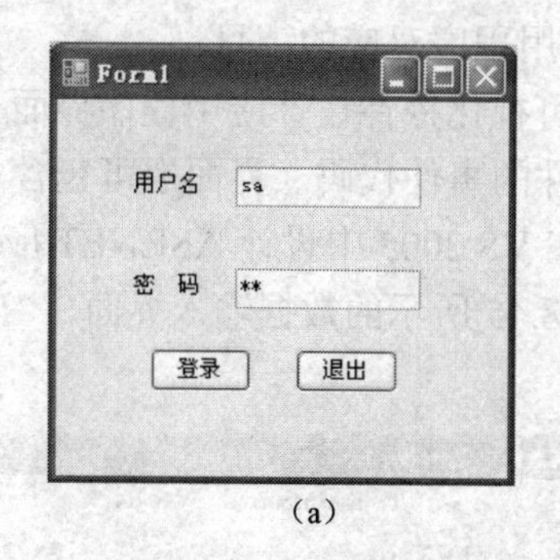

（a）

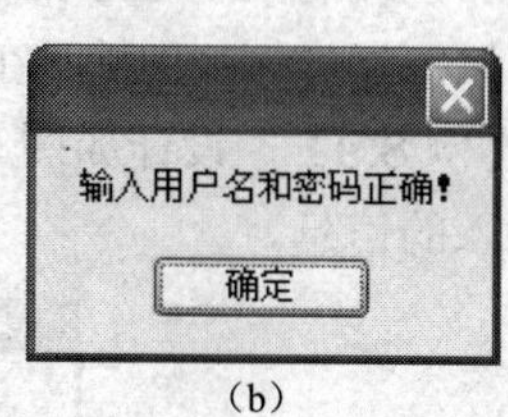

（b）

图 8.44　例 8.8 程序运行及结果

整个程序的代码如下：

```
using System;
using System.Collections.Generic;
using System.ComponentModel;
using System.Data;
using System.Drawing;
using System.Text;
using System.Windows.Forms;
namespace 简易账号密码验证程序
{    public partial class Form1 : Form
     {    public Form1()
          {
               InitializeComponent();
          }
          private void BtnOK_Click(object sender, EventArgs e)
          {    if (TxtUser.Text  == "sa" && TxtPass.Text == "sa")
                    MessageBox.Show("输入用户名和密码正确！");
               else
                    MessageBox.Show("输入用户名和密码错误！");
          }
          private void BtnExit_Click(object sender, EventArgs e)
          {
               this.Close();
          }
     }
}
```

可见，VS 将自动生成与项目同名的命名空间，所创建的窗体是一个新类，它继承自 Form 类。

4. 用 Visual C#设计 WebForm 应用程序

这里主要介绍使用 Visual C#开发 ASP.NET 网页程序。ASP.NET 是基于 Web 的应用，需要 Web 服务器环境的支持。在 Windows 操作系统下使用 IIS（Internet Information Server）5.0 及以上版本作为 Web 服务器。在 VS 2005 中设计 ASP.NET 应用程序的主要步骤是：

（1）创建 ASP.NET 应用程序对应的项目；

（2）利用 VS 2005 的可视化控件设计应用程序界面（可有多个页面，分别设计）；

（3）编写应用程序控件的事件代码（界面中可包含多个控件，编写需要的事件代码）。

以下通过例 8.9 说明在 VS 2005 中设计 ASP.NET 应用程序的方法。

【例 8.9】 设计如图 8.45 所示的数据输入界面，当用户单击“提交”按钮后，返回用户所输入的信息。

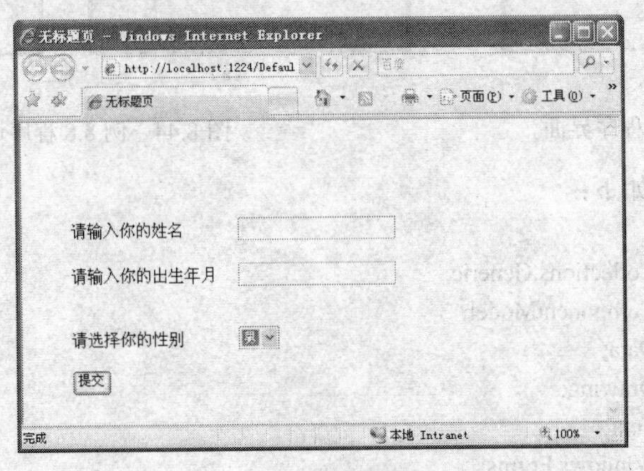

图 8.45　例 8.9 的数据输入界面

（1）新建项目。在 VS 2005 主菜单中选择：文件→新建→项目，在出现的“新建项目”对话框中选择项目类型为“Visual C#”、模板为“ASP.NET Web 应用程序”，并选择存储位置，输入项目名称（本例为 WebApplication1），单击“确定”按钮，如图 8.46 所示。VS.NET 将创建名为 WebApplication1 的项目，其中将自动创建名为 Default.aspx 的文件，它是该项目的主页面文件（可在解决方案资源管理器中改变文件名）。

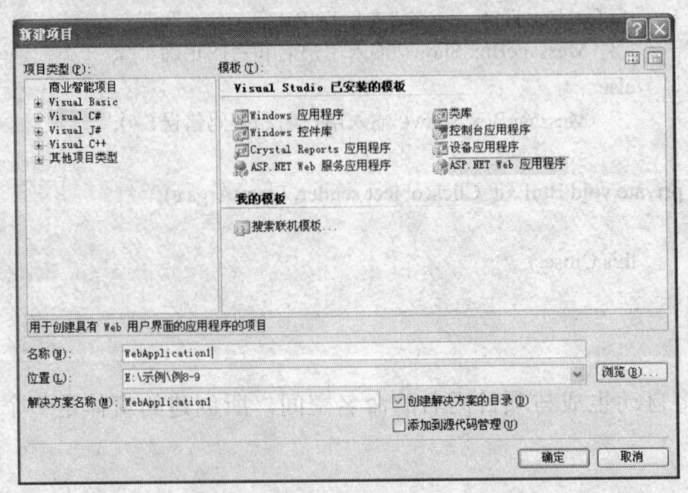

图 8.46　创建 Visual C#的 ASP.NET Web 应用程序

（2）利用 VS.NET 工具箱中的相关控件设计应用程序界面。本例包含两个页面：主页面和响应页面，其中主页面是运行该程序时所显示的页面，文件名为 Default.aspx；响应页面是用户单击“提交”按钮后由服务器返回给浏览器的页面，文件名为 postback.aspx。

Default.aspx 文件是项目创建时自动生成的，而其他页面文件则要设计者加入。向项目中加入页面文件的方法是：在“解决方案管理器”窗口中该项目名上单击鼠标右键，在出现的快捷菜单上选择“添加新项”→“添加”，将出现的“添加新项”对话框，选择模板为“Web 窗体”，输入新页面文件的名字即可（本例添加 postback.aspx），如图 8.47 所示。

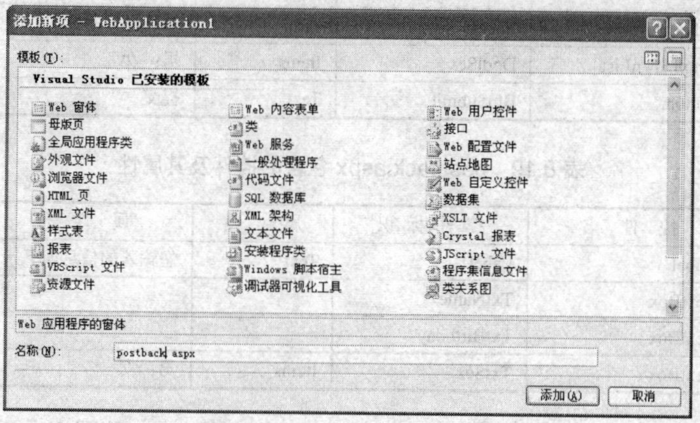

图 8.47　向 WebApplication1 中加入 postback.aspx

接下来的工作是向应用程序界面中加入控件并编辑其属性。

向应用程序界面中加入服务器控件的方法是：将鼠标移至工具箱图标打开工具箱，选择控件类别（有 HTML 控件、标准控件、数据控件、报表控件、验证控件等多类，本例选择“标准”控件）。再在控件工具箱中选择所需的控件，将其拖动到界面中即可。例如，向 Default.aspx 中加入一个 TextBox（文本框）控件的过程是：打开标准控件工具箱，选中“TextBox”控件，拖动它至 Default.aspx 对应页面的适当位置，松开鼠标按键即可。

设置控件属性的方法是：在页面文件中选中需编辑的控件，然后再在属性编辑器窗口中设置相应属性值。例如，要将所选中的 TextBox 控件的（ID）属性值设置为“TxtName”，方法是在“属性”窗口中找到“（ID）”属性名，在其右边的文本框中输入“TxtName”字符串即可。有些控件属性还有快捷菜单。例如 DropDownList 控件（如图 8.48 所示），需选择数据源或编辑项。本例中单击“编辑项”，将出现图 8.49 所示的“ListItem 集合编辑器”窗口。在其中编辑下拉列表的项。

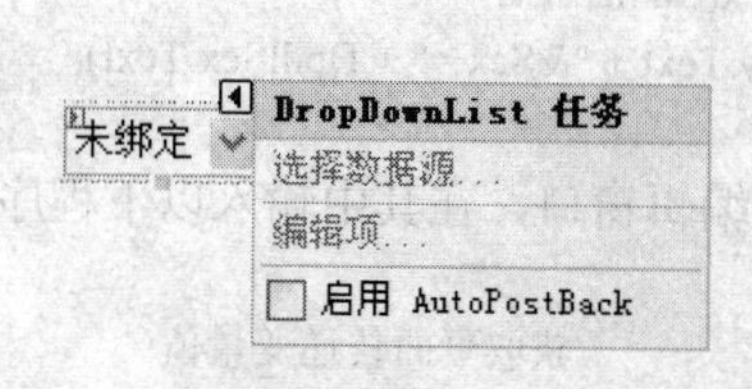

图 8.48　控件快捷菜单

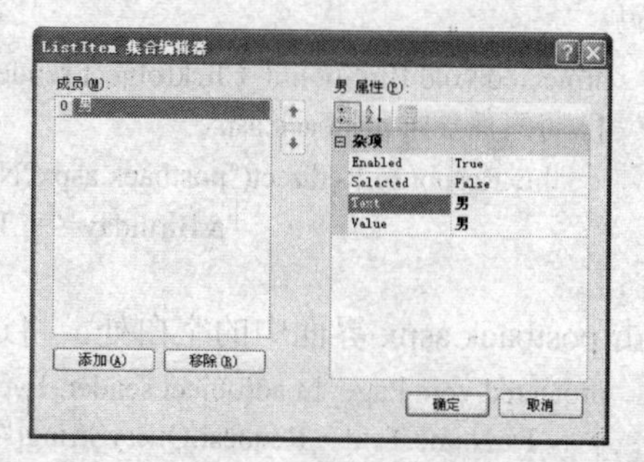

图 8.49　“ListItem 集合编辑器”窗口

Default.aspx 和 postback.aspx 中所使用的控件及属性设置分别列于表 8.18 和表 8.19 中。

表 8.18　Default.aspx 包含的控件及其属性

控 件 名	控 件 标 识	属　性	属 性 值
Label	Label1	Text	请输入你的姓名
TextBox	TxtName	—	—
Label	Label2	Text	请输入你的出生年月
TextBox	TxtBirthday	—	—
Label	Label3	Text	请选择你的性别
DropDownList	DpdlSex	Items	男；女
Button	BtnSubmit	Text	提交

表 8.19　postback.aspx 包含的控件及其属性

控 件 名	控 件 标 识	属　性	属 性 值
Label	Label1	Text	您输入的信息如下
TextBox	TxtName	—	—
TextBox	TxtBirthday	—	—
TextBox	TxtSex	Items	男；女

设计好的 Default.aspx 和 postback.aspx 的界面分别如图 8.50 和图 8.51 所示。

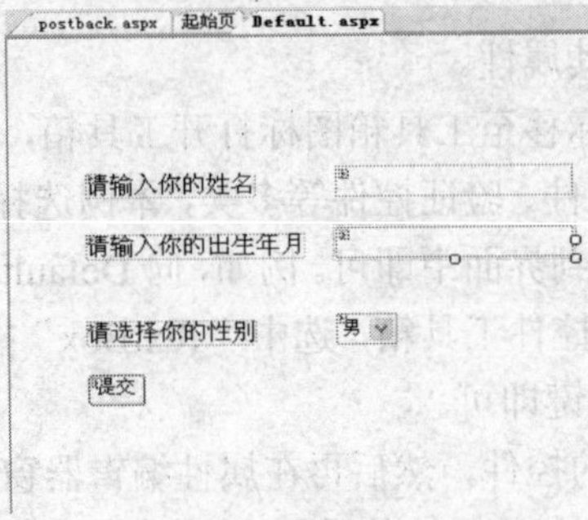

图 8.50　Default.aspx 界面

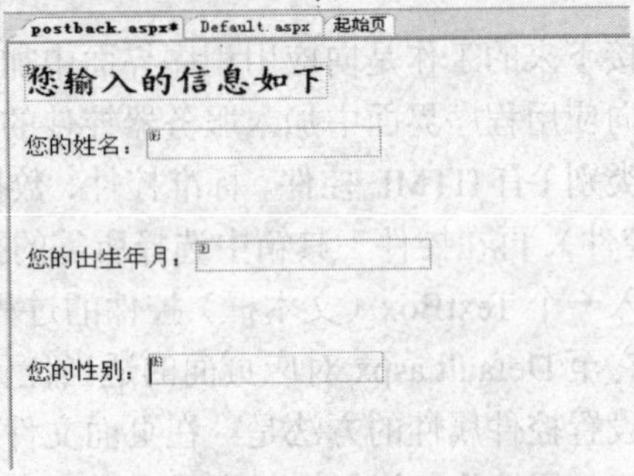

图 8.51　postback.aspx 界面

（3）编写程序代码。ASP.NET 程序代码主要进行事件处理及数据库访问，本例中程序不涉及数据库访问，只进行事件处理。

双击 Default.aspx 界面中的 BtnSubmit 按钮控件，将进入代码编辑窗口，在其中输入以下程序代码：

```
protected void BtnSubmit_Click(object sender, EventArgs e)
{ //将流程导向 postback.aspx
    this.Response.Redirect("postback.aspx?Name=" + TxtName.Text +
                    "&Birthday=" + TxtBirthday.Text + "&Sex =" + DpdlSex.Text);
}
```

双击 postback.aspx 界面中的空白处，将进入代码编辑窗口，在其中输入以下程序代码：

```
protected void Page_Load(object sender, EventArgs e)
{   TxtName.Text = Request.QueryString["Name"];          //获取页面传递变量值
    TxtBirthday.Text = Request.QueryString["Birthday"];
    TxtSex.Text = Request.QueryString["Sex"];
}
```

（4）单击工具栏上的 ▸ 按钮，执行程序。VS 2005 将启动浏览器窗口，显示程序运行结果，将出现图 8.52 所示的运行结果，输入相应信息并单击“提交”按钮后，将出现图 8.53 所示的信息返回页面。

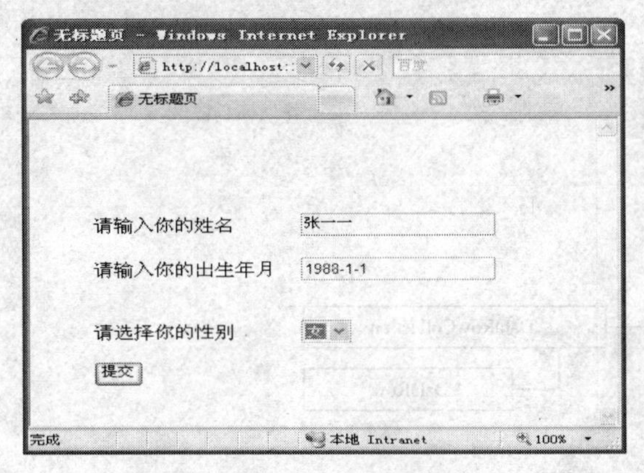

图 8.52　例 8.9 信息输入页面

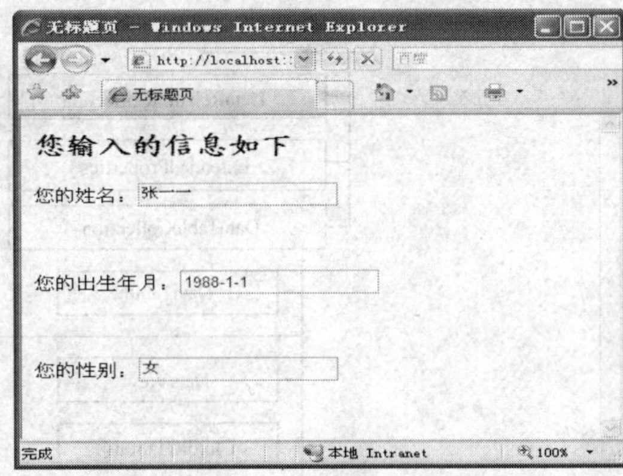

图 8.53　例 8.9 信息返回页面

注意，本例中所使用的 Response 和 Request 是 ASP.NET 内置对象。

8.6.2　ADO.NET 数据库应用技术

7.5.3 节已初步讨论了 ADO.NET 模型的体系结构、主要对象和访问数据库的一般步骤，本节将对数据库应用程序开发中使用的主要相关技术做进一步讨论，包括 DataSet 的对象模型、主要的 SQL 数据库类的属性、方法和事件，以及用于数据输出的常用数据控件。

1. DataSet 的对象模型

第 7 章已经提到，DataSet 是 ADO.NET 的核心（ADO 中的 RecordSet 与它有点相似，但 DataSct 功能强大得多）。DataSct 对象类位于 Systcm.Data 命名空间，用于在内存中暂存数据，可认为它是一个内存数据库。DataSet 包含一个或多个数据表（DataTable），表数据可来自数据库、文件或 XML 数据。数据集的结构如图 8.54 所示。

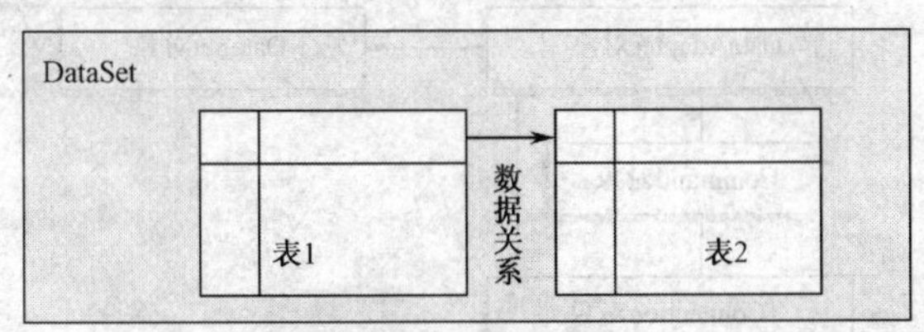

图 8.54　数据集的结构

由图 8.54 可知，一个 DataSet 中可以包含多个数据表（DataTable），每个表由数据列（DataColumn）和数据行（DataRow）组成。

DataSet 提供方法对数据集中表数据进行浏览、编辑、排序、过滤或建立视图。DataSet 对象模型如图 8.55 所示。

由图 8.55 可知，DataSet 对象中的 DataTable 对象存放在表集合（DataTableCollection 对象）中，通过 DataTableCollection 来访问表。表的行（DataRow 对象）存放在行集（DataRowCollection 对象）中，使用 DataRowCollection 访问表的行。表的列（DataColumn

对象）存放在列集合（DataColumnCollection 对象）中，通过 DataColumnCollection 访问表的列。DataRelationCollection 存放数据关系（DataRelation 对象），DataRelation 对象用于描述数据表之间的关系。

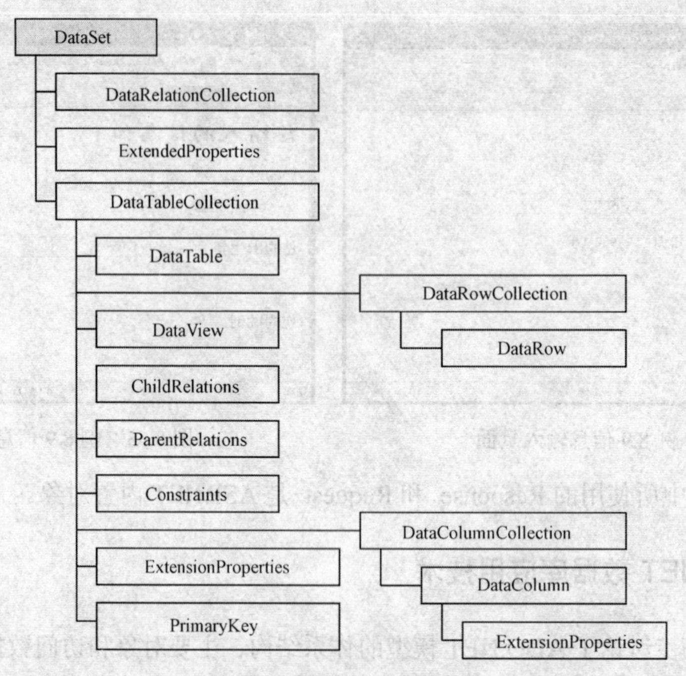

图 8.55　DataSet 对象模型

DataSet 采用非连接的传输模式访问数据源，即在将用户所请求的数据读入 DataSet 后，与数据库的连接就关闭。其他用户可继续使用数据源，用户之间无须争夺数据源。每个用户都有专属的 DataSet 对象，所有对数据源的操作（查询、删除、插入和更新等）都在 DataSet 对象中进行，与数据源无关。只有将 DataSet 对象的内容更新至数据源时，才会对实际的数据源进行操作。

图 8.56 给出了 DataSet 对象与其他对象的关系。

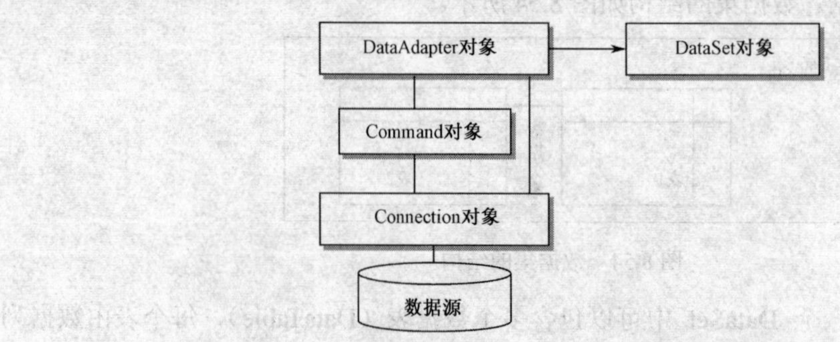

图 8.56　DataSet 对象与其他对象的关系

从第 7 章我们已经知道，访问数据库的一般流程为：连接数据库→执行 SQL 命令→返回结果，这个过程如图 8.57 所示。

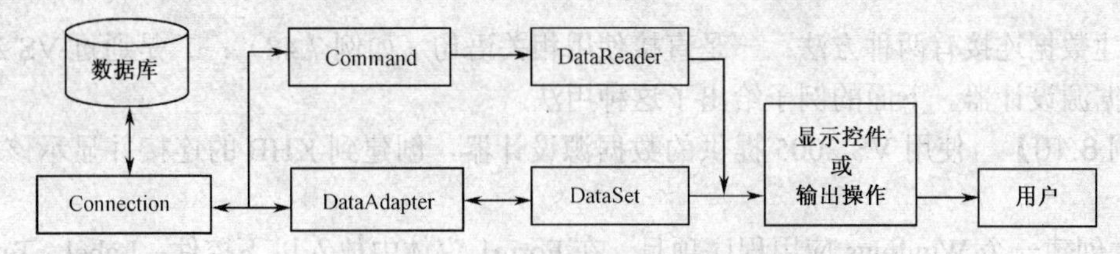

图 8.57　ADO.NET 数据库访问过程

由图 8.57 可知，ADO.NET 提供了两组访问数据库的类，第一组类包括：

- Connection（SqlConnection 和 OleDbConnection）
- Command（SqlCommand 和 OleDbCommand）
- DataReader（SqlDataReader 和 OleDbDataReader）

第二组类包括：

- Connection（SqlConnection 和 OleDbConnection）
- DataAdapter（SqlDataAdapter 和 OleDbDataAdapter）
- DataSet（包括 DataSet、DataTable、DataRelation、DataView 等）

这两组类以不同的方式处理数据库中的数据，适合不同需要的数据库应用程序。DataReader 一次只能把数据表中的一条记录读入内存中，因此第一组类处理的是面向连接的数据；而 DataSet 是一个内存数据库，它是 DataTable 的容器，可以将数据表中的多条记录读入 DataTable 中，因此第二组类处理的是面向非连接的数据。

第一组类处理方式的优点是数据读取速度快，不额外占用内存，缺点是不能处理整个查询结果集（如不能获得结果集的记录数、不能排序或过滤记录），并且数据与数据源是保持连接的；第二组类处理方式的优缺点刚好与第一组相反，它可以处理整个结果集，可在应用程序中执行更多的操作，但是数据读取速度较慢，要额外占用内存。

本书仅讨论包含在 System.Data.SqlClient 命名空间中、以“Sql”为前缀的数据库对象。以“Ole”为前缀的数据库对象与之类似。下面按照上述流程介绍每个过程中所使用的类。

2. 连接数据库

SqlConnection 对象用于创建到数据库的连接，其常用属性和方法分别列于表 8.20 和表 8.21 中。

表 8.20　Connection 对象的常用属性

属　性	说　明
ConnectionString	取得或设置连接字符串
Database	获取当前数据库名称
DataSource	获取数据源的完整路径及文件名，若是 SQL Server 数据库，则获取所连接的 SQL Server 服务器名称

表 8.21　Connection 对象的常用方法

方　法	说　明
Open()	打开与数据库的连接。注意，ConnectionString 属性只对连接属性进行了设置，并不打开与数据库的连接，必须使用 Open()方法打开连接
Close()	关闭数据库连接

创建数据连接有两种方法：一是直接使用相关语句（如例 7.48）；二是通过 VS 2005 提供的数据源设计器。下面的例子给出了这种用法。

【例 8.10】　使用 VS 2005 提供的数据源设计器，创建到 KHB 的连接并显示该表所有数据。

① 创建一个 Windows 应用程序项目。在 Form1 窗体中放入以下控件：Label，Text 属性设为“客户数据”；DataGridView 控件。

② 选择主菜单“数据”→“添加新数据源”命令，将出现如图 8.58 所示的“数据源配置向导”对话框。选择“数据库”类型，单击“下一步”按钮，将出现图 8.59 所示的选择数据连接界面。

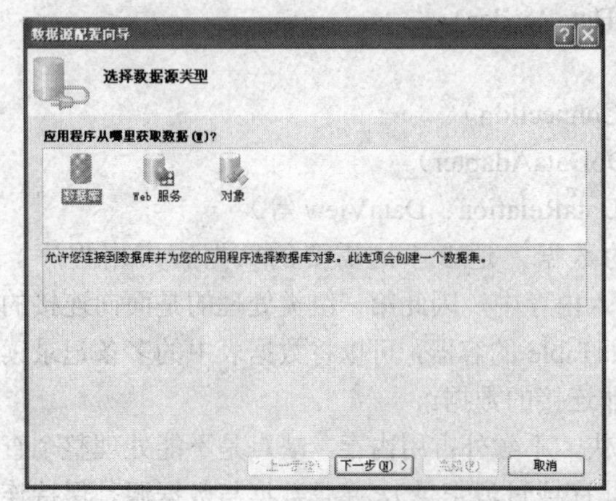

图 8.58　“数据源配置向导”对话框

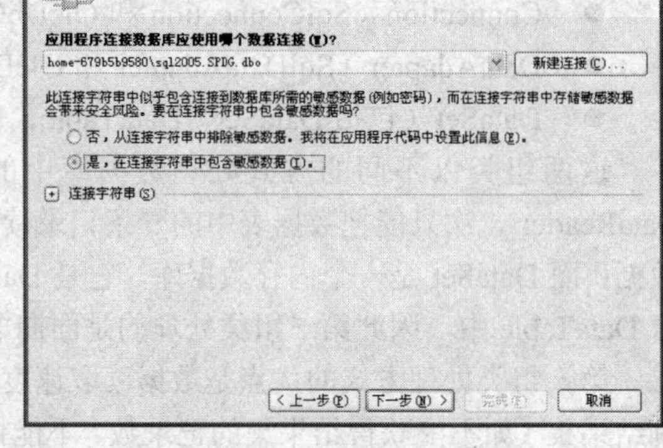

图 8.59　选择数据连接界面

③ 选择“是…”，单击“下一步”按钮，将出现图 8.60 所示的保存连接串界面。在此可更改文件名，单击“下一步”按钮，将出现图 8.61 所示的选择数据库对象界面。

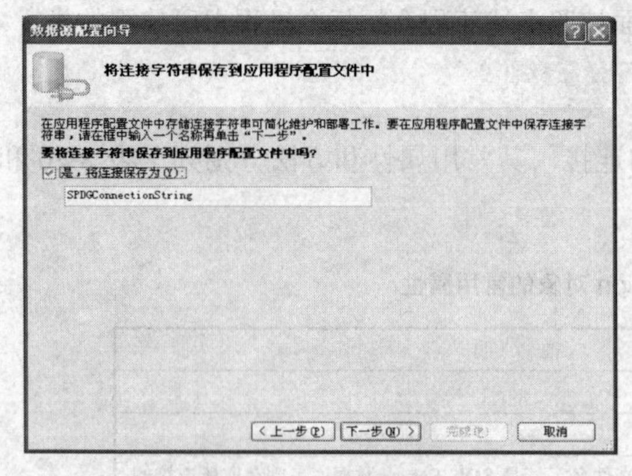

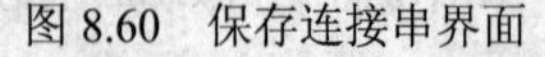

图 8.60　保存连接串界面

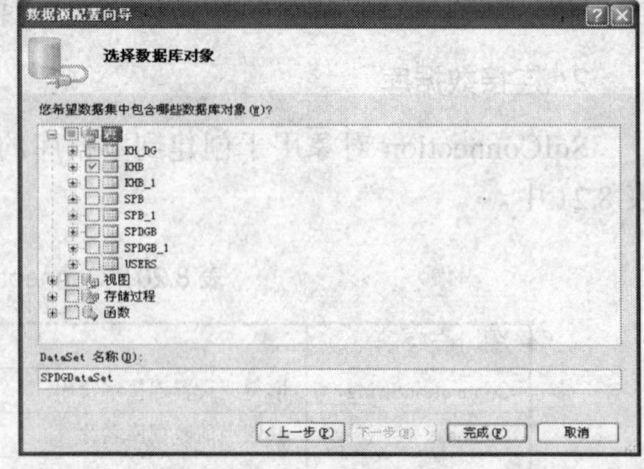

图 8.61　选择数据库对象界面

④ 选择数据库对象（本例选择 KHB），并可修改 DataSet 名称。单击“完成”按钮。

⑤ 选中 DataGridView 控件，在属性窗口中选择“DataSource”属性，将弹出如图 8.62 所示的设置数据源窗口。选择上面所建的 SPDGDataSet。并设置 DataMember 属性为 KHB。

⑥ 执行程序，可得如图 8.63 所示的运行结果。

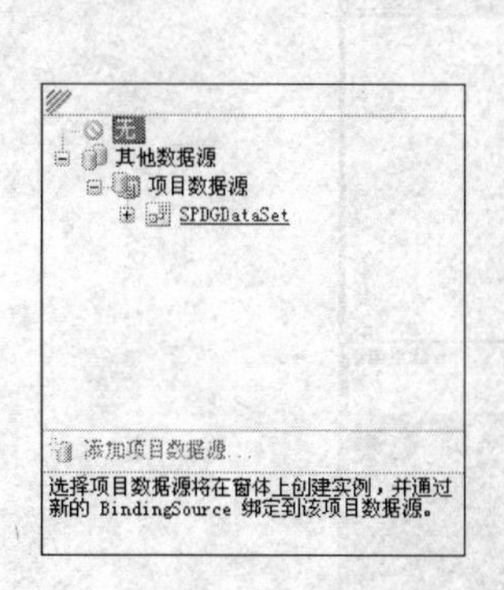

图 8.62　设置数据源

图 8.63　例 8.10 运行结果

3. 执行 SQL 命令

成功连接数据库后，接下来就可通过 Command 对象或 DataAdapter 对象执行 SQL 命令了，再通过返回的各种结果对象来访问数据库。通过 Command 对象或 DataAdapter 对象都可对数据库执行查询和更新操作。通过 Command 对象执行查询操作，需要与 DataReader 对象结合使用；而执行更新操作，则只要通过 Command 对象提交 SQL 语句。通过 DataAdapter 对象执行查询和更新操作，都需要与 DataSet 对象结合使用。

（1）SqlCommand 对象

SqlCommand 对象的主要属性和方法分别列于表 8.22 和表 8.23 中。

表 8.22　SqlCommand 对象的常用属性

属　性	说　明
CommandText	取得或设置要对数据源执行的 SQL 命令、存储过程或数据表名
CommandType	获取或设置命令类别，可取的值：StoredProcedure，TableDirect，Text，代表的含义分别为：存储过程、数据表名和 SQL 语句，默认为 Text。数字、属性的值为 CommandType.StoredProcedure、CommandType.Text 等
Connection	获取或设置 Command 对象所使用的数据连接属性
Parameters	SQL 命令参数集合

表 8.23　SqlCommand 对象的常用方法

方　法	说　明
Cancel()	取消 Comand 对象的执行
CreateParameter	创建 Parameter 对象
ExecuteNonQuery()	执行 CommandText 属性指定的内容，返回数据表被影响的行数。只有 Update、Insert 和 Delete 命令会影响行数。该方法用于执行对数据库的更新操作
ExecuteReader()	执行 CommandText 属性指定的内容，返回 DataReader 对象

例 7.48 已给出了一个通过 SqlCommand 和 SqlDataReader 对象执行 SQL 查询语句的示例。使用 Command 对象对数据库执行更新操作，均使用 Command 对象的 ExecuteNonQuery()方法。下面的例子给出了如何通过 SqlCommand 对象向数据表中插入一条记录。

【例 8.11】　设计如图 8.64 所示的程序界面，初始 DataGridView 控件与数据源绑定（参见例 8.10）。单击“插入记录”按钮后向数据库中添加一条新记录，数据来源于界面输入。

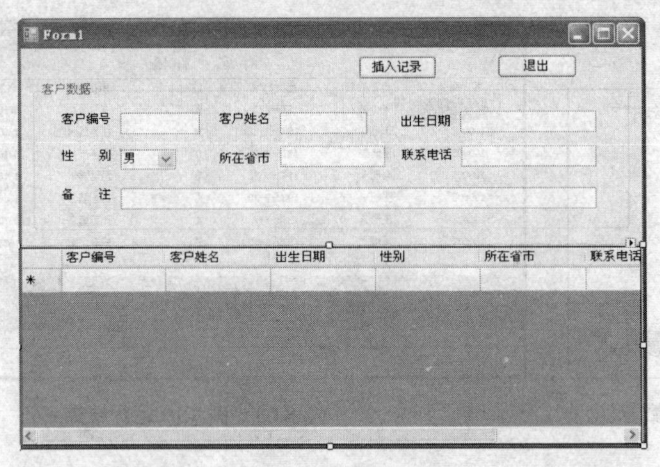

图 8.64　例 8.11 程序界面

① 创建一个 Windows 应用程序项目。按图 8.64 设计界面：两个 Button 控件的 Name 属性分别为 BtnInsert、BtnExit，Text 属性分别为“插入记录”、“退出”；其中用于输入客户数据的 6 个文本框的 Name 属性分别为 TxtKHBH、TxtKHXM、TxtCSRQ、TxtSZSS、TxtLXDH、TxtBZ，ComboBox 控件的 Name 属性为 comboXB；DataGridView 控件绑定到 KHB。

② 双击 BtnInsert 按钮，输入以下程序：

```
private void BtnInsert_Click(object sender, EventArgs e)
{   SqlConnection con = new SqlConnection();
    con.ConnectionString ="server=HOME-679B5B9580\\SQL2005;
                          uid=sa;pwd=123;database=SPDG;";
    SqlCommand cmd = new SqlCommand();
    cmd.CommandText = "INSERT INTO KHB VALUES('"+TxtKHBH.Text+"','"
                     +TxtKHXM.Text+"','"+TxtCSRQ.Text+"','"+comboXB.Text
                     +"','"+TxtSZSS.Text+"','"+TxtLXDH.Text+"','"+TxtBZ.Text+"')";
    cmd.Connection = con;
    con.Open();
    cmd.ExecuteNonQuery();                              // 提交执行命令
    this.kHBTableAdapter.Fill(this.sPDGDataSet.KHB);    // 更新数据显示
}
```

程序运行时将显示如图 8.65 所示的界面，在界面中输入客户各字段值，单击“插入记录”按钮，将出现图 8.66 所示的结果，可见新记录已被成功添加。

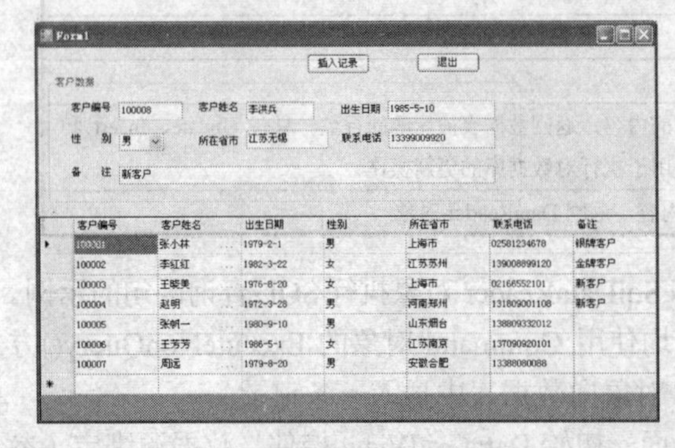

图 8.65　例 8.11 程序界面

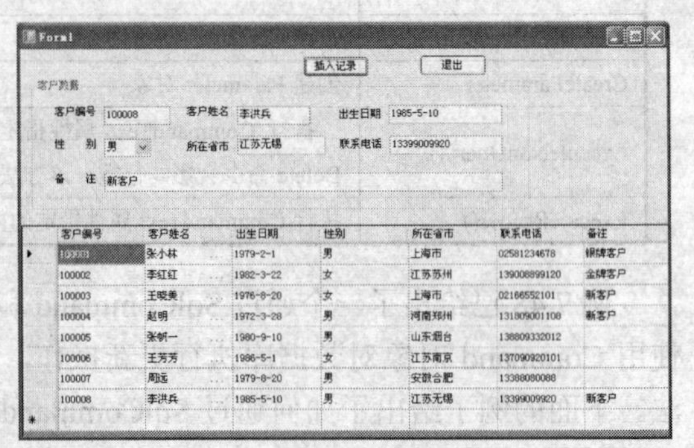

图 8.66　已成功添加数据记录

（2）DataAdapter 对象

DataAdapter 对象是数据库与 DataSet 对象之间沟通的桥梁，它可以传递各种 SQL 命令，并将命令执行结果填入 DataSet 对象，还可将数据集（DataSet）对象更改过的数据写回数据源。使用 DataAdapter 对象通过数据集访问数据库是 ADO.NET 模型的主要方式。

SqlDataAdapter 对象的常用属性和方法分别列于表 8.24、表 8.25 中。

表 8.24　DataAdapter 对象的常用属性

属　性	说　明
DeleteCommand	获取或设置删除数据源中的数据行的 SQL 命令。该值为 Command 对象
InsertCommand	获取或设置向数据源中插入数据行的 SQL 命令。该值为 Command 对象
SelectCommand	获取或设置查询数据源的 SQL 命令。该值为 Command 对象
UpdateCommand	获取或设置更新数据源中的数据行的 SQL 命令。该值为 Command 对象

表 8.25　DataAdapter 对象的常用方法

方　法	说　明
Fill(dataset,srcTable)	将数据集的 SelectCommand 属性指定的 SQL 命令执行后所选取的数据行置入参数 dataSet 指定的 DataSet 对象
Update(dataset,srcTable)	调用 InsertCommand、UpdateCommand 或 DeleteCommand 属性指定的 SQL 命令，将 DataSet 对象更新到相应的数据源。参数 dataSet 指定要更新到数据源的 DataSet 对象，srcTable 参数为数据表对应的来源数据表名。该方法的返回值为影响的行数

由表 8.25 可知，SqlDataAdapter 对象有两个常用方法：Fill()用于新增或更新 DataSet 中的记录；当新增、修改或删除 DataSet 中的记录，并需要更改数据源时，使用 Update()方法。

表 8.26 列出了 SqlDataAdapter 对象的常用事件。

表 8.26　SqlDataAdapter 对象的事件

事　件	说　明
FillError	调用 DataAdapter 的 Fill()方法时，若发生错误，则触发该事件
RowUpdated	当调用 Update()方法并执行完 SQL 命令时，会触发该事件
RowUpdating	当调用 Update()方法、在开始执行 SQL 命令时，会触发该事件

【例 8.12】　本例使用 ADO.NET 访问 SPDG 数据库，利用数据显示控件 DataGridView 将其中的客户信息在应用程序界面中显示，如图 8.67 所示。

显示客户信息

所有客户信息

客户编号	客户姓名	出生日期	性别	所在省市	联系电话	备注
100001	张小林	1979-2-1	男	江苏南京	02581234678	银牌客户
100002	李红红	1982-3-22	女	江苏苏州	139008899120	金牌客户
100003	王晓美	1976-8-20	女	上海市	02166552101	新客户
100004	赵明	1972-3-28	男	河南郑州	131809001108	新客户
100005	张帆一	1980-9-10	男	山东烟台	138809332012	
100006	王芳芳	1986-5-1	女	江苏南京	137090920101	
100007	周远	1979-8-20	男	安徽合肥	13388080088	

图 8.67　显示 KHB 数据记录

源程序如下：

```
private void Form1_Load(object sender, EventArgs e)
{
        String ConStr="server=HOME-679B5B9580\\SQL2005;
                        uid=sa;pwd=123;database=SPDG;";
        String sql = "SELECT * FROM KHB";
        SqlConnection con = new SqlConnection(ConStr);              //创建连接
        SqlDataAdapter Adpt = new SqlDataAdapter(sql,con);          //执行 SQL 语句
        DataSet ds = new DataSet();                                 //创建 DataSet 对象
        Adpt.Fill(ds,"KHB");                                        //填充数据集
        dataGridView1.DataSource = ds.Tables[0];                    //数据表绑定到显示控件
        con.Close();
}
```

注意：DataAdapter 对象对数据源的查询与更新操作一般都要通过 DataSet 对象。使用 DataAdapter 对象对数据进行更新的操作分为 3 个步骤：

① 创建 DataAdapter 对象并设置 UpdateCommand 等属性；

② 指定更新操作；

③ 调用 DataAdapter 对象的 Update()方法执行更新。

DataAdapter 对象的 InsertCommand、UpdateCommand 和 DeleteCommand 属性是对数据进行相应更新操作的模板，当调用 Update()方法时，DataAdapter 对象将根据需要的更新操作去查找相应属性（即操作模板），若找不到，则会产生错误。例如，若要对数据进行插入操作，但没有设置 InsertCommand 属性，就会产生错误。

使用 DataAdapter 可以执行多个 SQL 命令，但注意，在执行 DataAdapter 对象的 UpDate()方法之前，所操作的都是数据集（即内存数据库）中的数据，只有执行了 Update()方法后，才会对物理数据库进行更新。

【例 8.13】 将 KHB 数据表中客户编号为“100001”的客户的所在省市改为“上海市”。

① 创建一个 Windows 应用程序项目。在 Form1 窗体中放入以下控件：Label，Text 属性设为“所有客户信息”；DataGridView 控件；Button 控件，Text 属性设为“修改数据”。

② 双击窗体空白处，输入与例 8.12 相同的 Form1_Load()程序。

③ 双击 Button1 控件，输入以下程序代码：

```
private void button1_Click(object sender, EventArgs e)
{ String ConStr = "server=HOME-679B5B9580\\SQL2005;
                    uid=sa;pwd=123;database=SPDG;";
    String sql = "SELECT * FROM KHB";
    SqlConnection con = new SqlConnection(ConStr);
    SqlDataAdapter Adpt = new SqlDataAdapter(sql, con);
    // 创建需赋予 SqlDataAdapter 的 Update 命令对象
    SqlCommand DAUpdateCmd = new SqlCommand("UPDATE KHB SET 所在省市=@SZSS
                                            WHERE 客户编号=@KHBH", con);
    // 创建参数对象并设置属性
    DAUpdateCmd.Parameters.Add(new SqlParameter("@SZSS", SqlDbType.VarChar));
    DAUpdateCmd.Parameters["@SZSS"].SourceVersion = DataRowVersion.Current;
    DAUpdateCmd.Parameters["@SZSS"].SourceColumn = "所在省市";
    DAUpdateCmd.Parameters.Add(new SqlParameter("@KHBH", SqlDbType.VarChar));
    DAUpdateCmd.Parameters["@KHBH"].SourceVersion = DataRowVersion.Original;
```

```
        DAUpdateCmd.Parameters["@KHBH"].SourceColumn = "客户编号";
        // 设置 SqlDataAdapter 的 UpdateCommand 属性
        Adpt.UpdateCommand = DAUpdateCmd;
        DataSet ds = new DataSet();
        Adpt.Fill(ds, "KHB");
        int i;
        int n = ds.Tables[0].Rows.Count;
        for (i = 0; i < n - 1; i++)
        {   if ( ds.Tables[0].Rows[i]["客户编号"].Equals("100001") )
                ds.Tables[0].Rows[i]["所在省市"] = "上海市";
        }
        Adpt.Update(ds, "KHB");                              // 提交更新数据
        dataGridView1.DataSource = ds.Tables[0];             // 数据重新绑定到显示控件
        con.Close();
        MessageBox.Show("数据修改成功！");
    }
```

程序运行时将显示如图 8.68 所示的界面，单击“数据修改”按钮，将出现图 8.69 所示的提示对话框，单击“确定”按钮后，在程序界面中将显示修改后的数据。

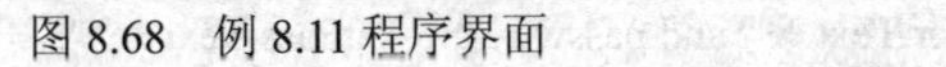

图 8.68　例 8.11 程序界面

图 8.69　成功提示

通过 Command 对象或 DataAdapter 对象也可执行存储过程，将在 8.6.3 节的开发实例中介绍。

4. 数据控件

数据控件用于呈现数据对象，例如在上面的几个例子中，都使用了 DataGridView 控件来显示结果。在 WinForm 方式下，主要数据控件有 DataGridView 和 DataGrid。在 Web Form 方式下，主要数据控件有 DataGridView、DataGrid、DataList 和 Repeater 等。

8.6.3　C#数据库应用系统开发案例——商品订购管理系统

本节结合商品订购管理系统来介绍使用 Visual C#开发 SQL Server 2005 数据库应用程序的过程。该系统的主要功能描述和设计已在 8.5.3 节中详细讨论了，这里不再赘述。现在增加用户登录功能。用户使用本系统，需要先登录，通过系统验证后，才能进入系统。

1. 用户登录模块的实现

在 SPDG 数据库中增加 USERS 表，包含以下两个字段：

Name　　VARCHAR(20)　　不允许为空

Passwd　　VARCHAR(20)　　不允许为空

（1）创建一个 Windows 应用程序项目，命名为：商品订购管理系统。按图 8.70 设计登录界面。该窗体所包含的控件及对象属性如表 8.27 所示。

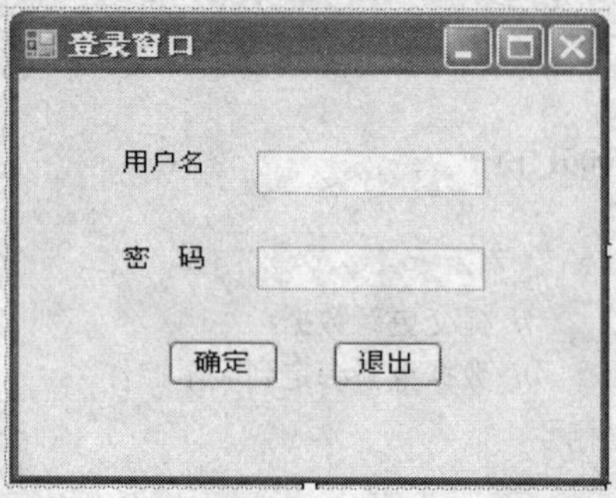

图 8.70　登录界面

表 8.27　登录窗体所包含的控件对象属性表

组件类型	组件名	属性名	设置值
Form	Form1	Text	登录窗口
Label	Label1	Text	用户名
Label	Label2	Text	密码
TextBox	TxtUser		
TextBox	TxtPass	PasswordChar	*
Button	BtnOK	Text	确定
Button	BtnExit	Text	退出

（2）双击窗体空白处，输入以下程序代码：

```
private void Form1_Load(object sender, EventArgs e)
{     TxtUser.Text = "";
      TxtPass.Text = "";
}
```

（3）双击 BtnOK 按钮，输入以下程序代码：

```
private void BtnOK_Click(object sender, EventArgs e)
{     string str = "server=HOME-679B5B9580\\SQL2005;
                 uid=sa;pwd=123;database=SPDG;";
      SqlConnection con = new SqlConnection(str);        //打开数据库连接
      string sql = "select Name,passwd from USERS where Name='"
                 + TxtUser.Text + "' and passwd='" + TxtPass.Text + "'";
    SqlCommand cmd = new SqlCommand();
    cmd.CommandText = sql;
    cmd.Connection = con;
    cmd.Open();
    SqlDataReader rd = cmd.ExecuteReader();
    if (rd.Read())
    {     MainForm mForm = new MainForm();
          mForm.Show();                              // 显示主界面窗体
          con.Close();
          this.Visible = false;                      // 进入 Main 窗体时不显示 Form1 窗体
    }
    else
      {   MessageBox.Show("请输入正确的账户和密码!");   }
}
```

注意：MainForm 是应用程序的主窗体。它的创建过程在下面讨论。

（4）双击 BtnExit 按钮，输入以下程序代码：

```
private void BtnExit_Click(object sender, EventArgs e)
{     this.Close();     // 关闭窗口    }
```

应用程序中通常都包含多个窗体，除了创建项目时系统会自动创建一个窗体外，其他的窗体均需要添加到项目中。向项目中添加一个窗体的方法是：在解决方案资源管理器中该项目名称上单击鼠标右键，在弹出的快捷菜单上选择“添加”→“新建项”，将出现如图 8.71 所示的“添加新项”窗口。在其中选择需要添加项的类型，在名称框中输入新项的名称，单击“添加”按钮。

2. 主界面设计

用户通过用户名/密码验证后，将进入系统主界面，如图 8.72 所示。主界面主要进行系统功能导航，选择主菜单的各菜单项可进入相应的操作窗口。

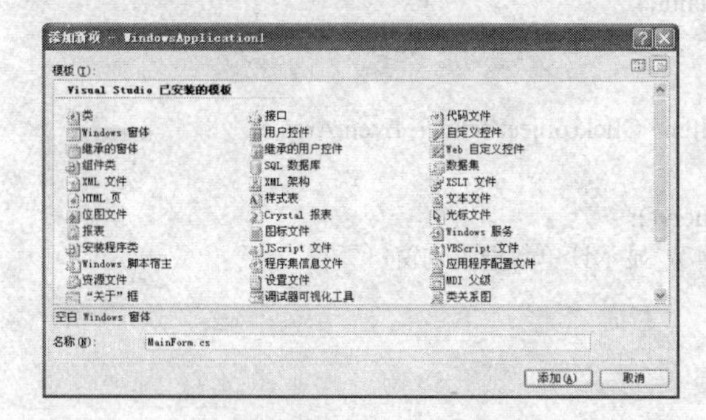

图 8.71　向项目中添加新项

图 8.72　主界面（MainForm）

主界面窗体的 Text 属性设置为“商品订购管理系统”，并选择一幅图片作为背景（通过设置窗体的 BackgroudImage 属性）。主界面窗体上只包含一个 MenuStrip 控件，该控件用做主菜单，作为系统功能的导航。菜单项的设置为：用户管理（用户登录、密码修改）、客户数据维护、商品数据维护、订单数据（订单数据录入、订单数据维护、订单数据查询）、退出。这里括号中的各项为二级菜单项。双击各菜单项，分别输入菜单项的处理程序代码：

```
private void 用户登录 ToolStripMenuItem_Click(object sender, EventArgs e)
{ //“用户登录”命令项的处理
     Form1 Fmlogin = new Form1();
     Fmlogin.Show();                          // 显示登录窗口
}
private void 退出 ToolStripMenuItem_Click(object sender, EventArgs e)
{//“退出”命令项的处理
    this.Close();                             // 退出系统
}
private void 密码修改 ToolStripMenuItem_Click(object sender, EventArgs e)
{//“密码修改”命令项的处理
    FmChangPass ChgPass = new FmChangPass();
    ChgPass.Show();                           // 显示密码修改窗口
}
private void 客户数据维护 ToolStripMenuItem_Click(object sender, EventArgs e)
{//“客户数据维护”命令项的处理
    FmDataKH KH = new FmDataKH();
    KH.Show();                                // 显示客户数据维护窗口
}
private void 商品数据维护 ToolStripMenuItem_Click(object sender, EventArgs e)
{//“商品数据维护”命令项的处理
```

```
        FmDataSP SP = new FmDataSP();
        SP.Show();                              // 显示商品数据维护窗口
    }
    private void 订单数据录入 ToolStripMenuItem1_Click(object sender, EventArgs e)
    {// "订单数据录入"命令项的处理
        FmDataInput DDSR = new FmDataInput();
        DDSR.Show();                            // 显示订单数据录入窗口
    }
    private void 订单数据维护 ToolStripMenuItem_Click(object sender, EventArgs e)
    {// "订单数据维护"命令项的处理
        FmDataMaint DDWH = new FmDataMaint();
        DDWH.Show();                            // 显示订单数据维护窗口
    }
    private void 订单数据查询 ToolStripMenuItem_Click(object sender, EventArgs e)
    {// "订单数据查询"命令项的处理
        FmDataQuery DDCX = new FmDataQuery();
        DDCX.Show();                            // 显示订单数据查询窗口
    }
```

3. DBConnect 类的创建

因程序中大多数模块都要使用数据连接，因此创建一个 DBConnect 类，其中包含对数据库的操作。本例为简单起见，仅为该类创建一个方法 con，其功能是创建一个到数据库的连接。程序代码如下：

```
class DBConnect
{   public static SqlConnection con()
    {   String ConStr = "server=HOME-679B5B9580\\SQL2005;
                   uid=sa;pwd=123;database=SPDG;";
        return new SqlConnection(ConStr);           //创建连接并返回
    }
}
```

4. 客户数据维护模块的实现

客户数据维护模块实现客户数据的增、删、改，其界面如图 8.73 所示。

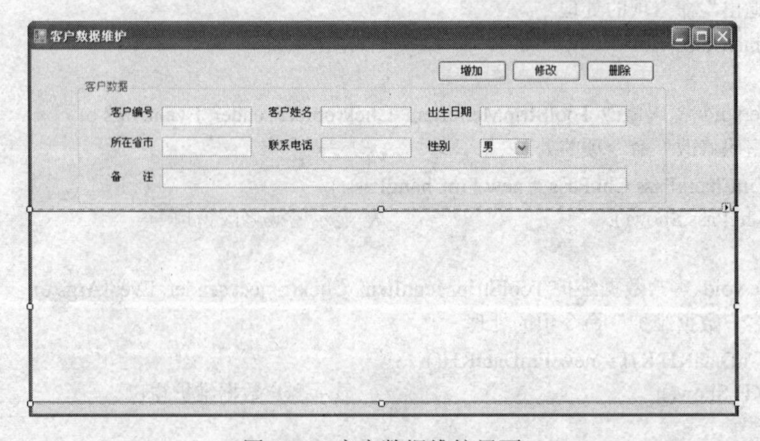

图 8.73　客户数据维护界面

窗体名为 FmDataKH，窗体的 Text 属性值为“客户数据维护”。界面上的控件包括：GroupBox1，用于界定客户的各个数据字段，其 Text 属性为“客户数据”；7 个 Label 控件，分别给出字段名提示；6 个 TextBox 控件，用于显示或输入相应字段值，其 Name 属性分别为 TxtKHBH、TxtKHXM、TxtCSRQ、TxtXB、TxtSZSS、TxtLXDH、TxtBZ；1 个 ComboBox 控件，用于选择性别，Name 属性为 comboXB；一个 DataGridView 控件，用于显示客户表数据；3 个 Button 控件，Name 属性分别为 BtnAdd、BtnUpdate、BtnDelete，Text 属性分别为增加、修改、删除。以下是该模块的源程序。

（1）窗体加载 FmDataKH_Load：连接数据库，查询 KHB，将返回结果绑定到 dataGridView1 控件。

```
private void FmDataKH_Load(object sender, EventArgs e)            // 窗体加载
{   try
    {   SqlConnection con = DBConnect.con();
        String sql = "SELECT * FROM KHB";
        SqlDataAdapter Adpt = new SqlDataAdapter(sql,con);         //执行 SQL 语句
        DataSet ds = new DataSet();                                //创建 DataSet 对象
        Adpt.Fill(ds,"KHB");                                       //填充数据集
        //数据表绑定到显示控件
        dataGridView1.DataSource = ds.Tables[0].DefaultView;
        con.Close();
    }
    catch (Exception cw)
    {   MessageBox.Show(cw.Message);    }
}
```

（2）数据绑定程序：将数据集中的当前记录个字段值绑定到文本框或 comboBox 控件。

```
public void binding()                  // 数据绑定到输入框
{   try
    { TxtKHBH.Text = dataGridView1.SelectedCells[0].Value.ToString();
      TxtKHXM.Text = dataGridView1.SelectedCells[1].Value.ToString();
      TxtCSRQ.Text = dataGridView1.SelectedCells[2].Value.ToString();
      comboXB.Text = dataGridView1.SelectedCells[3].Value.ToString();
      TxtSZSS.Text = dataGridView1.SelectedCells[4].Value.ToString();
      TxtLXDH.Text = dataGridView1.SelectedCells[5].Value.ToString();
      TxtBZ.Text = dataGridView1.SelectedCells[6].Value.ToString();
    }
    catch (Exception cw)
    {     MessageBox.Show(cw.Message);      }
}
 private void dataGridView1_Click(object sender, EventArgs e)
 {// 单击 dataGridView1 移动数据记录位置时的事件处理
       binding();
 }
```

（3）Check()函数：检查客户编号是否已存在，若已存在则返回 true，否则返回 false。

```
private Boolean Check(string KHid)      //检查客户编号是否存在
{   SqlConnection con = DBConnect.con();
    con.Open();
    String sql = "select * from KHB where 客户编号='" + KHid + "'";
```

```
        SqlCommand cmd = new SqlCommand(sql, con);
        SqlDataReader rd;
        rd = cmd.ExecuteReader();
        int x = 0;
        while (rd.Read())
            x++;
        con.Close();
        if (x > 0) {    return true;    }
         else {    return false;    }
    }
```

（4）增加数据处理：利用 Command 对象提交 INSERT 命令，成功执行后重新绑定数据。

```
    private void BtnAdd_Click(object sender, EventArgs e)                    //增加数据
    {   if (TxtKHBH.Text !="")
            if (!Check(TxtKHBH.Text))
            {   SqlConnection con = DBConnect.con();
                con.Open();
                SqlCommand cmd = new SqlCommand();
                cmd.CommandText = "INSERT INTO KHB VALUES('" + TxtKHBH.Text + "','" +
                TxtKHXM.Text + "','" + TxtCSRQ.Text + "','" + comboXB.Text+ "','" + TxtSZSS.Text +
                "','" + TxtLXDH.Text + "','" + TxtBZ.Text + "')";
                cmd.Connection = con;
                cmd.ExecuteNonQuery();                                       // 提交执行命令
                MessageBox.Show("输入数据成功！ ");
                String sql = "SELECT * FROM KHB";
                SqlDataAdapter Adpt = new SqlDataAdapter(sql,con);
                DataSet ds = new DataSet();
                Adpt.Fill(ds,"KHB");
                // 更新后的数据表绑定到显示控件
                dataGridView1.DataSource = ds.Tables[0].DefaultView;
                con.Close();
            }
            else
            {   MessageBox.Show("客户编号不能重复!");   }
        else
        {   MessageBox.Show("客户编号不能为空!");   }
    }
```

（5）修改数据处理：利用 Command 对象提交 UPDATE 命令，成功执行后重新绑定数据。

```
    private void BtnUpdate_Click(object sender, EventArgs e)          //修改数据
    {   if (MessageBox.Show("你确认要修改客户数据吗！ ", "消息框",
        MessageBoxButtons.OKCancel,
          MessageBoxIcon.Information) == DialogResult.OK)
        {   if (TxtKHBH.Text != "")
                if (Check(TxtKHBH.Text))
                {   try
                    {   SqlConnection con = DBConnect.con();
                        con.Open();
                        SqlCommand cmd = new SqlCommand();
                        cmd.CommandText = "UPDATE KHB SET  客户姓名='" + TxtKHXM.Text +
```

```
                                "',出生日期='" + TxtCSRQ.Text + "',性别='" + comboXB.Text
                                + "',所在省市='" + TxtSZSS.Text + "',
                                联系电话='" + TxtLXDH.Text + "',备注='" + TxtBZ.Text + "'
                                WHERE  客户编号='" + TxtKHBH.Text
                                + "'";
                    cmd.Connection = con;
                    cmd.ExecuteNonQuery();           // 提交执行命令
                    MessageBox.Show("修改数据成功！ ");
                    String sql = "SELECT * FROM KHB";
                    SqlDataAdapter Adpt = new SqlDataAdapter(sql, con);
                    DataSet ds = new DataSet();
                    Adpt.Fill(ds, "KHB");
                    // 更新后的数据表绑定到显示控件
                    dataGridView1.DataSource = ds.Tables[0].DefaultView;
                    con.Close();
                  }
                  catch (Exception cw)
                  {   MessageBox.Show(cw.Message);   }
              }
              else
              {   MessageBox.Show("客户编号不存在!");   }
            else
            {   MessageBox.Show("客户编号不能为空!");   }
        }
    }
```

（6）删除数据处理：利用 Command 对象提交 DELETE 命令，成功执行后重新绑定数据。

```
    private void BtnDelete_Click(object sender, EventArgs e)              //删除数据
    {   if (MessageBox.Show("你确认要删除客户数据吗！ ", "消息框", MessageBoxButtons.OKCancel,
                        MessageBoxIcon.Information) == DialogResult.OK)
        {   if (TxtKHBH.Text != "")
              if (!Check(TxtKHBH.Text))
              {   try
                  {   SqlConnection con = DBConnect.con();
                      con.Open();
                      SqlCommand cmd = new SqlCommand();
                      cmd.CommandText = "DELETE FROM KHB
                                    WHERE  客户编号='" + TxtKHBH.Text + "'";
                      cmd.Connection = con;
                      cmd.ExecuteNonQuery();
                      MessageBox.Show("删除数据成功！ ");
                      String sql = "SELECT * FROM KHB";
                      SqlDataAdapter Adpt = new SqlDataAdapter(sql, con);
                      DataSet ds = new DataSet();
                      Adpt.Fill(ds, "KHB");
                      // 更新后的数据表绑定到显示控件
                      dataGridView1.DataSource = ds.Tables[0].DefaultView;
                      con.Close();
                  }
```

```
                    catch (Exception cw)
                    {   MessageBox.Show(cw.Message);   }
                }
                else
                {   MessageBox.Show("客户数据不存在!");   }
            else
            {   MessageBox.Show("客户编号不能为空!");   }
        }
    }
```

（7）程序执行结果如图 8.74 所示，可增加、修改、删除数据。

客户数据维护

增加　修改　删除

客户数据

客户编号 100008　客户姓名 张苹　出生日期 1970-2-10

所在省市 江苏苏州　联系电话 13100010001　性别 女

备　注 新客户

客户编号	客户姓名	出生日期	性别	所在省市	联系电话	备注
100001	张小林	1979-2-1	男	江苏南京	02581234678	银牌客户
100002	李红红	1982-3-22	女	江苏苏州	139008899120	金牌客户
100003	王晓美	1976-8-20	女	上海市	02166552101	新客户
100004	赵明	1972-3-28	男	河南郑州	131809001108	新客户
100005	张帆一	1980-9-10	男	山东烟台	138809332012	
100006	王芳芳	1986-5-1	女	江苏南京	137090920101	
100007	周远	1979-8-20	男	安徽合肥	13388080088	

图 8.74　客户数据维护模块执行结果

5. 商品数据维护模块的实现

该模块的实现与客户数据维护模块基本相同，读者可按其自行设计。

6. 订单数据录入模块的实现

订单数据录入模块实现订单数据的录入，其界面如图 8.75 所示。

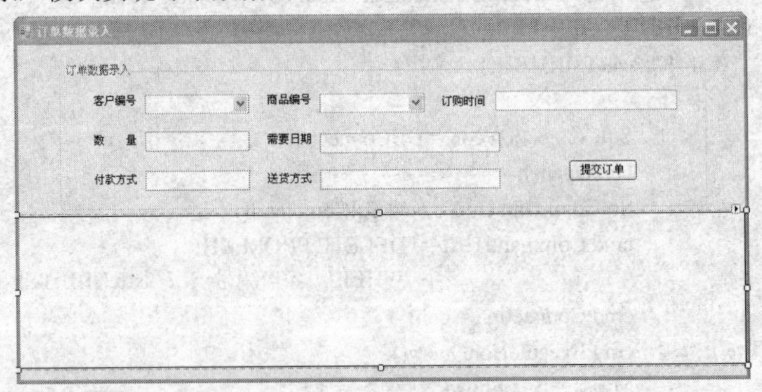

图 8.75　订单数据录入界面

窗体名为 FmDataInput，窗体的 Text 属性值为“订单数据录入”。界面上的控件包括：GroupBox1，用于界定客户的各个数据字段，其 Text 属性为“订单数据录入”；7 个 Label 控件，分别给出字段名提示；5 个 TextBox 控件，用于显示或输入相应字段值，其 Name 属性分别为 TxtDGSJ、TxtSL、TxtXYRQ、TxtFKFS、TxtSHFS；2 个 ComboBox 控件，用于选择客户编号和商品编号，Name 属性为 comboKHBH、comboSPBH；一个 DataGridView 控件，用于显示客户表数据；1 个 Button 控件，Name 属性为：BtnSubmit，Text 属性为：“提交订单”。

（1）设计存储过程。利用存储过程返回已有客户编号和商品编号，将它们绑定到相应的 ComboBox 控件上。为此设计 2 个存储过程 GetKHBH、GetSPBH。

GetKHBH 存储过程代码如下：

```
CREATE PROCEDURE GetKHBH
AS
SELECT  客户编号  FROM KHB
GO
GetSPBH 存储过程代码如下：
CREATE PROCEDURE GetSPBH
AS
SELECT  商品编号  FROM SPB
GO
```

在查询分析器中执行上面的 SQL 语句，创建这两个存储过程。

（2）窗体加载 FmDataInput_Load：连接数据库，查询 SPDGB，将返回结果绑定到 dataGridView1 控件。执行存储过程 GetKHBH，将返回的客户编号值绑定到 comboKHBH 控件。执行存储过程 GetKHBH，将返回的客户编号值绑定到 comboSPBH 控件。程序如下：

```
private void FmDataInput_Load(object sender, EventArgs e)
{   try
    {   SqlConnection con = DBConnect.con();
        String sql = "SELECT * FROM SPDGB";
         SqlDataAdapter Adpt = new SqlDataAdapter(sql, con);
         DataSet ds = new DataSet();
         Adpt.Fill(ds, "SPDGB");
         dataGridView1.DataSource = ds.Tables[0].DefaultView;
         //执行存储过程 GetKHBH，数据绑定到 cpmboKHBH 控件
         SqlCommand cmd = new SqlCommand();
         cmd.Connection = con;
         cmd.CommandType = CommandType.StoredProcedure;      //指明执行存储过程
         cmd.CommandText = "GetKHBH";                        //指明存储过程名
         Adpt.SelectCommand = cmd;                           //执行存储过程
         Adpt.Fill(ds, "KHBH");                              //填充数据集
         int i;
         int n = ds.Tables["KHBH"].Rows.Count;
         for (i = 0; i < n–1; i++)
             comboKHBH.Items.Add(ds.Tables["KHBH"].Rows[i]["客户编号"]);
         //执行存储过程 GetSPBH，数据绑定到 comboSPBH 控件
         cmd.CommandText = "GetSPBH";
         Adpt.SelectCommand = cmd;
         Adpt.Fill(ds, "SPBH");
         n = ds.Tables["SPBH"].Rows.Count;
         for (i = 0; i < n–1; i++)
             comboSPBH.Items.Add(ds.Tables["SPBH"].Rows[i]["商品编号"]);
         con.Close();
    }
    catch (Exception cw)
    {   MessageBox.Show(cw.Message);   }
}
```

（3）添加新的订单记录：利用 Command 对象提交 INSERT 命令，成功执行后重新绑定数据。程序如下：

```
private void BtnSubmit_Click(object sender, EventArgs e)          //提交订单
{   if (comboKHBH.Text != "" && comboSPBH.Text != "")
    {   try
        {   SqlConnection con = DBConnect.con();
            SqlCommand cmd = new SqlCommand();
            cmd.CommandText = "INSERT INTO SPDGB VALUES('" + comboKHBH.Text + "','" +
            comboSPBH.Text + "','" + TxtDGSJ.Text + "','" + TxtSL.Text + "','" + TxtXYRQ.Text + "','"
            + TxtFKFS.Text + "','" + TxtSHFS.Text + "')";
            cmd.Connection = con;
            con.Open();
            cmd.ExecuteNonQuery();
            SqlDataAdapter Adpt = new SqlDataAdapter("SELECT * FROM SPDGB", con);
            DataSet ds = new DataSet();
            Adpt.Fill(ds, "SPDGB");
            dataGridView1.DataSource = ds.Tables[0].DefaultView;
              con.Close();
        }
       catch (Exception cw)
        {   MessageBox.Show(cw.Message)    }
    }
    else
    {   MessageBox.Show("客户编号或商品编号不能为空!");   }
}
```

（4）程序执行结果如图 8.76 所示，可添加订单记录。

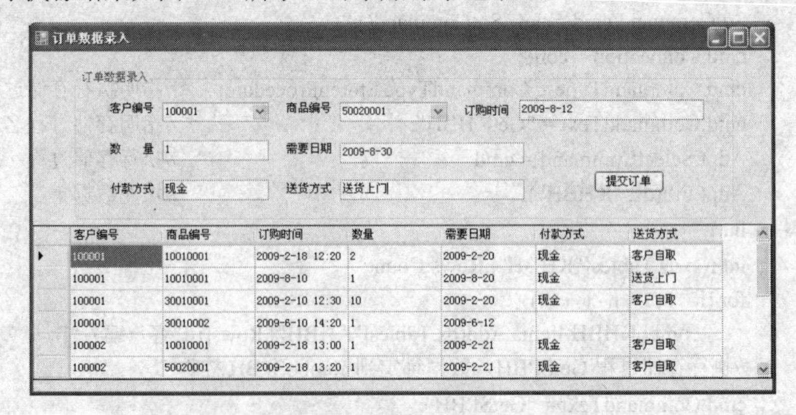

图 8.76　订单数据录入模块执行结果

7. 订单数据维护模块的实现

该模块的实现与客户数据维护模块中数据修改与删除基本相同，读者可按其自行设计。

8. 订单数据查询模块的实现

订单数据查询模块实现订单数据的条件查询，其界面如图 8.77 所示。

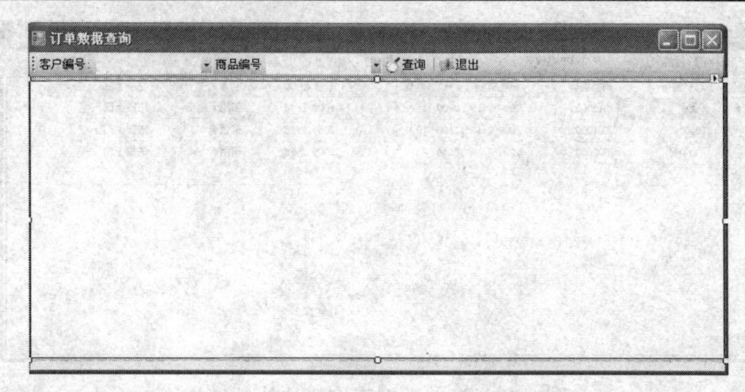

图 8.77 订单数据录入界面

窗体名为 FmDataQuery，窗体的 Text 属性值为“订单数据查询”。界面的设计使用了一个 toolStrip 控件，在其上放置了 2 个 Label（Text 属性分别为：客户编号、商品编号）、2 个 comboBox（用于选择客户编号和商品编号）和 2 个 Button 控件（查询、退出）。

（1）窗体加载 FmDataQuery_Load：与 FmDataInput_Load 完全相同。

（2）查询处理：根据用户选择的客户编号、商品编号，提交相应的 SQL 语句。

```
private void toolStripButton1_Click(object sender, EventArgs e)
{   if (toolStripComboBox1.Text == "" && toolStripComboBox2.Text == "")
    {   MessageBox.Show("客户编号和商品编号不能全为空!");
        return;
    }
    try
    {   String sql = "SELECT * FROM SPDGB ";
        if (toolStripComboBox1.Text != "" && toolStripComboBox2.Text != "")
        {   sql = sql + "   Where  客户编号='" + toolStripComboBox1.Text + "' AND
                    商品编号='" + toolStripComboBox2.Text + "'";
        }
        else
            if (toolStripComboBox1.Text != "")
                sql = sql + " Where  客户编号='" + toolStripComboBox1.Text + "'";
            else
                sql = sql + " Where  商品编号='" + toolStripComboBox2.Text + "'";
        SqlConnection con = DBConnect.con();
        SqlDataAdapter Adpt = new SqlDataAdapter(sql, con);
        DataSet ds = new DataSet();
        Adpt.Fill(ds, "SPDGB");
        dataGridView1.DataSource = ds.Tables[0].DefaultView;
    }
    catch (Exception cw)
    {
        MessageBox.Show(cw.Message);
    }
}
```

（3）程序执行结果如图 8.78 所示。

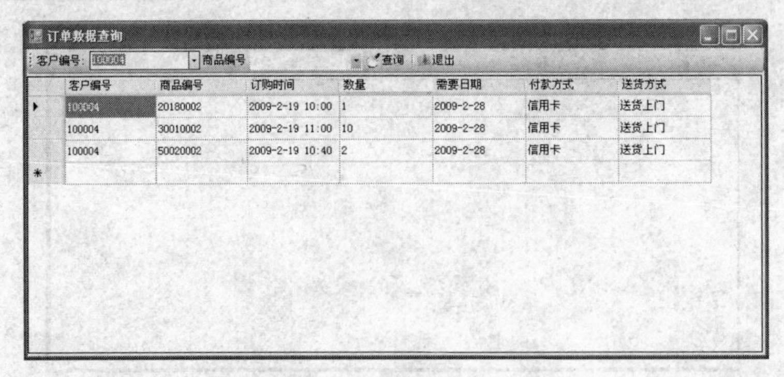

图 8.78　订单数据查询模块执行结果

本章小结

本章介绍了数据库应用系统的开发过程、应用系统的体系结构、常用的关系数据库管理系统以及常用的应用开发工具，详细讨论了 VB 和 Visual C#两种开发平台的数据库应用开发技术，并以商品订购管理系统为例，详细介绍了系统的需求分析、系统设计和实现技术。

数据库应用系统的开发过程一般包括需求分析、总体设计、详细设计、编码与单元测试、系统测试与交付、系统使用与维护等阶段。每个阶段有特定的任务，并可采用不同的工具和方法来完成。

数据库应用系统的体系结构可分为 4 种模式：单用户模式、主从式多用户模式、客户/服务器模式（C/S）和 Web 浏览器/服务器模式（B/S）。目前广泛使用的是 C/S 和 B/S 模式。

当今的数据库市场上，产品十分丰富。如何选择数据库系统产品，一要了解各数据库系统功能、体系结构、性能等方面的特性；二要根据数据库应用系统对数据库产品的需求。本章简要介绍了目前数据库市场上几种较流行的数据库管理系统产品。

选择合适的数据库应用开发工具能有效提高应用系统的开发效率，达到事半功倍的效果。本章简要介绍了使用较广的几个数据库应用开发工具。

习题 8

1. 简述数据库应用系统的开发过程。
2. 数据库应用系统的体系结构主要有哪些？
3. 目前数据库市场上有哪些主流厂商和产品？
4. 在 VB 中使用 ADO 对象访问数据库的一般流程是什么？
5. Connection、Recordset 和 Command 这三个 ADO 对象的主要作用是什么？
6. .NET 框架结构中通用语言运行环境（CLR）和.NET Framework 类库的主要作用分别是什么？

第 9 章　数据库保护
——数据库管理基础

在第 1 章中，我们就讲到，数据库的特点之一是，由数据库管理系统提供统一的数据保护控制功能，来保证数据的正确有效和安全可靠。数据库中的数据均由 DBMS 统一管理与控制，应用程序对数据的访问均经由 DBMS。数据库的数据保护主要包括数据安全性和数据完整性，DBMS 必须提供数据安全性保护、数据完整性检查、并发访问控制和数据库恢复功能，来实现对数据库中数据的保护。安全性、完整性、数据库恢复和并发控制这 4 大基本功能，也是数据库管理员和数据库开发人员为更好地管理、维护和开发数据库系统所必须掌握的数据库知识。本章将从用户使用的角度讨论数据库的这些功能。

9.1　数据库保护概述

数据库是共享资源，既要充分利用，又要对它实施保护，使其免受各种因素所造成的破坏。对数据库保护既是 DBMS 的任务，又是数据库系统所涉及的用户（特别是 DBA）的责任。

对数据库的破坏主要来自以下 4 个方面：

（1）非法用户。非法用户是指那些未经授权而恶意访问、修改甚至销毁数据库的用户，包括越权访问数据库的用户。

（2）非法数据。非法数据是指那些不符合规定或语义要求的无效数据。这些数据没有正确地反应客观世界的信息，往往是由用户误操作引起的。

（3）各种故障。如硬盘损坏会使得存储于其上的数据丢失；由于软件设计上的失误或用户使用的不当，软件系统可能会误操作数据而引起数据破坏；破坏性病毒会破坏系统软件、硬件和数据；用户误操作，如误用了诸如 DELETE、UPDATE 等命令而引起数据丢失或被破坏；自然灾害，如火灾、洪水或地震等，它们会造成极大的破坏，会毁坏计算机系统及其数据。这些故障，轻者会导致运行事务的非正常结束，影响数据库中数据的正确性，严重的则会破坏数据库，造成数据库中的数据部分或全部丢失。

（4）多用户的并发访问。数据库中的数据是共享资源，允许多个用户并发访问。由此会出现多个用户同时存取一个数据而产生冲突的情况。如果对这种并发访问不加控制，各个用户就可能存取到不正确的数据，将不能保证数据的一致性。

针对以上 4 种对数据库可能的破坏情况，DBMS 必须采取相应的措施对数据库实施保护，具体如下。

（1）数据库安全（Security）保护：主要利用权限机制，只允许有合法权限的用户存取其允许访问的数据。9.2 节将讨论数据库的安全保护策略与机制。

（2）数据库完整性（Integrity）约束与检查机制：利用完整性约束机制防止非法数据进入数据库，数据完整性检查的目的是保证数据是有效的，或保证数据之间满足一定的约束关系。关于数据完整性，在第 1 章、2.3 节、3.3 节都有较多介绍，9.3 节将进一步讨论。

（3）数据库恢复（Recovery）：当计算机系统出现各种故障后，DBMS 应能将其恢复到之前的某一正常状态，这就是数据库的恢复功能。9.4 节将讨论数据库故障技术。

（4）并发控制（Concurrency）机制：DBMS 必须对多用户的并发操作加以控制，以保证多个用户并发访问的顺利进行。9.5 节将讲述数据库的并发控制机制。

9.2 数据库安全

数据库的安全性是指保证数据不被非法访问，保证数据不会因非法使用而被泄密、更改和破坏。由于数据库系统是建立在计算机系统之上的，其运行需要有计算机硬件和操作系统的支持，所以数据库中数据的保护并不仅仅是 DBMS 的任务，还涉及计算机系统本身的安全防护以及操作系统的安全性等，而这些并不在我们的讨论范围之内。因此，在介绍 DBMS 的数据库安全保护机制之前，先对其作用范围做一个界定。

9.2.1 数据库安全保护范围

数据库中有关数据保护是多方面的，它是一个系统工程，包括计算机系统外部环境因素和计算机系统内部环境因素。

（1）计算机外部环境保护

① 自然环境保护。如加强计算机房、设备及其周边环境的警戒、防火、防盗等，防止人为的物理破坏。

② 社会环境中的安全保护。如建立各种法律法规、规章制度，对计算机工作人员进行安全教育，使其能正确使用数据库。

③ 设备环境中的安全保护。如及时进行设备检查、维护等。

（2）计算机内部系统保护

① 计算机操作系统中的安全保护。防止病毒侵入、黑客攻击，防止用户未经授权从操作系统进入数据库系统。

② 网络安全保护。目前由于许多数据库系统都允许用户通过网络进行远程访问，所以必须提供网络软件的安全保护。

③ 数据库系统的安全保护。检查用户身份是否合法，检验使用数据库的权限是否正确等。

④ 应用系统中的安全保护。各种应用系统中对用户使用数据的安全保护。

在上述安全保护问题中，外部环境的安全性主要属于社会组织、法律法规及伦理道德的范畴；计算机操作系统和网络安全措施已经得到广泛应用；应用系统的安全问题涉及具体的应用过程。这些都不在我们的讨论范围之内。我们所讨论的数据库安全所涉及的是数据库系统中的数据保护相关的内容。

9.2.2 数据库安全性目标

数据库安全也属于信息安全领域，因此也应具有信息安全中关于安全的 5 个要素：数据的机密性、完整性、可用性、认证性和审计。针对信息安全五要素，国际标准化组织 ISO（International Standard Organization）规定了对应的 5 种标准安全服务，即数据保密安全服务、数据完整性安全服务、访问控制安全服务、对象认证安全服务和防抵赖安全服务。

目前，一般将前三项作为数据库安全性的目标。其中，

① 机密性是指信息不能对未授权的用户公开；

② 完整性是指保证数据是正确的，没有经过非授权用户的修改（即保证只有授权用户才被允许修改数据）；注意，这里的完整性概念与数据库中的数据完整性概念侧重点有所不同。

③ 可用性是指授权的用户不能被拒绝访问。

大多数商用 DBMS 除完成以上三个安全性目标外，还提供了一定程度的审计功能。DBMS 通常通过提供身份认证和访问控制服务，来实现数据库的安全目标。

9.2.3 数据库安全控制

为了保证数据库的安全，安全控制原则既要注重数据访问的安全性，也要兼顾数据访问性能的需求。通常，数据库在安全性机制设置方面可分为 4 个控制层次，如图 9.1 所示。

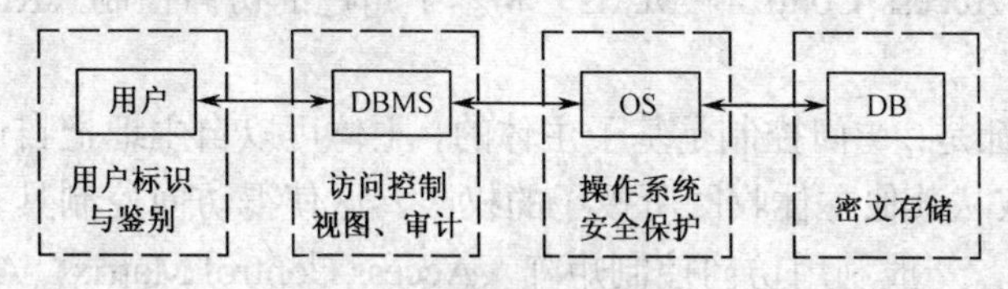

图 9.1　安全层次模型

在图 9.1 所示的安全模型中，用户标识与鉴别在最外层，表明用户需要经过身份认证后才能进入数据库系统。对已获得系统访问权的用户，DBMS 还要进行数据的访问控制等安全保护。当然，在操作系统级上，OS 都有自己的安全保护措施。最后，数据的物理存储可选择加密存储，以实现更严格的安全保护。

1. 用户标识与鉴别

用户标识与鉴别（Identification and Authentication）即用户身份认证。这是数据库管理系统提供的最外层安全保护措施。其方法是由系统提供一定的方式让用户标识自己的名字或身份。每次用户要求进入系统时，由系统核对用户身份，通过鉴定后才允许用户使用系统。

用户标识与鉴别的方法很多，一个系统中通常是多种方法并举，以获得更强的安全性。用户标识一般采用一个用户名（User Name）或用户标识（UID）。而要对用户进行鉴别，一般有以下几种途径：

（1）只有用户知道的信息。如口令（Password）。这是最常用的方式，简单易行，缺点是易猜测、易被窃取和易忘记。

（2）只有用户具有的物品。如 IC 卡，优点是不会被仿冒、可加密、安全性高，缺点是需要相应的硬件设备。

（3）个人特征。以用户主体的生物特征进行鉴别，如指纹、虹膜等，优点是不会被仿冒、可靠性好、安全性高，缺点是成本较高。

目前，商品化的 DBMS 几乎都用口令作为鉴别手段，并要求用户不定期地更换口令。在输入口令时，往往还有输入次数的限制。如果在规定的次数内不能输入正确的口令，则不允许用户进入系统。

2. 访问控制

用户标识与鉴别解决了用户合法性问题，但合法用户对数据库中数据的使用权利通常还

有区别，合法用户都应该只能执行被授权的操作，不能越权访问。访问控制（Access Control）的目的就是解决合法用户的权限问题，主要包括授权和权限检查。

访问控制是 DBMS 杜绝对数据库非法访问的主要措施。访问控制机制主要包括两部分：

① 授权（Authorization）：定义用户权限，并将用户权限登记到数据字典中。

② 验证（Authentication）：当用户提出操作请求时，系统进行权限检查，拒绝用户的非法操作。

数据库中的数据访问权限是一个二元组（数据对象，操作类型）。其中数据对象是操作所施加的对象，包括模式、表等；操作类型包括查询、插入、修改、删除等。访问权限定义就是定义用户可以操作的数据对象和对数据对象可进行的操作。这个定义过程就是授权。所定义的授权内容经过编译后存放在数据库的数据字典中，称为安全规则或授权规则。

访问控制的实现策略主要有自主访问控制（Discretionary Access Control，DAC）、强制访问控制（Mandatory Access Control，MAC）和基于角色的访问控制（RBAC）三种，这里主要介绍 DAC 方式。

DAC 的主要特征是：访问控制是基于主体的，主体可以自主地把自己所拥有客体的访问权限授予其他主体或从其他主体收回所授予的权限，这使得访问控制具有较高的灵活性。

在 DAC 系统中，一般利用访问控制矩阵（Access Control Matrix，ACM）或访问控制列表（Access Control List，ACL）来实现访问权限的控制。访问控制矩阵通过矩阵形式表示访问权限，矩阵中每一行代表一个主体，每一列代表一个客体，矩阵中行列的交叉元素代表某主体对某客体的访问权限。访问控制列表是以客体为中心建立的访问权限表，对每个客体单独指定对其有访问权限的主体，还可以将有相同权限的主体分组，将访问权限授予组。ACL 表述直观，易于理解，可以较方便地查询对某一特定资源拥有访问权限的所有用户。

大型数据库管理系统几乎都支持 DAC。目前的 SQL 标准也对 DAC 提供支持，主要通过 SQL 的授权语句（GRANT）和权限回收语句（REVOKE）来实现。

（1）授权语句

某个用户对某类数据库对象具有何种操作权利是一个政策问题，需要由管理者来决定。DBMS 的任务是保证这些决定的执行。SQL 的授权语句 GRANT 用于为用户进行授权，该语句的基本格式为：

```
GRANT  <权限> [，<权限> …]
        ON <对象类型> <对象名> [ ，<对象类型> <对象名> … ]
       TO <用户> [，<用户>   … ]
        [ WITH GRANT OPTION ]
```

GRANT 语句的功能是：将对操作对象的指定权限授予指定用户。使用 GRANT 语句的可以是 DBA、数据库对象创建者（Owner）或已拥有该权限的用户。常用关系数据库中对象类型、对象和操作类型可见表 9.1，表中的 ALL PRIVILEGES 表示全部权限。如果使用了 WITH GRANT OPTION 子句，则表示允许获得此权限的用户还可将指定的对象权限转授其他用户。

表 9.1　关系系统中的用户访问权限

对象类型	对　象	操作类型
数据库	基本表	CREATE、ALTER
模式	视图	CREATE
	索引	CREATE
数据	基本表、视图、列	SELECT、INERT、UPDATE、REFERENCE、ALL PRIVILEGES

【例 9.1】　把 KHB 和 SPB 的全部权限授予用户 liu。

```
GRANT ALL PRIVILEGES
ON TABLE KHB , SPB
TO liu
```

【例 9.2】　把 KHB 的 UPDATE 权限授予用户 Li，并允许其将此权限再授予其他用户。

```
GRANT UPDATE
ON TABLE KHB
TO Li
WITH GRANT OPTION
```

（2）权限回收语句

权限回收语句是 REVOKE，其基本格式为：

```
REVOKE  <权限> [，<权限> …]
    ON <对象类型> <对象名> [ ，<对象类型> <对象名> … ]
    FROM  <用户> [，<用户>  … ] [ CASCADE ]
```

关键字 CASCADE 表示权限回收时必须级联收回。例如，在例 9.2 中的权限授予了用户 Li，Li 可能还把该权限授予了用户 Zhang，那么在回收授予给 Li 的这个权限时，就要将由 Li 开始的授权链一起撤销。

【例 9.3】　把用户 Li 对 KHB 的 UPDATE 权限收回。

```
REVOKE UPDATE
ON TABLE KHB
FROM liu CASCADE
```

DAC 的自主性给用户提供了灵活的访问控制方式，但信息在传递的过程中可能会被修改或破坏。用户可以自由地将自己的访问权限授予他人，系统对此控制复杂。访问权限的传递容易产生安全漏洞，造成信息的泄露。

3. 视图机制

视图机制可以把用户可使用的数据定义在视图中，使用户不能访问视图定义范围之外的数据，从而把要保密的数据对无权限的用户隐藏起来，给数据提供了一定程度的安全保护。有关视图的定义与使用请见第 3 章。

4. 安全审计（Audit）

审计用于跟踪和记录所选用户对数据库的操作。通过审计可以跟踪、记录可疑的数据库操作，并将结果记录在审计日志中。根据审计日志记录可对非法访问进行事后分析与追查。

审计日志记录通常包括：操作类型、操作终端标识和操作员标识、操作日期和时间、操作的数据对象、数据修改前后的值等。DBA 可以利用审计根据总的信息，重现导致数据库现有状况的一系列事件，找出非法存取数据的用户、时间和细节。

审计通常是很费时间和空间的，所以 DBMS 一般都将其作为可选设置，允许 DBA 根据对安全性的要求，灵活地打开或关闭审计功能。

9.2.4　SQL Server 的安全机制

本节介绍 SQL Server 的安全机制。图 9.2 为 SQL Server 的安全体系结构。

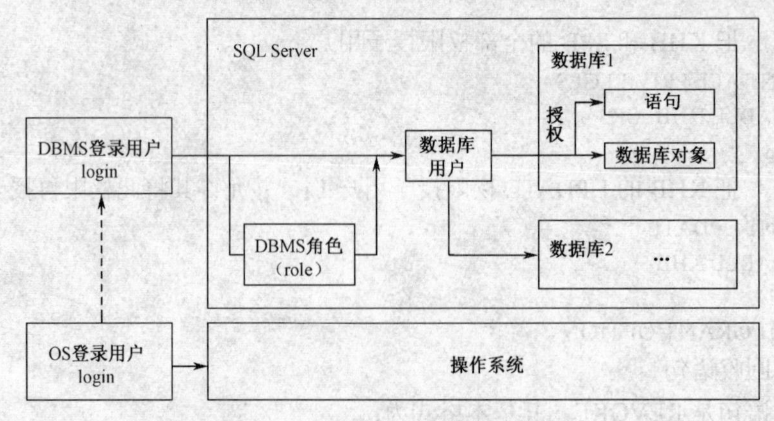

图 9.2　SQL Server 安全体系结构

由图 9.2 可看出，SQL Server 安全体系由三级构成，由外向内分别是：数据库服务器级、数据库级、数据库对象级，并且一级比一级高。其安全策略为：要访问数据库服务器，必须先成为 DBMS 的登录用户；要访问某个数据库，必须将某个登录用户或其所属的角色设置为该数据库的用户；成为某个数据库的用户后，如要访问该数据库下的某个数据库对象或执行某个 SQL 语句，还必须为该用户授予所要操作对象或语句的权限。

SQL Server 运行于操作系统之上，它与 OS 各自有其安全体系。操作系统的用户只有成为 SQL Server 的登录用户后，才能访问 SQL Server。

1. 身份验证模式

身份验证模式是指系统确认用户的方式。SQL Server 2005 有两种身份验证模式：Windows 身份验证模式和 SQL Server 和 Windows 身份验证模式。

Windows 身份验证模式：使用 Windows 操作系统的安全机制进行身份验证。只要用户能够通过 Windows 用户账号验证，即可连接到 SQL Server，SQL Server 不再进行验证。

SQL Server 和 Windows 身份验证模式：在这种模式下，SQL Server 要进行身份验证。用户必须提供登录名和口令，这些信息是存储在 SQL Server 的系统表 syslogins 中的，与 Windows 的登录账号无关。这种验证模式可使某些非可信的 Windows 操作系统账户（如 Internet 客户）连接到 SQL Server 上。它相当于在 Windows 身份验证机制之后加入了 SQL Server 身份验证机制，对非可信的 Windows 账户进行自行验证。对可信客户也可采用 SQL Server 身份验证方式。

指定或修改 SQL Server 2005 身份验证模式的方法是：在 SQL Server Management Studio 的对象资源管理器中，右击要修改的 SQL Server 服务器，在弹出的快捷菜单上选择“属性”命令，打开如图 9.3 所示的窗口，选择“安全性”，其右侧即为服务器身份验证方式选择，选择后，单击“确定”按钮即可。注意：修改了验证模式后，需要重起 SQL Server 服务，才能使设置生效。

2. 用户与登录

用户与登录是 SQL Server 安全管理的两个基本概念。

（1）登录

登录是连接到 SQL Server 的账号信息，包括登录名、口令等。登录属于数据库服务器级的安全策略。无论采用哪种身份验证方式，都需要具备有效的登录账号。SQL Server 建有默认的登录账号：sa（系统管理员，在 SQL Server 中拥有系统和数据库的所有权限）、BUILTIN\Administrators（SQL Server 为每个 OS 系统管理员提供的默认登录账号，在 SQL Server 中拥有系统和数据库的所有权限）。

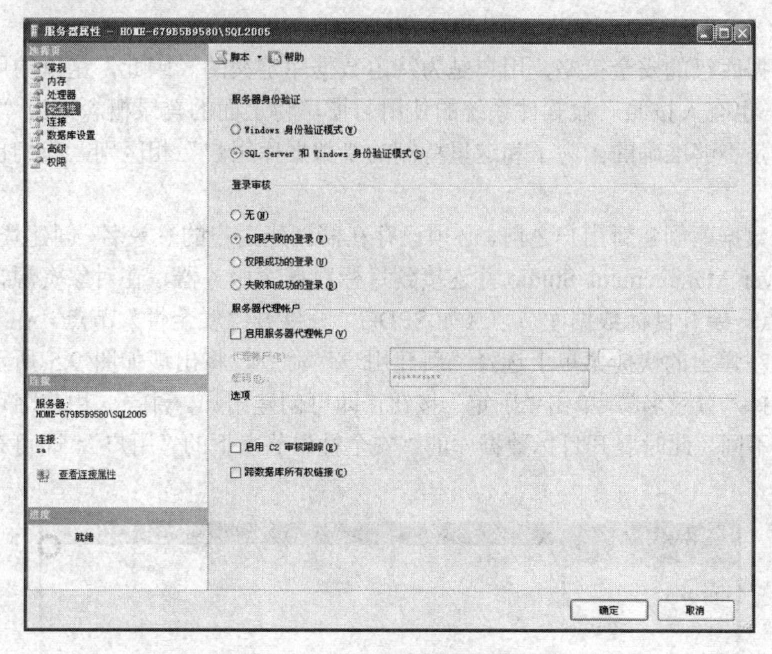

图 9.3　设置 SQL Server 身份验证模式

创建登录的方法为：打开 SQL Server Management Studio 并连接到目标数据库服务器，在对象资源管理器中单击“安全性”节点前的“+”，展开安全节点。在“登录名”上单击鼠标右键，在弹出的快捷菜单上选择“新建登录名”命令，将出现如图 9.4 所示的窗口。选择身份验证模式，输入登录名、密码、确认密码等，单击“确定”按钮，即可创建登录。此时展开“安全性”节点即可查看到新建的登录名。

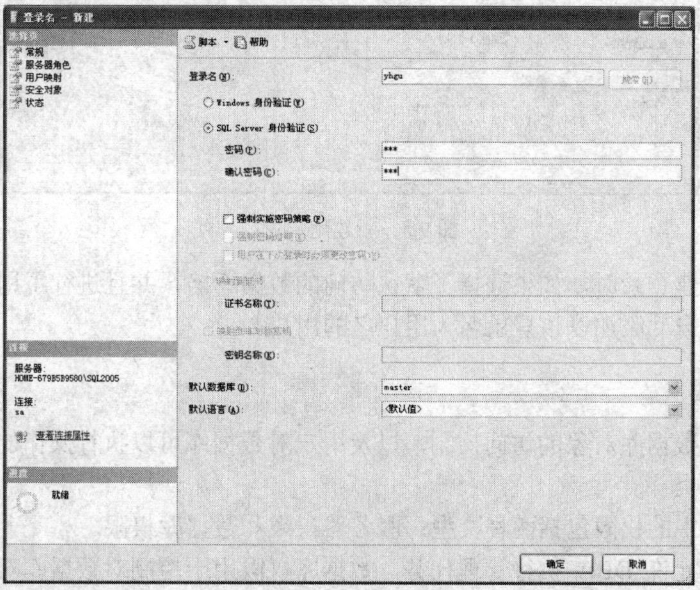

图 9.4　新建登录窗口

在创建登录时，可选择默认数据库。若进行了默认数据库的选择，那么以后每次连接到服务器后，都会自动转到默认数据库上。若不指定默认数据库，则 SQL Server 使用 master 数据库作为登录的默认数据库。

（2）用户

用户是数据库级的安全策略，用户是为特定数据库定义的。因此，这里的用户特指“数据库的用户”。也有人按照一般软件系统的使用习惯，将上面的登录概念称为“用户”，这在 SQL Server 中是不够准确的。为了和这里特制的“数据库用户”相区别，我们也可以称登录为“登录用户”。

在为某个数据库创建新用户之前，必须已存在需创建用户的登录名。创建登录的方法为：打开 SQL Server Management Studio 并连接到目标数据库服务器，在对象资源管理器中展开“数据库”节点→展开目标数据库节点（如 SPDG）→展开“安全性”节点，在“用户”上单击鼠标右键，在弹出的快捷菜单上选择“新建用户”命令，将出现如图 9.5 所示的窗口。输入用户名，选择“登录名”，单击“确定”按钮，即可创建用户。注意，用户名可以与登录名相同，也可以不同。此时展开目标数据库的“安全性”节点下的“用户”，即可查看到新建的用户名。

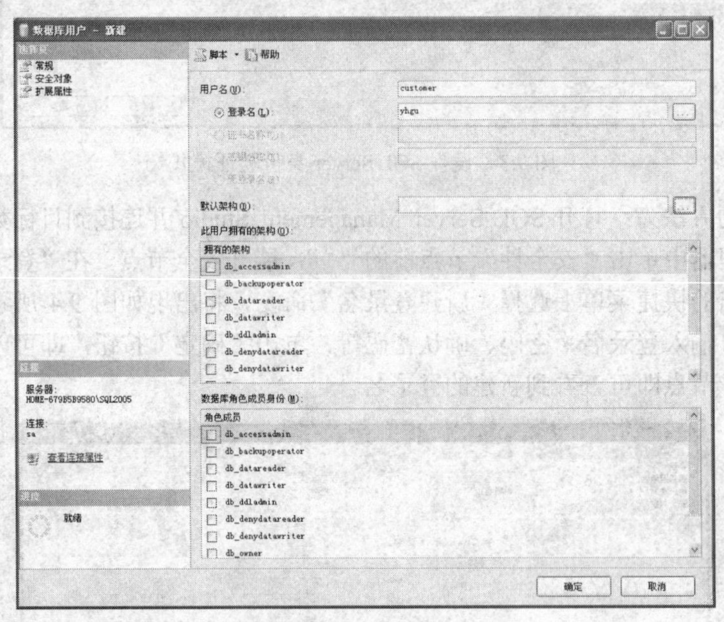

图 9.5　新建用户窗口

另外，在创建登录时，如果选择了默认访问的数据库名，并且进行了用户映射，则在相应的数据库中会自动添加以该登录名为用户名的用户。

3. 权限管理

权限用于对数据库对象的访问控制，以及用户对数据库可以执行操作的限定。

（1）权限种类

SQL Server 中的权限包括两种类型：服务器权限和数据库权限。

服务器权限允许 DBA 执行管理任务，数据库权限用于控制对数据库对象的访问与语句执行。这些权限定义在固定服务器角色上（角色是 SQL Server 安全机制中重要又较复杂的概念，将在下面讨论）。一般只把服务器权限授给 DBA。服务器权限是一种隐含权限，即系统自行预定义的、不需要授权就有的权限。

数据库权限是 SQL Server 数据库对象级的安全策略，包括对象权限和语句权限两类。对象权限主要包括对表、视图等的 SELECT、INSERT、UPDATE、DELETE 操作，以及存储过程的执行权限。语句权限主要指用户是否有权执行某语句，这些语句通常是一些具有管理功能的操作，如创建数据库、表、视图、存储过程等。SQL Server 权限管理的主要任务是管理对象权限和语句权限。

数据库权限可被授予用户，以允许其访问数据库中的指定对象或执行语句。用户访问数据库对象或执行语句必须获得相应权限。在数据库权限中，固定数据库角色所拥有的权限也为隐含权限。

（2）权限授予

若创建数据库用户时未为其指定任何角色，那么该用户将不能访问数据库中的任何对象。权限授予可以使用 GRANT 语句实现，其格式与作用在 9.2.3 节已经介绍。下面介绍在 SQL Server Management Studio 中给用户添加对象权限的步骤。

① 在对象资源管理器中找到该用户名，在“用户”上单击鼠标右键，在弹出的快捷菜单上选择“属性”命令，在所出现窗口的“选择页”中双击“安全对象”图标，进入权限设置窗口，如图 9.6 所示。

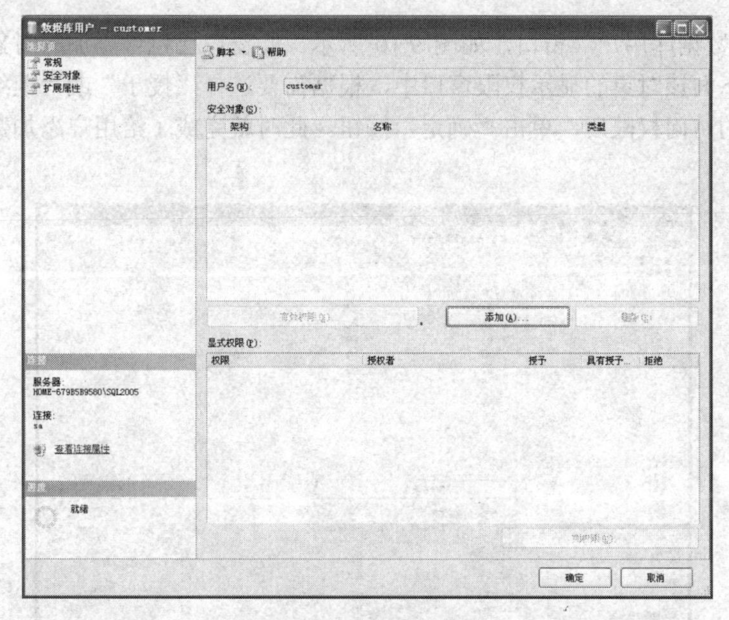

图 9.6　数据库用户设置窗口

② 单击“添加”按钮，在所出现的对话框中选择“特定对象”，单击“确定”按钮。进入“选择对象”对话框后，单击“对象类型”按钮，在所出现的如图 9.7 所示的“选择对象类型”对话框中选择要授权的数据对象（如“表”），单击“确定”按钮。

③ 在返回的如图 9.8 所示的“选择对象”对话框中单击“浏览”按钮，进入“查找对象”对话框。在其中进行选择，如图 9.9 所示。单击“确定”按钮。

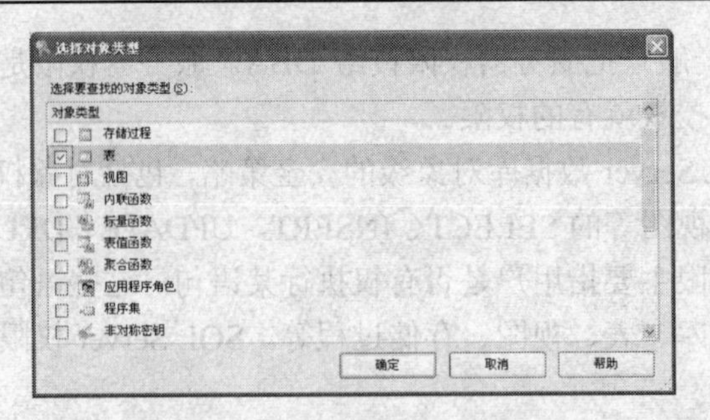

图 9.7　“选择对象类型”对话框

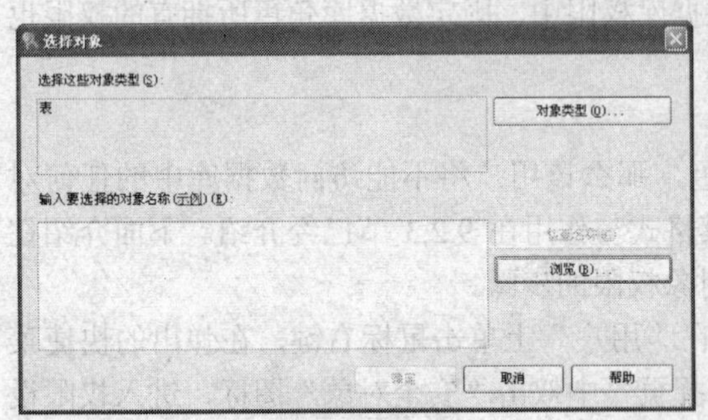

图 9.8　“选择对象”对话框

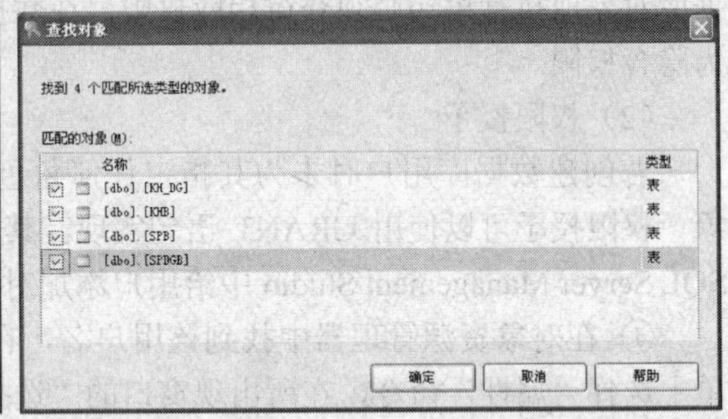

图 9.9　查找对象类型

④ 回到“数据库用户”窗口，如图 9.10 所示。此窗口已包含添加的对象。依次选择每个对象，并在下面该对象的显示权限窗口中，根据需要选择“授予”或“拒绝”复选框。设置完每个对象的访问权限后，单击“确定”按钮。此时就完成了给用户添加数据库对象权限的所有操作。

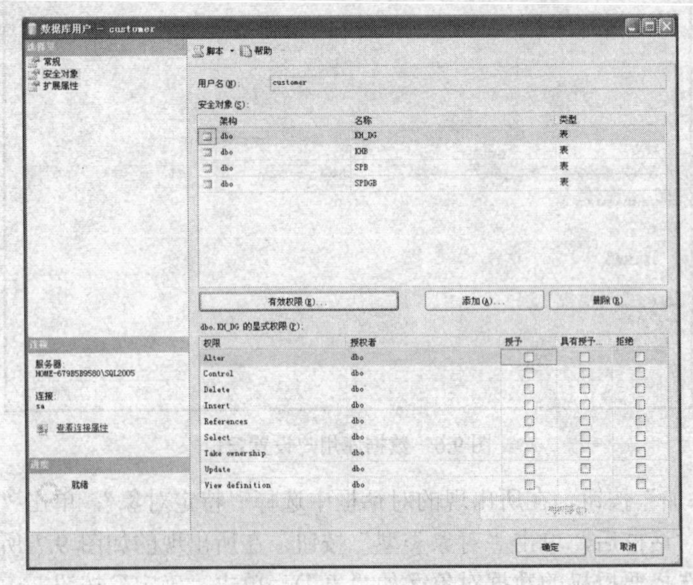

图 9.10　数据库对象权限设置

（3）禁止与撤销权限

权限禁止即拒绝对数据库对象的访问或执行语句。使用 DENY 命令可以拒绝给用户授予的权限，并防止数据库用户通过加入角色来获得权限。

撤销权限，即不允许某个用户或角色对对象执行某种操作或某个语句。使用 REVOKE 命令撤销权限。

注意：不允许与拒绝是不同的。不允许执行某操作时，可以通过加入角色来获得允许权限。而拒绝执行某操作时，就无法再通过角色来获得允许权了。

4. 角色管理

在 SQL Server 中，通过角色可将用户分为不同的类，相同类用户（相同角色的成员）进行统一管理，赋予相同的操作权限。SQL Server 给用户提供了预定义的服务器角色（固定服务器角色）和数据库角色（固定数据库角色），固定服务器角色和固定数据库角色都是 SQL Server 内置的，不能进行添加、修改和删除操作。用户也可根据需要，创建自己的数据库角色，以便对具有同样操作的用户进行统一管理。

（1）固定服务器角色

服务器角色独立于各个数据库，每个角色对应着相应的管理权限。SQL Server 提供以下固定服务器角色：

① sysadmin　系统管理员，可对服务器进行所有的管理工作，为最高管理角色。

② securityadmin　安全管理员，可以管理登录和 CREATE DATABASE 权限，还可以读取错误日志和更改密码。

③ serveradmin　服务器管理员，具有对服务器进行设置及关闭服务器的权限。

④ setupadmin　设置管理员，添加和删除链接服务器，并执行某些系统存储过程（如 sp_serveroption）。

⑤ processadmin　进程管理员，可以管理磁盘文件。

⑥ dbcreator　数据库创建者，可以创建、更改和删除数据库。

⑦ bulkadmin　可执行 BULK INSERT 语句，但是这些成员对要插入数据的表必须有 INSERT 权限。BULK INSERT 语句的功能是以用户指定的格式复制一个数据文件至数据库表或视图。

如果要为在 SQL Server 中创建的登录账号赋予管理服务器的权限，则可设置该登录账号为服务器角色的成员。只能将一个登录账号添加为上述某个固定服务器角色的成员，不能自定义服务器角色。

（2）固定数据库角色

固定数据库角色定义在数据库级别上，并且有权进行特定数据库的管理及操作。SQL Server 提供以下固定数据库角色。

① db_owner　数据库所有者，可执行数据库的所有管理操作。SQL Server 数据库中的每个对象都有所有者，通常创建该对象的用户即为其所有者。其他用户只有在相应所有者对其授权后，方可访问该对象。

用户发出的所有 SQL 语句均受限于该用户具有的权限。例如，CREATE DATABASE 仅限于 sysadmin 和 dbcreator 固定服务器角色的成员使用。

② db_accessadmin　数据库访问权限管理者，具有添加、删除数据库使用者、数据库角色和组的权限。

③ db_securityadmin　数据库安全管理员，可管理数据库中的权限，如设置数据库表的增、删、改和查询等存取权限。

④ db_ddladmin　数据库 DDL 管理员，可增加、修改或删除数据库中的对象。

⑤ db_backupoperator　数据库备份操作员，具有执行数据库备份的权限。

⑥ db_datareader　数据库数据读取者。

⑦ db_datawriter　数据库数据写入者，具有对表进行增、删、改的权限。

⑧ db_denydatareader　数据库拒绝数据读取者，不能读取数据库中任何表的内容。

⑨ db_denydatawriter　数据库拒绝数据写入者，不能对任何表进行增、删、改操作。

⑩ public　是一个特殊的数据库角色，每个数据库用户都是 public 角色的成员，因此，不能将用户、组或角色指派为 public 角色的成员，也不能删除 public 角色的成员。通常将一些公共的权限赋给 public 角色。

（3）用户自定义角色

一个用户登录到 SQL Server 服务器后必须是某个数据库用户并具有相应的权限，才可对该数据库进行访问操作。如果有若干个用户，他们对数据库有相同的权限，此时可考虑创建用户自定义数据库角色，赋予一组权限，并把这些用户作为该数据库角色的成员。

可以在 SQL Server Management Studio 中或使用 sp_addrole 存储过程创建数据库角色。

9.3　数据库完整性

数据库完整性是数据库系统中非常重要的概念，数据库管理员、系统开发人员都应深刻理解完整性的含义及 DBMS 中的相关机制。本书在前面的章节中已经介绍了完整性的基本概念，以及基本的完整性约束条件定义。本节将进一步讨论完整性约束条件、完整性规则，着重介绍 DBMS 的数据完整性控制机制。

9.3.1　完整性概念

数据库的完整性是指数据库中的数据在逻辑上的正确性、有效性和相容性，其主要目的是防止错误的数据进入数据库，以保证数据库中的数据质量。其中，正确性（Correctness）是指数据的合法性；有效性（Valid）是指数据属于所定义的有效范围；相容性（Consistency）是指表示同一事实的两个数据应当一致。数据库是否满足完整性的约束条件，关系到数据库系统能否真实地反映现实世界，因此，维护数据库的完整性是非常重要的。

DBMS 必须提供相应的功能使得数据库中的数据合法，以确保数据正确性；同时要避免不符合语义的数据进入数据库，以保证数据的有效性；另外还要保证数据的相容性。这里就涉及两个方面的问题：一是如何描述数据是“完整”的？二是如何保证数据是“完整”的？这里的“完整”是指数据满足正确性、有效性和相容性。

第一个问题是描述问题，通常采用完整性约束条件来描述，本节主要讨论此问题。第二个问题是 DBMS 的完整性控制执行问题，9.3.2 节将讨论。

在数据库的数据完整性机制中，整个完整性控制都是围绕着完整性约束条件进行的，可以说，完整性约束条件是完整性控制机制的核心。

完整性约束条件作用的对象可以是关系、元组、列三种，这三种对象的状态可以是静态的，也可以是动态的。静态约束指数据库在一确定状态时，数据对象应满足的约束条件，它是反映数据库状态合理性的约束。动态约束指数据库从一种稳定状态转变为另一种稳定状态时，新、旧值之间应满足的约束，它是反映数据库状态变迁的约束。

数据完整性约束描述有两类方式：一是在数据定义语言（DDL）中，通过数据类型和约束子句描述；二是采用专门的 SQL 语句（如 ASSERT）或程序描述。

在 DDL 中，通过为每列定义数据类型实现了最基本的数据取值要求，可认为这种约束是隐式的约束，一般讨论完整性时将其忽略；DDL 中的完整性条件约束主要是通过 CREATE TABLE 语句中的约束子句来实现的。该语句的格式请见 3.3.2 节。其中完整性约束包括：列级完整性约束、表级完整性约束，它们的作用范围分别是列和表。在 CREATE TABLE 语句中可定义的约束主要包括：

① NOT NULL　限制列取值不能为空，只能用于列级约束。

② PRIMARY KEY　指定本列为主码，用于定义主码约束。

③ FOREIGN KEY　指定本列为引用其他表的外码，用于定义外码约束。

④ CHECK　限制列的取值范围。

各 DBMS 对约束的定义可能会有一些扩展。9.3.3 节将给出 T-SQL 中约束的定义格式。

为增强数据库约束描述能力，SQL 标准中增加了专门描述完整性约束的 SQL 语句——ASSERT 语句。ASSERT 语句用于描述断言。断言（Assertions）指数据库状态必须满足的逻辑条件，DBA 可用断言的形式描述完整性约束，由系统编译成约束库。DBMS 系统对执行的每个更新事务，用约束库中的断言对其进行检查。如果更新事务违反断言，就回滚该事务。ASSERT 语句格式为：

```
ASSERT 约束名 ON 表名 ：断言
```

例如，以下语句说明了一个断言，说明一种商品的库存量不能为负：

```
ASSERT KCL_CONSTRAINT ON SPB ：库存量>=0
```

SQL 标准中还提出了域完整性概念，允许用户使用 CREATE DOMAIN 语句建立一个域，并且定义该域应该满足的完整性约束条件。例如，下面的语句创建名为 address 域，并声明其取值约束为包含 35 个字符长的字符串，可以为 NULL。

```
CREATE DOMAIN address CHAR（35）NULL
```

另外，利用触发器技术可以实现类似于约束的功能，但它比约束更为灵活，能够实现数据动态一致性的维护，因此也可以将其作为描述数据完整性约束的方法。

但这些描述方式并非各 RDBMS 都提供支持，也有一些 DBMS 提供了相近的功能。例如，SQL Server 提供 CREATE RULE 语句，其功能与 CREATE DOMAIN 相似。所以在使用具体 DBMS 进行完整性定义时，还要参考其使用手册。

关系完整性约束条件的所有描述形成规则，它们被编译后存入数据库的数据字典或约束库中，在 DBMS 对数据更新操作时作为完整性检查处理的依据。

在关系数据库的三类完整性约束规则中，实体完整性约束由 PRIMARY KEY 定义；参照完整性由 FOREIGN KET 和 REFERENCES 子句定义；其他对完整性的描述均可归为用户自定义完整性。

9.3.2 DBMS 的完整性控制

目前商用 DBMS 都支持数据库完整性控制，即完整性定义和检查控制由 DBMS 实现。DBMS 的完整性控制机制应具有以下三方面的功能：

（1）定义功能。为数据库用户提供定义完整性约束条件的机制。

（2）检查功能。检查用户发出的操作请求是否违背了完整性约束条件。

（3）违约处理。DBMS 如果发现用户的操作请求使数据违背了完整性约束条件，则执行相应的处理（如拒绝执行该操作），以保证数据库中数据的完整性。

以下简介关系数据库的实体完整性、参照完整性和用户自定义完整性的实现机制。

1. 实体完整性实现机制

实体完整性约束由 PRIMARY KEY 定义。若主码为单属性，则既可以定义为列级约束，也可定义为表级约束；若主码为多属性，则只能定义为表级约束。用 PRIMARY KEY 定义了关系主码后，每当用户对表插入记录或对主码列进行更新时，DBMS 就将按照实体完整性规则自动进行检查：

- 检查主码值是否唯一，若不唯一，则拒绝插入或修改。
- 检查主码的各个属性是否为空，只要有一个为空就拒绝插入或修改。

2. 参照完整性实现机制

参照完整性由 FOREIGN KET 和 REFERENCES 子句定义，FOREIGN KET 定义哪些列为外码，REFERENCES 指明外码是参照哪些表的主码。例如，如下定义：

```
CREATE TABLE SPDGB (
        客户编号    char(5)     NOT NULL,
        商品编号    char(8)     NOT NULL,
        订购时间    datetime        NOT NULL,
        数量        int,
        需要日期    datetime,
        付款方式    varchar(40),
        送货方式    varchar(50),
        PRIMARY KEY (客户编号，商品编号，订购时间),
        FOREIGN KEY (客户编号) REFERENCE KHB(客户编号),
        FOREIGN KEY (商品编号) REFERENCE SPB(商品编号)
        )
```

关系 SPDGB 的主码为(客户编号，商品编号，订购时间)，外码为客户编号、商品编号，分别参照了表 KHB、SPB 的主码。

参照完整性将两个表中的元组联系起来。对被参照表和参照表进行增、删、改操作时有可能破坏参照完整性，必须进行检查。例如，对于 SPDGB 表和 KHB 有 4 种可能破坏参照完整性的情况：

① SPDGB 表中增加一个元组，该元组的客户编号值在 KHB 表中不存在。

② 修改 SPDGB 表中的一个元组，修改后该元组的客户编号值在 KHB 表中不存在。

③ 从 KHB 表中删除一个元组，使得 SPDGB 表中某些元组的客户编号值在 KHB 表中不存在。

④ 修改 KHB 表中某些元组的客户编号值，使得 SPDGB 表中某些元组的客户编号值在 KHB 表中不存在。

若发现操作会破坏完整性，DBMS 可采用如下策略进行处理：

① 拒绝执行。不允许执行该操作，一般这是默认策略。

② 级联（CASCADE）操作。当删除或修改被参照表的一个元组，造成了与参照表不一致时，则删除或修改参照表中所有造成不一致的元组。

③ 设置为空值。当删除或修改被参照表的一个元组，造成了与参照表不一致时，将参照表中所有不一致的元组对应属性设置为空值。

3. 用户定义完整性的实现机制

用户定义完整性针对具体应用中数据必须满足的语义约束。用户可定义对属性列的约束、对元组的约束（如使用 CHECK 子句），参见 3.3.2 节中对 CREATE TABLE 语句的说明。目前的 DBMS 都提供了定义和检查这类完整性的机制，使用了与实体完整性和参照完整性基本相同的技术和方法来处理它们。

用户自定义完整性约束条件定义较为复杂，各 DBMS 相差也较大，我们将在 9.3.3 节中详细讨论 SQL Server 中的约束定义及检查机制。

9.3.3　SQL Server 的完整性机制

在 SQL Server 中，数据完整性可通过以下两种形式来实施：

一种是声明式数据完整性。声明式数据完整性是将数据所需符合的条件融入到对象定义中，这样 SQL Server 会自动确保符合事先指定的约束条件。这是实施数据库完整性的首选。这种方式的特点是：通过对表和列定义的约束，可使数据完整性成为数据定义的一部分。

另一种是程序式数据完整性。如果约束条件及其实施均通过程序代码完成，则这种完整性实施方式称为程序式数据完整性。其特点是可实现更复杂的条件约束。在实现中可利用存储过程或触发器。

在 SQL Server 完整性控制中，主要采用的是第一种实施方式。这种方式主要通过约束（Constraint）、规则（Rule）和默认（Default）来实现对完整性约束条件的定义。而这三种定义方式中，应优选约束，因为约束在 SQL Server 的可执行部分有代码路径，其执行速度比规则和默认值快。下面主要讨论 SQL Server 中的约束、规则和默认值的定义和使用。

1. 约束（Constraint）

微软文档将约束定义为：约束是使用户得以定义 SQL Server 2005 自动强制数据库完整性的方式。SQL Server 2005 支持 6 类约束：NOT NULL、PRIMARY KEY、CHECK、FOREIGN KEY、DEFAULT 和 UNIQUE。所有的约束都可作为列级约束，除 NOT NULL、DEFAULT 外，其余均可作为表级约束。每个约束类型之前都可以“CONSTRAINT”关键字指定约束名，格式如下：

```
[CONSTRAINT <约束名> ] <约束类型>
```

例如：

```
CREATE TABLE S
( SNO CHAR(8) CONSTRAINT Sno_CONS NOT NULL
  …
)
```

将 SNO 列的 NOT NULL 约束命名为 Sno_CONS。为约束命名的好处是方便修改约束的定义。若不指定约束名，则系统会自动给定一个名字。

不仅可以在创建表时定义约束，也可在 ALTER TABLE 语句中增加或修改约束的定义。

上述 6 类约束中，NOT NULL、PRIMARY KEY、FOREIGN KEY 和 DEFAULT 已经在第 3 章介绍，但对外码约束 FOREIGN KEY 未深入讨论，这里对其进一步讲解，并介绍 CHECK

和 UNIQUE 约束。

（1）FOREIGN KEY 约束

外码约束 FOREIGN KEY 用于实现两个表之间的参照完整性，其定义格式如下：

格式 1：

```
CREATE TABLE <表名>
( 列名  数据类型   [ FOREIGN KEY ]                    --定义外码
REFERENCES <被参照表>（参照列名）
                [ ON DELETE { CASCADE | NO ACTION } ]
                [ ON UPDATE { CASCADE | NO ACTION } ]
)
```

格式 2：

```
CREATE TABLE <表名>
(   列名 1  数据类型  …
列名 2  数据类型  …
…
FOREIGN KEY(列名  [ ,...n ])                       --定义外码
REFERENCES <被参照表> [(参照列名[ ,...n ])]
[ ON DELETE [CASCADE | NO ACTION ]]
[ ON UPDATE [ CASCADE | NO ACTION ]]
)
```

格式 1 将外码约束作为列级完整性定义，格式 2 将外码约束作为表级完整性定义。关键字 FOREIGN KEY 指明外码字段。外码字段必须与<被参照表>中的主码（参照列名）对应（但不一定同名）。

ON DELETE {CASCADE | NO ACTION}：此子句指出了当删除<被参照表>中的记录时，对参照表中的相应记录应执行的操作。如果指定 CASCADE，则删除<被参照表>中的记录时，对参照表也删除相应记录，即进行级联删除；若指定 NO ACTION，SQL Server 将报告出错信息，并回滚<被参照表>中的删除操作，默认设置为 NO ACTION。

ON UPDATE {CASCADE | NO ACTION}：此子句指出了当修改<被参照表>中的记录时，对参照表中的相应记录应执行的操作。参数含义与默认设置都与 ON DELETE 子句相同。

通过修改表结构定义外码约束的语法如下：

```
ALTER TABLE table_name
      ADD   [ CONSTRAINT <约束名>]
      FOREIGN KEY(列名  [ ,...n ])                      --定义外码
      REFERENCES <被参照表> [(参照列名[ ,...n ] )]
      [ ON DELETE [CASCADE | NO ACTION ]]
      [ ON UPDATE [ CASCADE | NO ACTION ]]
```

参数含义与 CREATE TABLE 语句相同。

【例 9.4】 在 SPDB 数据库中创建表 KHB_1，KHB_1.客户编号为主码；创建表 SPB_1，SPB_1.商品编号为主码；然后定义表 SPDGB_1，SPDGB_1. 客户编号、SPDGB_1.商品编号为外码。修改被参照表（KHB_1、SPB_1）中主码值时，参照表（SPDGB_1）中对应外码采用级联修改；若要删除被参照表中某一记录，如果参照表中有对应记录，则拒绝删除。定义 KHB_1、SPB_1、SPDGB_1 表的 SQL 语句如下：

```
CREATE TABLE KHB_1 (
      客户编号    char(5)    PRIMARY KEY,
```

```
    客户名称    char(20)   NOT NULL,
    出生日期    datetime,
    性别        bit,
    所在省市    varchar(50),
    联系电话    varchar(12),
    备注        text
    )

CREATE TABLE SPB_1 (
    商品编号    char(8)         PRIMARY KEY,
    商品类别    char(20)        NOT NULL,
    商品名称    varchar(50)     NOT NULL,
    单价        float,
    生产商      varchar(50),
    保质期      datetime            DEFAULT '2000-1-1',
    库存量      int,
    备注        text
    )

CREATE TABLE SPDGB_1 (
    客户编号    char(5)     NOT NULL,
    商品编号    char(8)     NOT NULL,
    订购时间    datetime        NOT NULL,
    数量        int,
    需要日期    datetime,
    付款方式    varchar(40),
    送货方式    varchar(50),
    PRIMARY KEY (客户编号，商品编号，订购时间),
    FOREIGN KEY (客户编号) REFERENCES KHB_1(客户编号)
    ON DELETE NO ACTION ON UPDATE CASCADE,
    FOREIGN KEY (商品编号) REFERENCED SPB_1(商品编号)
    ON DELETE NO ACTION ON UPDATE CASCADE
    )
```

（2）CHECK 约束

CHECK 约束用来检查字段值所允许的范围。CHECK 约束定义的语法格式为：

```
[CONSTRAINT <约束名> ] CHECK(<条件>)
```

其中，<条件>是逻辑表达式，称为 CHECK 约束表达式，其构成与 WHERE 子句中逻辑表达式的构成相同。

【例 9.5】　以下的表定义中限定 Age 字段只能输入整数，并且范围只能为 0～100。

```
CREATE TABLE Client
(…
Age INT CONSTRAINT age_check CHECK(Age>=0 AND Age<=100),
…
)
```

（3）UNIQUE 约束

UNIQUE 约束用于指明某列或多个列组合的取值必须唯一。若对列指明了 UNIQUE 约束，则系统自动为其建立索引。UNIQUE 约束定义的语法格式为：

```
[CONSTRAINT <约束名> ] UNIQUE
```

【例 9.6】 以下的表定义中为 Name 字段定义 UNIQUE 约束。该约束确保没有同名记录。

```
CREATE TABLE Client
( …
Name CHAR(8) CONSTRAINT name_unique UNIQUE,
…
)
```

通常指定唯一约束的列不能取空值。SQL Server 中将定义了 UNIQUE 约束的列称为唯一键，并允许唯一键取空值。但系统为了保证其唯一性，最多只允许出现一个 NULL 值。系统在唯一键上所建的索引为非聚集索引。

2. 规则（Rule）

规则是数据库对存储在表中的列或用户自定义数据类型中的值的规定或限制。规则是独立存储在数据库中的对象。规则与 CHECK 约束类似，也是用来限制列所允许的范围。但它与 CHECK 有 5 点差异：① 一个列可有多个 CHECK 约束，但只能应用一个规则；② CHECK 约束不能作用于用户自定义类型，而规则可以；③ 规则需要单独创建，而 CHECK 约束可在创建表时一起创建；④ 规则可实现比 CHECK 更复杂的约束条件；⑤ 规则可只创建一次，使用多次。

使用规则包括创建、绑定、解绑和删除。

（1）创建规则

创建规则的语句是 CREATE RULE，其语法格式为：

```
CREATE RULE <规则名> AS <条件表达式>
```

其中，<条件表达式>可为 WHERE 子句中任何有效的表达式，但其中不能包含列或其他数据库对象，可以包含不引用数据库对象的内置函数。在<条件表达式>中可包含局部变量，每个局部变量的前面都有一个@符号。在创建规则时，一般使用局部变量表 UPDATE 或 INSERT 语句输入的值。

【例 9.7】 如下语句创建一个年龄规则。

```
CREATE RULE AGE_RULE
    AS @age >=0 AND @age<=100
```

（2）绑定规则

规则创建后，仅为一个数据库对象，并未发生作用。需要将规则与表中的列或用户自定义类型关联起来后，规则才能起作用。这里“关联”即为绑定。一个规则可绑定到多个对象上，但一个对象只能绑定一个规则。将规则绑定到对象要使用系统存储过程 sp_bindrule，其语法格式如下：

```
[EXEC[UTE]] sp_bindrule [@rulename=] '<规则名>' [@objname=] '<绑定对象名>'
```

注意：<规则名>和<绑定对象名>要用单引号括起来。如果<绑定对象名>采用 表名.字段名的格式，则认为绑定到表的列，否则绑定到用户自定义数据类型。

【例 9.8】 将年龄规则 AGE_RULE 绑定到 S 表的“年龄”字段（假设之前已创建该表）。

```
EXEC sp_bindrule 'AGE_RULE', 'S.年龄'
```

（3）解绑规则

系统存储过程 sp_unbindrule 可解除规则的绑定，其语法格式如下：

```
[ EXEC[UTE] ] sp_unbindrule [ @objname= ] '<绑定对象名>'
```

例如，以下语句解除绑定到 S 表“年龄”字段的规则：

```
EXEC sp_unbindrule 'S.年龄'
```

（4）删除规则

使用 DROP RULE 语句可删除一条或多条规则，其语法格式如下：

```
DROP RULE <规则名> [,…]
```

例如，以下语句将删除 AGE_RULE 规则：

```
DRPT RULE AGE_RULE
```

注意：在删除规则前必须解除该规则与对象的绑定。

3. 默认（Default）

默认是一种数据对象，它与 DEFAULT 约束的作用相同，也是当向表中输入数据，而没有为列输入值时，系统自动为列赋予的值。与 DEFAULT 约束不同的是，默认对象的定义独立于表，类似于规则。其使用也与规则非常相似：可以一次定义，多次使用；可以绑定到多个对象，但一个对象只能绑定一个默认等。

创建默认的语句是 CREATE DEFAULT，其语法格式为：

```
CREATE DEFAULT <默认名> AS <条件表达式>
```

例如，以下语句创建保质期的默认 Expire_default：

```
CREATE DEFAULT Expire_default AS '2000-1-1'
```

使用系统存储过程 sp_bindefault 将一个默认绑定到指定对象，其语法格式为：

```
[EXEC[UTE]] sp_bindefault [@defaultename=] '<默认名>' [@objname=] '<绑定对象名>'
```

例如，以下语句将默认 Expire_default 绑定到 SPB 的“保质期”字段上：

```
EXEC sp_bindrule 'Expire_default', 'SPB.保质期'
```

使用系统存储过程 sp_unbindefault 可解除指定对象绑定的默认，其语法格式为：

```
[ EXEC[UTE] ] sp_unbindefault [ @objname= ] '<绑定对象名>'
```

例如，以下语句解除绑定到 SPB 的“保质期”字段的默认：

```
EXEC sp_unbindcfault 'SPB.保质期'
```

使用 DROP DEFAULT 语句可删除一个或多个默认，其语法格式为：

```
DROP DEFAULT <规则名> [,…]
```

9.4　并发控制

数据库是一个共享资源，可为多个应用程序所共享。这些程序的事务可串行运行，但在许多情况下，由于应用程序涉及的数据量可能很大，常常会涉及输入/输出的交换。为了有效地利用数据库资源，而让多个程序或一个程序的多个进程并行地运行，这就是数据库的并发操作。在多用户数据库环境中，多个用户程序可并发地存取数据库中的数据，如果不对并发操作进行控制，就会存取不正确的数据，或破坏数据库数据的一致性。

取得数据库数据一致性的一种方法就是，实施只串行（Serial-only）模式来处理数据库请求，即每个事务都要等待另一事务（具有更高的优先权或者比它早启动）完成其工作。然而，就当今的数据库实际应用来说，这种处理方式所产生的性能水平根本无法满足人们的需求。而另一种方法就是，DBMS 可以通过锁的方式管理多个应用程序对数据的访问。锁是一种软件机制，用于在维护数据完整性和一致性的同时，通过最大限度地并发访问数据，达到尽可能大的吞吐量。本节先介绍事务的概念和特征，然后讲解数据库的并发控制机制。

9.4.1 事务

事务（Transaction）是一系列数据库操作的有限序列，是数据库的基本执行单元。例如，一条或一组 SQL 语句构成一个事务。事务的根本特征是，其包含的操作序列要么全做，要么全不做，整个序列是一个不可分割的整体。一般数据库应用程序都是由若干事务构成的，每个事务可以看成数据库的一个状态；而整个应用程序的操作过程则是通过不同事务使得数据库从一个状态变换到另一个状态。

（1）事务的 ACID 性质

DBMS 在数据管理中需要保证事务本身的有效性，维护数据库的一致状态，所以对事务的处理必须满足 ACID 原则，即原子性（A）、一致性（C）、隔离性（I）和持久性（D）。

① 原子性（Atomicity）。事务必须是数据库的逻辑工作单元，即事务中包括的诸操作要么全执行，要么全不执行。

② 一致性（Consistency）。事务在完成时，必须使所有的数据都保持一致状态。如果数据库系统因运行中发生故障，有些事务尚未完成就被迫中断，这些未完成的事务对数据库所做的修改有一部分已写入物理数据库，此时数据库便处于一种不一致的状态。

例如，某公司有 A、B 两个账号，现要从 A 账号划 1 万元到 B 账号，则可定义一个事务，该事务包括从账号 A 减去 1 万元和向账号 B 增加 1 万元两个操作。这两个操作要么全做，要么全不做，在这两种情况下，数据库均处于一致状态，但如果只做第一个操作，则逻辑上就出现了错误，用户少了 1 万元，此时数据库处于一种不一致的状态。可见一致性与原子性是密切相关的。

③ 隔离性（Isolation）。一个事务的执行不能被其他事务干扰，即一个事务内部的操作及使用的数据对其他并发事务是隔离的，并发执行的各个事务间不能互相干扰。事务查看数据时数据所处的状态，要么是另一并发事务修改它之前的状态，要么是另一事务修改它之后的状态，这称为事务的可串行性。

④ 持久性（Durability）。指一个事务一旦提交，则它对数据库中数据的改变就应该是永久的。即使以后出现系统故障也不应该对其执行结果有任何影响。

事务的这种机制保证了一个事务或者提交后成功执行，或者提交后失败滚回，二者必居其一。因此，它对数据的修改具有可恢复性，即当事务失败时，它对数据的修改都会恢复到该事务执行前的状态。而使用批处理，则有可能出现有的语句被执行，而另外一些语句没有被执行的情况，从而会造成数据不一致。使用事务可以避免这种情况的发生。

事务是数据库并发控制和恢复的基本单位。保证事务的 ACID 性质是 DBMS 事务管理的重要任务。可能造成事务 ACID 特性被破坏的主要原因有：多个事务并行运行时，不同事务的操作交叉执行；或者事务在运行中被强行停止。因此，DBMS 必须保证多个事务的交叉执行不影响各事务的原子性，并且要保证强行终止的事务对其他事务没有影响。

（2）事务的活动过程

在数据库运行中，一个事务的操作包括以下 4 个状态。

① 事务开始：事务开始执行。

② 事务读写：事务进行数据操作。

③ 事务提交（COMMIT）：事务完成所有数据操作，保存操作结果，它标志着事务成功完成。

④ 事务回滚（ROLLBACK）：当事务在执行过程中遇到错误时，事务未完成所有数据操作，重新返回到事务开始或指定位置，释放事务所占用的资源。它标志着事务失败。

一个事务一般由事务开始至事务提交或事务回滚结束。事务执行的结果有成功提交（COMMIT）和事务夭折（ABORT）。当执行过程中产生故障等时，事务会终止执行，此时根据事务的原子性特性，事务中已执行的步骤应当撤销（UNDO），这就是事务的回滚，即将数据库的状态恢复到该事务执行前的状态。

DBMS 对事务的控制有隐式事务控制和显式事务控制两种方法。隐式控制通常用于对数据库操作的一个语句，DBMS 将其作为一个事务来控制执行。显式控制用于由多个语句构成的事务，需要用相关的事务语句将这些语句界定起来。

DBMS 对事务进行管理，保证事务的 ACID 特性，实质上涉及 DBMS 的另外两个重要功能实现：并发控制和数据库恢复。

9.4.2 事务的并发执行

前面已经提到，为了提高系统资源的利用率，DBMS 对事务的调度采用了并发执行控制的方式。并发执行的事务，可能会出现同时存取数据库中同一个数据的情况。如果不加以控制，则可能引起读写数据的冲突，对数据一致性造成破坏。我们先来了解事务的并发执行可能引起的问题，然后再据此做出相应的控制。

事务并发执行时的数据访问冲突，表现为以下 3 个问题：丢失更新、读“脏”数据和不可重复读。

1. 丢失更新

所谓丢失更新（Lost Update），指当两个或多个事务选择同一行，然后基于最初选定的值更新该行时，由于每个事务都不知道其他事务的存在，因此最后的更新将重写由其他事务所做的更新，这将导致前面事务更新的数据丢失。

设有两个事务 T_1 和 T_2，都要访问数据 A，在事务执行前 A 的值为 100。以图 9.11（a）的调度顺序执行事务 T_1 和 T_2 中的语句。操作执行顺序为：T_1 读取 A，为 100，T_2 也读取 A，仍为 100；T_1 将 A 减 1，T_2 也将 A 减 1；T_1 将 A（为 99）值写入，T_2 也将 A（为 99）值写入。可见，事务操作这样的执行序列，使得 T_1 对数据的修改被 T_2 覆盖了，也就是 T_1 对数据的更新丢失了。

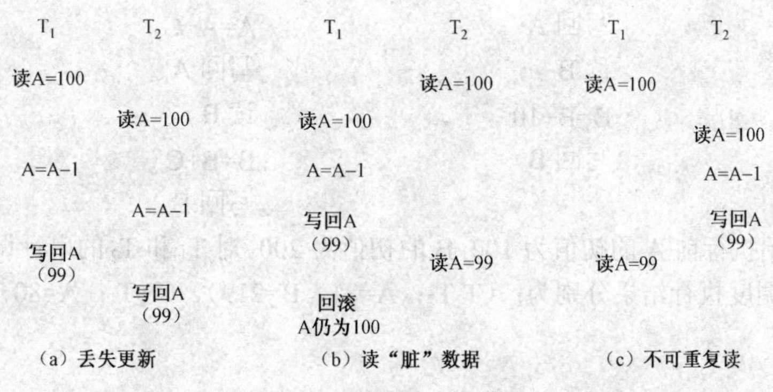

（a）丢失更新　（b）读“脏”数据　（c）不可重复读

图 9.11 三种数据不一致情况

2. 读“脏”数据

读“脏”数据也称脏读（Dirty Read），指事务 T_1 修改数据，将其写回，事务 T_2 读取了该数据，但 T_1 随后又因某种原因被撤销了，使得 T_2 读取的数据与数据库中的数据不一致，即 T_2 读取的是“脏”（不正确）数据。

现以图 9.11（b）的调度顺序执行事务 T_1 和 T_2 中的语句。操作执行顺序为：T_2 读取 A，为 100；T_1 也读取 A，为 100；T_1 将 A 减 1，并写回；T_2 再读取 A（为 99）；但随后 T_1 回滚，撤销事务之前对数据的操作，使 A 恢复为原值 100。显然，T_2 第二次读到的 A 值是一个不正确的数据，即“脏”数据。

3. 不可重复读

当事务 T_1 读取某数据后，事务 T_2 对该数据执行了更新操作，使得 T_1 无法再次读取与前一次相同的数据。这种数据不一致情况称为不可重复读（Unrepeateable Read）。

现以图 9.11（c）所示的调度顺序执行事务 T_1 和 T_2 中的语句。操作执行顺序为：T_1 读取 A 为 100；T_2 也读取 A 为 100；T_2 将 A 减 1，并写回；T_1 再读取 A（为 99）。显然 T_1 第二次读到的 A 值与第一次读到的数据产生了不一致。

DBMS 对事务的并发控制，可归结为对数据访问冲突的控制，以确保并发事务间数据访问上的互不干扰，保证事务的隔离性。

9.4.3 并发调度的可串行化

对同一事务集，存在多种调度。若调度不当，就会出现上述数据不一致的情况。那么如何调度才能保证不出现这些异常情况呢？

显然，串行调度是正确的。那么，如果某个并发调度的执行结果与串行调度执行结果相同，则这个并发调度就是正确的。

对于一个并发事务集，如果一个调度与一个串行调度等价，则称该调度是可串行化的。按可串行化调度的事务的执行，称为并发事务的可串行化。使并发调度可串行化的技术称为并发控制技术。在一般的 DBMS 中，都以可串行化作为并发控制的正确性准则。

【例 9.9】 设有两个事务 T_1、T_2，伪代码分别为：

T_1：	T_2：
读 A	读 A
A=A−10	C=A*0.1
写回 A	A=A−C
读 B	写回 A
B=B+10	读 B
写回 B	B=B+C
	写回 B

设事务开始执行前 A 的初值为 100，B 的初值为 200。对 T_1 和 T_2 的串行调度有两种：T_1T_2 和 T_2T_1，两种调度执行结果分别为：（T_1T_2：A=81，B=219）、（T_2T_1：A=80，B=220）。

表 9.2 是对 T_1 和 T_2 的两种并行调度。由表可看出：并发调度 1 执行结果为（A=81，B=219），并发调度 2 执行结果为（A=90，B=210）。并发调度 1 是正确的，而并发调度 2 的执行结果与两个可能的串行执行结果都不同，所以是不正确的。

表 9.2　例 9.9 的两个并发调度

序　号	并发调度 1		并发调度 2	
	T_1	T_2	T_1	T_2
1	读 A		读 A	
2	A=A–10		A=A–10	
3	写回 A			读 A
4		读 A		C=A*0.1
5		C=A*0.1		A=A–C
6		A=A–C		写回 A
7		写回 A		读 B
8	读 B		写回 A	
9	B=B+10		读 B	
10	写回 B		B=B+10	
11		读 B	写回 B	
12		B=B+C		B=B+C
13		写回 B		写回 B

9.4.4　封锁

事务并发控制要对多事务并发执行中的所有操作按照正确方式进行调度，使得一个事务的执行不受其他事务的干扰。并发控制的主要技术是封锁（Lock）机制。其基本思想是：如果事务 T_1 要修改数据 A，则在读 A 之前先封锁 A；封锁成功后再修改，直到 T_1 写回并解除封锁后，其他事务才能读取 A。

1. 封锁类型

DBMS 通常提供了多种类型的封锁。一个事务对某个数据对象加锁后究竟拥有什么样的控制，这是由封锁的类型决定的。常见锁模式有排他锁和共享锁。

排他（Exclusive Lock）锁。排他锁也称写锁或 X 锁。若事务 T 对数据 A 加上排他锁，则 T 可对 A 进行读写，其他事务只有等到 T 解除对 A 的封锁后，才能对 A 进行封锁和操作。

共享（Sharing Lock）锁。共享锁也称读锁或 S 锁。若事务 T 对数据 A 加上共享锁，则 T 对 A 只能读取而不能修改，其他事务可对 A 加 S 锁，但不能加 X 锁。

排他锁的实质是保证数据的独占性，排除了其他事务对修改操作的干扰。共享锁的实质是保证多个事务可以同时读数据，但在有事务读数据时，不能修改数据。

排他锁和共享锁的控制方式可用表 9.3 所示的相容矩阵来表示。表中 Y 表示相容的封锁请求，N 表示不相容的封锁请求。最左边列表示事务 T 已获得的锁类型，“—”表示没有封锁。最上面一行表示事务 T_2 请求在同一数据上的封锁类型。Y 表示 T_2 的封锁请求能够满足，N 表示不能满足。

表 9.3 排他锁和共享锁的相容矩阵

T_1 \ T_2	X	S	—
X	N	N	Y
S	N	Y	Y
—	Y	Y	Y

一个事务在执行数据读写操作前必须申请相应的锁。如果封锁请求不成功，表明其他事务正对数据进行操作，则该事务应当等待。直至其他事务将锁释放后，该事务封锁请求成功，才可以进行数据操作。另外，一个事务在对数据操作完成后必须释放锁，这样的事务称为合适（Well Formed）事务。合适事务是保证正确的并发执行所必需的基本条件。

2. 封锁协议

在使用 X 锁和 S 锁给数据对象加锁时，还需要约定一些规则，如何时请求封锁、锁定时间、何时释放锁等，称这些规则为封锁协议（Locking Protocol）。对封锁方式制定的不同规则，形成了不同级别的封锁协议。封锁协议的级别主要分为三级，不同级别的封锁协议所能达到的系统一致性是不同的。

（1）一级封锁协议

一级封锁协议指事务 T 在对数据 A 进行写操作之前，必须对 A 加 X 锁；直到事务结束（包括 Commit 和 Rollback）才可释放 X 锁。

一级封锁协议可防止“丢失更新”所产生的数据不一致。这是因为采用一级封锁协议后，事务在对数据进行写操作前必须申请 X 锁，以保证其他事务对该数据不能做任何操作，相当于在这段时间内，该事务独占了此数据。

在一级封锁协议中，若事务只是读数据，则不需加锁，因此，该协议不能解决读“脏”数据和不可重复读的问题。

（2）二级封锁协议

二级封锁协议指在一级封锁协议的规则上再增加一条规则，即事务 T 在读数据 A 之前必须先对 A 加 S 锁，读完后即释放该 S 锁。这样形成的规则集就是二级封锁协议。

二级封锁协议包含了一级封锁协议的内容，因此它可以防止出现丢失更新的问题。同时由于在读操作之前须使用 S 锁，所以它还能解决读“脏”数据问题。

（3）三级封锁协议

三级封锁协议指在一级封锁协议的规则上再增加一条规则，即事务 T 在读数据 A 之前必须先对 A 加 S 锁，直到事务结束才释放该 S 锁。这样形成的规则集就是三级封锁协议。

三级封锁协议包含了二级封锁协议的内容，因此它可以防止出现丢失更新、读“脏”数据的问题。同时由于 X 锁和 S 锁都是在事务结束后才释放的，所以它还可以解决不可重复读的问题。

3. 两段锁协议

上面的封锁协议可以防止事务并发执行中的问题，但并不一定能保证并发调度是可串行化的。为了保证并发调度是可串行化的，必须使用其他附加规则来限制封锁的时机。两段锁协议就是一种已证明能产生可串行化调度的封锁协议。

两段锁协议指所有事务必须分两个阶段对数据加锁和解锁：

① 在对任何数据进行读写操作之前，要申请并获得对该数据的封锁。

② 在释放一个封锁之后，事务不再申请和获得其他封锁。

9.4.5　活锁与死锁

数据库中的封锁技术也会带来活锁与死锁问题。

1. 活锁

活锁（Live Lock）指在封锁过程中，系统可能使某个事务永远处于等待状态，而得不到封锁机会。

例如，若事务 T_1 封锁了数据 A 后，T_2 也请求封锁 A，于是 T_2 等待。接着 T_3 也申请封锁 A。当 T_1 解除 A 的封锁后，系统响应了 T_3 的请求，T_2 则继续等待。此时 T_4 又申请封锁 A。当 T_2 解除 A 的封锁后，系统响应了 T_4 的请求，T_2 继续等待。依次类推，T_2 只能一直等待下去。这就是活锁的情形。

解决活锁的最有效办法是对封锁请求按“先到先服务”的响应策略，即采用队列方式。当多个事务请求封锁同一数据时，系统按请求的顺序对它们排队。该数据上的锁一旦释放，就从队列头部取出一个事务，响应其锁定要求。

2. 死锁

死锁（Dead Lock）指若干事务都处于等待状态，相互等待对方释放锁，结果造成这些事务都无法进行，系统进入对锁的循环等待。

当两个或更多应用程序每个都持有另一应用程序所需资源上的锁，没有这些资源，那些应用程序都无法继续完成其工作时，就会出现死锁的状况。

以下是一个简单的死锁场景：

① 事务 T_1 对 A 加上 X 锁，还申请对 B 的 X 锁。

② 事务 T_2 对 B 加上 X 锁，还申请对 A 的 X 锁。

目前在数据库中解决死锁问题主要通过两种方法：一是采取措施预防死锁发生；二是允许死锁发生，采用一定的手段检测是否有死锁，如果有就解除死锁。

（1）预防法。预先采用一定的操作模式避免死锁的发生。主要有以下两种途径：

① 顺序申请法。将封锁对象按顺序编号，事务在申请封锁时按编号顺序申请。

② 一次申请法。事务在开始执行前将它所需要的所有锁一次申请完成，并在操作完成后一次性归还所有的锁。

（2）解除法。允许发生死锁，在死锁发生后通过一定的方法予以解除。主要有两个途径：

① 定时法。对每个锁设置一个时限，当事务等待超过时限后即认为已产生死锁，调用解锁程序解除死锁。

② 死锁检测法。定时执行系统内的死锁检测程序，一旦发现死锁，即调用解锁程序解除死锁。

9.4.6　SQL Server 的事务处理和锁机制

1. SQL Server 事务处理

（1）事务模式

SQL Server 事务是在连接层进行管理的。当事务在一个连接上启动时，在该连接上执行的 T-SQL 语句在该事务结束之前都是事务的一部分。SQL Servr 以三种模式管理事务：

① 自动提交事务模式。每条单独的语句都是一个事务。在此模式下，每个 T-SQL 语句在成功执行完成后，都被自动提交。如果遇到错误，则自动滚回该语句。该模式为系统默认的事务管理模式。

② 显式事务模式。该模式允许用户定义事务的启动与结束。事务以 BEGIN TRANSACTION 语句显式开始，以 COMMIT 或 ROLLBACK 语句显式结束。

③ 隐式事务模式。在当前事务完成提交或回滚后，新事务自动启动。隐式事务不需以 BEGIN TRANSACTION 语句标识事务的开始，但需以 COMMIT 或 ROLLBACK 语句来提交或回滚事务。使用语句 SET IMPLICIT_TRANSACTIONS ON/OFF 可开启/关闭隐式事务模式。

（2）事务类型

SQL Server 的事务可分为两类：系统提供的事务和用户定义的事务。

系统提供的事务是指在执行某些 T-SQL 语句时，一条语句就构成了一个事务，这些语句是：

ALTER TABLE	CREATE	DELETE	DROP
FETCH	GRANT	INSERT	OPEN
REVOKE	SELECT	UPDATE	TRUNCATE TABLE

例如，执行如下的创建表语句：

```
CREATE TABLE TABLE1(
    col1 INT NOT NULL,
    col2 CHAR(10),
    col3 VARCHAR(30))
)
```

这条语句本身就构成了一个事务，它要么建立起含 3 列的表结构，要么对数据库没有任何影响，而不会建立起含 1 列或 2 列的表结构。

在实际应用中，大量使用的是用户定义的事务。事务的定义方法是：用 BEGIN TRANSACTION 语句指定一个事务的开始，用 COMMIT 或 ROLLBACK 语句表明一个事务的结束。注意，必须明确指定事务的结束，否则，系统将把从事务开始到用户关闭连接之间所有的操作都作为一个事务来处理。

（3）事务处理语句

与事务处理有关的语句包括 BEGIN TRANSACTION、COMMIT TRANSACTION 和 ROLLBACK TRANSACTION 语句。

① BEGIN TRANSACTION 语句。BEGIN TRANSACTION 语句定义事务的开始，其语法格式为：

```
BEGIN TRAN[SACTION] [ <事务名> | @<事务变量名>
        [ WITH MARK [ 'description' ]] ]
```

其中，@<事务变量名>是用户定义的、含有效事务名称的变量，该变量必须是 char、varchar、

nchar 或 nvarchar 类型的。WITH MARK 指定在日志中标记事务，description 是描述该标记的字符串。

BEGIN TRANSACTION 语句的执行使全局变量@@TRANCOUNT 的值加 1。

② COMMIT TRANSACTION 语句。COMMIT 语句是提交语句，它使得自事务开始以来所执行的所有数据修改成为数据库的永久部分，也标志一个事务的结束，其语法格式为：

```
COMMIT [ TRAN[SACTION] [<事务名> | @<事务变量名> ] ]
```

与 BEGIN TRANSACTION 语句相反，COMMIT TRANSACTION 语句的执行使全局变量@@TRANCOUNT 的值减 1。

③ ROLLBACK TRANSACTION 语句。ROLLBACK 语句是回滚语句，它使得事务回滚到起点或指定的保存点处，它也标志一个事务的结束，其语法格式为：

```
ROLLBACK [ TRAN[SACTION]
    [<事务名> | @<事务变量名> | <保存点名> | @<保存点变量名>] ]
```

其中，保存点名和保存点变量名可用 SAVE TRANSACTION 语句设置：

```
SAVE TRAN[SACTION] {<保存点名> | @<保存点变量名> }
```

ROLLBACK TRANSACTION 将清除自事务的起点到某个保存点所做的所有数据修改，并且释放由事务控制的资源。如果事务回滚到开始点，则全局变量@@TRANCOUNT 的值减 1；而如果只回滚到指定存储点，则@@TRANCOUNT 的值不变。

以下例子说明事务处理语句的使用。

【例 9.10】　本例先利用事务变量命名一个事务，提交该事务后，将为所有食品类的商品单价增加 10%。

```
DECLAERE @tran_name VARCHAR(20)
SET @tran_name = 'MyTran1'
BEGIN TRANSACTION @tran_name
GO
USE SPDG
GO
UPDATE SPB
   SET 单价 = 单价*1.1
   WHERE 商品类别 ='食品'
GO
COMMIT TRANSACTION @tran_name
GO
```

【例 9.11】　隐式事务处理过程。

```
CREATE TABLE im_tran(
      Col1 CHAR(2)PRIMARY KEY,
      Col2 CHAR(10)NOT NULL,
)
GO
SET IMPLICIT_TRANSACTIONS ON                    --启动隐式事务模式
GO
INSERT INTO im_tran VALUES('1','Record1')       --第一个隐式事务开始
INSERT INTO im_tran VALUES('2','Record2')
COMMIT TRAN                                     --提交第一个隐式事务
GO
SELECT * FROM im_tran                           --第二个隐式事务开始
```

```
INSERT INTO im_tran VALUES('3','Record3')
SELECT * FROM im_tran
COMMIT TRAN                                      --提交第二个隐式事务
GO
SET IMPLICIT_TRANSACTIONS ON                     --关闭隐式事务模式
GO
```

【例 9.12】　本例使用 ROLLBACK TRANSACTION 语句结束事务，所以事务结束后，所有对 SPB 和 KHB 的修改操作都被抛弃，表中数据不会发生变化。

```
BEGIN TRANSACTION
USE SPDG
INSERT INTO KHB
    VALUES('100007','周远','1979-8-20','1','安徽合肥','13388080088',NULL)
UPDATE SPB
    SET 单价 = 单价*1.1
    WHERE 商品类别 ='食品'
ROLLBACK TRAN                                    --事务回滚到起点
```

【例 9.13】　本例定义一个事务，向 SPDG 数据库的 KHB 表中插入一行数据，然后再删除该行；但执行后，新插入的数据行并没有被删除，因为事务中使用 ROLLBACK 语句将操作滚回到保存点 My_sav，即删除前的状态。

```
BEGIN TRANSACTION
USE SPDG
INSERT INTO KHB
    VALUES('100007','周远','1979-8-20','1','安徽合肥','13388080088',NULL)
SAVE TRAN My_sav
DELETE FROM KHB
    WHERE 姓名 ='周远'
ROLLBACK TRAN My_sav
COMMIT TRAN
```

2. SQL Server 的锁机制

（1）封锁粒度

在 SQL Server 中，可锁定的资源从小到大分别是行、页、扩展盘区、表和数据库，被锁定的资源单位称为锁定粒度，可见，上述 5 种资源单位其锁定粒度是由小到大排列的。锁定粒度不同，系统的开销将不同，并且锁定粒度与数据库访问并发度是一对矛盾体，锁定粒度大，系统开销小但并发度会降低；锁定粒度小，系统开销大，但可提高并发度。

（2）锁模式

SQL Server 使用不同的锁模式锁定资源，这些锁模式确定了并发事务访问资源的方式。SQL Server 更强调由系统来管理锁。在用户有 SQL 请求时，系统分析请求，自动在满足锁定条件和系统性能之间为数据库加上适当的锁，同时系统在运行期间常常自动进行优化处理，实行动态加锁。对于一般的用户而言，通过系统的自动锁定管理机制基本能够满足使用需要。但如果对数据一致性有特别需要，就需要了解 SQL Server 的锁机制，掌握数据库锁定方法。SQL Server 共有 6 种锁模式：共享、更新、排他、意向、架构和大容量更新。

① 共享锁。共享锁允许并发事务读取一个资源。当一个资源上存在共享锁时，任何其他事务都不能修改数据。一旦读取数据完毕，便立即释放资源上的共享锁，除非将事务隔离

级别设置为可重复读或更高级别，或者在事务生存周期内用锁定提示保留共享锁。

② 更新锁。更新锁可以防止通常形式的死锁。一般数据更新操作由一个事务组成，此事务读取记录，获取资源的共享锁，然后修改行，此操作要求锁转换为排他锁。如果两个事务获得了资源上的共享锁，然后试图同时更新数据，则其中的一个事务将尝试把锁转换为排他锁。共享模式到排他锁的转换必须等待一段时间，因为一个事务的排他锁与其他事务的共享锁不兼容，这就是锁等待。第二个事务试图获取排他锁以进行更新。由于两个事务都要转换为排他锁，并且每个事务都等待另一个事务释放共享锁，因此会发生死锁，这就是潜在的死锁问题。要避免这种情况的发生，可使用更新锁。一次只允许一个事务可获得资源的更新锁，如果该事务要修改锁定的资源，则更新锁将转换为排他锁；否则为共享锁。

③ 排他锁。排他锁是为修改数据而设置的。排他锁所锁定的资源，其他事务不能读取也不能修改。

④ 意向锁。意向锁表示 SQL Server 需要在某些底层资源（如表中的页或行）上获取共享锁或排他锁。意向锁又分为共享意向锁、独占意向锁和共享式独占意向锁。共享意向锁说明事务意图在共享意向锁所锁定的低层资源上放置共享锁来读取数据。独占意向锁说明事务意图在共享意向锁所锁定的低层资源上放置排他锁来修改数据。共享式排他锁说明事务允许其他事务使用共享锁来读取顶层资源，并意图在该资源低层上放置排他锁。

⑤ 架构锁。执行表的数据定义语言（DDL）操作（如添加列或删除表）时使用架构修改（Sch-M）锁。当编译查询时，使用架构稳定性（Sch-S）锁。Sch-S 锁不阻塞任何事务锁，包括排他锁。因此在编译查询时，其他事务（包括在表上有排他锁的事务）都能继续运行，但不能在表上执行 DDL 操作。

⑥ 大容量更新锁。当将大容量数据复制到表，并且指定了 TABLOCK 提示，或使用 sp_tableoption 配置了 table lock on bulk 表选项时，将使用大容量更新锁。大容量更新锁允许进程将数据并发地复制到同一表，同时防止其他不进行大容量复制的进程访问该表。

（3）隔离级别

事务准备接受不一致数据的级别称为隔离级别（Isolation Level）。隔离级别反映了一个事务必须与其他事务进行隔离的程度。较低的隔离级别可增加事务并发度，但代价是降低数据正确性。隔离级别决定了 SQL Server 使用的锁定模式。有以下 4 种隔离级别：

① 提交读（Read Committed）。在此隔离级别下，SELECT 语句不会也不能返回尚未提交（Committed）的数据（“脏”数据）。这是 SQL Server 的默认隔离级别。

② 未提交读（Read Uncommitted）。与提交读隔离级别相反，它允许读“脏”数据，即已被其他事务修改但尚未提交的数据。这是最低的事务隔离级别。

③ 可重复读（Repeatable Read）。在此隔离级别下，SELECT 语句读取的数据在整个语句执行过程中不会被修改。但这个隔离级别会影响系统性能。

④ 可串行读（Serializable）。将共享锁保持到事务完成。它是最高的事务隔离级别，事务之间完全隔离。

可通过 SET TRANSACTION ISOLATION LEVEL 语句来设置隔离级别，其语法格式为：

```
SET TRANSACTION ISOLATION LEVEL
{READ COMMITTED|READ UNCOMMITTED|REPEATABLE READ|SERIALIZABLE}
```

（4）死锁

在 SQL Server 中，系统能够自动定期搜索和处理死锁问题。系统在每次搜索中标识所有等待锁定请求的进程。如果在下一次搜索中该标识的进程仍处于等待状态，SQL Server 就开始递归死锁搜索。当搜索检测到锁定请求环时，SQL Server 选择一个可以打破死锁的进程（称为"死锁牺牲品"），将其事务回滚，并向此进程的应用程序返回 1205 号错误信息，这样来结束死锁。SQL Server 通常会选择运行撤销时花费最少的事务的进程作为死锁牺牲品。另外，用户可以使用 SET 语句将会话的 DEADLOCK_PRIORITY 设置为 LOW。DEADLOCK_PRIORITY 选项控制在死锁情况下如何衡量会话的重要性。如果会话的设置为 LOW，则当会话陷入死锁情况时将成为首选牺牲品。

9.5 数据库恢复

尽管系统中采取了各种措施来保证数据库的安全性和完整性，但硬件故障、软件错误、病毒、误操作或故意破坏仍可能发生，这些故障会造成运行事务的异常中断，影响数据正确性，甚至会破坏数据库，使数据库中的数据部分或全部丢失。因此数据库管理系统都提供了把数据库从错误状态恢复到某一正确状态的功能，这种功能称为恢复。数据库采用的恢复技术是否有效，不仅对系统的可靠性起着重要作用，对系统的运行效率也有很大的影响。

9.5.1 故障种类

数据库中的数据丢失或被破坏可能由于以下几类原因：系统故障、事务故障、介质故障、计算机病毒、误操作、自然灾害和盗窃。

（1）系统故障。指造成系统停止运行的任何事件，使得系统需要重新启动，常称作软故障。例如硬件错误、操作系统错误、突然停电等。

（2）事务故障。由于事务非正常终止而引起数据破坏。

（3）介质故障。指外存故障，如磁盘损坏、磁头碰撞等，常称作硬故障。

（4）计算机病毒。破坏性病毒会破坏系统软件、硬件和数据。

（5）误操作。用户误使用了 DELETE、UPDATE 等命令而引起数据丢失或被破坏。

（6）自然灾害。如火灾、洪水或地震等，它们会造成极大的破坏，会毁坏计算机系统及其数据。

（7）盗窃。一些重要数据可能会遭窃。

各种故障对数据库可能造成的影响为：一种是数据库本身被破坏；另一种是数据库本身虽然没有被破坏，但数据可能不正确。

要消除故障对数据库造成的影响，就必须制作数据库的副本，即进行数据库备份，以在数据库遭到破坏时能够修复数据库，即进行数据库恢复，数据库恢复就是把数据库从错误状态恢复到某一正确状态。数据库恢复的原理很简单，就是建立数据库备份。尽管数据库恢复原理很简单，但是实现技术细节却很复杂，恢复子系统是 DBMS 中非常庞大的一部分，往往占整个代码的 10%左右。

9.5.2 数据库恢复技术

数据库恢复机制包括两个方面：一是建立冗余数据，即进行数据库备份；二是在系统出现故障后，利用冗余数据将数据库恢复到某个正常状态。

数据库备份最常用的技术是数据转储和登录日志文件，并且通常这两种技术是一起使用的。而数据库的恢复则需依据故障的类别来选择不同的恢复策略。

1. 数据库备份

（1）数据转储

数据转储是指由 DBA 定期地将整个数据库复制到磁带或另一个磁盘上保存起来的过程，是数据库恢复中采用的基本技术。当数据库遭到破坏后，可以将后备副本重新装入，但重装后备副本只能将数据库恢复到转储时的状态，如果要恢复到故障发生时的状态，必须重新运行自转储以后的所有更新事务。因此转储不能频繁进行。

图 9.12 中，系统在 T_a 时刻停止当前运行事务，进行数据库转储，在 T_b 时刻转储结束。此时可以得到一个数据库副本。如果系统运行到 T_f 时刻发生故障，就可以利用已有副本将数据库恢复到 T_b 时刻的状态，然后重新运行 T_b～T_f 时刻的所有更新事务，这样就把数据库恢复到故障发生前的一致状态。

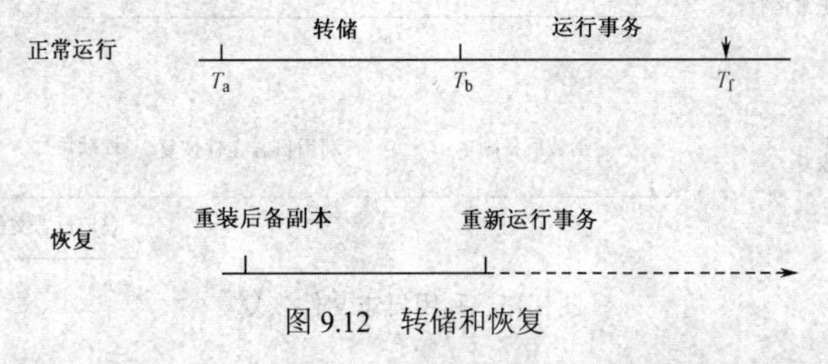

图 9.12　转储和恢复

转储操作是十分费时并且需要消耗大量资源的，因此不能频繁进行。DBA 可根据数据库实际情况选择转储策略和转储方式。转储方式有海量（全量）转储和增量转储两种，转储策略有静态转储和动态转储两种，因此数据转储类别有 4 种，如表 9.4 所示。

表 9.4　4 种数据转储类别

转 储 类 别	转 储 方 式	转 储 策 略
静态海量转储	海量转储	静态转储
静态增量转储	增量转储	静态转储
动态海量转储	海量转储	动态转储
动态增量转储	增量转储	动态转储

① 静态转储和动态转储。静态转储是在系统中没有事务运行时进行转储操作，即在转储操作开始前必须先停止对数据库的任何存取与更新操作，并且在转储进行期间也不能进行任何数据库存取与访问操作。动态转储则没有这些限制，它允许在转储期间对数据库进行存取与更新操作。

静态存储简单，但转储必须停止所有数据库的存取与更新操作，这会降低数据库的可用性。动态存储可以克服静态转储的缺点，可提高数据库的可用性。但可能会产生转储结束后保存的数据副本并不是正确有效的。这个问题可通过如下技术解决：记录转储期间各事务对数据库的修改活动，建立日志文件，在恢复时采用数据副本加日志文件的方式，将数据库恢复到某一时刻的正确状态。

② 海量转储和增量转储。海量转储指每次转储全部数据库，也称全量转储。增量转储

则指每次只转储自上次转储后更新过的数据。

使用海量转储得到的后备副本进行恢复时会更加方便一些。而如果数据库很大并且事务处理十分频繁，则采用增量转储更有效。

（2）日志文件

日志文件是用来记录事务对数据库的更新操作的文件，它对数据库中数据的恢复起着非常重要的作用。在数据库中用日志文件记录数据的修改操作，其中每条日志记录主要记录所执行的逻辑操作、已修改数据执行前的数据副本以及执行后的数据副本。

因此登记日志文件时必须遵循两条原则：

① 登记的次序严格按照并发事务的时间次序；

② 必须先写日志文件，后写数据库。

如图 9.13 所示，如果数据库遭到破坏，要把数据恢复到转储结束时刻的正确状态，不必重新运行事务，利用日志文件即可恢复到故障前某一时刻的正确状态。

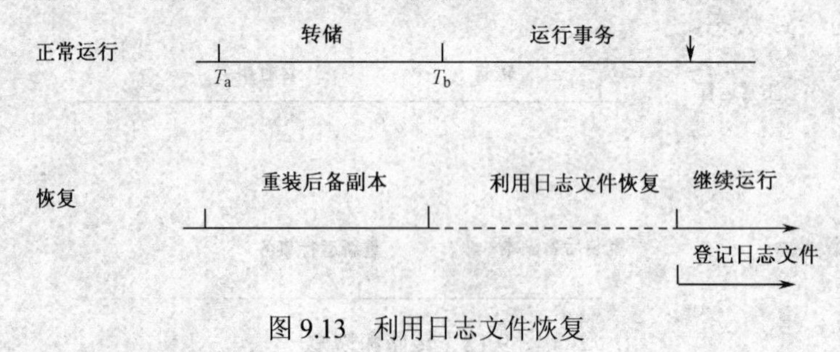

图 9.13　利用日志文件恢复

2. 恢复策略

一旦系统发生故障，利用数据库后备副本和日志文件就可以将数据库恢复到出现故障前的某个正常状态。不同故障其恢复策略有所不同。

（1）系统故障的恢复

系统故障的恢复由系统在重启时自动完成，一般步骤如下：

① 从头开始扫描日志文件，找出故障发生前已提交的事务，将其事务标识记入重做（REDO）队列，同时找出故障发生时尚未完成的事务，将其记入撤销（UNDO）队列。

② 对撤销队列的各事务进行撤销（UNDO）处理。

③ 对重做队列中的各事务进行重做（REDO）处理。

（2）事务故障的恢复

事务故障指的是事务在运行至正常结束点前被终止，这时 DBMS 的恢复子系统利用日志文件撤销（UNDO）该事务对数据库的修改。事务故障的恢复由 DBMS 自动完成，一般步骤如下：

① 从尾部开始反向扫描日志文件，查找该事务的数据更新操作。

② 对该事务的所有数据更新操作执行其“逆操作”。

（3）介质故障的恢复

介质故障是最严重的一类故障，此时磁盘上的数据和日志文件可能被破坏。介质故障的恢复方法是重装数据库，然后重做（REDO）已完成的事务。一般步骤如下：

① 装入最新的数据库后备副本，使数据库恢复到最近一次转储的一致性状态。

② 装入相应的日志文件副本，重做（REDO）已完成的事务。

这样就可以将数据库恢复至故障前某个时刻的一致状态了。

对于由误操作、计算机病毒、自然灾害或者介质被盗造成的数据丢失也可以采用这种方法进行恢复。

介质故障的恢复需要 DBA 介入，DBA 重装最近转储的数据库副本和有关的日志文件副本，然后启动执行恢复命令。

9.5.3　SQL Server 的恢复技术

在 SQL Server 系统中，建立数据库备份是一项重要的数据库管理工作。

（1）备份内容

数据库中数据的重要程度决定了数据恢复的必要性与重要性，也就决定了数据是否及如何备份。数据库需备份的内容可分为系统数据库、用户数据库和事务日志三部分。

系统数据库记录了重要的系统信息，主要包括 master、msdb、model 数据库，是确保系统正常运行的重要数据，必须完全备份。用户数据库是存储用户数据的存储空间集，通常，用户数据库中的数据依其重要性可分为非关键数据和关键数据。非关键数据通常能够很容易地从其他来源重新创建，可以不备份；关键数据则是用户的重要数据，不易甚至不能重新创建，对其需进行完全备份。事务日志记录了用户对数据的各种操作，平时系统会自动管理和维护所有的数据库事务日志。事务日志备份所需时间较少，但恢复需要的时间比较长。

（2）备份类型

数据库备份常用的两类方法是完全备份和差异备份，完全备份每次都备份整个数据库或事务日志，差异备份则只备份自上次备份以来发生过变化的数据库的数据，差异备份也称为增量备份。当数据库很大时，也可以进行个别文件或文件组的备份，从而将数据库备份分割为多个较小的备份过程。这样就形成了以下 4 种备份方法：

① 完全数据库备份。这种方法按常规定期备份整个数据库，包括事务日志。当系统出现故障时，可以恢复到最近一次数据库备份时的状态，但自该备份后所提交的事务都将丢失。完全数据库备份的主要优点是简单，备份是单一操作，可按一定的时间间隔预先设定，恢复时只需一个步骤就可以完成。若数据库不大，或者数据库中的数据变化很少甚至是只读的，那么就可以对其进行全量数据库备份。

② 数据库和事务日志备份。这种方法不需很频繁地定期进行数据库备份，而是在两次完全数据库备份期间，进行事务日志备份，所备份的事务日志记录了两次数据库备份之间所有的数据库活动记录。当系统出现故障后，能够恢复所有备份的事务，而只丢失未提交或提交但未执行完的事务。执行恢复时，需要两步：首先恢复最近的完全数据库备份，然后恢复在该完全数据库备份以后的所有事务日志备份。

③ 差异备份。差异备份只备份自上次数据库备份后发生更改的部分数据库，它用来扩充完全数据库备份或数据库和事务日志备份方法。对于一个经常修改的数据库，采用差异备份策略可以减少备份和恢复时间。差异备份比全量备份工作量小，而且备份速度快，对正在运行的系统影响也较小，因此可以经常地备份，经常备份将减少丢失数据的危险。

使用差异备份方法执行恢复时，若是数据库备份，则用最近的完全数据库备份和最近的差异数据库备份来恢复数据库；若是差异数据库和事务日志备份，则需用最近的完全数据库备份和最近的差异备份后的事务日志备份来恢复数据库。

④ 数据库文件或文件组备份。这种方法只备份特定的数据库文件或文件组，同时还要定期备份事务日志，这样在恢复时可以只还原已损坏的文件，而不用还原数据库的其余部分，从而加快了恢复速度。对于被分割在多个文件中的大型数据库，可以使用这种方法进行备份。例如，如果数据库由几个在物理上位于不同磁盘上的文件组成，则当其中一个磁盘发生故障时，只需还原发生了故障的磁盘上的文件。文件或文件组备份和还原操作必须与事务日志备份一起使用。文件或文件组备份能够更快地恢复已隔离的媒体故障，迅速还原损坏的文件，在调度和媒体处理上具有更大的灵活性。

（3）备份操作

在 SQL Server 中，固定的服务器角色 sysadmin、固定的数据库角色 db_owner 和 db_backupoperator（允许进行数据库备份）角色的成员都可以做备份操作，可以通过授权允许其他角色进行数据库备份。

① 创建备份设备。进行数据库备份时，可先创建用来存储备份的备份设备，备份设备可以是磁盘或磁带，或命名管道。在 SQL Server Management Studio 中创建备份设备的步骤为：

首先在图 9.14 所示的对象资源管理器中找到需管理的数据库服务器，展开“服务器对象”节点，在“备份设备”上单击鼠标右键，在弹出的快捷菜单上选择“新建备份设备”命令，进入“备份设备”窗口，如图 9.15 所示。

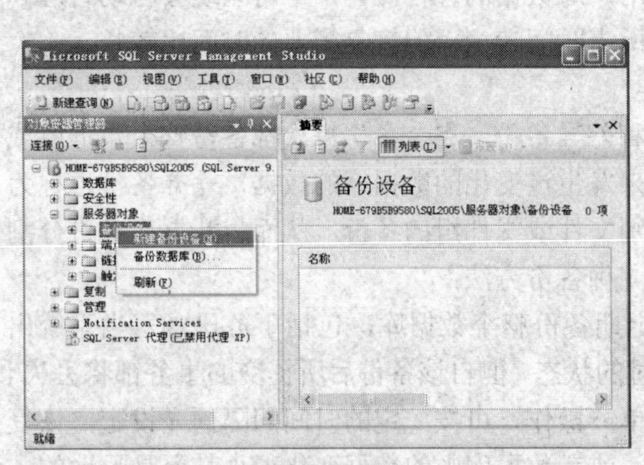

图 9.14　“新建备份设备”窗口

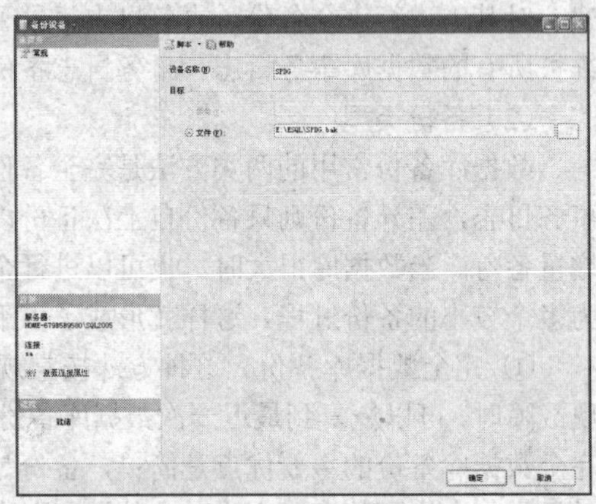

图 9.15　“备份设备”窗口

然后在“备份设备”窗口中输入备份设备名称，选择文件路径，单击“确定”按钮，即可完成备份设备的创建。

若使用磁盘进行备份，也可不创建备份设备，而直接使用操作系统文件名作为备份文件名进行存储。为了与创建的备份设备名称相区别，将直接使用操作系统文件名作为备份文件名的情况称为物理设备名，而采用上述步骤所创建的备份设备名称为逻辑设备名。

② 数据库备份。在 SQL Server 2005 中可使用 SQL Server Management Studio 以图形化的方式进行备份，也可使用 BACKUP DATABASE 语句创建数据库备份。在 SQL Server Management Studio 中进行数据库备份的操作步骤为：

首先，在对象资源管理器中找到需管理的数据库服务器，展开“数据库”节点，在需备份的数据库上单击鼠标右键，在弹出的快捷菜单上选择“任务”→“备份”命令，进入“备份数据库”窗口，如图 9.16 所示。

然后，在“备份数据库”窗口中，选择要备份的数据库、备份模式、备份设备，输入备份名称，单击“确定”按钮，即可开始数据库备份。

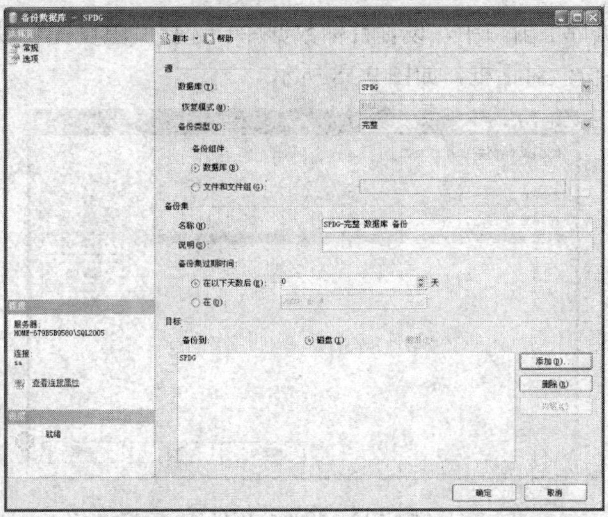

图 9.16　“备份数据库”窗口

T-SQL 的备份命令 BACKUP DATABASE 很复杂，这里只给出该语句的最基本格式：

```
BACKUP DATABASE { database_name | @database_name_var }          --备份的数据库名
TO < backup_device > [ ,...n ]                                   --指出备份目标设备
```

例如，以下语句将数据库 SPDG 完全备份到逻辑设备名为 SPDG 的备份设备上。

```
BACKUP DATABASE SPDG TO SPDG
```

（4）数据库还原

与备份类似，在 SQL Server 2005 中，还原数据库可使用 SQL Server Management Studio 以图形化的方式进行备份，也可使用 RESTORE DATABASE 语句创建数据库备份。在 SQL Server Management Studio 中进行数据库还原的操作步骤为：

① 在对象资源管理器中找到需管理的数据库服务器，展开“数据库”节点，在其上单击鼠标右键，在弹出的快捷菜单上选择“还原数据库”命令，进入“还原数据库”窗口，如图 9.17 所示。

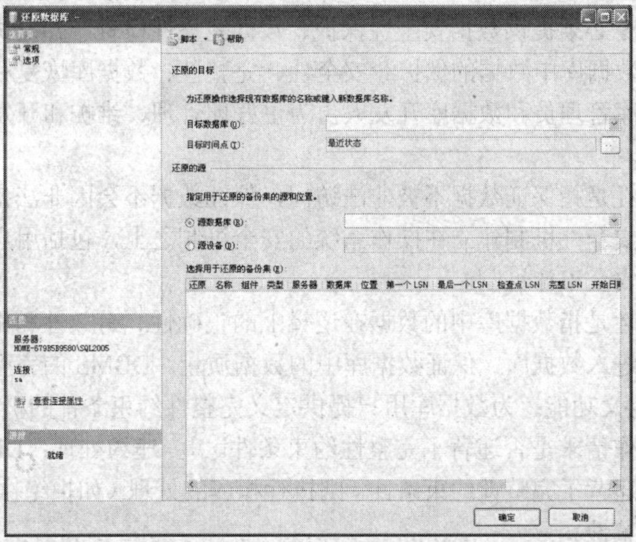

图 9.17　“还原数据库”窗口

② 在“还原数据库”窗口中，设置目标数据库，选择“源设备”，并单击其右边的“...”按钮，进入“指定备份”对话框，如图 9.18 所示。

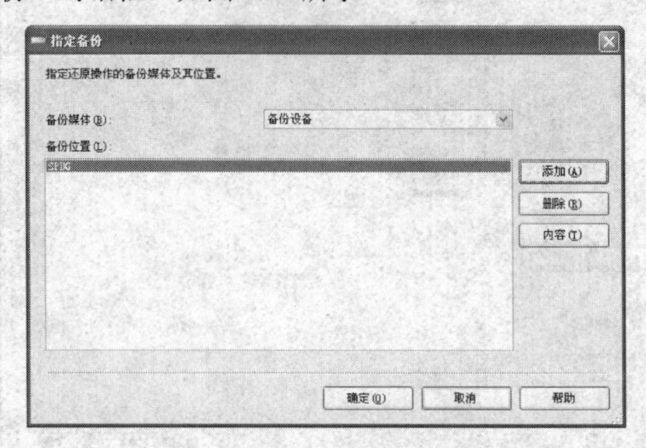

图 9.18　指定备份设置

③ 在“备份媒体”下拉框中选择“备份设备”，单击“添加”按钮，选择备份设备（如 SPDG），返回“还原数据库”窗口，单击“确定”按钮，返回“还原数据库”窗口。

④ 在“还原数据库”窗口中，单击“确定”按钮，即可开始数据库还原。

与备份命令一样，T-SQL 的还原命令 RESTORE DATABASE 也很复杂，这里只给出该语句的最基本格式：

```
RESTORE DATABASE { database_name | @database_name_var }        --被还原的数据库名
[ FROM < backup_device > [ ,...n ] ]                            --指定备份设备
```

例如，以下 RESTORE 语句从一个已存在的备份设备 SPDG 中恢复整个数据库 SPDG。

```
RESTORE DATABASE SPDG FROM SPDG
```

本章小结

数据库中的数据均由 DBMS 统一管理与控制。数据库的数据保护主要包括数据安全性和数据完整性，DBMS 必须提供数据安全性保护、数据完整性检查、并发访问控制和数据库恢复功能，来实现对数据库中数据的保护。安全性、完整性、数据库恢复和并发控制这四大基本功能，也是数据库管理员和数据库开发人员为更好地管理、维护和开发数据库系统所必须掌握的数据库知识。

数据库的安全性是指保证数据不被非法访问，保证数据不会因非法使用而被泄密、更改和破坏。数据库的安全性机制建立在操作系统的安全机制之上，包括用户标识与鉴别、访问控制、视图机制和安全审计机制。

数据库的完整性是指数据库中的数据在逻辑上的正确性、有效性和相容性，其主要目的是防止错误的数据进入数据库，保证数据库中的数据质量。DBMS 的完整性控制机制提供三方面的功能，① 定义功能：为数据库用户提供定义完整性约束条件的机制。② 检查功能：检查用户发出的操作请求是否违背了完整性约束条件。③ 违约处理：DBMS 如果发现用户的操作请求使数据违背了完整性约束条件，则执行相应的处理（如拒绝执行该操作），以保证数据库中数据的完整性。

事务（Transaction）是一系列数据库操作的有限序列，是数据库的基本执行单元。DBMS 在数据管理中需要保证事务本身的有效性，维护数据库的一致状态事务，所以对事务的处理

必须满足 ACID 原则，即原子性（A）、一致性（C）、隔离性（I）和持久性（D）。

数据库的并发控制以事务为单位，通常使用封锁技术实现并发控制。本章介绍了最常用的封锁方法。对数据对象实施封锁，可能会带来活锁和死锁问题，并发控制机制必须提供解决活锁和死锁问题的方法。

由于各类硬件、软件故障、误操作或故意破坏等原因会影响数据正确性，甚至会破坏数据库。因此数据库管理系统都提供了数据库恢复机制。数据库恢复机制包括两个方面：一是建立冗余数据，即进行数据库备份；二是在系统出现故障后，利用冗余数据将数据库恢复到某个正常状态。

本章还对 SQL Server 的数据库安全保护机制、数据完整性机制、并发控制机制及数据库恢复机制进行了讨论。

习题 9

1. 什么是数据库保护？它有哪些内容？
2. 什么是数据库的安全性？常用的保护措施有哪些？
3. 有哪些常用的数据库完整性保护措施？
4. 什么是事务？事务的 ACID 性质指什么？
5. 事务并发执行时的数据访问冲突主要表现为哪些问题？并简要分析。
6. 什么是并发调度的可串行化？
7. 简述封锁的基本思想。DBMS 通常提供的封锁类型主要有哪些？
8. 什么是活锁？什么是死锁？解决死锁的策略主要有哪些？
9. 什么叫数据库恢复？数据库管理系统中采用的恢复机制是什么？

第10章　数据库新进展——领域知识拓展

数据库技术从20世纪60年代中期至今仅有几十年的历史，但发展速度之快，使用范围之广，影响力之大是其他很多技术远不能及的。数据库技术的研究发展了以数据建模和DBMS核心技术为主的、内容丰富、领域宽广的一门学科；造就了3位图灵奖得主：C.W.Bachman、E.F.Codd和James Gray；诞生了一个巨大的软件产业——数据库管理系统产品及其相关工具与解决方案。从20世纪80年代起，数据库技术在商业领域取得了巨大的成功，刺激了其他领域对数据库技术需求的迅速增长。一方面，新的数据库应用领域，如工程数据库、时态数据库、统计数据库、科学数据库、空间数据库等，为数据库应用开辟了新天地。另一方面，计算机技术的发展也不断地与数据库技术相结合，新的数据库系统不断诞生，如分布式数据库、多媒体数据库、模糊数据库、并行数据库等。

本章将总结数据库技术的研究与发展，对数据库领域近年的研究特点以及发展方向进行简述，并简要介绍数据仓库、数据挖掘以及XML数据库技术。

10.1　数据库技术的研究与发展

数据库技术的广泛应用，不断刺激新的数据库应用需求的产生，促使诸多大学、科研机构以及世界著名的数据库公司，不断地从事各类新型的数据库技术研究，在许多领域都取得了令人瞩目的研究成果。

10.1.1　数据库技术的发展

经过40多年的发展，数据库的核心技术已很成熟，各类商业数据库系统日益完善，功能强大。数据库技术的发展在以下几个时期都有突破性的进展：

（1）20世纪60年代后期，人们主要利用文件系统来生成各种报告。大量的文件使得维护和开发的复杂性提高，数据同步困难，对数据库技术的研究要求迫切。在科研人员的努力下推出了第一代数据库系统，即层次数据库和网状数据库。

（2）20世纪70年代，关系数据库之父E. F. Codd提出了关系数据模型。此后，关系数据库技术日趋成熟，并开始商业应用。70年代后期，高性能的联机事务处理（On-Line Transaction Processing，OLTP）开始应用。

（3）20世纪80年代，随着数据库技术的成熟，联机事务处理OLTP、管理信息系统（Management Information System，MIS）和决策支持系统（Decision Support System，DSS）不断发展，对数据集成和数据分析要求越来越高，逐步提出了“数据仓库”（Data Warehouse）思想。代表是IBM的“Information Warehouse”。

（4）20世纪90年代，数据库应用领域不断拓展，新概念和新技术不断涌现，有面向对象数据库、分布式数据库、并行数据库、主动数据库、知识库、模糊数据库、工程数据库等。数据仓库成为研究热点，有力地推动了相关研究的进展，如联机分析处理（On-Line Analytical Processing，OLAP）、数据挖掘（Data Mining，DM）和联机分析挖掘（On-Line Analytical Mining，OLAM）。

（5）进入 21 世纪后，数据仓库与数据挖掘研究领域发展迅速。数据类型日益复杂，日益进步的硬件和网络环境，特别是 Internet 和 Web 技术的迅速发展，拓展了数据库的研究领域。Web 数据管理、流数据管理、智能数据库、内存数据库、无线传感器网络数据管理、移动数据库等成为新的研究领域。

10.1.2 数据库发展的特点

当今的数据库系统是一个大家族，数据模型丰富多样，新技术层出不穷，应用领域十分广泛。按照数据库技术的脉络，我们可从数据模型、与相关学科技术有机结合、与特定应用领域有机结合三个角度来总结当前数据库技术发展的特点。

1. 数据模型丰富多样

数据模型是数据库系统的核心与基础。数据模型的发展经历了最初的层次模型、网状模型到关系模型。关系模型的提出是数据库发展史上具有划时代意义的重大事件。至今，关系数据库系统仍是数据库领域应用最普遍的。随着数据库应用领域的扩展，数据库管理的数据类型越来越复杂，传统关系数据模型暴露出许多弱点，如对复杂对象表示能力较差、语义表达能力较弱、缺乏灵活的建模能力等，对文本、时间、空间、多媒体、半结构化的 HTML 和 XML 等类型的数据处理能力差等。为此，一些新的数据模型被提出，形成了当今数据库领域丰富多样的数据模型。

（1）复杂数据模型。对传统关系模型（1NF）扩充，使其能表达比较复杂的数据类型，支持“表中表”，这样的数据模型称为复杂数据模型。如 U. C. Berkeley 研制的 POSTGRES 系统，它支持关系之间的继承，也支持在关系上定义函数和运算符。

（2）语义数据模型。提出全新的数据构造器和数据处理原语，以表达复杂的结构和丰富的语义。其特点是蕴含了丰富的语义关联，能更自然地表示客观世界实体间的联系。这类模型较有代表性的有函数数据模型（FDM）、语义数据模型（SDM）等。由于这类模型比较复杂，在程序设计语言和其他技术方面缺乏相应支持，因此都没有在 DBMS 实现方面有重大突破。

（3）面向对象数据模型。面向对象数据模型吸收了面向对象方法学的核心概念和思想，用面向对象方法来描述现实世界中实体的逻辑组织、对象间限制、联系等。对象数据模型是具有丰富语义的数据模型，可描述对象的语义特征，包括命名、标识、联系、对象层次结构、对象的继承和多态特性等。面向对象数据库早期的标准化组织是 ODMG（Object Data Management Group），ODMG 推出了 1.0～3.0 标准。目前，OMG（Object Management Group）继续进行对象数据库标准研究工作。

（4）对象关系数据模型。它是关系模型与对象模型的结合，在关系数据库的基础上扩展了对象模型的某些特征。因此，既保持了关系数据库系统的非过程化数据存取特性和其他优势，又能支持对象数据管理，得到了多数数据库厂商的支持。SQL3 标准也提出了面向对象的扩展，扩展了面向对象的数据类型，如 ROW TYPE 和抽象数据类型等。

（5）XML 数据模型。随着 Internet 和 Web 应用的普及，越来越多的应用都将数据表示为

XML 形式，XML 已成为网络数据交换的标准。因此，当前 DBMS 都扩展了对 XML 的处理，支持 XML 数据类型，支持 XML 与关系数据之间的相互转换。由于 XML 数据模型不同于关系模型和对象模型，故其灵活性和复杂性导致了许多新问题的出现。XML 数据管理技术已成为数据库、信息检索等领域的研究热点。目前还没有统一的 XML 数据模型，已提出的 XML 模型包括 XPath Data Model、DOM Model、XML Information Set 和 XML Query Data Model。

（6）半结构数据模型。目前 Web 中大多数数据都是半结构化的或无结构的。随着 Web 的迅速发展，海量的 Web 数据已成为一种新的重要信息资源，对 Web 数据进行有效的访问与管理成为数据库领域面临的新课题。半结构化数据存在一定的结构，但这些结构或者没有被清晰地描述，或者是经常动态变化的，或者过于复杂不能被传统的模式定义表示。所以，必须针对半结构化数据的特点，研究其数据模型和描述方式。目前，对半结构化数据的描述方式主要有基于逻辑的描述和基于图的描述两种。

2. 数据库技术与相关学科技术有机结合

各种学科技术与数据库技术有机结合，使数据库领域中新内容、新应用、新技术层出不穷，涌现了各种新型的数据库系统，极大地丰富和发展了数据库技术，包括：数据库技术与分布处理技术相结合，出现了分布式数据系统；数据库技术与并行处理技术相结合，出现了并行数据库系统；数据库技术与人工智能技术相结合，出现了知识库系统和主动数据库系统；数据库技术与多媒体技术相结合，出现了多媒体数据库系统；数据库技术与模糊技术相结合，出现了模糊数据库系统；数据库技术与移动通信技术相结合，出现了移动数据库系统等。

3. 数据库技术与特定应用领域有机结合

数据库技术应用到特定领域中，与应用领域有机结合，出现了数据仓库、工程数据库、演绎数据库、统计数据库、空间数据库和科学数据库等多种数据库，使数据库的应用范围不断扩大，为数据库技术增添了新的技术内涵。这些数据库带有明显的领域应用需求特征。面向特定领域的数据库系统，也称为特种数据库系统或专用数据库系统。这些数据库系统虽然采用不同的数据模型，但都带有明显的对象模型特征。在具体实现时，有的是对关系数据库系统进行扩充，有的则是重新设计与开发的。

10.1.3 数据库技术的研究方向

随着计算机软、硬件技术的进步、Internet 和 Web 技术的发展，数据库系统所管理的数据以及应用环境发生了很大变化，数据库技术面临着新的挑战。主要表现在：新的数据源不断出现，数据类型越来越多、数据结构越来越复杂、数据量越来越大，对数据使用的安全性提高，对数据库理解和知识获取的要求增加。这些新的挑战性问题必将推动数据库技术的进一步发展。以下是数据库技术的一些研究方向。

1. 面向对象数据库

面向对象方法和技术，对数据库发展产生了较大影响。面向对象数据库系统支持面向对象数据模型。可以将一个面向对象数据库系统看做一个持久的、可共享的对象库的存储者和管理者。面向对象数据库支持面向对象技术中的对象与类、继承和多态特性。它将数据作为能自动重新得到和共享的对象存储，包含在对象中的是完成每一项数据库事务的处理指令。

这些对象可能包含不同类型的数据，包括传统的数据和处理过程，也包括声音、图像和视频等数据。对象可以共享和重用。

面向对象数据库提供了优于层次、网状和关系数据库的模型，能够支持复杂应用，增加了导航访问能力，简化了并发控制，很好地支持了数据完整性。与关系数据库相比，面向对象数据库更符合人们的思维习惯，特别对非数字领域，面向对象模型提供了较为自然和完整的模型。

2. 分布式数据库

分布式数据库是分布式处理技术与数据库相结合的产物，在数据库研究领域已有多年的历史，并出现了一些支持分布数据管理的系统，如 SDD1 系统、POREL 系统等。

分布式数据库是指物理上分散在网络各节点上、而逻辑上属于同一个系统的数据集合。它具有数据的分布性和数据库间的逻辑协调性两大特点。分布性是指数据不是存放在单个计算机的存储设备上，而是按全局需要将数据划分为一定结构的数据子集，分散地存储在各个节点上。逻辑协调性是指各场地上的数据子集相互间由严密的约束规则加以限定，而逻辑上是一个整体。分布式数据库强调节点的自治性，且系统应保持数据分布的透明性，使应用程序可完全不考虑数据的分布情况。

分布式数据库系统有两种：一种是物理上是分布的，但逻辑上是集中的。这种分布式数据库适用于用途比较单一、规模不大的单位或部门。另一种是物理上和逻辑上都是分布的，也就是联邦式分布数据库系统。这种系统可容纳多种不同用途的、差异较大的数据库，比较适合大范围内数据库的集成。

3. 多媒体数据库

多媒体是指多种媒体，如数字、字符、文本、图形、图像、声音和视频等的有机集成。其中数字、字符等称为格式化数据，文本、图形、图像、声音和视频等称为非格式化数据。多媒体数据具有数据量大、处理复杂等特点。

多媒体数据库实现对格式化和非格式化的多媒体数据的存储、管理和查询，使数据库能够表示和处理多媒体数据。多媒体数据库系统应提供更适合非格式化数据的查询功能，例如对多媒体数据按知识或其他描述符进行确定或模糊查询。

多媒体数据库要解决三个难题。第一个是信息媒体的多样化，要解决多媒体数据的存储组织、使用和管理问题。当前已有的多媒体技术侧重解决信息压缩和实时处理问题，并没有解决多媒体数据的组织结构和管理等问题，这就需要提出一套新的理论。第二个是多媒体数据集成，实现多媒体数据之间的交叉调用和融合。集成粒度越细，多媒体一体化表现才越强，应用价值才越大。第三个是多媒体数据与用户之间的实时交互。传统的数据库查询往往是被动式的，而多媒体则需要主动表现。仅能从数据库中查询出图片、声音或一段视频，仅是多媒体数据库应用的初级阶段。通过交互特性使用户介入到多媒体的特定条件的信息过程中，才是多媒体数据库交互式应用的高级阶段。

4. 并行数据库

并行数据库是数据库技术与并行处理技术相结合的产物。并行数据库发挥多处理机结构的优势，将数据库分布存储，利用多个处理机对数据进行并行处理，从而解决 I/O 瓶颈问题。通过采用先进的并行查询技术，开发查询间并行、查询内并行以及操作内并行，可大大提高查询效率。并行数据库的目标是提供一个高性能、高可用性、高扩展性的数据库系统，并且性价比比相应大型机上的 DBMS 高得多。

并行数据库系统还有很多问题需要深入研究。可以预见，由于并行数据库系统可以充分利用并行计算机系统强大的计算能力，必将成为并行计算机最重要的支撑软件之一。

5. 知识数据库

知识数据库是知识、经验、规则和事实的集合。知识数据库系统的功能是把大量的事实、规则和概念组成的知识存储起来，进行管理，并向用户提供方便快速的查询手段。

知识数据库系统应具备对知识的表示方法、对知识系统化的组织管理、知识库的维护、知识的获取与学习、知识库的查询等功能。知识数据库系统是数据库技术与人工智能的结合。

6. 模糊数据库

模糊性是客观世界的一个重要属性。传统的数据库描述与处理的往往是精确的或确定的数据，不能描述和处理模糊性和不完全性等概念。为此，人们提出了模糊数据库理论和实现技术，其目标是使数据库能够存储以各种形式表示的模糊数据。模糊数据库系统是数据库技术与模糊技术的结合。由于理论和实现技术上的困难，模糊数据库技术近年来发展得不太理想，但仍在一些领域得到了一定的应用，如医疗诊断、工程设计、过程控制、案情侦破等，显示了其良好的应用前景。

7. 移动数据库

移动数据库是指支持移动计算环境的数据库。它使得计算机或其他信息设备在没有固定的物理连接设备相连的情况下，能够传输数据。移动计算的作用在于，将有用、准确、及时的信息与中央信息系统相互作用，分担中央信息系统的计算压力，使信息能及时地提供给在任何时间和地点需要它的用户。

移动计算环境由于存在计算平台的移动性、连接的频繁性、网络条件的多样性、网络通信的非对称性、系统的高伸缩性和低可靠性，以及电源能力的有限性等因素，比传统等额计算环境更为复杂与灵活。这使得传统的分布式数据库技术不能有效地支持移动计算环境。于是，移动数据库技术由此而产生。

移动数据库涉及数据库技术、分布式计算技术和移动通信技术等多个领域。它包括两方面含义：一是指人在移动时可以存取数据库中的数据；二是指人可以带着数据的副本移动。移动数据库系统的特点是：数据库的移动性与位置有关性、频繁连接性、网络条件的多样性、网络通信的非对称性、资源有限性。

8. 专用数据库

在地理、气象、科学、统计、工程等应用领域，数据库要适用于不同的环境，解决不同的问题。在这些领域应用的数据管理完全不同于商业事务管理，并日益显示其重要性和迫切性。工程数据库、科学数据库、统计数据库、空间数据库等专用数据库近年来得到了很大发展，在相应的应用领域有的已经得到了较好的应用。

9. 数据库中的知识发现

人工智能与数据库技术相结合，促进了数据库中知识发现（Knowledge Discovery from

Data，KDD）的研究。从 20 世纪 80 年代末开始，知识发现已形成一个非常重要的研究方向。用数据库作为知识源，把逻辑学、统计学、机器学习、模糊学、数据分析、可视化计算等学科成果综合在一起，进行从数据库中发现知识的研究，使得数据库不仅能查询存放在数据库中的数据，而且上升到对数据库中数据的整体特征的认识，获得与数据库中数据相吻合的中观或宏观的知识。这大大提高了数据库的利用率，使数据库发挥了更大的作用。KDD 方法充分利用了现有数据库技术成果，形成了用数据库作为知识源的一整套新的策略和方法。在这个领域，目前研究的热点集中在数据仓库和数据挖掘上。

10.2　数据仓库与数据挖掘

10.2.1　数据仓库

1. 数据仓库的概念

20 世纪 80 年代中期，数据仓库之父 William H. Inmon 在其《建立数据仓库》（《Building the Data Warehouse》）一书中提出了数据仓库的概念。W. H. Inmon 对数据仓库的定义如下：数据仓库是面向主题的、集成的、相对稳定的、反映历史变化的数据集合，用以支持管理决策的决定过程。这个定义说明了数据仓库中数据的组织方式以及建立数据仓库的目的。

数据仓库是信息领域近年来迅速发展起来的数据库新技术。数据仓库的建立能充分利用已有的数据资源，把数据转换为信息，从中挖掘出知识，创造效益。所以越来越多的企业开始认识到数据仓库的重要性。

2. 数据仓库的特点

（1）数据仓库是面向主题（Subject Oriented）的。数据仓库中的数据是面向主题的，主题是归类的标准。每个企业都有特定的、需要考虑的问题，这就是企业的主题。数据仓库应按主题来组织。典型的主题包括：客户主题、产品主题、学生主题等。通过对主题数据的分析，可帮助企业决策者制定管理措施，做出正确的决策。

传统的联机事务处理（OLTP）系统是针对特定应用设计的，是面向应用的。如教学管理、人事管理、财务管理等。这与面向主题是不同的。

（2）数据仓库中的数据是集成（Integrated）的。数据仓库中的主题数据是在对原有各应用系统中的数据通过数据抽取、清理的基础上，经过系统加工、汇总和整理得到的。要将原有各应用系统的数据转移到数据仓库中，必须采用统一的形式，消除源数据中的不一致性，以保证数据仓库内的信息是关于整个企业的一致的全局信息。

（3）数据仓库中的数据是相对稳定（Non-Volatile）的。数据仓库的数据主要供企业决策分析之用，所涉及的数据操作主要是数据查询。一旦某个数据进入数据仓库以后，通常情况下将被长期保留，一般只做大量的查询操作，但修改和删除操作很少，通常只需要定期地加载和更新。这点与目前数据库应用系统有很大不同。

（4）数据仓库反映历史变化（Time Variant）：数据仓库中的数据通常包含历史信息，系统记录了企业从过去某一时刻到当前各个阶段的信息。通过这些信息可以对企业的发展历程和未来趋势做出定量分析和预测。

总之，数据仓库是一种语义上一致的数据存储，它充当决策支持数据模型的物理实现，并存放企业战略决策所需的信息。

3. 数据仓库与传统数据库系统的比较

数据仓库与传统数据库系统相比，存在多方面的不同，表 10.1 列出了它们的一些差别。

表 10.1　数据仓库与传统数据库系统的比较

类别 项目	数据仓库	传统数据库系统
数据模型	关系模型、对象模型（多维模型）	关系模型为主（平面模型）
数据内容	与决策管理相关的支持信息	与日常事务处理有关的数据
数据特性	集成、详细和综合数据	详细数据
数据来源	数据来源多，内外皆有	以内部数据为主
数据稳定性	较稳定，极少更新	频繁更新
性能度量	查询吞吐量	事务吞吐量
开发方法	利用迭代的开发方法，按系统结构和交叉功能的定制形式集成，以数据驱动为主	利用规范的开发方法，按功能分项和具体事务管理功能集成，以事件驱动方式为主

4. 数据仓库的应用

信息处理：支持查询和基本的统计分析，并使用图表、图或表等多种形式进行报告。数据仓库信息处理的当前趋势是构造低代价的基于 Web 的访问工具，并与 Web 浏览器集成。

分析处理：支持基本的联机分析处理（OLAP）操作。与信息处理相比，联机分析处理的主要优势是，支持数据仓库的多维数据分析。

数据挖掘：支持知识发现，包括找出隐藏在数据仓库中的模式和关联，构造分析模型，进行分类和预测，并使用可视化工具提供挖掘结果。

5. 数据仓库的构建

数据仓库的构架由三部分组成：数据源、数据源转换/装载形成新数据库、联机分析处理。数据仓库的实施过程大体可分为三个阶段：数据仓库的项目规划、设计和实施、维护调整。从数据仓库的构架和实施过程出发，数据仓库的构建可以分为以下几个步骤：

（1）收集和分析业务需求。

（2）建立数据模型和数据仓库的物理设计。

（3）定义数据源。

（4）选择数据仓库技术和平台。

（5）从操作型数据库中抽取、净化和转换数据到数据仓库。

（6）选择访问和报表工具。

（7）选择数据库连接软件。

（8）选择数据分析和数据展示软件。

（9）更新数据仓库。

数据仓库的建立可能要用到很多类型的数据源，历史数据可能很“老”，数据库可能变得非常大。数据仓库相对于联机事务处理来说，是业务驱动而不是技术驱动的，需要不断地和最终用户交流。在实施数据仓库过程中应注意以下问题：

（1）数据仓库中应该包含清理过的细节数据。

（2）用户能看到的任何数据都应该在元数据中有对应的描述。

（3）当数据量迅速增长，数据仓库中的数据在各个服务器中的分配策略按主题、地理位置、还是时间？

（4）合理选用数据仓库设计工具。

（5）在设计数据仓库模型时为了提高性能，应将用户对数据仓库的使用方式考虑在内。

（6）硬件平台：数据仓库的硬盘容量通常应是操作数据库硬盘容量的 2～3 倍。通常，大型机具有更高的可靠性和稳定性，而 PC 服务器或 UNIX 服务器更加灵活。

（7）网络结构：数据仓库的实施在部分网络段上会产生大量的数据通信，可能需要改进网络结构。

10.2.2　数据挖掘

在 20 世纪 80 年代，随着计算机技术和通信技术的迅速发展，大型数据库系统得到了广泛应用，企业积累的数据量急剧增加。据有关统计资料，企业数据量以每月 15%、每年 5.3 倍的速度增长。在这些海量数据中，往往蕴涵着丰富的、对人类活动有着指导意义的知识。然而，现有数据库系统主要进行的是事务性的处理，不能发现数据内部隐藏的规律或规则。因此，人们亟需一种能从海量数据中发现潜在知识的工具，以解决数据爆炸与知识贫乏的矛盾。数据挖掘（Data Mining，DM）技术就是在这样的背景下产生的。

1. 数据挖掘的概念

数据挖掘是从大量的、不完全的、有噪声的、模糊的、随机的数据中，提取潜在的、有价值的模式和数据间关系（或知识）的过程。

数据是知识的表现形式，而知识是概念、规则、模式、规律或约束等。数据是形成知识的源泉。数据挖掘所研究的知识发现，是有特定前提和约束条件的，是面向特定领域的，同时还要易于被用户理解。

数据挖掘是一门交叉性学科，涉及学习、模式识别、归纳推理、统计学、数据库、数据可视化及高性能计算等多个领域。知识发现的方法可以是数学的，也可以是非数学的；可以是演绎的，也可以是归纳的。数据挖掘把人们对数据的应用从简单查询提升到从数据中挖掘知识、提供决策支持。

2. 数据挖掘的数据对象

原则上，数据挖掘可以在任何类型的信息载体上进行。数据对象可以是结构化的数据源，包括关系数据库、数据仓库及各类专业数据库；也可以是半结构化的数据源，如文本数据、多媒体数据库和 Web 数据。复杂多样的数据类型给数据挖掘带来了巨大的挑战。

3. 数据挖掘发现的知识模式

数据挖掘发现的知识模式有多种类型，常见的知识模式有以下几类：

（1）分类模式。分类模式是反映同类事物间的共性、异类事物间的差异特征的知识。构造某种分类器，将数据集上的数据映射到特定的类上。分类模式可用于提取数据类的特征，进而预测事物发展的趋势。

（2）聚类模式。聚类模式事先并不知道分组及如何分组，只知道划分数据的基本原则。

在这些原则指导下，把一组个体按照个体间的相似性划分成若干类，划分的结果称为聚类模式。其目的是使得属于同一类别的数据间相似性尽可能大，而不同类数据间相似性尽可能小。

（3）时间序列模式。时间序列模式根据数据随时间变化的趋势，发现某一时间段内数据间的相关性处理模型，预测将来可能出现的值的分布情况。

（4）回归模式。回归模式与分类模式类似，差别在于，分类模式预测值是离散的，而回归模式预测值是连续的。

（5）关联模式。也称为关联规则，通过数据将事物关联起来。关联模式挖掘是数据挖掘领域开展得比较早且研究比较深入的一个分支。

（6）序列模式。与关联模式相仿，主要把数据之间的关联性与时间联系起来，可看成一种增加了时间属性的关联模式。

4. 数据挖掘的主要技术

对数据挖掘技术有多种分类方法，分类依据主要有数据源类型、挖掘方法、被发现知识的种类。根据数据源类型可分为：关系型、事务性、面向对象型、时间型、空间型、文本型、多媒体型等；根据发现知识的种类可分为：关联规则挖掘、分类规则挖掘、特征规则挖掘、聚类分析、数据总结、趋势分析、偏差分析、回归分析、序列模式分析、离群数据挖掘等；根据采用的挖掘技术（即挖掘方法或建模工具），可分为以下 7 类：

（1）统计分析方法。通过统计方法归纳提取有价值的规则，如关联规则。

（2）决策树方法。利用一系列规则划分，建立树状图，可用于分类和预测。大部分数据挖掘工具采用规则发现技术或决策树分类技术来发现数据模式和规则，其核心是某种归纳算法，如 ID3 及其发展 C4.5。这类工具通常先对数据库的数据进行采集，生成规则和决策树，然后对新数据进行分析和预测。

（3）人工神经网络。模拟人的神经元功能，经过输入层、隐藏层、输出层等，对数据进行调整、计算，最后得到结果，用于分类和回归。基于神经网络的挖掘过程基本上是将数据聚类，然后分类计算权值。神经网络很适合非线性数据和含噪声数据，所以在对市场数据库的分析和建模方面应用广泛。

（4）遗传算法。基于自然进化理论，模拟基因联合、突变、选择等过程的一种优化技术。

（5）模糊技术。利用模糊集理论，对实际问题进行模糊评判、模糊决策、模糊模式识别和模糊聚类分析。模糊集理论采用隶属度来描述事物的不确定性，它为数据挖掘提供了一种概念和知识表达、定性和定量转换、概念的综合和分解的新方法。

（6）粗糙集（Rough Set）方法。粗糙集方法基于等价类思想，等价类中的元素在粗糙集中被视为不可区分的。其基本过程是，首先用粗糙集近似的方法，将信息系统关系中的属性值进行离散化；然后对每个属性划分等价类；再利用集合的等价关系进行关系约简；最后得到一个最小决策关系，从而便于获得规则。这是一种全新的数据分析方法，近年来在机器学习和 KDD 等领域得到了广泛应用。

（7）可视化技术。用图表等方式把数据特征直观地表述出来，如直方图等。数据可视化以前多用于科学和工程领域，现在也出现了针对商业用户需求的产品。这类工具大大扩展了传统商业图形的能力，支持多维数据的可视化，从而提供了多方向同时进行数据分析的图形方法。有些工具还能提供动画能力，使用户可以观看不同层次的细节。

上述数据挖掘技术各有特点和适用范围，它们发现的知识种类也不尽相同。其中，统计分析法一般适用于关联模式、序列模式、特征规则等的挖掘；决策树方法、遗传算法和粗糙集方法适用于分类模式的构造；人工神经网络方法较适用于分类、聚类等多种数据挖掘；模糊技术常用来挖掘模糊关联、模糊分类和模糊聚类规则。

5. 数据挖掘的应用

（1）金融行业。金融事务需要收集和处理大量数据，对这些数据进行分析，发现其数据模式及特征，然后可能发现某个客户、消费群体或组织的金融和商业兴趣，并可观察金融市场的变化趋势。数据挖掘在金融领域应用广泛，包括：① 数据清理、金融市场分析和预测；② 账户分类、银行担保和信用评估。

（2）医疗保健。医疗保健行业有大量数据需要处理，但这个行业的数据由不同的信息系统管理，数据以不同的格式保存。数据挖掘最关键的任务是进行数据清理，预测医疗保健费用等。

（3）市场零售行业。市场业应用数据挖掘技术进行市场定位和消费者分析，辅助制定市场策略。零售业是最早应用数据挖掘技术的行业，目前主要应用于销售预测、库存需求、零售点选择和价格分析。

（4）制造业。制造业应用数据挖掘技术进行零部件故障诊断、资源优化、生产过程分析等。通过对生产数据进行分析，还能发现一系列产品制造、装配过程中哪一阶段最容易产生错误。

（5）科学研究领域。数据挖掘在科学研究中是必不可少的，从大量有时真假难辨的科学数据中提炼出对科研工作者有用的信息。例如，在数据量极其庞大的天文、气象、生物技术等领域，对所获得的实验和观测数据，仅靠传统的数据分析工具已难以满足要求，迫切需要功能强大的职能分析工具。这种需求推动了数据挖掘技术在科学研究领域的应用发展，取得了一些重要的应用成果。

此外，在保险业、电信网络管理、司法、网络入侵检测等行业或领域，数据挖掘技术也得到了应用。

10.2.3　数据仓库与数据挖掘

数据仓库和数据挖掘是作为两种独立的信息技术出现的。数据仓库是不同于数据库的数据组织和存储技术，它从数据库技术发展而来并为决策服务。数据挖掘通过对各类数据源的数据进行分析，获得具有一定可信度的知识。它们从不同侧面完成对决策过程的支持，相互间有一定的内在联系。因此，将它们集成到一个系统中，形成基于数据挖掘的 OLAP 工具，可以更加有效地提高决策支持能力。

数据仓库和数据挖掘作为决策支持的新技术，近十几年来得到了迅速发展。作为数据挖掘对象，数据仓库技术的产生和发展为数据挖掘技术开辟了新领域，也提出了新的要求和挑战。数据仓库和数据挖掘是相互影响、相互促进的。两者之间的联系可总结为以下几点。

（1）数据仓库为数据挖掘提供了广泛的数据源。数据仓库中集成了来自异质信息源的数据，存储了大量长时间的历史数据，可进行数据长期趋势分析，为决策者的长期决策提供了支持。

（2）数据仓库为数据挖掘提供了支持平台。数据仓库的建立，充分考虑了数据挖掘的要求。用户可通过数据仓库服务器，得到所需数据，形成开采中间数据库，利用数据挖掘技术获得知识。数据仓库对查询的强大支持，使数据挖掘效率更高，有可能挖掘出更深入、更有价值的知识。

（3）数据挖掘为数据仓库提供了决策支持。数据挖掘能对数据仓库中的数据进行模式抽取和知识发现，因此，基于数据仓库的数据挖掘，能更好地满足决策支持的要求。

（4）数据挖掘为数据仓库提供了广泛的技术支持。数据挖掘的可视化技术、统计分析技术等，都为数据仓库提供了强有力的技术支持。

总之，数据仓库和数据挖掘技术要充分发挥作用，就必须结合起来。数据仓库完成数据的收集、集成、存储及管理，数据挖掘专注于知识的发现，提供更全面的决策支持。

10.3 XML 数据管理

10.3.1 XML 概述

可扩展标记语言 XML（eXtensible Markup Language）是 W3C 组织于 1998 年 2 月发布的标准。它是为了克服 HTML 缺乏灵活性和伸缩性的缺点以及 SGML 过于复杂、不利于软件应用的缺点而发展起来的一种元标记语言。

SGML 功能强大，但是为能实现强大的功能，要做非常复杂的准备工作，首先要创建一个文档类型定义，在该定义中给出标记语言的定义和全部规则，然后编写 SGML 文档，并把文档类型定义和 SGML 文档一起发送，才能保证用户定义的标记能够被理解。

HTML 是使用 SGML 编写出来的最著名的标记语言，用它来描述网页中显示某种格式的信息。HTML 简单易学，但也有不足之处：首先，HTML 的标记是固定的，不允许用户创建自己的标记；其次，HTML 中标记的作用是描述数据的显示方式，并且只能由浏览器进行处理；另外，在 HTML 中，所有标记都独立存在，无法显示数据之间的层次关系。

XML 是在吸取了 HTML 和 SGML 优点的基础上形成的，已成为互联网上信息交换和表示的标准。XML 具有灵活的模式，可满足 Web 环境中异构数据集成的要求。随着 XML 的广泛应用，对 XML 数据的有效管理也随之成为当前数据库领域研究的热点。当前对 XML 数据管理的主要研究内容包括 XML 数据模型和查询两个方面。

10.3.2 XML 数据模型

1. XML 文档

XML 数据的基本形式是 XML 文档。XML 是一种定义“标记”（Markup）的规则，即 XML 定义了标记文本或文档的一套规则，用户使用这些规则定义所需的标记。XML 标记是可以扩展的，用户可以根据需要定义新的标记。并且，用户可以根据需要给标记取任何名字，如<persons>、<name>、<birth>等。注意，XML 标记用来描述文本的结构，而不是描述如何显示文本（这与 HTML 标记是不同的）。

XML 数据存储的最基本形式是 XML 文档（Document）。一个文档就是一个连续的字符流。字符流中的标记将它们分割为更小的语义单位。XML 的标记分为 5 种类型：元素、属性、注释、处理指令和实体。

【例 10.1】 创建一个用于保存人的信息的 XML 文档（文件名为 person.xml）。注意：

每行前面的序号是为了便于说明而加的，不是 XML 文档的内容。

```
1：<?xml version="1.0" encoding="GB2312"?>
2：<!DOCTYPE person SYSTEM "..\person.dtd">
3：<person>
4：    <name>李平</name>
5：      <birth>11/10/1986</birth>
6：      <telephone>13033300110</telephone>
7：</person>
```

该 XML 文档中定义了<person>、<name>、<birth>等标记来表示数据的真实含义。XML 标记就是定界符（即< >）以及用定界符括起来的文本。

在 XML 中，标记是成对出现的。位于前面的（如<book>、<author>、<pubdate>等）是开标记，而位于后面的（如</book>、</author>、</pubdate>等）是闭标记。标记是区分大小写的，例如，<person>和<Person>是两个不同的标记。标记和开闭标记之间的文字结合在一起构成元素。所有元素都可以有自己的属性，属性采用“属性/值”对的方式写在标记中。

例 10.1 的解释如下。

① 第 1 行：<?xml version="1.0" encoding="GB2312"?>，该句是 XML 声明，表明这个文档是一个 XML 文档，且这个 XML 文档的版本为 1.0。本条语句是可选的，xml 应小写，并且？与 xml 之间不能有任何字符（包括空格）。

② 第 2 行指明 DTD 文档位置。

③ 在第 3 行和第 7 行使用了<person>开标记和</person>闭标记。这个标记是根标记，因为这个文档中的所有数据都包含在这两个标记中。一个 XML 文档只能有一个根标记，其他标记分层嵌套，从而形成一棵标记树。

④ 在第 4 行和第 6 行使用<name>标记对表示人的姓名；用<birth>标记对表示出生时间；用<telephone>标记对表示电话号码。

2. XML 文档模式

XML 文档模式用于描述 XML 的逻辑结构。有两种描述 XML 逻辑结构的方式：文档类型定义（Document Type Definition，DTD）和 XML 模式（XML Schema）。

（1）文档类型定义 DTD

DTD 定义了文档的逻辑结构，规定了文档中所使用的元素、实体、属性、元素与实体间的关系等。使用 DTD 可验证数据的有效性，保证数据交换与共享的要求。

DTD 是一组声明，这组声明通过定义一些规则来界定 XML 数据需要满足的结构和内容的要求。

【例 10.2】　对于例 10.1 中的 XML 文档，其 DTD 文档如下：

```
<!ELEMENT person (name, birth, telephone)>
<!ELEMENT name(#PCDATA)>
<!ELEMENT birth (#PCDATA)>
<!ELEMENT telephone (#PCDATA)>
```

该 DTD 文档表明了 person 根标记的结构（包含哪些子标记，以及每个子标记内容的数据类型）。关于 DTD 详细的语法说明，感兴趣的读者可参考 XML 相关的资料。

（2）XML 模式（XML Schema）

XML Schema 是在 DTD 之后的第二代用于描述 XML 逻辑结构的标准。XML Schema 用一套预先定义的XML元素和属性创建，这些元素和属性定义了XML文档的结构和内容模式。例如，对于例 10.1 中的 XML 文档，其 XML Schema 如下：

```
<?xml version="1.0" encoding="GB2312" standalone="yes"?>
<xsd:schema xmlns:xsd="http://www.w3.org/2001/XMLSchema">
<xsd:element name="person">
    <xsd:complexType>
    <xsd:sequence>
        <xsd:element name="name" type="xs:string" />
        <xsd:element name="birth" type="xs:date" />
        <xsd:element name="telephone" type="xs:string" />
    </xsd:sequence>
</xsd:complexType>
</xsd:element>
</xsd:schema >
```

XML Schema 描述文件称为 XSDL（XML Schema Definition Language）文档。一个 XSDL 文档由元素、属性、名称空间和 XML 文档中的其他节点构成。关于 XML Schema 详细的语法说明，感兴趣的读者可参考 XML 相关的资料。

10.3.3　XML 数据查询

数据查询是数据库的重要功能。XML 数据查询的描述形式较多，包括 Lorel、XML-QL、XML-GL、Quilt、XPath、XQuery 等。其中 XPath 和 XQuery 是 W3C 组织推荐的 XML 数据查询语言，是当前这类处理中的代表性语言，在当前 XML 数据查询中处于重要位置。

XPath 将 XML 文档看做树，将元素、属性、注释和文本看做树的节点。从根到每个节点都存在一个节点序列，称为节点的路径表达式。XPath 以“/”分隔路径表达式中的各个节点，并允许加入路径操作符和查询谓词。这样 XPath 路径表达式就可以进行导航式访问。

XQuery 是 W3C 开发的与 SQL 风格接近的 XML 数据查询语言。它是一种非过程语言，其中引进了变量，使用较为灵活。可查询各种 XML 数据源，包括 XML 文档、XML 数据库以及基于对象的存储等。

本章小结

本章主要总结了近年来数据库领域发展的特点，对数据库领域的发展方向进行了综述，并对数据仓库与数据挖掘、XML 数据管理这两个研究热点进行了简要介绍，为读者在数据库领域从事研究和应用开发提供参考。

习题 10

1. 什么是 OLTP？什么是 OLAP？
2. 简述数据仓库的特点。
3. 简述数据挖掘的含义。
4. 什么是 XML？

附录A 实 验 指 导

实验1 SQL Server Management Studio 管理工具的使用

实验目的

1. 了解 SQL Server Management Studio 的界面结构和基本功能。
2. 掌握 SQL Server Management Studio 的基本使用方法。
3. 了解资源管理器中目录树的结构。
4. 了解 SQL Server 数据库及其对象。
5. 掌握查询分析器的启动方法。
6. 掌握在查询分析器中执行 SQL 语句的方法。

实验内容

1. 利用 SQL Server Management Studio 了解 SQL Server 数据库对象。

（1）启动 SQL Server Management Studio。

（2）以系统管理员身份登录到 SQL Server Management Studio。

（3）在对象资源管理器中选择已注册的服务器，分别展开数据库→系统数据库图标，将看到系统数据库下的 master、model、msdb、tempdb 4 个系统数据库，如图 A1.1 所示。它们是安装 SQL Server 数据库时自动安装的。展开 master 数据库图标，可见数据库对象包括表、视图、同义词、可编程性、存储和安全性等几类对象，如图 A1.2 所示。展开各类对象图标将列出相应对象的名称。

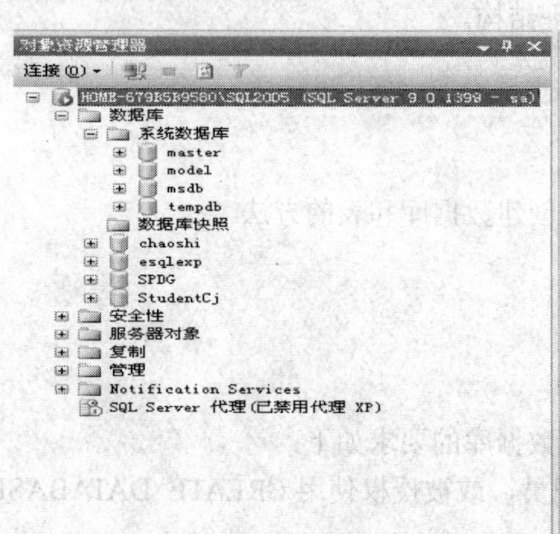

图 A1.1 系统数据库

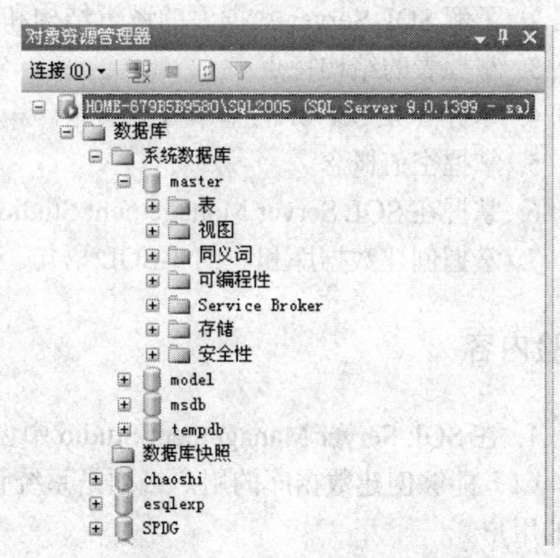

图 A1.2 数据库包含的对象

2. 启动查询分析器，并在其中执行 SQL 语句。

（1）在 SQL Server Management Studio 的工具栏上单击“新建查询”图标，将启动查询分析器。

（2）在查询分析器中输入以下 SQL 语句：

```
CREATE DATABASE test
GO
```

单击工具栏上的 ! 执行(X) 图标，执行该语句，在消息窗口中将有相应的提示，如图 A1.3 所示。

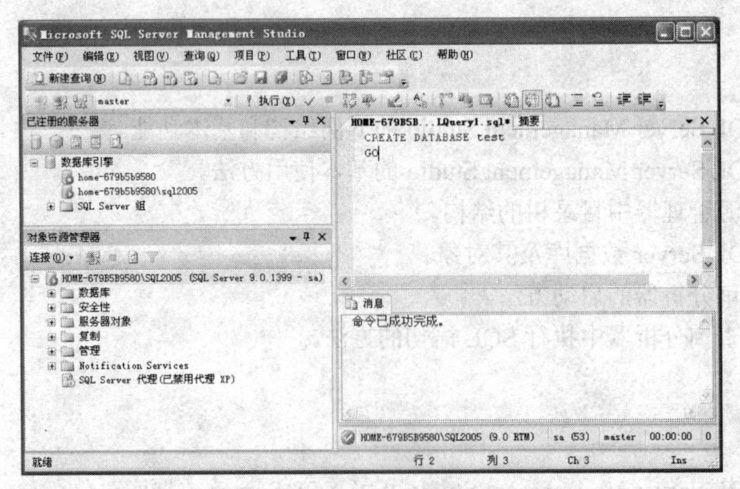

图 A1.3　在查询分析器中执行 SQL 语句

实验 2　数据库、表的创建

实验目的

1. 了解在 SQL Server Management Studio 中创建数据库的要求。
2. 了解 SQL Server 数据库的逻辑结构和物理结构。
3. 掌握表的结构特点。
4. 掌握 SQL Server 的基本数据类型。
5. 掌握空值概念。
6. 掌握在 SQL Server Management Studio 中创建数据库和表的方法。
7. 掌握创建数据库和表的 T-SQL 语句。

实验内容

1. 在 SQL Server Management Studio 中创建数据库的要求如下：

（1）能够创建数据库的用户必须是系统管理员，或被授权使用 CREATE DATABASE 语句的用户。

（2）创建数据库必须确定数据库名、所有者（即创建数据库的用户）、数据库大小（最初大小、增长方式）和存储数据库的文件。

（3）确定数据库包含哪些表，以及所包含的各表的结构，还要了解 SQL Server 的常用数据类型，以创建数据库的表。

（4）了解两种常用的创建数据库、表的方法，即在企业管理器中创建和使用 T-SQL 的 CREATE DATABASE 语句创建。

2. 定义数据库结构。创建学生成绩数据库，数据库名为 XSCJ，包含下列 3 个表。

（1）学生表：表名为 Student，描述学生信息。

（2）课程表：表名为 Course，描述课程信息。

（3）学生选课表：表名为 StuCourse，描述学生选课及成绩信息。

各表的结构分别如表 A2.1、表 A2.2 和表 A2.3 所示。

表 A2.1 学生情况表（表名 Student）

列　名	数据类型	是否允许为空值	默认值	说　明
学号	char(6)	否	无	主码
姓名	char(12)	否	无	
专业名	varchar(20)	是	无	
性别	char(2)	否	无	
出生时间	smalldatetime	是	无	
总学分	tinyint	是	无	
备注	text	是	无	

表 A2.2 课程表（表名 Course）

列　名	数据类型	是否允许为空值	默认值	说　明
课程号	Char(4)	否	无	主码
课程名	varchar(40)	否	无	
开课学期	tinyint	是	无	
学时	tinyint	是	无	
学分	tinyint	是	无	

表 A2.3 学生选课表（表名 StuCourse）

列　名	数据类型	是否允许为空值	默认值	说　明
学号	char(6)	否	无	主码
课程号	char(4)	否	无	主码
成绩	real	是	无	

3. 在 SQL Server Management Studio 控制台上创建 XSCJ 数据库。

要求：数据库 XSCJ 初始大小为 5 MB，日志文件初始大小为 1 MB，增长方式均采用默认值。数据库的逻辑文件名和物理文件名均采用默认值，分别为 XSCJ_data 和 C:\Program Files\Microsoft SQL Server\MSSQL.1\MSSQL\data\XSCJ.mdf，其中 C:\Program Files\Microsoft SQL Server\MSSQL.1\MSSQL\data\为 SQL Server 2005 的系统安装目录；事务日志的的逻辑文件名和物理文件名也均采用默认值，分别为 XSCJ_LOG 和 C:\Program Files\Microsoft SQL Server\MSSQL.1\MSSQL\data\XSCJ_Log.ldf。

注意：不同的安装系统安装目录有可能不相同。

启动 SQL Server Management Studio，以系统管理员或被授权使用 CREATE DATABASE 语句的用户登录 SQL Server 2005 服务器。在对象资源管理器中“数据库”图标上单击鼠标右键，在快捷菜单上选择“新建数据库”，将出现如图 A2.1 所示的“新建数据库”窗口。在“数据库名称”文本框中输入数据库名“XSCJ”，并将逻辑文件的初始大小改为 5 MB，单击“确定”按钮，即可创建 XSCJ 数据库。在对象资源管理器中展开“数据库”图标，将看到新增了“XSCJ”图标。

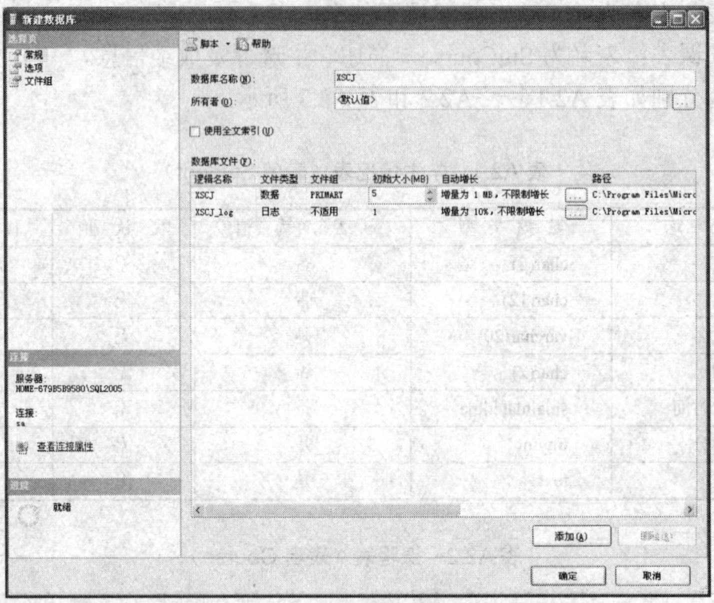

图 A2.1　“新建数据库”窗口

4. 将新创建的 XSCJ 数据库删除。在资源管理器中选择数据库 XSCJ→在 XSCJ 上单击鼠标右键→删除。

5. 使用 T-SQL 语句创建 XSCJ 数据库。启动查询分析器，在查询分析器中输入以下语句：

```
CREATE  DATABASE  XSCJ
ON
(NAME='XSCJ_Data',
 FILENAME='C:\Program Files\Microsoft SQL Server\MSSQL.1\MSSQL\data\XSCJ.mdf',
 SIZE=5MB)
LOG ON
(NAME=' XSCJ_Log',
FILENAME='C:\Program Files\Microsoft SQL Server\MSSQL.1\MSSQL\data\XSCJ_Log.ldf')
GO
```

执行上述 T-SQL 语句，并在对象资源管理器中查看执行结果。

6. 在 SQL Server Management Studio 控制台上创建 XSCJ 数据库的 3 个表。选择数据库 XSCJ→展开 XSCJ 数据库→在“表”图标上单击鼠标右键→新建表，将出现如图 A2.2 所示的“表设计器”窗口。输入 Student 表各字段信息→将“学号”字段设为主键（在该字段上单击鼠标右键，在快捷菜单上选择“设置主键”）→单击工具栏上的（保存）图标→输入表名 Student，即创建了表 Student。按同样的操作过程创建 Course 表和 StuCourse 表。

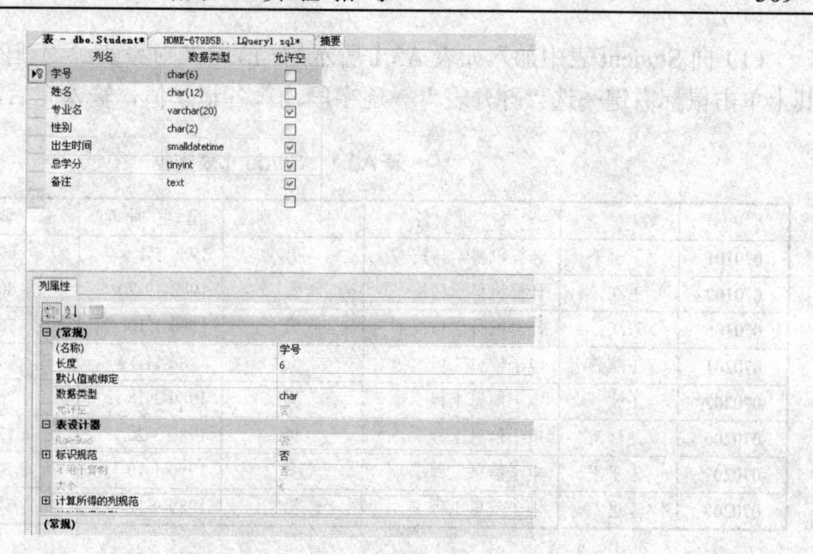

图 A2.2 表设计器

7. 在 SQL Server Management Studio 控制台上删除 XSCJ 数据库的 3 个表。在对象资源管理器中选择数据库 XSCJ 的 Student 表→在 Student 表上单击鼠标右键→删除，即删除了 Student 表。按同样的操作过程删除 Course 表和 StuCourse 表。

8. 使用 T-SQL 语句创建 XSCJ 数据库的 3 个表。启动查询分析器，在查询分析器窗口中输入以下语句：

```
USE XSCJ
CREATE TABLE Student
    (    学号      CHAR(6) PRIMARY KEY,
    姓名      CHAR (12) NOT NULL,
    专业名    VARCHAR(20),
    性别      CHAR (2) NOT NULL,
    出生时间  SMALLDATETIME,
    总学分    TINYINT,
    备注      TEXT
)
GO
```

执行上述 T-SQL 语句，并在对象资源管理器中查看执行结果。按同样的操作过程创建 Course 表和 StuCourse 表，请读者自己写出相应的 T-SQL 语句。

实验 3 表数据插入、修改和删除

实验目的

1. 学会在 SQL Server Management Studio 中对表进行数据插入、修改和删除操作。
2. 学会使用 T-SQL 语句对表进行数据插入、修改和删除操作。

实验内容

1. 在 SQL Server Management Studio 中向 XSCJ 数据库的 3 个表中添加数据。

（1）向 Student 表中加入如表 A3.1 所示的记录。在对象资源管理器中选择表 Student→在其上单击鼠标右键→选“打开表”→逐字段输入各记录值，输入完后，关闭表窗口。

表 A3.1　Student 表数据

学　号	姓　名	专 业 名	性　别	出生时间	总 学 分	备　注
070101	丁一平	计算机科学与技术	男	1989-5-1	80	三好生
070102	王红	计算机科学与技术	女	1988-12-20	80	
070105	朱江	计算机科学与技术	男	1990-1-10	78	有补考科目
070201	王燕燕	电子信息工程	女	1988-11-19	74	
070202	王波	电子信息工程	男	1989-2-18	76	多次获奖学金
070206	赵红涛	电子信息工程	男	1989-3-20	72	
070207	朱平平	电子信息工程	女	1990-1-10	74	
070208	李进	电子信息工程	男	1989-9-12	74	

注意：表中的空白项表示记录的该字段取空值（下同）。

（2）向 Course 表中加入如表 A3.2 所示的数据记录。

表 A3.2　Course 表数据

课 程 号	课 程 名	开课学期	学　时	学　分
1001	高等数学 1	1	80	5
1002	高等数学 2	2	80	5
2001	程序设计基础	1	64	4
3001	电路基础	2	48	3

（3）向 StuCourse 表中加入如表 A3.3 所示的数据记录。

表 A3.3　StuCourse 表数据

学　号	课 程 号	成　绩	学　号	课 程 号	成　绩
070101	1001	90	070201	1002	80
070101	1002	95	070201	3001	85
070101	2001	88	070202	1001	96
070102	1001	70	070202	1002	95
070102	1002	75	070202	3001	98
070102	2001	82	070206	1001	72
070105	1001	78	070206	1002	70
070105	1002	55	070206	3001	80
070105	2001	81	070206	2001	8
070201	1001	82			

2. 在 SQL Server Management Studio 中修改和删除 XSCJ 数据库的表数据。

（1）将 Student 表的第 5 行“总学分”字段值修改为 74。在对象资源管理器中选择表 Student→选择“打开表”→选择需要修改的单元格→删除原值 76→输入值 74→关闭表窗口。

（2）删除 StuCourse 表的最后一行。在表窗口中定位到需删除的行→单击鼠标右键→选择“删除”→在弹出的对话框中单击“确定”按钮→关闭表窗口。

3. 使用T-SQL语句操作XSCJ数据库的表数据。

（1）使用T-SQL语句分别向Student表、Course表、StuCourse表中插入记录。

在查询分析器中输入以下T-SQL语句并执行：

```
USE XSCJ
INSERT INTO Student
    VALUES('070205', '李冰', '电子信息工程', '男', '1988-10-15',74,NULL)
GO
INSERT INTO Course
    VALUES('2002', '面向对象程序设计', 2, 48, 3)
GO
INSERT INTO StuCourse
    VALUES('070207', '1001',70)
GO
INSERT INTO StuCourse
    VALUES('070207', '1002',80)
GO
INSERT INTO StuCourse
    VALUES('070207', '2001',88)
GO
INSERT INTO StuCourse
    VALUES('070208', '1001',89)
GO
INSERT INTO StuCourse
    VALUES('070208', '1002',92)
GO
INSERT INTO StuCourse
    VALUES('070208', '2001',92)
GO
```

执行完这些语句后，可在对象资源管理器中再次打开表，观察各表数据的变化情况。

（2）使用T-SQL语句修改表记录。

在查询分析器中输入以下T-SQL语句并执行：

```
USE XSCJ
UPDATE StuCourse
    SET 成绩=成绩+2
    WHERE 课程号='1001'
```

该语句将“1001”号课程的所有学生成绩都增加2分。

注意：修改表数据时要保持数据完整性。

（3）使用T-SQL语句删除表记录。

在查询分析器中输入以下T-SQL语句并执行：

```
USE XSCJ
DELETE FROM StuCourse
    WHERE 学号='070208'
```

该语句将学号为“070208”的学生的选课记录和成绩都删除。

实验 4　数据查询

实验目的

1. 掌握 SELECT 语句的基本语法和查询条件表示方法。
2. 掌握连接查询的表示方法。
3. 掌握嵌套查询的表示方法。
4. 掌握数据汇总的方法。
5. 掌握 GROUP BY 子句的作用和使用方法。
6. 掌握 ORDER BY 子句的作用和使用方法。
7. 掌握 HAVING 子句的作用和使用方法。

实验内容

使用 SELECT 查询语句，在数据库 XSCJ 的 Student 表、Course 表和 StuCourse 表上进行各种查询，包括单表查询、连接查询、嵌套查询，并进行数据汇总，以及使用 GROUP BY 子句、ORDER BY 子句和 HAVING 子句对结果进行分组、排序和筛选处理。

1. SELECT 语句的基本使用

以下的所有查询都在查询分析器中执行，在查询分析器中将当前数据库设为 XSCJ。以下 SQL 语句均在查询分析器中输入并执行。

（1）对于实验 3 给出的数据库表结构，查询每个学生的所有数据。

```
SELECT *
    FROM Student
```

思考与练习：用 SELECT 语句查询 Course 表和 StuCourse 表的所有记录。

（2）查询每个学生的专业名和总学分。

```
SELECT  专业名, 总学分
    FROM Student
```

思考与练习：用 SELECT 语句查询 Course 表和 StuCourse 表的一列或若干列。

（3）查询学号为“070101”的学生的姓名和专业名。

```
SELECT  姓名, 专业名
    FROM Student
    WHERE  学号='070101'
```

思考与练习：用 SELECT 语句查询 Course 表和 StuCourse 表中满足指定条件的一列或若干列。

（4）查找所有的专业名。

```
SELECT DISTINCT  专业名
    FROM Student
```

（5）查询 Student 表中计算机科学与技术专业学生的学号、姓名和总学分，结果中各列的标题分别指定为 number、name 和 mark。

```
SELECT  学号  AS number,  姓名  AS name,  总学分  AS mark
    FROM Student
    WHERE  专业名='计算机科学与技术'
```

（6）找出所有在1989年出生的“电子信息工程”专业学生的信息。

```
SELECT *
    FROM Student
    WHERE 专业名='电子信息工程' AND
            出生时间 BETWEEN '1989-1-1' AND '1989-12-31'
```

（7）找出所有姓“王”的学生信息。

```
SELECT *
    FROM Student
    WHERE 姓名 LIKE '王%'
```

2. 连接查询

（1）查询每个学生的情况和其选修课程的课程号及成绩。

```
SELECT Student.* , 课程号, 成绩
    FROM Student , StuCourse
    WHERE Student.学号 = StuCourse.学号
```

（2）查找计算机科学与技术专业学生的情况和其选修课程的课程号及成绩。

```
SELECT Student.* , 课程号, 成绩
    FROM Student , StuCourse
    WHERE Student.学号 = StuCourse.学号 AND 专业名='计算机科学与技术'
```

（3）查找成绩低于60分的学生的情况和不及格课程的课程号及成绩。

```
SELECT Student.* , 课程号, 成绩
    FROM Student , StuCourse
    WHERE Student.学号 = StuCourse.学号 AND 成绩<60
```

（4）查询每个学生的情况和其选修课程的课程名及成绩。

```
SELECT a.* , 课程名, 成绩
    FROM Student a, StuCourse b, Course c
    WHERE a.学号 = b.学号 AND b.课程号= c.课程号
```

（5）查询每个学生的情况和其选修课程的课程名及成绩。其中输出的成绩用等级代替：≥90为优，≥80且<90为良，≥70且<80为中，≥60且<70为及格，<60为不及格。

```
SELECT a.* , 课程名, 成绩等级=
       CASE
        WHEN 成绩>=90 THEN '优'
            WHEN 成绩>=80 AND 成绩< 90 THEN '良'
            WHEN 成绩>=70 AND 成绩< 80 THEN '中'
            WHEN 成绩>=60 AND 成绩< 70 THEN '及格'
            ELSE '不及格'
      END
    FROM Student a, StuCourse b, Course c
    WHERE a.学号 = b.学号 AND b.课程号= c.课程号
```

（6）查询所有学生及其选课情况，若学生未选课程，也要将该生的信息输出。

```
SELECT a.*, 课程号, 成绩
    FROM Student a LEFT JOIN StuCourse b ON a.学号=b.学号
```

3. 嵌套查询

（1）查找与“丁一平”在同一年出生的学生情况。

```
SELECT *
FROM Student
WHERE 出生时间 =
        ( SELECT 出生时间
            FROM Student
            WHERE 姓名= '丁一平')
```

（2）查询未选修任何课程的学生情况。

```
SELECT *
FROM Student
    WHERE 学号 NOT IN
        ( SELECT 学号
            FROM StuCourse)
```

（3）查找选修了“电路基础”课程的学生学号和姓名。

```
SELECT 学号, 姓名
    FROM Student
    WHERE EXISTS x
    ( SELECT *
        FROM StuCourse a, Course b
WHERE x.学号=a.学号  AND a.课程号=b.课程号  AND 课程名='电路基础' )
```

（4）查找至少选修了学号为“070101”学生选修的全部课程的学生学号和姓名。

```
SELECT 学号, 姓名
   FROM Student
   WHERE 学号 IN
   ( SELECT 学号
        FROM StuCourse x
        WHERE NOT EXISTS
        ( SELECT *
            FROM StuCourse y
            WHERE y.学号= '070101'   AND NOT EXISTS
            ( SELECT *
                FROM StuCourse z
                WHERE z.学号= x.学号  AND z.课程号=y.课程号)))
```

（5）查找未选修“程序设计基础”课程的学生情况。

```
SELECT *
    FROM Student
    WHERE 学号 NOT IN
        ( SELECT 学号
            FROM StuCourse
            WHERE 课程号 =
                ( SELECT 课程号
                FROM Course
                WHERE 课程名 = '程序设计基础' ))
```

4. 数据汇总

（1）计算所有课程的总学时，使用 AS 子句将结果列的标题指定为总学时。

```
SELECT SUM(学时) AS 总学时
    FROM Course
```

（2）求计算机科学与技术专业学生所有课程的平均成绩。

```
SELECT AVG(成绩) AS 计算机专业学生平均成绩
    FROM StuCourse
    WHERE 学号 IN
        ( SELECT 学号
            FROM Student
            WHERE 专业名='计算机科学与技术')
```

注意：也可用连接查询，请读者自行练习。

（3）计算电子信息工程专业的“高等数学 1”课程平均成绩。

```
SELECT AVG(成绩) AS 电子信息工程专业高等数学 1 课程平均成绩
    FROM StuCourse
    WHERE 课程号=
      (SELECT 课程号
        FROM Course
        WHERE 课程名='高等数学 1')
        AND 学号 IN
        ( SELECT 学号
          FROM Student
          WHERE 专业名='电子信息工程')
```

或者

```
SELECT AVG(成绩) AS 电子信息工程专业高等数学课程平均成绩
    FROM StuCourse a, Student b, Course c
    WHERE a.课程号=c.课程号 AND a.学号=b.学号 AND 课程名='高等数学 1'
            AND 专业名='电子信息工程'
```

（4）查询电子信息工程专业的“高等数学 1”课程的最高和最低成绩。

```
SELECT MAX(成绩) AS '电信高数 1 最高成绩', MIN(成绩) AS '电信高数 1 最低成绩'
    FROM StuCourse a, Student b, Course c
    WHERE a.课程号=c.课程号 AND a.学号=b.学号 AND 课程名='高等数学 1'
            AND 专业名='电子信息工程'
```

（5）查询电子信息工程专业的学生总数。

```
SELECT COUNT(*) AS 总人数
    FROM Student
    WHERE 专业名='电子信息工程'
```

5. 使用 GROUP BY 子句对结果分组

（1）查询各专业的学生数。

```
SELECT 专业名, COUNT(学号) 学生数
    FROM Student
    GROUP BY 专业名
```

（2）求被选修课程的名称和选修该课程的学生数。

```
SELECT 课程名, COUNT(学号) AS '选修人数'
    FROM StuCourse a, Course b
    WHERE a.课程号 = b.课程号
    GROUP BY 课程名
```

（3）统计各专业、各课程的平均成绩。

```
SELECT 专业名, 课程名, AVG(成绩) 平均成绩
```

```
    FROM StuCourse a, Student b, Course c
    WHERE a.课程号=c.课程号 AND a.学号=b.学号
    GROUP BY 专业名, 课程名
```

6. 使用 ORDER BY 子句对结果排序

（1）将学生数据按出生时间排序。

```
SELECT *
    FROM Student
    ORDER BY 出生时间
```

（2）将计算机科学与技术专业的“程序设计基础”课程按成绩由高到低排序。

```
SELECT a.学号, 姓名, 成绩
    FROM StuCourse a, Student b, Course c
    WHERE a.学号=b.学号 AND a.课程号=c.课程号 AND 课程名='程序设计基础'
    ORDER BY 成绩 DESC
```

（3）将各课程按平均成绩由高到低排序。

```
SELECT 课程号, AVG(成绩)
    FROM StuCourse
    GROUP BY 课程号
    ORDER BY AVG(成绩) DESC
```

7. 使用 HAVING 子句对分组结果进行筛选

（1）查找平均成绩在 85 分以上的学生的学号和平均成绩。

```
SELECT 学号, AVG(成绩) AS '平均成绩'
     FROM StuCourse
     GROUP BY 学号
     HAVING AVG(成绩) > =85
```

（2）查找选修人数超过 3 人的课程名和选修人数。

```
SELECT 课程名, COUNT(学号) AS '选修人数'
     FROM StuCourse a, Course b
     WHERE a.课程号 = b.课程号
     GROUP BY 课程名
     HAVING COUNT(学号)>3
```

实验 5　索引

实验目的

1. 掌握使用对象资源管理器创建索引的方法。
2. 掌握 T-SQL 创建和删除索引语句的使用方法。
3. 掌握查看索引的系统存储过程的用法。

实验内容

1. 在对象资源管理器中创建索引。

要求：在 XSCJ 数据库的 Student 表的“学号”列上建立非聚簇索引 StuNo_ind。

在对象资源管理器中，选择 XSCJ 数据库的 Student 表，展开 Student 表，在“索引”节点上单击鼠标右键，在弹出的快捷菜单上选择“新建索引”命令，打开如图 A5.1 所示的“新建索引”窗口。

在“索引名称”文本框中输入新建索引的名称 StuNo_ind。单击“添加”按钮，出现如图 A5.2 所示的“选择列”对话框，在其中选择用于创建索引的列“学号”，单击“确定”按钮。

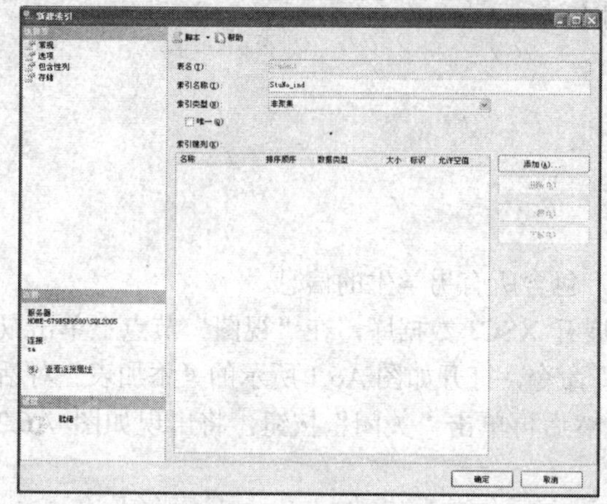

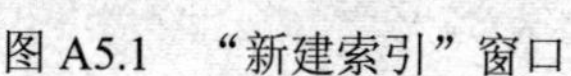

图 A5.1 “新建索引”窗口

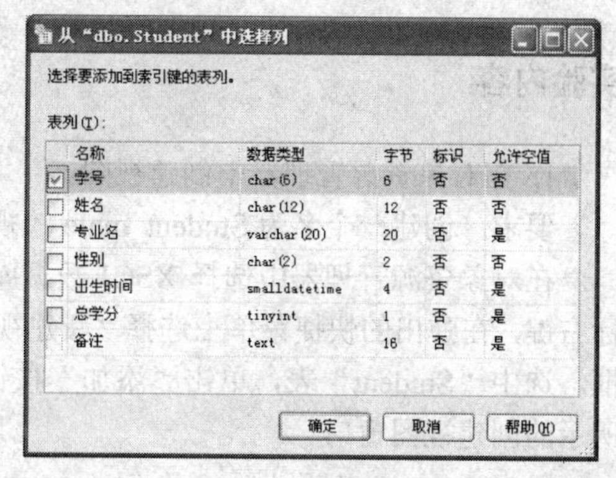

图 A5.2 选择索引列

索引创建完成后，可在对象资源管理器中展开表的“索引”节点，查看该表上的所有索引。

2. 使用 T-SQL 语句创建和删除索引。

（1）在 XSCJ 数据库 Course 表的“课程号”列上建立非聚簇索引 CourseNo_ind。

在查询分析器中输入以下 T-SQL 语句并执行：

```
USE XSCJ
IF EXISTS(SELECT name FROM sysindexes
        WHERE name='CourseNo_ind')
   DROP INDEX Course.CourseNo_ind                    --删除索引
GO
CREATE INDEX CourseNo_ind ON Course(课程号)
GO
```

（2）删除 Course 表上的索引 CourseNo_ind。

```
USE XSCJ
DROP INDEX Course.CourseNo_ind
GO
```

注意：应使用表名.索引名的形式。

3. 使用系统存储过程 sp_helpindex 查看索引。

要求：使用系统存储过程 sp_helpindex 查看 Student 表上的索引信息。

在查询分析器中输入以下 T-SQL 语句并执行：

```
USE XSCJ
EXEC sp_helpindex Student
GO
```

实验 6　视图

实验目的

1. 掌握使用对象资源管理器创建视图的方法。
2. 掌握 T-SQL 创建和修改视图语句的使用方法。
3. 掌握视图的查询方法。

实验内容

1. 在对象资源管理器中创建视图。

要求：创建一个名为 Student_male 的视图，包含所有男学生的信息。

在对象资源管理器中选择 XSCJ 数据库，展开 XSCJ 数据库，在“视图”节点上单击鼠标右键，在弹出的快捷菜单上选择“新建视图”命令，打开如图 A6.1 所示的“添加表”对话框。选中“Student”表，单击“添加”按钮，然后再单击“关闭”按钮，将出现如图 A6.2 所示的创建视图窗口。

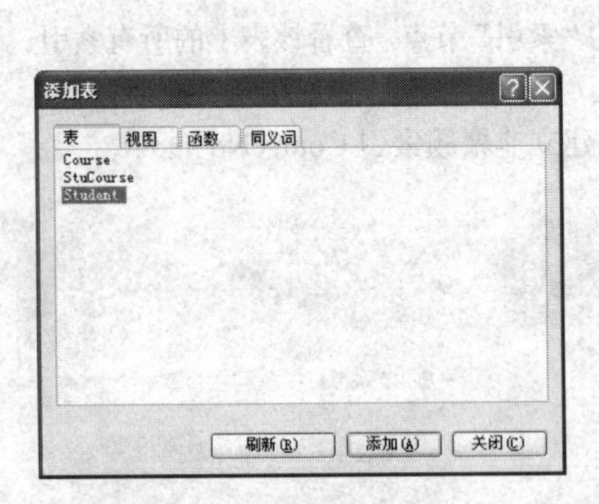

图 A6.1　“添加表”对话框

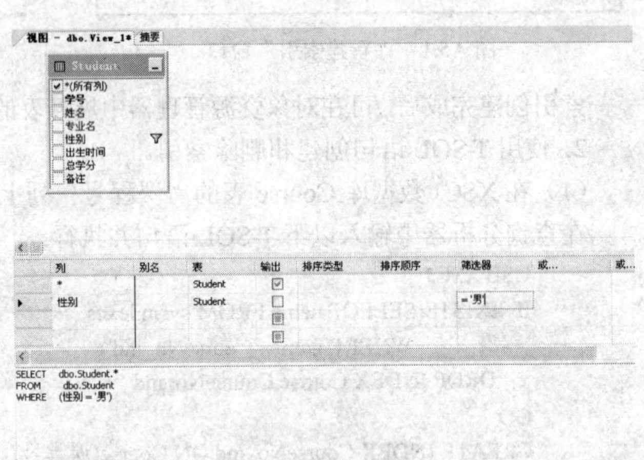

图 A6.2　创建视图窗口

在“Student”窗格中选择所有列，在中间的条件窗格的“列”一栏中选择“性别”，“输出”栏不勾选，在“筛选器”一栏中输入“男”。单击工具栏的“保存”按钮，在所弹出的如图 A6.3 所示的“选择名称”对话框中输入视图的名称 Student_male，单击“确定”按钮。

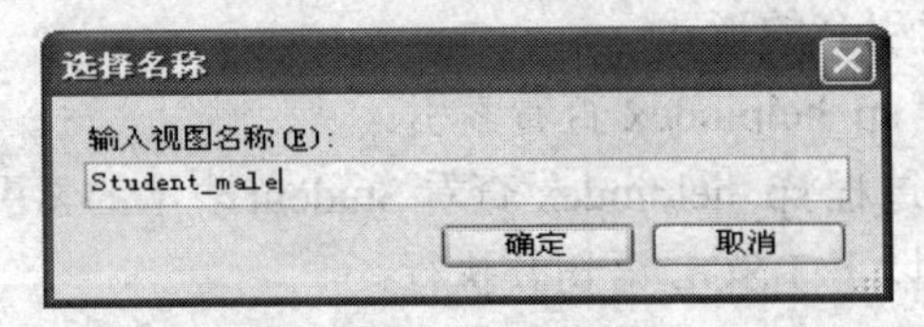

图 A6.3　输入视图名称

2. 使用 T-SQL 语句创建视图。

要求：创建名为 Student_Computer 的视图，包含计算机科学与技术专业的学生信息。

在查询分析器中输入以下 T-SQL 语句并执行：

```
USE XSCJ
GO
CREATE VIEW Student_Computer
    AS
    SELECT *
    FROM Student
    WHERE 专业名='计算机科学与技术'
GO
```

3. 视图查询

（1）查询 Student_male 视图。

在查询分析器中输入以下 T-SQL 语句并执行：

```
SELECT * FROM Student_male
```

（2）在 Student_Computer 视图上查询计算机科学与技术专业在 1989 年出生的学生信息。

```
SELECT *
    FROM Student_Computer
    WHERE YEAR(出生时间)='1989'
```

4. 使用 T-SQL 语句修改视图定义。

要求：将 Student_male 视图定义更改为包含计算机科学与技术专业所有男学生的信息。

```
ALTER VIEW Student_male
AS
SELECT *
FROM Student
WHERE 性别='男' AND 专业名='计算机科学与技术'
```

可用 SELECT * FROM Student_male 语句检查对视图的修改。

实验 7 T-SQL 编程

实验目的

1. 了解 T-SQL 变量的使用方法。
2. 掌握 T-SQL 各种运算符、控制语句的功能及使用方法。
3. 掌握常用系统函数的调用方法。
4. 掌握用户自定义函数的使用。

实验内容

1. 局部变量的使用。

要求：创建一个名为 Spec 的局部变量，并在 SELECT 语句中使用该局部变量查找 Student 表中所有计算机科学与技术专业的学生学号、姓名。

在查询分析器中输入以下 T-SQL 语句并执行：

```
USE XSCJ
DECLARE @Spec VARCHAR(20)
SET @ Spec ='计算机科学与技术'
SELECT 学号,姓名
```

```
        FROM Student
        WHERE 专业名=@Spec
GO
```

2. T-SQL 流程控制。

要求：编写求 1+2+…+100 的程序。

在查询分析器中输入以下 T-SQL 语句并执行：

```
DECLARE @CNT INT, @SUM INT
SET @CNT=1
SET @SUM=0
WHILE @CNT<=100
    BEGIN
        SET @SUM=@SUM+@CNT
        SET @CNT=@CNT+1
    END
PRINT @SUM
GO
```

3. 使用系统函数。

（1）输出当前系统日期和时间。

```
SELECT GETDATE()
```

（2）输出当前版本安装信息。

```
SELECT @@VERSION
```

（3）统计学生所选课程总数。

```
USE XSCJ
SELECT COUNT(DISTINCT 课程号)
    FROM StuCourse
GO
```

（4）输出一个 0～1 之间的随机数。

```
SELECT RAND()
```

（5）查询 Student 表，输出每个学生的学号、姓名和专业名，如果专业名中包含“计算机科学与技术”，则以“计算机”代替。

```
SELECT 学号, 姓名, REPLACE(专业名,'计算机科学与技术', '计算机')
    FROM Student
```

（6）查询 Student 表，输出每个学生的学号、姓名和总学分，若总学分为 NULL 则输出 0。

```
SELCT 学号, 姓名, ISNULL(总学分, 0) AS 总学分
    FROM Student
```

4. 使用自定义函数。

（1）定义一个函数，其功能是：查询某个学号的学生信息是否存在，若存在则返回 0；若不存在则返回-1。学号作为输入参数传入。

```
USE XSCJ
GO
IF EXISTS ( SELECT name FROM sysobjects
                WHERE type='FN' AND name='Check_Sno')
    DROP FUNCTION Check_Sno
GO
CREATE FUNCTION Check_Sno                --函数名
```

```
(@Sno char(6))                                    --输入参数
RETURNS INT                                       --返回值类型
AS
BEGIN
DECLARE @flag INT
SELECT @flag =
( SELECT COUNT(*)
FROM Student
WHERE 学号=@Sno
)
    IF @flag >0 THEN
SET @flag = 0
    ELSE
        SET @flag = -1
    RETURN @flag
END
GO
```

（2）对 Check_Sno 函数进行调用。

在 SELECT 语句中调用：

```
USE XSCJ
GO
DECLARE @Sno1 CHAR(6) , @flag INT
SET @Sno1 = '070101'
SELECT @flag=dbo.Check_Sno (@Sno1)
SELECT @flag AS '学生是否存在'
GO
```

利用 EXEC 语句执行：

```
USE XSCJ
GO
DECLARE @flag INT
EXEC @flag = dbo.Check_Sno    @Sno = '070101'
SELECT @flag AS '学生是否存在'
GO
```

实验 8 存储过程和触发器

实验目的

1. 掌握存储过程的定义和执行方法。
2. 了解触发器的定义和执行方法。

实验内容

1. 不带参数的存储过程。

（1）定义存储过程 Stu_Query，功能是：从 XSCJ 数据库的 3 个表中查询，返回学号、姓名、专业名、选修课程名及成绩。

```
USE XSCJ
IF EXISTS (SELECT name FROM sysobjects
            WHERE name = 'Stu_Query' AND type = 'P')
      DROP PROCEDURE Stu_Query
GO
CREATE PROCEDURE Stu_Query
AS
SELECT a.学号, 姓名, 专业名, 课程名, 成绩
   FROM Student a LEFT JOIN StuCourse b ON a.学号  = b.学号
       LEFT JOIN Course c ON b.课程号  = c.课程号
GO
```

（2）执行存储过程 Stu_Query。

```
EXEC Stu_Query
```

2. 带参数的存储过程。

（1）定义存储过程 Query_Stu，功能是：接收输入的学生姓名、课程名，从 XSCJ 数据库的 3 个表中查询该学生的该课程成绩。

```
USE XSCJ
IF EXISTS (SELECT name FROM sysobjects
          WHERE name = 'Query_Stu' AND type = 'P')
    DROP PROCEDURE Query_Stu
GO
CREATE PROCEDURE Query_Stu
   @name char (12),@cname char(40)
AS
SELECT a.学号, 姓名, 课程名, 成绩
   FROM Student a LEFT JOIN StuCourse b ON a.学号  = b.学号
LEFT JOIN Course c ON b.课程号= c.课程号
   WHERE a.姓名=@name and c.课程名=@cname
GO
```

（2）执行存储过程 Query_Stu。

```
EXECUTE Query_Stu '丁一平','程序设计基础'
```

（3）定义存储过程 Proc_Student，功能是：接收输入的学号、姓名、专业名、性别、出生时间、总学分、备注字段值。在 Student 表中查询该学号是否存在。若不存在，则向 Student 表中插入以参数值为各字段值的新记录；若存在，则将该记录的姓名、专业名、性别、出生时间、总学分、备注字段值修改为输入的各参数值。

```
USE XSCJ
IF EXISTS (SELECT name FROM sysobjects
          WHERE name = 'Proc_Student' AND type = 'P')
    DROP PROCEDURE Proc_Student
GO
CREATE PROCEDURE Proc_Student
    @xh char(6), @xm char(12), @zym varchar(20), @xb char(2), @cssj datetime,
    @zxf integer, @bz text
AS
DECLARE @cn integer
```

```
SELECT @cn=count(学号) FROM Student WHERE  学号=@xh
BEGIN TRANSACTION
IF @cn=0
BEGIN
   INSERT INTO Student(学号,姓名,专业名,性别,出生时间,总学分,备注)
      VALUES(@xh,@xm,@zym,@xb,@cssj,@zxf,@bz)
END
ELSE
   IF @cn>0
   BEGIN
      UPDATE Student
      SET 姓名=@xm, 专业名=@zym, 性别=@xb, 出生时间=@cssj, 总学分=@zxf, 备注=@bz
      WHERE 学号=@xh
   END
IF @@Error=0
   COMMIT TRANSACTION
ELSE
   ROLLBACK TRANSACTION
GO
```

（4）执行存储过程 Proc_Student。

```
EXEC Proc_Student '070501', '张林', '通信工程', '男','1988-10-10', 80, '成绩优秀'
```

上述语句执行完成后，用 SELECT * FROM Student 查看 Student 表数据的变化情况。

3. 触发器的定义。

（1）定义触发器 SC_trig：在向 StuCourse 表插入一条记录时，通过触发器检查记录的学号值在 Student 表是否存在，若不存在，则取消插入或修改操作。

```
USE XSCJ
IF EXISTS (SELECT name FROM sysobjects
            WHERE name = 'SC_trig' AND type = 'TR')
     DROP TRIGGER SC_trig
GO
CREATE TRIGGER SC_trig on StuCourse
FOR INSERT
AS
IF((SELECT a.学号  FROM INSERTED a) NOT IN (SELECT b.学号  FROM Student b))
BEGIN
    RAISERROR ('插入操作违背数据的一致性.', 16, 1)
    ROLLBACK TRANSACTION
END
GO
```

（2）执行表插入操作，对触发器进行测试。在查询分析器中输入以下语句并执行：

```
INSERT INTO StuCourse VALUES('070110','2001',70)
```

记录上述语句的运行结果并分析。

实验 9　数据库完整性

实验目的

1. 掌握 SQL Server 2005 的 6 类约束：NOT NULL、PRIMARY KEY、CHECK、FOREIGN KEY、DEFAULT 和 UNIQUE 的使用方法，在创建表时用相应的约束描述实体完整性、参照完整性和用户定义完整性。

2. 掌握增加和删除约束的方法。

实验内容

1. 创建数据库 XSCJ1，其包含的表及其结构与 XSCJ 数据库完全相同。

2. 分别按表 A9.1、表 A9.2 和表 A9.3 所示的结构和约束条件写出创建者 3 个表的 CREATE 语句。

表 A9.1　学生情况表（表名 Student）

列　名	数据类型	是否允许为空值	默认值	说　明
学号	char(6)	否	无	主码， StuCourse 表的外码
姓名	char(12)	否	无	无学生同名
专业名	varchar(20)	是	无	
性别	char(2)	否	无	'男'|'女'
出生时间	smalldatetime	是	无	
总学分	Tinyint	是	无	必须为正值
备注	Text	是	无	

表 A9.2　课程表（表名 Course）

列　名	数据类型	是否允许为空值	默认值	说　明
课程号	char(4)	否	无	主码， StuCourse 表的外码
课程名	varchar(40)	否	无	
开课学期	tinyint	是	无	只能为 1～8
学时	tinyint	是	无	必须为正值
学分	tinyint	是	无	必须为正值

表 A9.3　学生选课表（表名 StuCourse）

列　名	数据类型	是否允许为空值	默认值	说　明
学号	char(6)	否	无	主码
课程号	char(4)	否	无	主码
成绩	real	是	无	必须为正值

```
USE XSCJ1
GO
        CREATE TABLE Student
    (   学号        CHAR(6) PRIMARY KEY,
```

```
      姓名        CHAR (12) NOT NULL CONSTRAINT name_unique UNIQUE,
      专业名      VARCHAR(20),
      性别        CHAR (2) NOT NULL CONSTRAINT xb_Check CHECK (性别='男' OR 性别='女'),
      出生时间  SMALLDATETIME,
    总学分      TINYINT CONSTRAINT zxf_Check CHECK (总学分>=0),
    备注        TEXT
      )
GO

CREATE TABLE Course
(    课程号     CHAR(4)    PRIMARY KEY,
课程名      VARCHAR(40) NOT NULL,
开课学期  TINYINT CONSTRAINT kkxq_Check (开课学期  BETWEEN 1 AND 8),
学时        TINYINT CONSTRAINT xs_Check CHECK (  学时>=0),
学分        TINYINT CONSTRAINT xf_Check CHECK (  学分>=0)
)
GO

CREATE TABLE StuCourse
(    学号        CHAR(6)     NOT NULL,
     课程号     CHAR(4)     NOT NULL,
成绩        TINYINT CONSTRAINT cj_Check CHECK (  成绩>=0),
     PRIMARY KEY (学号, 课程号),
     FOREIGN KEY(学号) REFERENCES Student(学号),
     FOREIGN KEY(课程号) REFERENCES Course(课程号)
)
GO
```

3. 在对象资源管理器中查看约束。单击要查看约束的表，在弹出的快捷菜单中选择“修改命令，打开表设计器。在该表上单击鼠标右键，在弹出的快捷菜单上可分别选择“关系”、“索引/键”、“CHECK 约束”等命令，查看约束信息。

4. 修改约束定义。将 Course 表的 xs_Check 约束修改为大于等于 0，且小于等于 120。

```
USE XSCJ1
ALTER TABLE Course
     DROP CONSTRAINT xs_Check       --先删除 xs_Check 约束
GO
ALTER TABLE Course
     ADD CONSTRAINT xs_Check        --再增加 xs_Check 约束
     CHECK (学时>=0 AND  学时<=120)
GO
```

实验 10　数据库应用系统开发——学生成绩管理系统

实验目的

1. 了解数据库应用系统开发的内容和过程。
2. 掌握 ADO 和 ADO.NET 数据库访问接口。

3. 掌握 Visual Basic 开发数据库应用程序的方法。

4. 掌握 Visual C#开发数据库应用程序的方法。

实验内容

开发一个学生成绩管理系统，该系统可实现：学生数据维护、课程数据维护、学生成绩录入、学生成绩查询与统计等。要求：

1. 对学生成绩管理系统进行需求分析。
2. 进行数据库设计，创建数据库。
3. 进行总体功能设计、模块详细设计。
4. 用 Visual Basic 开发学生成绩管理系统。
5. 用 Visual C#开发学生成绩管理系统。

附录B　T-SQL 常用语句

- 数据库管理

  CREATE DATABASE　创建数据库。

  ALTER DATABASE　在数据库中添加或删除文件和文件组。也可用于更改文件和文件组的属性，例如更改文件的名称、大小。ALTER DATABASE 提供了更改数据库名称、文件组名称以及数据文件和日志文件的逻辑名称的能力。

  USE　打开指定数据库。

  DBCC SHRINKDATABASE　压缩数据库和数据文件。

  BACKUP DATABASE　备份整个数据库或者备份一个或多个文件或文件组。

  BACKUP LOG　备份数据库事务日志。

  RESTORE DATABASE　恢复数据库。

  RESTORE LOG　恢复数据库事务日志。

  DROP DATABASE　删除数据库。

- 表管理

  CREATE TABLE　创建数据库表。

  ALTER TABLE　通过更改、添加、除去列和约束，或者通过启用或禁用约束和触发器来更改表的定义。

  INSERT　插入一行数据行。

  UPDATE　用于更改表中的现有数据。

  DELETE　删除表中数据，可包含删除表中数据行的条件。

  DROP TABLE　删除数据库表。

- 索引管理

  CREATE INDEX　创建数据库表索引。

  DBCC SHOWCONTIG　显示表的数据和索引的碎块信息。

  DBCC DBREINDEX　复建表的一个或多个索引。

  SET SHOWPLAN　分析索引和查询性能。

  SET STATISTICS IO　查看用来处理指定查询的 I/O 信息。

  DROP INDEX　删除数据库表索引。

- 视图管理

  CREATE VIEW　创建数据库表视图。

  ALTER VIEW　更改一个先前创建的视图，包括索引视图，但不影响相关的存储过程或触发器，也不更改权限。

  DROP VIEW　删除数据库表视图。

- 触发器管理

  CREATE TRIGGER　创建数据库触发器。

ALTER TRIGGER　修改数据库视图。

DROP TRIGGER　删除数据库视图。

- 存储过程管理

CREATE PROC　创建存储过程。

ALTER PROC　修改存储过程。

EXEC　执行存储过程。

DROP PROC　删除存储过程。

- 规则管理

CREATE RULE　创建规则。

SP_BINDRULE　绑定规则。

SP_UNBINDRULE　解除绑定规则。

DROP RULE　删除规则。

- 用户自定义函数

CREATE FUNCTION　创建用户定义函数。

ALTER FUNCTION　更改先前由 CREATE FUNCTION 语句创建的现有用户定义函数，但不会更改权限，也不影响相关的函数、存储过程或触发器。

DROP FUNCTION　删除用户定义函数。

- 数据查询

SELECT　数据检索。

- 游标管理

DECLEAR CURSOR　声明游标。

OPEN　打开游标。

FETCH　读取游标数据。

CLOSE　关闭游标。

DEALLOCATE　删除游标。

- 许可管理

GRANT　授予语句或对象许可。在安全系统中创建项目，使当前数据库中的用户得以处理当前数据库中的数据、执行特定的 T-SQL 语句或能够操作对象。

REVOKE　收回语句或对象许可。

DENY　否定语句或对象许可。

- 事务管理

BEGIN TRANSACTION　标记一个显示本地事务的起始点。

COMMIT TRANSACTION　事务提交。

ROLLBACK TRANSACTION　事务回滚。

- 流程控制及其他语句

DECLEAR　声明语句。

SET　变量赋值。

IF/ELSE　条件语句。

GOTO　跳到标签处。

CASE　多重选择。

WHILE　循环。

BREAK　退出本层循环。

CONTINUE　一般用在循环语句中，结束本次循环，重新转到下一次循环条件的判断。

RETURN　从过程、批处理或语句块中无条件退出。

WAITFOR　指定触发语句块、存储过程或事务执行的时刻或需等待的时间间隔。

BEGIN/END　定义 T-SQL 语句块。

GO　通知 SQL Server T-SQL 批处理结束。

附录C　SQL Server 常用系统存储过程

sp_add_alert　创建一个警报。

sp_addalias　在数据库中为 login 账户增加一个别名。

sp_addapprole　在数据库中增加一个特殊的应用程序角色。

sp_addextendedproc　在系统中增加一个新的扩展存储过程。

sp_addgroup　在当前数据库中增加一个组。

sp_addmessage　在系统中增加一个新的错误消息。

sp_addrole　在当前数据库中增加一个角色。

sp_addrolemember　为当前数据库中的一个角色增加一个安全性账户。

sp_addserver　定义一个远程或者本地服务器。

sp_addsrvrolemember　为固定的服务器角色增加一个成员。

sp_addtype　创建一个用户定义的数据类型。

sp_addumpdevice　增加一个备份设备。

sp_bindefault　把默认绑定到列或者用户定义的数据类型上。

sp_bindrule　把规则绑定到列或者用户定义的数据类型上。

sp_changegroup　改变安全性账户所属的角色。

sp_check_for_sync_trigger　确定正在调用的是用户定义的触发器还是存储过程。

sp_databases　列出当前系统中的数据库。

sp_datatype_info　返回当前环境支持的数据类型信息。

sp_dbfixedrolepermission　显示每一个固定数据库角色的许可。

sp_dboption　显示或者修改数据库选项。

sp_dbremove　删除数据库和与该数据库相关的所有文件。

sp_defaultdb　设置登录账户的默认数据库。

sp_defaultlanguage 设置登录账户的默认语言。

sp_depends　显示数据库对象的依赖信息。

sp_dropdevice　删除数据库或者备份设备。

sp_dropgroup　从当前数据库中删除一个角色。

sp_droplogin　删除一个登录账户。

sp_dropremotelogin　删除一个远程登录账户。

sp_droprole　从当前数据库中删除一个角色。

sp_droprolemember　从当前数据库中的一个角色中删除一个安全性账户。

sp_dropsrvrolemember　从一个固定服务器角色中删除一个账户。

sp_droptype　删除一种用户定义的数据类型。

sp_dropuser　从当前数据库中删除一个用户。

sp_help　报告有关数据库对象的信息。

sp_helparticlecolumns　返回基表中的全部列。

sp_helpconstraint　返回有关约束的类型、名称等信息。

sp_helpdb　返回指定数据库或者全部数据库的信息。

sp_helpdbfixedrole　返回固定的服务器角色的列表。

sp_helpdevice　返回有关数据库文件的信息。

sp_helpextendedproc　显示当前定义的扩展存储过程信息。

sp_helpfile　返回与当前数据库相关的物理文件信息。

sp_helpfilegroup　返回与当前数据库相关的文件组信息。

sp_helpgroup　返回当前数据库中的角色信息。

sp_helpindex　返回有关表的索引信息。

sp_helplanguage　返回有关语言的信息。

sp_helplinkedsrvlogin　返回连接服务器中映射的账户信息。

sp_helpremotelogin　返回远程登录账户的信息。

sp_helprole　返回当前数据库中的角色信息。

sp_helprolemember　返回当前数据库中角色成员的信息。

sp_helpsrvrole　显示系统中的固定服务器角色的列表。

sp_helpsrvrolemember　显示系统中固定服务器角色成员的信息。

sp_helpsubscription_properties　检索安全性信息。

sp_helptext　显示规则、默认、存储过程、触发器、视图等对象未加密的文本定义信息。

sp_helptrigger　显示触发器的类型。

sp_linkedservers　返回在本地服务器上定义的连接服务器的列表。

sp_monitor　显示系统的统计信息。

sp_password　增加或者修改指定 login 的口令。

sp pkeys　返回某个表的主键信息。

sp_primarykeys　返回主键列的信息。

sp_procoption　设置或者显示过程选项。

sp_recompile　使存储过程和触发器在下一次运行时重新编译。

sp_rename　更改用户创建的数据库对象的名称。

sp_renamedb　更改数据库的名称。

sp_setnetname　设置计算机的网络名称。

sp_spaceused　显示数据库的空间使用情况。

sp_stored_procedures　返回环境中的存储过程列表。

sp_table_validation　返回表的行数信息。

sp_tableoption　设置用户定义表的选项值。

sp_tables　返回在当前环境中可以查询的对象列表。

sp_validname　检查有效的系统账户信息。

sp_who　提供当前用户和进程的信息。

附录 D　SQL Server 常用@@类函数

@@CURSOR_ROWS　返回连接上最后打开的游标中当前存在合格行的数量。

@@DATEFIRST　返回 SET DATEFIRST 参数的当前值，SET DATEFIRST 参数指明所规定的每周第一天：1 对应星期一，2 对应星期二，依次类推，7 对应星期日。

@@ERROR　返回最后执行的 Transact-SQL 语句的错误代码。

@@FETCH_STATUS　返回 FETCH 语句执行的最后游标的状态，而不是任何当前连接打开的游标状态。

@@IDENTIIY　返回最后插入的标识值。

@@LANGID　返回当前所使用语言的本地语言标识符（ID）。

@@LANGUAGE　返回当前使用的语言名。

@@LOCK_TIMEOUT　返回当前会话的当前锁超时设置，单位为毫秒。

@@MAX_CONNECTIONS　返回 SQL Server 上允许的同时连接用户的最大数。

@@MAX_PRECISION　返回 decimal 和 numeric 数据类型所用的精度级别，即该服务器中当前设置的精度。

@@NESTLEVEL　返回当前存储过程执行的嵌套层次（初始值为 0）。

@@OPTIONS　返回当前 SET 选项的信息。

@@PACK_RECEIVED　返回 SQL Server 自上次启动后从网络上读取的输入数据包数目。

@@PACK_SENT　返回 SQL Server 自上次启动后写到网络上的输出数据包数目。

@@PACKET_ERRORS　返回自 SQL Server 上次启动后，在 SQL Server 连接上发生的网络数据包错误数。

@@PROCID　返回当前过程的存储过程标识符（ID）。

@@REMSERVER　当远程 SQL Server 数据库服务器在登录记录中出现时，返回它的名称。

@@ROWCOUNT　返回受上一语句影响的行数。

@@SERVERNAME　返回运行 SQL Server 的本地服务器名称。

@@SPID　返回当前用户进程的服务器进程标识符（ID）。

@@TEXTSIZE　返回 SET 语句 TEXTSIZE 选项的当前值，它指定 SELECT 语句返回的 text 或 image 数据的最大长度，以字节为单位。

@@TOTAL_ERRORS　返回 SQL Server 自上次启动后，所遇到的磁盘读写错误数。

@@TOTAL_READ　返回 SQL Server 自上次启动后读取磁盘（不是读取高速缓存）的次数。

@@TOTAL_WRITE　返回 SQL Server 自上次启动后写入磁盘的次数。

@@TRANCOUNT　返回当前连接的活动事务数。

@@VERSION　返回 SQL Server 当前安装的日期、版本和处理器类型。

参 考 文 献

[1] 王珊，萨师煊. 数据库系统概论（第 4 版）. 北京：高等教育出版社，2006

[2] C.J. Date. 数据库系统导论（第 8 版）. 北京：机械工业出版社，2007

[3] Abraham Silberschatz, Henry F.Korth, S.Sudarshan. 数据库系统概念（第 5 版）. 北京：机械工业出版社，2006

[4] 陶宏才. 数据库原理及设计（第 2 版）. 北京：清华大学出版社，2007

[5] Michal Kifer, Arthur Bernstein, Philip M. Lewis. 数据库系统——面向应用的方法（第 2 版）. 北京：人民邮电出版社，2006

[6] 杨海霞，相洁，南志红等. 数据库原理与设计. 北京：人民邮电出版社，2007

[7] 王珊. 数据库系统简明教程. 北京：高等教育出版社，2004

[8] C.J.Date 著，熊建国译. 深度探索关系数据库. 北京：电子工业出版社，2007

[9] 郑阿奇. 数据库实用教程. 北京：电子工业出版社，2009

[10] 冯建华，周立柱，郝晓龙. 数据库系统设计与原理（第 2 版）. 北京：清华大学出版社，2007

[11] 王能斌. 数据库系统教程. 北京：电子工业出版社，2003

[12] 刘卫国，严晖. 数据库技术与应用——SQL Server. 北京：清华大学出版社，2007

[13] 岳昆. 数据库技术——设计与应用实例. 北京：清华大学出版社，2007

[14] 郑阿奇. SQL Server 实用教程（第 2 版）. 北京：电子工业出版社，2005

[15] 姜力，高群. SQL Server 数据库设计与管理. 北京：北京大学出版社、中国林业出版社，2006

[16] 陈志泊，王春玲. 数据库原理及应用（第 2 版）. 北京：人民邮电出版社，2008

[17] 赵明砚，单世民，赵凤强. 数据库原理与开发. 北京：人民邮电出版社，2008

[18] 麦中凡，何玉洁. 数据库原理及应用. 北京：人民邮电出版社，2008

[19] 叶小平，汤庸，汤娜等. 数据库系统基础教程. 北京：清华大学出版社，2007

[20] 申时凯，李海雁. 数据库应用技术（第 2 版）（SQL Server 2005）. 北京：中国铁道出版社，2008

[21] 殷泰辉，张强，杨豹等. C#编程. 北京：电子工业出版社，2007

[22] 李晓黎，刘宗尧. Oracle 10g 数据库管理与应用系统开发. 北京：人民邮电出版社，2007

[23] 崔舒宁，冯博琴等. Visual Basic 2005 程序设计. 北京：清华大学出版社，2009

[24] 李昭原. 数据库技术新进展（第 2 版）. 北京：清华大学出版社，2007

[25] 顾兵. XML 实用技术教程. 北京：清华大学出版社，2007

[26] 王珊，朱青. 数据库系统概论学习指导与习题解答. 北京：高等教育出版社，2003